디지털 공학

동일출판사

머리말

본서는 저자들이 디지털 회로 설계에 관한 교육과 실무를 여러 해 동안 수행하여 오면서 느낀 내용을 반영하고자 집필하였다.

디지털 회로는 논리 회로라고도 불리어지듯이 매우 논리적인 학문 분야이다. 디지털 공학을 배우는 학생들에게 있어서 가장 중요한 점은 개념이며, 흐름이라고 생각한다. 즉, 어떠한 내용이 소개되거나 설계될 때, 그것이 독립적으로 존재하여서는 안 되며, 그 배경과 내용이 물이 흘러가듯이 어떠한 흐름을 갖고 있어야 한다는 말이다. 따라서 특정의 내용을 제외하고는 순서적으로 이해하여 나가면 디지털 공학에서 필요한 개념을 이해하고, 더 나아가 회로를 응용 설계할 수 있게 될 것이다.

디지털 회로를 배우는 학생들은 한 학기 또는 두 학기의 디지털 공학을 배우고도 회로를 응용 설계하는 단계에서는 어떠한 IC 소자들이 존재하는지를 알기 힘들며, 결과적으로 쉽게 설계할 수 있는 회로도 복잡하게 설계하는 경우가 많다. 이를 위하여 게이트 IC에서부터 MSI 급의 여러 종류의 IC 들을 간단하게나마 소개하여 설계에 필요한 IC가 어떠한 것들이 있는가 정도는 알 수 있도록 하였다.

본 서는 다음과 같이 구성되어 있다.

1. 디지털 공학의 기본 개념(1~3장)

1장 (서론) 디지털 공학의 개념을 소개한다.

2장 (수 체계) 디지털 회로에서 사용하는 2진수 및 관련된 수 체계를 각종 예제를 이용하여 이해를 돕도록 하였다.

3장 (코드) 2진수 체계를 이용하여 정보를 표현하고 처리하는 코드 체계를 다루었다. 특히 디지털 회로 시스템에서 숫자, 영문자, 한글 등을 표현하는 방법과 그 외의 처리를 위한 코드들을 설명하였다.

2. 조합 논리 회로의 설계(4~7장)

4장 (불 대수) 디지털 회로 설계를 수학적으로 접근하는 방법인 불 대수를 다루며, 각 논리 연산을 수행하는 논리 게이트를 실제 사용되는 IC 소자들을 통하여 그 실례를 보이고, 간단한 설계 기법을 다루었다.

5장 (논리 회로의 설계 기법) 간략화를 위한 기본적인 방법인 카르노 맵을 중점적으로 설명하고 설계 실례를 통하여 이해하도록 유도하고, 또 다른 설계 기법으로 논리 브리징 기법과 콰인-매클러스키법을 간단하게 소개한다.

6장 (연산 회로) 연산 회로에 대하여 중점적으로 설명하여 1비트의 연산에서부터 n 비트의 연산까지, 또 산술 논리 연산 장치와 실제 IC 소자도 간단히 소개한다.

7장 (조합 논리 회로) 조합 논리 회로들에 대하여 자세하게 설계하는 과정을 설명하며, 설계가 끝나면 실제 IC 소자도 소개하였다.

3. 순서 논리 회로(8~12장)

8장 (플립플롭) 가장 기본적인 데이터 저장 장치인 플립플롭에 대하여 설명하고 실제 IC 소자도 소개한다.

9장 (카운터) 순서 논리 회로의 한 형태인 카운터를 다루었다. 여러 가지의 카운터 설계 기법과 실제 카운터 IC 소자를 소개하고 간단히 설명한다.

10장 (레지스터) 여러 형태의 레지스터들의 구조를 설명하고 실제 IC 소자를 소개한다.

11장 (순서 논리 회로) 순서 논리 회로의 설계 과정을 몇 가지 예를 보이고 설명한다.

12장 (메모리) 메모리의 일반적인 개념을 설명하고 ROM과 RAM 등과 같은 반도체 메모리에 대한 개념적인 설명과 함께, 디지털 시스템에서 많이 사용되는 IC 소자도 간단히 소개한다.

본문의 구성은 소제목을 많이 달아 나름대로 독자들에게 정리가 될 수 있도록 노력하였으며, 본 서의 범위를 벗어나는 문제에 대하여는 꼭 필요한 경우에 참고 박스를 통하여 기본 개념을 설명하였다. 각 장의 끝에는 본문의 내용을 완전히 소화할 수 있도록 연습 문제를 제시하고 있으며, 내용 정리 등의 문제를 제외하고 짝수 번호에 해당하는 문제에 대하여는 부록에 그 해답을 간략하게 수록하였다.

본 서는 전자공학, 전기공학, 전자계산학 등을 전공하는 학생들에게 초점을 맞추었으며, 각 학과의 특성에 따라 조금씩 가감이 가능할 것이다. 또한 컴퓨터공학, 전자통신

공학, 정보통신공학, 전자계산기공학, 제어계측공학, 전자재료공학 등 전자공학 관련 학과와 사무자동화, 물리, 수학 등의 관련 또는 디지털 공학을 다루는 학과에도 충분한 참고가 되리라 생각된다. 전기공학, 전자계산학 등과 전자공학 관련 학과 등에서는 1장부터 10장까지의 내용을 중점으로 다루고 설계 예 등도 적절히 선택하여 다루면 될 것이다. 전자계산학 개론, 전자 계산기 구조, 마이크로 컴퓨터 등의 연계 과목이 있는 경우에도 그 영역을 나누는 것이 좋으리라 생각하며, 강의 시간은 3시간 한 학기 또는 2시간 두 학기가 적당하리라 생각되지만, 담당 교수님들의 재량에 따라서는 2시간 한 학기에서부터 3시간 두 학기까지 조절이 가능할 것이다.

끝으로, 저자 나름대로 최선을 다한다고 하였지만 오류가 있으리라 생각되며, 이 점 독자들께 양해를 구한다. 또, 본 서가 출판되기까지 애써 주신 동일출판사 이운희 사장님과 편집에 힘써 주신 분들께 감사 드리고, 저술하는 동안 많은 이해를 하여 준 가족들에게도 감사드리며, 디지털 회로를 공부하는 학생들에게 미력하나마 도움이 되기를 간절히 바라는 바이다.

저자 씀

차 례

제1장 서 론

제2장 수 체계

제3장 코 드

제 4 장 불 대수

제 5 장 논리 회로의 설계 기법

제 6 장 연산 회로

제 7 장 조합 논리 회로

제 8 장 플립플롭

제 9 장 카운터

제 10 장 레지스터

제 11 장 순서 논리 회로

제 12 장 메모리

부 록

1 CHAPTER 서 론

어떠한 학문에서든 마찬가지이겠지만 특히 디지털 공학에서 사용되는 전공 용어들은 그 의미가 원래 단어의 뜻으로부터 유래되는 것은 당연하다. 따라서 앞으로 나오는 전공 용어들은 원래 단어의 뜻을 알고 있다면 쉽게 이해가 될 것이다. 따라서 본 서의 설명도 영어 단어로부터 시작하고자 한다.

'디지털(digital)'이란 용어는 그 어원이 'digit'라는 단어이다. 영어 단어 digit는 '손가락'의 의미를 갖고 있으며, 손가락을 이용하여 수를 헤아린다는 뜻에서 '아라비아 숫자 0부터 9까지의 어느 하나'를 가리키는 말로 쓰인다. 숫자 하나를 가리키는 말로는 본 서에서도 계속 쓰일 것이며, 지금 관심을 갖는 부분은 digit에서 파생되어 나온 digital이란 단어이다. digital은 digit의 형용사형이며, '손가락'이라는 명사로도 쓰인다. 전자 공학에 쓰이면서 그 뜻은 '계수형의' 또는 '계수형'이라고 쓰이며, 시간에 대하여 연속적으로 변화하지 않고, 계수적으로 변화되는 것을 의미한다.

1-1 아날로그와 디지털

물리적으로 존재하는 실제의 양들은 연속적으로 변화되는 연속적인 양으로 존재한다. 그러나 그들이 그냥 존재하는 것만으로는 우리에게 아무런 정보가 될 수 없으며, 이를 우리가 사용할 수 있는 방법으로 나타낼 때, 비로소 처리될 수 있는 물리량이 될 수 있다.

이렇게 표현되어지는 물리량은 **연속적인 양**(continuous quantity)과 불연속적인 혹은 **이산적인 양**(discrete quantity)으로 나눌 수 있다. 연속적인 양을 표시하는 데이터(data)를 **아날로그**(analog) **데이터**라고 하며, 불연속적인(또는 이산적인) 양을 나타내는 데이터를 **디지털**(digital) **데이터**라고 부른다.

연속적인 양이란 연속적인 시간에 대하여 연속적으로 변화하는 크기를 가진 물리량을 의미하며, 전압, 전류, 저항, 각도, 유압 등의 물리량을 연속적인 데이터로 나타내는 것을 말한다. 디지털 데이터는 연속적인 시간에 대하여 불연속적인 값을 갖는 것을 의미하며, 앞에서의 물리량도 디지털 데이터로는 불연속적인 이산 값으로 나타낸다(그림 1-1).

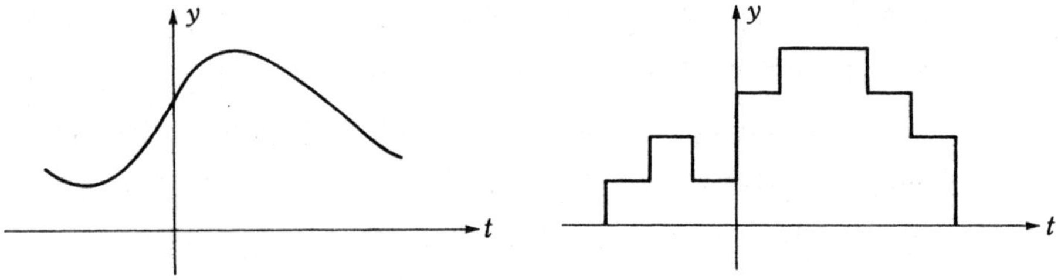

(a) 연속적인 물리량 (b) 불연속적인 물리량

그림 1-1 연속적인 물리량과 불연속적인 물리량

물리량을 전압, 또는 전류 등의 표현 방법을 이용하여 나타낼 때, 이를 신호(signal)라고 하며, 아날로그 데이터를 나타내는 신호는 **아날로그 신호**, 디지털 데이터를 나타내는 신호는 **디지털 신호**라 한다. 또 이러한 신호들을 처리하여 우리에게 유용한 정보로 만들어 주는 전자 회로를 **아날로그 회로**와 **디지털 회로**라고 한다. 이들 회로들이 모여 하나의 큰 회로 단위, 즉 회로들의 집합체를 이룰 때, 시스템이라는 말을 사용할 수 있다. 이렇게 구성된 시스템은 **아날로그 시스템**과 **디지털 시스템**이라 하며, 대표적인 회로 시스템은 컴퓨터라 할 수 있으며, 컴퓨터에도 아날로그 신호를 처리하는 **아날로그 컴퓨터**와 디지털 신호를 처리하는 **디지털 컴퓨터**가 있다. 물론 이들을 복합적으로 처리하는 하이브리드(hybrid) 컴퓨터도 있다.

아날로그 신호는 특정 시간에서의 값을 이야기할 때, 디지털 신호에 비하여 정확한 값을 이야기하기 어렵다. 대표적으로 아날로그 시계는 디지털 시계에 비하여 시, 분, 초, 또는 1/10초, 1/100초 등을 정확하게 읽어 내기 어려움은 우리가 이미 경험하는 바이다. 따라서 일반적으로 디지털 시스템이 아날로그 시스템에 비하여 **정확도**가 높다고 할 수 있다. 또한 디지털 시스템은 **확장성**과 **범용성**에 있어서도 아날로그 시스템보다 우수하다. 최근 디자인에서 우수한 점을 제외하고는 그 기능상으로는 시계, 저울, 전화기, 텔레비전, 방송, 통신, 컴퓨터 등 거의 모든 면에서 디지털 시스템으로의 전환이 이루어졌거나 전환 중인 상태임은 주지의 사실이다.

1-2 디지털 회로

아날로그 신호는 주어진 범위 안에서 실제 가질 수 있는 값의 종류의 수는 무한대가 될 수 있으나, 불연속적인 또는 이산적인 신호로 표현되는 디지털 신호는 제한된 종류의 값을 갖는다. 이 때, 그 가질 수 있는 값의 수에 따라 디지털 신호는 **다치 디지털 신호**와 **2치 디지털 신호**로 나눌 수 있다(그림 1−2).

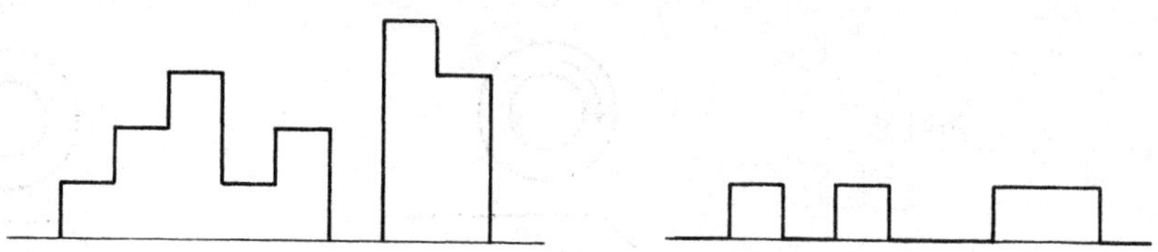

(a) 다치 디지털 신호 (b) 2치 디지털 신호

그림 1-2 다치 디지털 신호와 2치 디지털 신호

다치 디지털 신호는 하나의 신호로 여러 개의 값을 나타낼 수 있으므로 좋은 점이 있으나, 표현하는 데에 문제가 있다. 즉, 신호를 처리하는 디지털 회로 입장에서 볼 때 애매한 경우가 많아지며, 회로가 복잡해지고, 표현할 수 있는 방법에 제한이 있을 수밖에 없다. 반면에 단 두 개의 값만을 표현하는 2치 디지털 신호는 그를 표현할 수 있는 방법이 많아져서 신호 처리가 수월하게 되고, 그들 간에 오류가 발생할 확률도 줄어들게 된다. 간단하게는 '있다 또는 없다'의 두 가지 경우만으로 표현할 수 있기 때문이다.

예를 들어 전압 신호를 사용한다면 '5볼트와 0볼트', 전류 신호로는 '전류가 흐른다, 흐르지 않는다', 램프 등의 불이 '켜 있다, 아니다', 마크가 '되어 있다, 아니다', 천공이 '되어 있다, 아니다', 자력선이 '있다, 없다', 또는 자력선의 방향이 '특정 방향이다, 반대 방향이다', 수학에서의 2진수로 '1과 0' 등 매우 다양한 매체를 이용하여 표현할 수 있다. 그림 1-3은 2치 디지털 신호의 다양한 표현 방법을 나타낸다.

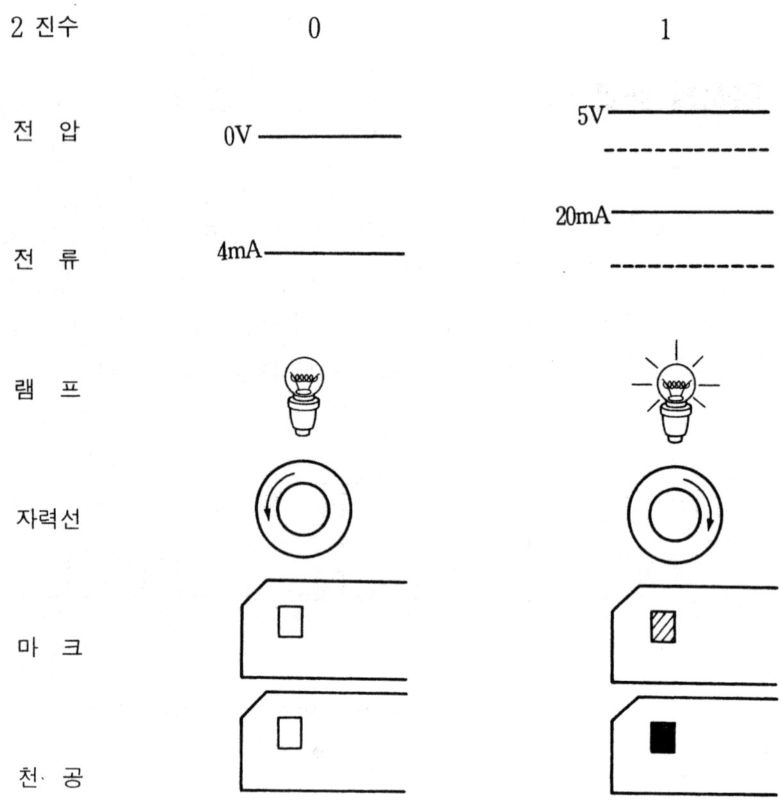

그림 1-3 2치 디지털 신호의 다양한 표현

앞에서 이미 아날로그보다는 디지털이 여러 면에서 좋음을 보았고, 또 2치 디지털이 다치 디지털보다 좋음을 확인하였다. 따라서 디지털에서는 특별히 지정하지 않는 한 2치 디지털을 의미하며, 2치의 데이터를 나타내는 신호를 처리하는 전자 회로, 그것이 바로 디지털 회로이다.

물론 필요하다면 외부의 자연 속에 존재하는 아날로그의 물리량, 인위적으로 발생되는 아날로그 신호 등도 디지털 신호로 변환하여 디지털 회로에서 처리할 수 있다. 이를 아날로그-디지털(A/D) 변환이라 하며, 반대의 변환도 가능하여 디지털-아날로그(D/A) 변환이라 한다. 그림 1-4는 아날로그 신호를 디지털 신호로 변환하기 위한 양자화(quantization)를 나타낸다.

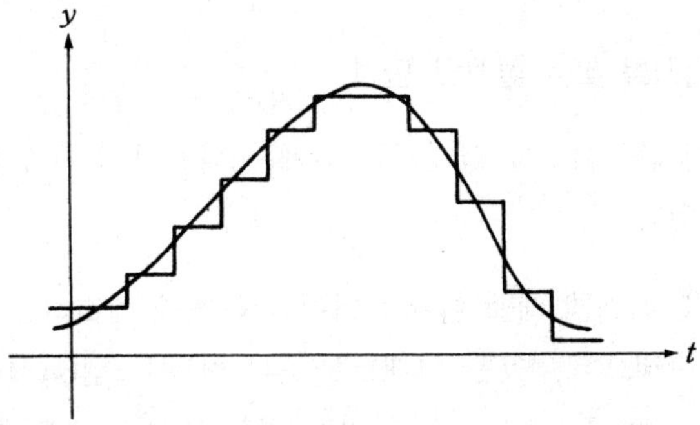

그림 1-4 아날로그 신호의 양자화

1-3 디지털 공학

디지털 공학이란 디지털 회로를 분석, 설계하는 학문 분야라고 말할 수 있다. 디지털 회로를 설계한다는 것은 어떠한 문제를 해결하기 위하여 주어진 문제를 디지털 신호로 표현하고, 이를 연산, 저장, 전송 등의 처리를 하는 회로를 설계하는 것이다. 그러나 어떠한 문제를 분석하여 디지털 회로로 처리하기 위해서는 보다 조직적이고, 논리적이며, 수학적인 방법이 필요하다. 이것을 해결하여 주는 것이 수학에서의 2진수이며, 부울 대수이다.

단순히 어떠한 문제를 디지털 회로로 해결한다고 하면, 이는 디지털 회로 설계는 될 수 있지만, 디지털 공학이라고 볼 수는 없다. 왜냐하면 공학이라고 한다면 과학과 달리 제품으로서의 생명을 생각하여야 하기 때문이다. 경제성이 없는 제품을 개발한다면 그것은 더 이상 공학이 아니기 때문이다.

따라서 디지털 공학을 다시 정의하여 본다면, '**어떠한 문제를 해결하기 위하여 최적의 디지털 회로를 설계하는 학문 분야**'라고 말할 수 있다.

디지털 공학에서 어떠한 문제를 해결하는 방법은 기본적으로 세 가지 측면에서 생각할 수 있다. 첫째는 이미 존재하는 디지털 회로 시스템을 이용하여 소프트웨어적으로 해결하는 방법이며, 둘째는 적절히 영역을 나누어 일부는 소프트웨어적으로, 또 다른 일부는 디지털 회로(하드웨어)로 해결하는 방법이다. 셋째는 전체적으로 디지털 회로로 설계하는 방법이다. 본 서에서의 관점은 세 번째의 방법이 주가 될 것이다.

디지털 회로 설계의 단계

디지털 회로를 설계하는 단계는 다음과 같이 7개의 레벨(level)로 나누어 볼 수 있다.

① 시스템 레벨 설계 : 어떠한 문제를 해결하는 데 있어서 가장 기본적인 방법으로, 있는 그대로를 필요한 시스템(system)들을 이용하여 하드웨어(hardware) 혹은 디지털 회로 또는 소프트웨어(software)로 실제 구현하는 단계로 컴퓨터 시스템과 또 다른 시스템을 상호 연결한다던가 하여 설계하는 단계이다.

② 알고리듬 레벨 설계 : 알고리듬(algorithm)이란 문제를 해결하는 처리 방법이라 할 수 있다. 시스템을 구성하는 각 요소들을 알고리듬화하여 모의 실험(simulation)을 하는 단계이다. 디지털에서의 거의 모든 처리들을 알고리듬화할 수는 있지만 이들을 반드시 디지털 회로로 설계하는 것이 최상은 아니다. 제안된 알고리듬이 원래의 개념과 비교하여 이상이 없는가의 확인과 함께, 이를 디지털 회로(하드웨어)로 하는 것이 좋은가, 소프트웨어로 처리하는 것이 좋은가를 판단한다. 대부분의 경우 프로그래밍 언어(programming language)나 회로 설계 툴(CAD tool) 등을 이용하여 모의 실험을 수행한다.

③ 칩 레벨 설계 : 시스템 레벨보다 낮은 단계로 LSI(Large Scale IC) 등의 이미 존재하는 IC(Integrated Circuit) 칩(chip)으로 설계하는 과정이다. 여기에는 마이크로프로세서(microprocessor), 메모리(memory), 또는 주변 인터페이스(interface) 칩들이 주로 사용된다. 마이크로 컴퓨터 또는 전용 컴퓨터, 컨트롤러 등의 하드웨어 설계가 이루어진다.

④ 레지스터 레벨 설계 : 칩 레벨보다 더 낮은 단계로 보통 LSI급의 칩을 구성하는 소규모의 모듈(module)들을 이용하는 단계이다. IC는 주로 MSI(Medium Scale IC)급의 IC로 레지스터(register), 카운터(counter), 디코더(decoder), 멀티플렉서(multiplexer), 가산기(adder) 등의 모듈화된 디지털 회로들을 이용하는 설계이다.

⑤ 게이트 레벨 설계 : 레지스터 레벨의 설계에서 사용된 모듈들을 구성하는 게이트(gate) 단위의 설계를 말하며, 논리 게이트, 플립플롭(flip−flop) 등의 SSI(Small Scale IC)급의 IC를 주로 사용한다.

⑥ 트랜지스터 레벨 설계 : 논리 게이트나 플립플롭 등의 IC는 트랜지스터(transistor) 회로로 이루어진다. 따라서 궁극적으로 디지털 회로를 구성하는 소자들인 트랜지스터, 혹은 MOS(Metal Oxide Semiconductor field effect transistor) 레벨의 설계를 의미한다. 이는 일반적인 디지털 회로 설계에서는 사용하지 않는 설계 레벨이지만 IC 내부의 회로 등을 설계할 때는 필요한 단계이다.

⑦ 실리콘 레벨 설계 : 일반적인 IC 내부 회로의 최종 설계 단계이다. 실리콘(silicon) 등의 웨이퍼(wafer) 상에 트랜지스터 회로를 형성시키는 설계 단계로 IC 칩의 제작을 위한 단계이다. 최근에는 특정 알고리듬을 ASIC(Application Specific IC) 등의 VLSI(Very Large Scale IC)급 IC 칩으로 설계하기도 한다.

그림 1−5는 디지털 회로 설계 단계의 각 레벨의 관계와 그 흐름을 나타낸다. 최근에는 캐드(CAD) 툴, 또는 하드웨어 기술 언어(HDL : Hardware Description Language)들이 매우 발달되어 일부 또는 많은 레벨의 설계 단계를 대신 수행하며, 모의 실험을 하고, 또 툴 자신이 최적화를 수행하기도 한다. 따라서 디지털 엔지니어는 특정 분야에만 치중하여서는 안 되고, 관련된 전 분야를 총괄하는 시스템 디자이너가 되어야만 하며, 이의 역할이 매우 크다고 할 수 있다.

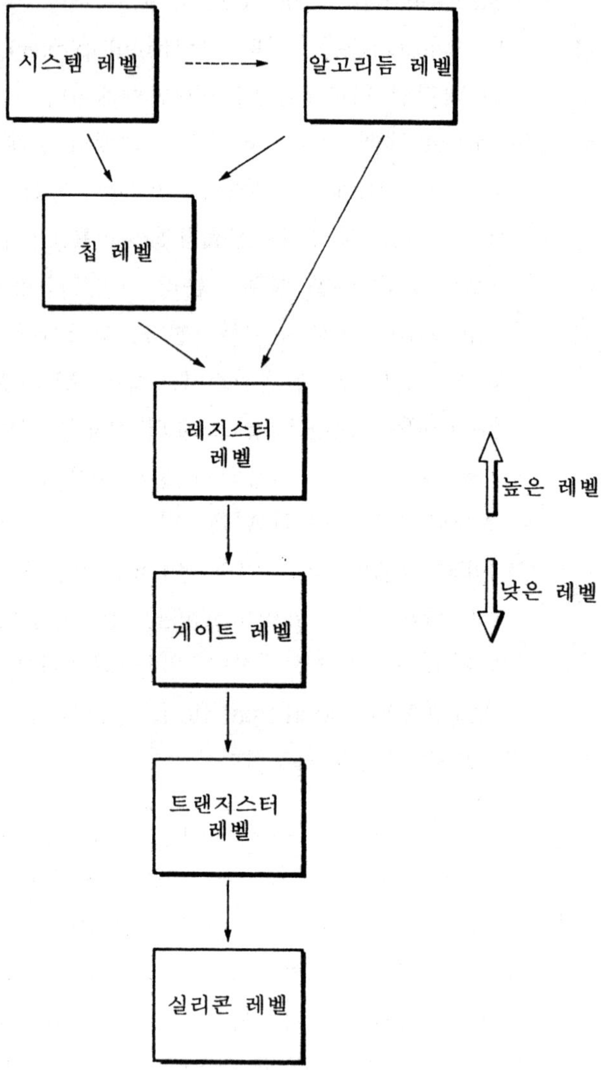

그림 1-5 디지털 회로 설계의 레벨과 그 흐름

본서의 설계 범위

본서에서는 디지털 공학의 기초를 다루고 있으므로 주요 설계 대상으로는 레지스터 레벨과 게이트 레벨의 설계가 된다. 사용되는 소자들도 SSI 급의 IC로 이루어진 게이트, 플립플롭과 MSI로 이루어진 레지스터 레벨의 모듈들을 주로 사용하며, 이들을 이용하여 레지스터 레벨에서 사용되는 모듈을 설계하고, 그 모듈들을 이용하여 더 큰 모듈 또는 목적하는 바의 디지털 회로 설계를 다룬다.

2 수 체계

CHAPTER

1장에서 언급한 것처럼 디지털 공학은 2개의 값만을 갖는 2치 디지털 신호를 다루므로 이를 그대로 수학적으로 표현하기 위한 방법으로 2진수를 사용한다. 그러나 2진수는 디지털 회로에서는 간편하고 편리한 방법이지만, 일상에서 사용하지 않는 관계로 우리에게는 불편한 점이 많다. 따라서 10진수와 2진수의 상호 변환이 필요하며, 또한 2진수로 모든 것을 표현할 경우 정보를 표현하는 데이터의 양이 많아지므로, 이를 쉽게 변환할 수 있으며 데이터의 양을 줄이는 방법으로 8진수, 16진수를 사용하므로 이에 대하여 알아본다. 또한 2진수에서의 연산을 다루고, 음수의 표현 방법을 알아본다.

2-1 10진수 (Decimal Numbers)

여러 가지의 진법을 알아보기 위하여 우리는 먼저 10진수에 대하여 다시 정의하여 보도록 한다. 10진수는 0, 1, 2, 3, 4, 5, 6, 7, 8, 9의 10개의 디지트(digit)를 사용하며, 같은 디지트를 사용하더라도 그 위치에 따라서 자릿값(weight)이 달라지는 자릿값 수 체계(weighted number system)이다.

10진 정수 1234가 있다면 이는 식 (2-1)처럼 표현할 수 있다.

$$\begin{aligned} 1234 &= 1\times1000+2\times100+3\times10+4\times1 \\ &= 1\times10^3+2\times10^2+3\times10^1+4\times10^0 \qquad (2-1) \end{aligned}$$

즉, 가장 아랫자리부터 일, 십, 백, 천, 만, 십만, 백만, ··· 의 자릿값을 가지며, 이를 지수 형식으로 표현하면 10^0, 10^1, 10^2, 10^3, 10^4, 10^5, 10^6, ··· 으로 표현할 수 있다.

여러 진법에서의 수를 표현하기 위하여 일반 형식으로 수를 나타내 보면 식 (2−2)와 같이 표현된다. n자리로 이루어진 r진법의 수 N은 0부터 r개의 디지트를 사용하며 자릿값은 r을 밑수로 하는 지수 형식으로 표현할 수 있다.

$$N\,)_r = a_{n-1}\ a_{n-2}\ a_{n-3}\ \cdots\ a_1\ a_0\ )_r \qquad (2-2)$$

$$= a_{n-1}\times r^{n-1} + a_{n-2}\times r^{n-2} + a_{n-3}\times r^{n-3} + \cdots + a_1\times r^1 + a_0\times r^0\ )_r \qquad (2-3)$$

10진 소수 0.5678은 식 (2−4)와 같이 표현할 수 있다.

$$0.5678 = 5\times0.1+6\times0.01+7\times0.001+8\times0.0001 = 5\times10^{-1}+6\times10^{-2}+7\times10^{-3}+8\times10^{-4} \qquad (2-4)$$

r진법의 실수 N이 n자리의 정수와 m자리의 소수로 이루어져 있다면 일반식으로 식 (2−5)와 같이 표현할 수 있으며, 밑수 r의 지수 형식으로 표현하면 식 (2−6)으로 나타낼 수 있다. 주의하여야 할 점은 식 (2−5)는 r진법의 수이며, 식 (2−6)은 등가의 10진법의 수라는 것이다. 따라서 r진법의 수를 10진수로 변환하고자 할 경우에는 식 (2−6)을 이용하면 된다.

$$N\,)_r = a_{n-1}\,a_{n-2}\,a_{n-3}\cdots a_1\,a_0\,.\,a_{-1}\,a_{-2}\cdots a_{-(m-1)}\,a_{-m}\ )_r \qquad (2-5)$$

$$= a_{n-1}\times r^{n-1} + a_{n-2}\times r^{n-2} + a_{n-3}\times r^{n-3} + \cdots + a_1\times r^1 + a_0\times r^0 + a_{-1}\times r^{-1} + a_{-2}\times r^{-2} + \cdots + a_{-(m-1)}\times r^{-(m-1)} + a_m\times r^{-m}\ )_{10} \qquad (2-6)$$

2-2 2진수 (Binary Numbers)

〔1〕 2진수의 표현과 10진 변환

2진 정수

2진법에서 수는 0과 1의 두 개의 디지트만을 사용하여 표현된다. 식 (2-7)은 2진수를 10진수에서와 같은 방법으로 표현한 것이다.

$$
\begin{aligned}
10101\,)_2 &= 1\times10000+0\times1000+1\times100+0\times10+1\times1\,)_2 && (2-7)\\
&= 1\times10^4+0\times10^3+1\times10^2+0\times10^1+1\times10^0\,)_2 && (2-8)\\
&= 1\times2^4+0\times2^3+1\times2^2+0\times2^1+1\times2^0\,)_{10} && (2-9)\\
&= 1\times16+0\times8+1\times4+0\times2+1\times1\,)_{10} && (2-10)\\
&= 21\,)_{10} && (2-11)
\end{aligned}
$$

식 (2-7)과 (2-8)에 적용되는 진법은 2진법임에 주의하여 두 식을 보면 같은 값을 표현한 것임을 알 수 있다. 2진수에서의 자리 올림은 10이 되며, 10진수로 보면 2가 된다. 식 (2-9)는 2진수에서의 밑수 r을 10진수에서 표현된 값인 2로 대체한 표현이 되며, 이 식의 계산한 결과 값은 등가의 10진수가 된다. 2진수 10101을 10진수로 변환하면 21이 된다. 변환하는 방법은 식 (2-10)을 10진수로 계산하기만 하면 된다.

2진 소수

2진법에서도 소수를 표현할 수 있으며, 0과 1의 디지트를 사용하고 소수점을 사용한다. 2진수 0.101은 식 (2-12)와 (2-13)처럼 표현된다.

$$
\begin{aligned}
0.101\,)_2 &= 1\times0.1+0\times0.01+1\times0.001\,)_2 && (2-12)\\
&= 1\times10^{-1}+0\times10^{-2}+1\times10^{-3}\,)_2 && (2-13)\\
&= 1\times2^{-1}+0\times2^{-2}+1\times2^{-3}\,)_{10} && (2-14)\\
&= 1\times0.5+0\times0.25+1\times0.125\,)_{10} && (2-15)\\
&= 0.625\,)_{10} && (2-16)
\end{aligned}
$$

2진 실수

2진법의 실수 N을 일반식으로 나타내면 다음과 같다. 식 (2−17)은 2진법에서의 표현이며, 식 (2−18)은 등가의 10진수로 변환하는 식이 된다.

$$N)_2 = a_{n-1}\ a_{n-2}\ a_{n-3}\ \cdots\ a_1\ a_0\ .\ a_{-1}\ a_{-2}\ \cdots\ a_{-(m-1)}\ a_{-m}\ )_2 \qquad (2-17)$$

$$= a_{n-1}\times2^{n-1}+a_{n-2}\times2^{n-2}+a_{n-3}\times2^{n-3}+\cdots+a_1\times2^1+a_0\times2^0 + a_{-1}\times2^{-1}+a_{-2}\times2^{-2}+\cdots +a_{-(m-1)}\times2^{-(m-1)}+a_{-m}\times2^{-m}\ )_{10} \qquad (2-18)$$

2진수의 자릿값

2진수에서의 자릿값을 10진수로 환산하여 보면, 표 2−1과 같다.

표 2-1 2진수에서의 자릿값

2진수	10진수	10진수 (지수 형식)	2진수	10진수	10진수 (지수 형식)
1	1	2^0			
10	2	2^1	0.1	0.5	2^{-1}
100	4	2^2	0.01	0.25	2^{-2}
1000	8	2^3	0.001	0.125	2^{-3}
10000	16	2^4	0.0001	0.0625	2^{-4}
100000	32	2^5	0.00001	0.03125	2^{-5}
1000000	64	2^6	0.000001	0.015625	2^{-6}
10000000	128	2^7	0.0000001	0.0078125	2^{-7}
100000000	256	2^8	0.00000001	0.00390625	2^{-8}
1000000000	512	2^9	0.000000001	0.001953125	2^{-9}
10000000000	1024	2^{10}	0.0000000001	0.0009765625	2^{-10}

예제 1 다음의 2진수를 10진수로 변환하시오.

① 1101 ② 1101001

③ 1011.1101 ④ 1000111.10101

▷▶ 풀 이

① $1101)_2 = 1\times2^3+1\times2^2+0\times2^1+1\times2^0)_{10}$
$= 1\times8+1\times4+0\times2+1\times1)_{10}$
$= 13)_{10}$

② $1101001)_2 = 1\times2^6+1\times2^5+0\times2^4+1\times2^3+0\times2^2+0\times2^1+1\times2^0)_{10}$
$= 1\times64+1\times32+0\times16+1\times8+0\times4+0\times2+1\times1)_{10}$
$= 105)_{10}$

③ $1011.1101)_2$
$= 1\times2^3+0\times2^2+1\times2^1+1\times2^0+1\times2^{-1}+1\times2^{-2}+0\times2^{-3}+1\times2^{-4})_{10}$
$= 1\times8+0\times4+1\times2+1\times1+1\times0.5+1\times0.25+0\times0.125+1\times0.0625)_{10}$
$= 11.8125)_{10}$

④ $1000111.10101)_2$
$= 1\times2^6+0\times2^5+0\times2^4+0\times2^3+1\times2^2+1\times2^1+1\times2^0+1\times2^{-1}+0\times2^{-2}$
$+1\times2^{-3}+0\times2^{-4}+1\times2^{-5})_{10}$
$= 1\times64+0\times32+0\times16+0\times8+1\times4+1\times2+1\times1+1\times0.5$
$+0\times0.25+1\times0.125+0\times0.0625+1\times0.03125)_{10}$
$= 71.65625)_{10}$

비트

10진수 한 자리, 또는 0에서 9까지의 10진 숫자 하나를 디지트(digit)라 한다. 2진수의 한 자리는 binary digit(2진수 한 자리)의 약자로 bit(비트)라고 부른다. 따라서 비트란 디지털에서의 정보 표현의 최소 단위가 된다.

바이트

정보 표현의 최소 단위인 비트는 나타낼 수 있는 정보의 종류가 두 개로 제한되어 여러 가지 정보를 표현하기에는 부족하다. 따라서 숫자, 문자, 특수 문자 등을 표현할 수 있는 단위로 8비트를 주로 사용하며, 이를 바이트(byte)라 부른다.

워드

대부분의 디지털 회로 시스템에서는 정보를 처리하는 단위를 바이트로 한다. 그러나 한 번에 처리하는 단위를 두 바이트 이상으로 하는 경우도 있으며, 이 경우 두 바이트 또는 그 이상의 단위를 워드(word)라고 부른다.

〔2〕 10진수의 2진 변환

10진 정수의 변환

10진수를 2진수로 변환하고자 하는 경우에는 더 이상 나눌 수 없을 때까지 10진수를 2로 나눈 후 각각의 나머지를 역순으로 취한다. 2로 나눈 나머지는 절대로 2보다 크거나 같은 값은 나올 수 없기 때문에 2진수에서 사용되는 디지트 0과 1만으로 변환이 된다.

10진수 56이 있다면 다음과 같이 변환된다.

✲ 변환식 1

```
2 ) 56
2 ) 28  ——— 0   ↑
2 ) 14  ——— 0   |
2 )  7  ——— 0   |
2 )  3  ——— 1   |
     1  ——— 1   |
```

$56)_{10} = 111000)_2$

10진 소수의 변환

10진 소수를 2진수로 변환하는 경우에는 소수점 아래 값에 2를 곱하여 정수로 올라가는 부분을 순서대로 취하면 된다. 소수점 이하 자리에 2를 곱할 경우 2보다 크거나 같은 정수는 나올 수가 없으므로 2진수에서 사용하는 0과 1의 두 디지트만이 발생된다. 10진 소수 0.5625를 2진수로 변환하면 다음과 같이 계산된다.

✲ 변환식 2

```
     0.5625
   ×      2
 | 1.  1250
 | ×      2
 | 0.  250
 | ×      2
 | 0.  50
 | ×      2
 ↓ 1.  0
```

$0.5625)_{10} = 0.1001)_2$

변환시 소수점 아래 자릿값이 0이 되면 변환이 끝나며, 0이 되지 않는 경우에는 필요한 자릿수까지 계산하면 된다.

예제 2 다음의 10진수를 2진수로 변환하시오.

① 14　　② 125

③ 18.875　　④ 39.675

▷▶ 풀 이

①
```
2 ) 14
2 )  7  ── 0  ↑
2 )  3  ── 1
     1  ── 1
```

$14)_{10} = 1110)_2$

②
```
2 ) 125
2 )  62  ── 1  ↑
2 )  31  ── 0
2 )  15  ── 1
2 )   7  ── 1
2 )   3  ── 1
      1  ── 1
```

$125)_{10} = 1111101)_2$

③
```
2 ) 18
2 )  9  ── 0  ↑
2 )  4  ── 1
2 )  2  ── 0
     1  ── 0
```

```
  0.875
×     2
  1. 750   ↓
×     2
  1. 5
×   2
  1. 0
```

$18.875)_{10} = 10010.111)_2$

④
```
2 ) 39
2 ) 19  ── 1  ↑
2 )  9  ── 1
2 )  4  ── 1
2 )  2  ── 0
     1  ── 0
```

```
  0.675
×     2
  1. 350   ↓
×     2
  0. 70
× 2
  1. 4
× 2
  0. 8
× 2
  1. 6
```

$39.675)_{10} = 100111.10101)_2$

MSB와 LSB

10진수 1234가 있을 때 각 디지트는 자릿값에 따라 그 중요도가 달라진다. 이 중 가장 높은 자릿값의 위치를 MSD(Most Significant Digit)라 하며, 가장 낮은 자릿값의 위치를 LSD(Least Significant Digit)라 한다.

```
       1 2 3 4
MSD ───┘     └─── LSD
```

2진수에서는 MSB(Most Significant Bit), LSB(Least Significant Bit)라 한다.

```
       1 0 1 1
MSB ───┘     └─── LSB
```

2-3 8진수와 16진수

디지털 회로 시스템에서는 2진수를 기본으로 사용하지만, 모든 정보를 2진수로 표현하기에는 사람에게 있어서 데이터의 양이 너무 많아지는 문제가 있다. 같은 정보를 표현하더라도 데이터의 양을 줄인다면 여러 면에서 편리성이 증대될 것이다. 10진수라면 2진수보다는 데이터의 양이 더 줄어들게 되지만 2진수와 10진수는 복잡한 상호 변환 과정을 거쳐야만 한다. 그러나 8진수와 16진수는 2진수와의 변환이 매우 간단하면서도 데이터의 양이 대폭 줄어드는 이점을 갖고 있다.

〔1〕 2진수와 8진수

0과 1, 두 개의 디지트를 사용하는 2진수 1비트가 표현할 수 있는 정보는 2종류이다. 2비트의 2진수는 4종류의 정보를 표현할 수 있으며, 3비트의 2진수는 8종류의 정보를 나타낸다. 8진수는 0부터 7까지 8개의 디지트를 사용하며, 이는 8종류의 정보를 나타내는 2진수 3비트와 일치한다. 즉 8진수 한 자리는 2진수 3비트와 그대로 대응되는 관계를 갖는다. 이는 16진수와 4비트의 2진수의 관계도 마찬가지이다.

2진수와 8진수의 상호 변환

2진수를 8진수로 변환하려면, LSB부터 3비트씩 나누어 읽으면 된다. 이때, 상위에서 3비트가 채워지지 않으면 상위에 0을 채워서 읽는다. 2진수 101011을 8진수로 변환하면 101은 5, 011은 3이므로 8진수 53이 된다.

역으로 8진수를 2진수로 변환하는 경우에는 8진수 1자리를 2진수 3비트로 써 주기만 하면 된다. 즉 8진수 53을 변환하면, 5는 2진수 3비트 101, 3은 011이므로 2진수 101011이 된다.

2진 소수와 8진 소수 간에도 마찬가지의 방법으로 변환이 가능하며, 단지 소수점으로부터 하위로 3비트씩 나누고, 비트 수가 모자라는 경우 하위에 0을 채워서 처리한다.

예제 3 다음의 2진수를 8진수로 변환하시오.

① 100010001　　② 1111101111000

③ 1011.01010011

▷▶ **풀 이**

① 100 010 001)2
　4 2 1)8
　= 421)8

② 001 111 101 111 000)2
　1 7 5 7 0)8
　= 17570)8

③ 001 011 . 010 100 110)2
　1 3 . 2 4 6)8
　= 13.246)8

예제 4 다음의 8진수를 2진수로 변환하시오.

① 576　　② 234　　③ 41.54

▷▶ **풀 이**

① 5 7 6)8
　101 111 110)2
　= 101111110)2

② 2 3 4)8
　010 011 100)2
　= 10011100)2

③ 4 1 . 5 4)8
　100 001 . 101 100)2
　= 100001.1011)2

〔2〕 2진수와 16진수

16진수는 16개의 디지트를 사용한다. 그러나 숫자는 0부터 9까지의 10개만이 정의되어 사용되고 있으므로 6개의 한 자리 숫자가 더 필요하다. 16진수에서는 0부터 9까지의 숫자와 영문자 A부터 F까지를 사용하여 16개의 디지트를 표현하기로 약속하였다. 다음의 표 2−2는 2진수와 10진수, 16진수의 상호 관계를 나타낸다.

표 2-2 2진수와 10진수, 16진수의 관계

2진수	10진수	16진수	2진수	10진수	16진수
0	0	0	1000	8	8
1	1	1	1001	9	9
10	2	2	1010	10	A
11	3	3	1011	11	B
100	4	4	1100	12	C
101	5	5	1101	13	D
110	6	6	1110	14	E
111	7	7	1111	15	F

2진수와 16진수의 상호 변환

2진수와 16진수의 관계는 2진수 4비트가 16종류의 정보를 표현할 수 있으므로, 2진수 4비트와 16진수 1자리가 그대로 대응된다. 2진수를 16진수로 변환하려면, 하위에서부터 4비트씩 나누어 읽되, 상위에서 비트 수가 모자라면 0을 채워서 읽으면 된다.

소수에서도 소수점으로부터 하위로 4비트씩 끊어서 변환하되 최하위에서 비트 수가 모자라면 0을 채워서 처리한다.

예제 5 다음의 2진수를 16진수로 변환하시오.

① 100010001 ② 1111101111000

③ 1011.01010011

▷▶ 풀 이

① 0001 0001 0001)$_2$ ② 0001 1111 0111 1000)$_2$ ③ 1011 . 0101 0011)$_2$
1 1 1)$_{16}$ 1 F 7 8)$_{16}$ B . 5 3)$_{16}$
= 111)$_{16}$ = 1F78)$_{16}$ = B.53)$_{16}$

예제 6 다음의 16진수를 2진수로 변환하시오.
① 2AF ② CDE ③ 3B.F4

▷▶ 풀 이

① 2 A F)$_{16}$ ② C D E)$_{16}$ ③ 3 B . F 4)$_{16}$
0010 1010 1111)$_2$ 1100 1101 1110)$_2$ 0011 1011 . 1111 0100)$_2$
= 1010101111)$_2$ = 110011011110)$_2$ = 111011.111101)$_2$

〔3〕 8진수, 16진수와 10진수

8진수의 10진 변환

8진수를 10진수로 변환하는 방법은 식 (2-6)에서 정의된 r진법의 수를 10진수로 변환하는 방법을 사용하면 된다. 식 (2-5)와 (2-6)의 일반식을 8진수에 대한 일반식으로 바꾸어 쓰면 식 (2-19)와 (2-20)이 된다.

$$N)_8 = a_{n-1}\ a_{n-2}\ a_{n-3} \cdots a_1\ a_0\ .\ a_{-1}\ a_{-2} \cdots a_{-(m-1)}\ a_{-m}\ )_8 \quad (2-19)$$

$$= a_{n-1}\times 8^{n-1} + a_{n-2}\times 8^{n-2} + a_{n-3}\times 8^{n-3} + \cdots + a_1\times 8^1 + a_0\times 8^0 + a_{-1}\times 8^{-1} + a_{-2}\times 8^{-2} + \cdots + a_{-(m-1)}\times 8^{-(m-1)} + a_{-m}\times 8^{-m}\ )_{10} \quad (2-20)$$

16진수의 10진 변환

16진수를 나타내는 일반식은 식 (2-21)로 표현하며, 10진수로 변환하는 변환식은 식 (2-22)로 정의된다.

$$N)_{16} = a_{n-1}\ a_{n-2}\ a_{n-3} \cdots a_1\ a_0\ .\ a_{-1}\ a_{-2} \cdots a_{-(m-1)}\ a_{-m}\ )_{16} \quad (2-21)$$

$$= a_{n-1}\times 16^{n-1} + a_{n-2}\times 16^{n-2} + a_{n-3}\times 16^{n-3} + \cdots + a_1\times 16^1 + a_0\times 16^0$$
$$+ a_{-1}\times 16^{-1} + a_{-2}\times 16^{-2} + \cdots$$
$$+ a_{-(m-1)}\times 16^{-(m-1)} + a_{-m}\times 16^{-m}\ )_{10} \quad (2-22)$$

예제 7 다음의 8진수와 16진수를 10진수로 변환하시오.

① $576)_8$ ② $41.54)_8$

③ $2AF)_{16}$ ④ $3B.F4)_{16}$

▷▶ 풀 이

① $576)_8 = 5\times 8^2 + 7\times 8^1 + 6\times 8^0)_{10}$
$= 5\times 64 + 7\times 8 + 6\times 1)_{10}$
$= 382)_{10}$

② $41.54)_8 = 4\times 8^1 + 1\times 8^0 + 5\times 8^{-1} + 4\times 8^{-2})_{10}$
$= 4\times 8 + 1\times 1 + 5\times 0.125 + 4\times 0.015625)_{10}$
$= 33.6875)_{10}$

③ $2AF)_{16} = 2\times 16^2 + 10\times 16^1 + 15\times 16^0)_{10}$
$= 2\times 256 + 10\times 16 + 15\times 1)_{10}$
$= 687)_{10}$

④ $3B.F4)_{16} = 3\times 16^1 + 11\times 16^0 + 15\times 16^{-1} + 4\times 16^{-2})_{10}$
$= 3\times 16 + 11\times 1 + 15\times 0.0625 + 4\times 0.00390625)_{10}$
$= 59.953125)_{10}$

10진수의 8진, 16진 변환

10진수를 8진수 또는 16진수로 변환하는 방법은, 2진수에서와 마찬가지로 8 또는 16으로 더 이상 나누어지지 않을 때까지 나누면서 그 나머지를 역순으로 취하면 된다.

예제 8 다음의 10진수를 8진수로 변환하시오.

① 382 ② 33.6875

▷▶ 풀 이

```
① 8 ) 382
  8 ) 47   — 6 ↑     = 576 )8
       5   — 7 |
```

```
② 8 ) 33
       4 — 1 ↑        0.6875
                    ×      8    = 41.54 )8
                 |  5. 5000
                 |  ×  8
                 ↓  4. 0
```

예제 9 다음의 10진수를 16진수로 변환하시오.

① 687 ② 59.953125

▷▶ 풀 이

```
① 16 ) 687
  16 )  42   — 15 ↑     = 2AF )16
         2   — 10 |
```

```
② 16 ) 59
        3    — 11 ↑       0.953125
                        ×       16     = 3B.F4 )16
                     |  15. 250000
                     |  ×  16
                     ↓  4. 0
```

〔4〕 8진수와 16진수

8진수와 16진수의 상호 변환

8진수를 16진수로 변환하는 경우나 16진수를 8진수로 변환하는 경우에는 두 가지 방법이 있다. 첫째는 10진수로 변환한 다음 다시 원하는 진법으로 변환하는 것이다. 둘째는 2진수를 매개로 하여 2진수로 변환한 다음 다시 변환하는 방법이다. 10진수를 매개로 변환하는 방법은 기본적인 방법이라 할 수 있으나, 앞서 다루어 왔던 복잡한 10진수와의 진법 변환 과정을 거쳐야만 한다. 반면에 2진수를 매개로 하는 방법은 2진수와 8진수, 16진수 간의 2^n배 관계로 인하여 쉽게 변환이 이루어진다.

예제 10 다음의 8진수는 16진수로, 16진수는 8진수로 변환하시오.

① 576 $)_8$ ② 41.54 $)_8$

③ 2AF $)_{16}$ ④ 3B.F4 $)_{16}$

▷▶ **풀 이**

① 576 $)_8$ = 101 111 110 $)_2$
= 0001 0111 1110 $)_2$
= 1 7 E $)_{16}$
= 17E $)_{16}$

② 41.54 $)_8$ = 100 001 . 101 100 $)_2$
= 0010 0001 . 1011 $)_2$
= 2 1 . B $)_{16}$
= 21.B $)_{16}$

③ 2AF $)_{16}$ = 0010 1010 1111 $)_2$
= 001 010 101 111 $)_2$
= 1 2 5 7 $)_8$
= 1257 $)_8$

④ 3B.F4 $)_{16}$ = 0011 1011 . 1111 0100 $)_2$
= 111 011 . 111 101 $)_2$
= 7 3 . 7 5 $)_8$
= 73.75 $)_{16}$

2-4 r진수

임의의 r진법의 수는 식 (2−5)처럼 나타낼 수 있으며, 이를 10진법의 수로 변환하는 방법은 식 (2−6)에서 정의하였다. 식에서 표현한 수는 실수이며, 소수점 아래 자리가 존재하지 않는 정수는 소수의 자릿수 m이 0이 되는 특별한 경우로 본다면 이 일반식은 정수와 실수를 모두 처리하는 일반식이 된다. 이는 r진법의 베이스 r을 10진법에서 그대로 사용하여 위치에 따라 자릿값으로 나타내는 것이다.

$$N)_r = a_{n-1}\, a_{n-2}\, a_{n-3} \cdots a_1\, a_0 \,.\, a_{-1}\, a_{-2} \cdots a_{-(m-1)}\, a_{-m}\,)_r \qquad (2-5)$$

$$= a_{n-1}\times r^{n-1} + a_{n-2}\times r^{n-2} + a_{n-3}\times r^{n-3} + \cdots + a_1\times r^1 + a_0\times r^0$$
$$+ a_{-1}\times r^{-1} + a_{-2}\times r^{-2} + \cdots$$
$$+ a_{-(m-1)}\times r^{-(m-1)} + a_{-m}\times r^{-m}\,)_{10} \qquad (2-6)$$

10진수를 r진법의 수로 변환하는 방법은, 10진수를 변환하고자 하는 r진법의 r로 계속 나누어 각각의 나머지를 역순으로 취한다. r로 나눈 나머지는 절대로 r보다 크거나 같은 값이 나올 수 없으므로 r진법에서 사용하는 r개의 디지트만이 만들어진다.

10진법의 정수를 변환하는 방법이 나눈 후 나머지를 취하는 방법이었다면, 소수를 변환하는 방법은 1보다 작은 부분을 r로 곱하여 정수로 되는 부분을 취하는 것이다. 마찬가지로 1보다 작은 값을 r로 곱하면 r보다 크거나 같은 값은 나올 수 없으므로 r개의 디지트만이 사용된다.

2-5 2진수의 연산

디지털 회로 시스템에서 정보를 표현하고 처리하는 데 기본적으로 사용되는 2진수는 그의 처리 목적상 산술 연산이 필요한 경우도 있다. 본 절에서는 2진수의 4칙 연산에 대하여 알아본다.

〔1〕 2진수의 가산

두 개의 2진수를 더하는 가산에 있어서 가장 기본적인 1비트 두 수를 더하는 경우를 살펴보면 다음과 같이 정의된다. 가산하고자 하는 두 수를 각각 A, B라 한다면 A, B는 2진 변수가 되고, 0 또는 1의 값을 가질 수 있다. 두 수를 가산하는 경우의 수는 총 4가지가 만들어질 수 있다. 결과는 앞의 세 경우는 1비트면 되고, 두 수가 동시에 1일 경우는 2비트의 결과가 얻어진다. 2비트 중 상위의 비트는 다음 단의 자리올림(carry)이 되어 다음 단 가산시 함께 가산되어진다.

A	0	0	1	1
+ B	0	1	0	1
결과	0	1	1	10

예제 11 2진수 1011과 1101을 가산하시오.

▷▶ **풀 이**

문제를 2진수와 10진수로 가산하여 보면 다음과 같다.

2진수	10진수
1011	11
+1101	+13
11000	24

〔2〕 2진수의 감산

두 수를 감산하는 경우에 있어서도, 1비트의 두 수를 각각 A, B라 한다면 감산의 경우의 수는 총 4가지가 발생된다.

	A	0	0	1	1
−	B	0	1	0	1
결	과	0	1	1	0
자리빌림			1		

감산에 있어서 0에서 1을 빼는 경우에는 일반적인 수학에서는 −1이라고 표시하지만 여러 자리의 수를 감산하는 경우라면 윗자리로부터 빌려다가 감산을 하게 된다. 이 때, 빌려 준 자리에서는 이를 다시 감산하여 계산하게 되므로 이를 나타내기 위한 방법으로 자리빌림(borrow)이라는 표시를 하게 된다.

예제 12 2진수 1101에서 1011을 감산하시오.

▷▶ 풀 이

문제를 2진수와 10진수로 감산하여 보면 다음과 같다.

2진수	10진수
1101	13
− 1011	− 11
0010	2

〔3〕 2진수의 승산

10진수를 곱하는 경우 우리는 구구단이라는 곱셈표를 이용한다. 2진수의 곱셈에서도 곱셈표를 만들어 볼 수 있다. 1비트의 두 수 A, B를 곱하는 경우 발생 가능한 경우의 수는 총 4가지가 되므로 다음과 같이 정의할 수 있다.

```
   A 0 0 1 1
 ×B  0 1 0 1
결과 0 0 0 1
```

어떤 수에든 0을 곱하면 0이 되는 관계로 2진수의 곱셈표는 매우 간단하여 $1 \times 1 = 1$이라는 하나의 경우만 존재하게 되며, 2진수에서의 곱셈은 가산으로 바뀔 수 있음을 알려준다. 이는 실제로 곱할 필요가 없이 승수가 1이라면 자릿수만 맞추어 그냥 더하면 되기 때문이다.

예제 13 2진수 101에 101을 승산하시오.

▷▶ **풀 이**

문제를 2진수와 10진수로 승산하여 보면 다음과 같다.

```
    101       5
  × 101     × 5
    101      25
   000
 + 101
  11001
```

[4] 2진수의 제산

10진수에서의 제산은 실제로 곱셈과 뺄셈으로 이루어짐은 이미 잘 알고 있는 사실이다. 2진수에서라면 0과 1 밖에 존재하지 않기 때문에 승산에 실제로 곱하는 일이 필요 없음은 앞서 살펴보았다. 마찬가지로 제산에서도 감산만으로 계산이 이루어짐을 생각하여 볼 수 있을 것이다. 현재 나누고자 하는 위치에서 피제수가 제수보다 크거나 같다면 몫의 비트가 1이 될 것이고, 아니라면 0이 되고 자리 이동만 하면 된다.

예제 14 2진수 11001을 101로 나누는 계산을 하시오.

▷▶ 풀 이

문제를 2진수와 10진수로 계산하여 보면 다음과 같다.

```
        101          5
101 ) 11001      5 ) 25
      101            25
        101           0
        101
          0
```

2-6 보 수

2-5절의 연산으로부터 2진수의 연산은 실제로 가산과 감산 동작만으로 이루어질 수 있음을 살펴보았다. 그러나 지금까지 다루어 온 수는 모두 양수이었음을 상기하여 본다면, 2진수에서도 음수를 표현하는 방법이 정의되지 않았음을 알 수 있다. 일반 수학에서 음수를 표기하는 방법은 '부호와 절대치' 표기 방법이었다. 이는 우리의 계산 방법이, 감산 결과가 음수가 나오는 경우 큰 수에서 작은 수를 빼고 음의 부호를 붙여 주는 것이기 때문이다. 2진수에서도 그렇게 사용할 수 있으나 실제 감산 작업이 매우 복잡해짐을 느끼게 된다. 이것은 특히 디지털 회로로 연산기를 설계할 때 회로가 복잡해짐을 의미한다.

음수 표기 방법

음수, 즉 부호를 나타내는 방법에는 '부호와 절대치' 이외에도 보수를 이용하는 방법이 있다. 10진수에서는 9의 보수와 10의 보수가 있으며, 2진수에서는 1의 보수와 2의 보수가 있다. 모든 진법에서 두 가지의 보수가 존재하는데 이는 그 진법에서 사용되는 모든 디지트들을 표현할 수 있어야 되기 때문이다.

또한, 음수를 표기하는 방법을 갖고 있다면 다음 식과 같이 감산도 가산으로 바꿀 수 있게 된다.

$$A-B = A+(-B) \quad (2-23)$$
$$9-5 = 9+(-5) \quad (2-24)$$

그러나 부호와 절대치 표기 방법으로는 감산을 식 (2−24)처럼 바꾼다 하더라도 실제 감산은 가산이 아닌 절대치가 큰 값에서 작은 값을 빼는 감산으로 이루어지며, 감산기 회로를 설계한다면 다음과 같은 모듈들이 필요하게 된다.

부호와 절대치 표기 방법을 이용하는 감산기의 모듈

① 크기 비교기
② 감수와 피감수 교환기 (비교 결과에 따라)
③ 감산기
④ 부호 부과기(교환기 작동시 음수)

따라서 부호와 절대치 표기 방법으로는 감산을 가산으로 바꾸어 표기하더라도 실제 회로에서는 감산기를 없애지 못한다. 그러나 음수 표기 방법을 보수를 이용한 방법으로 바꾼다면 이를 개선할 수 있다.

〔1〕 10진수의 보수

10진수에서는 9의 보수와 10의 보수가 있음은 앞서 설명하였다. 9의 보수란 합하여 9가 되는 수, 또는 9에서 뺀 수라고 정의할 수 있다. 마찬가지로 10의 보수는 합하여 10이 되는 수, 또는 10에서 뺀 수가 되며, 9의 보수를 구하여 1을 더하여도 된다. 표 2−3에 10진수 한 자리에 대한 9의 보수와 10의 보수를 정리하였다.

표 2-3 10진수 한 자리에 대한 보수

10진수	9의 보수	10의 보수
0	9	0
1	8	9
2	7	8
3	6	7
4	5	6
5	4	5
6	3	4
7	2	3
8	1	2
9	0	1

두 자리 이상의 수에 대한 9의 보수는 매 자리에 대하여 9의 보수를 구하면 되고, 10의 보수는 9의 보수를 구하여 가장 낮은 자리에 1을 더하던가, 또는 한 자리 큰 값에서 빼면 된다. 즉, 34에 대한 9의 보수를 구하면 99에서 34를 빼서 65가 되고, 10의 보수는 65에 1을 더한 66, 또는 100에서 34를 뺀 66이 된다. 보수를 구하는 규칙은 실수로 확장하여도 그대로 적용된다. 다만 자리 올림 발생시 1을 더하는 자리, 또는 9의 보수에 1을 더하는 자리가 자릿값이 1인 자리가 아니라, 가장 낮은 자리에 더한다는 것만 지키면 된다. 이것은 정수일 경우에는 1이 되지만 소수인 경우에는 소수점 이하 가장 낮은 자리이기 때문이다.

예제 15 다음의 10진수에 대하여 9의 보수와 10의 보수를 구하시오.

① 59 ② 130 ③ 27.45

▷ 풀 이

① 9의 보수 : 99−59=40

10의 보수 : 100−59=41 (9의 보수+1 ⇒ 40+1=41)

② 9의 보수 : 999−130=869

10의 보수 : 1000−130=870 (9의 보수+1 ⇒ 869+1=870)

③ 9의 보수 : 99.99−27.45=72.54

10의 보수 : 100−27.45=72.55(9의 보수+0.01 ⇒ 72.54+0.01=72.55)

보수 이용 감산

음수를 부호와 절대치가 아닌 보수를 이용하여 표기한다면 다음과 같이 표시하며 감산을 가산으로 바꿀 수 있다.

일반식	부호와 절대치	9의 보수	10의 보수
6	6	6	6
− 3	+(−3)	+6	+7

부호와 절대치 표기 방법은 감산을 가산으로 바꾸어도 실제 연산은 일반식과 똑같이 이루어지지만 보수를 이용하는 방법에서는 별도의 연산 규칙이 존재한다. 9의 보수를 이용한 감산에서는 자리올림이 발생할 경우 이를 가장 낮은 자리에 더한다. 10의 보수를 이용한 경우에는 자리올림이 발생하여도 이를 무시한다. 앞서의 보수에 의하여 가산으로 바꾼 감산을 완성하여 보면 다음과 같다.

	9의 보수		10의 보수
	6		6
	+6		+7
자리올림이 발생하였으므로 낮은 자리에 더함	1 2	자리올림 무시	1 3
	+1		3
	3		

보수를 이용한 감산에 있어서 큰 수에서 작은 수를 빼는 경우에는 빼고자 하는 수만 보수를 구하여 가산하면 되지만 작은 수에서 큰 수를 빼는 경우에는 결과가 음수이므로 보수로 표현된다.

따라서 그 절대치를 알고자 한다면 다시 보수를 취하여야 한다. 주의하여야 할 점은 보수를 구할 때, 항상 자릿수를 맞추어야 한다는 것이다.

예제 16 다음의 감산을 9의 보수와 10의 보수를 이용하여 수행하시오.

① 67－32 ② 2587－952 ③ 27－45

▷▶ 풀 이

①a. 32의 9의 보수를 구하면 99－32=67이 된다.

```
 67              67
－32      ⇒     ＋ 67
 35             1 34     자리올림이 발생하였으므로
                ＋ 1     1을 더한다.
                  35
```

①b. 32에 대한 10의 보수를 구하면 100－32=68이 된다.

```
 67              67
－32      ⇒     ＋ 68
 35             1 35     자리올림 무시
                  35     답 : 35
```

②a. 952에 대한 9의 보수를 구하면 9999－952=9047이다.

```
 2587              2587
－ 952     ⇒     ＋ 9047
 1635            1 1634     자리올림이 발생하였으므로
                 ＋    1     1을 더한다.
                   1635     답 : 1635
```

②b. 952에 대한 10의 보수를 구하면 10000－952=9048이다.

```
 2587              2587
－ 952     ⇒     ＋ 9048
 1635            1 1635     자리올림 무시
                            답 : 1635
```

③a. 45에 대한 9의 보수를 구하면 99－45=54이다.

```
 27            27     결과는 9의 보수로 표현된 음수
－ 45    ⇒    ＋ 54    이므로 81에 대한 9의 보수를
－18           81     (99－81=18)을 구하고 －를
                      붙인다.
                      답 : －18(부호와 절대치)
```

③b. 45에 대한 10의 보수를 구하면 100−45=55이다.

```
  27            27     결과는 10의 보수로 표현된 음수
− 45    ⇒     + 55     이므로 다시 10의 보수를 구하
 −18            82     고 −를 붙인다. 100−82=18
                       답 : −18
```

〔2〕 2진수의 보수

2진수에서의 보수는 1의 보수와 2의 보수가 있으며, 디지털 회로에서 음수를 표현하고, 감산을 가산으로 바꾸기 위한 매우 중요한 개념이다.

2진수의 1의 보수는 합하여 1이 되는 수, 또는 1에서 뺀 수이므로, 보수를 구하는 데 10진수에서처럼 감산을 하지 않아도 쉽게 구할 수 있다. 즉, 0을 1로, 1은 0으로 바꾸기만 하면 1의 보수가 구하여진다. 2비트 이상의 수에 있어서도 각 비트의 1의 보수를 구하기만 하면 되므로, 각 비트의 값에 부정을 취하기만 하면 된다.

2의 보수는 1비트에 대하여는 별 의미가 없다. 왜냐하면 0은 0으로, 1은 1로, 자기 자신의 값이 되기 때문이다. 그러나 2비트 이상의 수에서는, 1의 보수를 구하여 최하위 비트에 1을 더하는 방법으로 쉽게 구해진다.

예제 17 다음의 2진수에 대하여 1의 보수와 2의 보수를 구하시오.

① 10011 ② 1001001 ③ 1011.101

▷▶ 풀 이

```
① 1의 보수  10011          2의 보수   01100
            01100                   +     1
                                      01101

② 1의 보수  1001001        2의 보수   0110110
            0110110                 +       1
                                      0110111

③ 1의 보수  1011.101       2의 보수   0100.010
            0100.010                +        1
                                      0100.011
```

2진수의 부호 표현

2진수의 정해진 비트 수에서 음수를 표현하게 되면, 양수만을 표현하는 경우보다 그 범위가 작아진다. 이는 최상위 비트가 부호의 의미로 쓰이기 때문이다. 표 2-4는 부호를 표현하는 방법 세 가지에 대하여 8비트 2진수에서의 표현 방법과 그 범위를 나타낸다.

표 2-4 8비트 2진수에서의 부호 표현과 수의 범위

부호 표현 방법		부호를 사용하지 않는 양의 정수 사용 범위	부호를 사용하는 정수 사용 범위
부호와 절대치	2진수	00000000 ~ 11111111	11111111 ~ 01111111
	10진수	0 ~ 255	−127 ~ +127
1의 보수	2진수	00000000 ~ 11111111	10000000 ~ 01111111
	10진수	0 ~ 255	−127 ~ +127
2의 보수	2진수	00000000 ~ 11111111	10000000 ~ 01111111
	10진수	0 ~ 255	−128 ~ +127

부호와 절대치 표기 방법은 최상위 비트를 부호 비트로 하여 0이면 양수를, 1이면 음수를 나타내고, 나머지 비트로 절대치를 나타내는 방법이다. 따라서 수의 표현 범위는 1비트를 제외한 비트 수의 범위가 되어 8비트에서라면 7비트의 최대치 127이 되고, 음수로는 −127이 된다.

1의 보수에 의한 표현 방법은 7비트 양수를 0부터 최대치 127까지 표현하고, 각각의 1의 보수를 취하면 음수가 된다. 01111111(+127)의 1의 보수를 구하면 10000000(−127)이 되며, −128의 표현은 불가능하여진다. 결국, 1의 보수에 의한 방법에서도 최상위 비트는 부호 비트로 사용되어 0이면 양수, 1이면 음수를 나타낸다.

2의 보수는 1의 보수와 마찬가지로 양수를 표현하고, 이를 다시 2의 보수를 구하여 음수로 나타내면 된다. 양의 최대치 01111111(+127)을 2의 보수를 구하면 10000001(−127)이 되어 하나의 영역이 남는다.

즉, 최소치로 음수인 10000000을 표현할 수 있으며 이 값은 2의 보수로 바꾸어 절대치로 보면 10000000(+128)이 된다. 양의 범위에서 10000000(+128)은 부호 비트가 음수를 나타내므로 사용할 수 없으나, 음수에서 −128은 사용할 수 있게 되는 것이다. 2의 보수에 있어서도 최상위 비트는 부호 비트로 쓰여 0이면 양수, 1이면 음수를 나타내게 되어 절대치가 가장 큰 수인 10000000(128)은 부호가 음수이므로 양수로는 불가능하지만 음수로는 가능하게 되는 것이다.

부호를 표현하는 세 가지 방법에서 수의 표현 범위는 2의 보수가 가장 크게 되는 장점이 있으므로, 2의 보수를 사용하는 것이 가장 좋다고 할 수 있다.

2진수의 보수 이용 감산

2진수에서 부호를 갖는 수의 표현을 보수를 이용함으로써 또 하나의 매우 중요한 부분이 있다. 감산을 보수를 이용한 가산으로 바꾸는 것이다. 어느 진법의 어떤 방법을 이용하더라도 음수를 표현하는 방법을 갖고 있다면 감산을 가산으로 바꿀 수 있음은 이미 살펴본 바와 같다. 그러나 음수를 표현하는 방법을 이용하여 감산을 가산으로 바꾸자면, 제일 먼저 음수의 표현 방법이 쉽게 가능하여야 한다. 예를 들어 10진수에서의 9의 보수를 구하고자 한다면, 결국 9에서 빼는 감산을 하여야만 한다. 이는 감산을 없애기 위하여 다시 감산을 하는 꼴이 되어 이치에 맞지 않는다.

2진수에서라면 1의 보수를 구하는 것이 단지 0과 1을 바꾸기만 하면 되므로, 매우 간단하게 보수를 구할 수 있다. 따라서 실제 연산기 회로의 대부분이 별도의 감산기를 회로로 구성하지 않고, 가산기 회로에 보수기를 부가하여 보수를 이용한 가산으로 감산을 행한다.

실제 가산기와 감산기의 회로는 6장의 연산 회로에서 설계하기로 한다.

예제 18 다음의 2진수의 감산을 1의 보수와 2의 보수를 이용하여 수행하시오.

① 1101−100 ② 101−1011

▷▶ **풀 이**

<table>
<tr><td>①</td><td>1101</td><td>1의보수</td><td>1101</td><td>2의보수</td><td>1101</td><td>10진수</td><td>13</td></tr>
<tr><td></td><td>−100</td><td>⟹</td><td>+1011</td><td>⟹</td><td>+1100</td><td>⟹</td><td>− 4</td></tr>
<tr><td></td><td></td><td></td><td>1 1000</td><td></td><td>1 1001</td><td></td><td>9</td></tr>
<tr><td></td><td></td><td></td><td>+ 1</td><td></td><td></td><td></td><td></td></tr>
<tr><td></td><td></td><td></td><td>1001</td><td></td><td></td><td></td><td></td></tr>
</table>

② 101 1의보수 101 2의보수 101 10진수 5
$\underline{-1011}$ ⟹ $\underline{+0100}$ ⟹ $\underline{+0101}$ ⟹ $\underline{-11}$
1001 (음수) 1010 (음수) −6
↓ 1의보수 ↓ 2의보수
0110 (절대값) 0110 (절대값)

〔3〕 r 진수의 보수

임의의 r 진법에서의 수에 대한 보수는 $(r-1)$의 보수와 r의 보수가 있다. r 진법의 수에 대하여 $(r-1)$의 보수와 r의 보수만이 존재함은 r 진법에서 사용하는 r개의 디지트를 모두 표현하는 방법이 두 가지 이외에는 없기 때문이다. r 진법의 수 N이 있을 때, N은 정수를 포함하는 실수라고 한다면, N은 앞서 정의된 식 (2−5)로 나타낼 수 있다.

$$N)_r = a_{n-1}\ a_{n-2}\ a_{n-3} \cdots a_1\ a_0\ .\ a_{-1}\ a_{-2} \cdots a_{-(m-1)}\ a_{-m}\ )_r \quad (2-5)$$

r 진수 N은 정수부분 n자리와 소수부분 m자리로 이루어져 있다. 이에 대한 $(r-1)$의 보수와 r의 보수를 구하면 다음과 같다. 주의할 점은 식 (2−25)와 (2−26)은 10진수로 계산하는 것이 아니라 r 진수로 계산하여야 한다는 것이다.

$$(r-1)\text{의 보수} : r^n - r^{-m} - N)_r \quad (2-25)$$
$$r\text{의 보수} : r^n - N)_r \quad (2-26)$$

r의 보수는 $(r-1)$의 보수를 구하여 하위 자리에 1을 더하여도 된다. 이것을 수식으로 보면 식 (2−27)이 되고, 이것은 다시 식 (2−29)이 되어 r의 보수를 구하는 식 (2−26)과 같게 된다.

$$r\text{의 보수} = (r-1)\text{의 보수} + \text{하위 자리 } 1$$
$$= (r^n - r^{-m} - N) + r^{-m} \quad (2-27)$$
$$= (r^n - N) - r^{-m} + r^{-m} \quad (2-28)$$
$$= r^n - N \quad (2-29)$$

예제 19 다음 진법의 $(r-1)$의 보수와 r의 보수를 구하시오.

① $126)_7$ ② $379.46)_{11}$

▷▶ 풀 이

① $126)_7$

$(r-1)$의 보수 : $r^n - r^{-m} - N)_r$

6의 보수 : $7^3 - 7^0 - 126)_7$

$= 1000 - 1 - 126)_7$

$= 666 - 126)_7$

$= 540)_7$

r의 보수 : $r^n - N)_r$

7의 보수 : $7^3 - 126)_7$

$= 1000 - 126)_7$

$= 541)_7$

② $379.46)_{11}$

$(r-1)$의 보수 : $r^n - r^{-m} - N)_r$

10의 보수 : $11^3 - 11^{-2} - 379.46)_{11}$

$= 1000 - 0.01 - 379.46)_{11}$

$= AAA.AA - 379.46)_{11}$

$= 731.64)_{11}$

r의 보수 : $(r-1)$의 보수+하위 자리 1

11의 보수 : 10의 보수+0.01

$= 731.64 + 0.01)_{11}$

$= 731.65)_{11}$

$(r-1)$의 보수를 이용하여 감산을 가산으로 하는 경우의 연산 규칙

① 감수의 $(r-1)$의 보수를 구한다.
② 피감수에 ①에서 구한 $(r-1)$의 보수를 더한다.
③ 자리올림이 발생하면 하위 자리에 더한다.
④ 감수가 피감수보다 작은 경우에는 결과가 양수이며 그대로 사용한다.
⑤ 감수가 피감수보다 큰 경우에는 결과가 $(r-1)$의 보수로 표현된 음수이다.
⑥ ⑤의 결과에 대하여 절대치를 알아보고자 한다면 다시 $(r-1)$의 보수를 구한다.

r의 보수를 이용하여 감산을 가산으로 하는 경우의 연산 규칙

① 감수의 r의 보수를 구한다.
② 피감수에 ①에서 구한 r의 보수를 더한다.
③ 자리올림이 발생하여도 무시한다.
④ 감수가 피감수보다 작은 경우에는 결과가 양수이며 그대로 사용한다.
⑤ 감수가 피감수보다 큰 경우는 결과가 r의 보수로 표현된 음수이다.
⑥ ⑤의 결과에 대하여 절대치를 알아보고자 한다면 다시 r의 보수를 구한다.

연 습 문 제

1. 다음의 2진수를 10진수로 변환하시오.

① $10101)_2$ ② $110110)_2$

③ $10110.101)_2$ ④ $100111.111)_2$

2. 다음의 10진수를 2진수와 8진수, 16진수로 변환하시오. 단, 떨어지지 않는 수는 소수점 이하 다섯 째 자리까지 구하시오.

① $132)_{10}$ ② $250)_{10}$

③ $41.875)_{10}$ ④ $214.53125)_{10}$

3. 다음의 2진수를 8진수와 16진수로 변환하시오.

① $10101)_2$ ② $110110)_2$

③ $10110.101)_2$ ④ $100111.111)_2$

4. 다음의 8진수는 16진수로, 16진수는 8진수로 변환하시오.

① $432)_8$ ② $140.715)_8$

③ $3AF)_{16}$ ④ $E1C.4B)_{16}$

5. 음수 표기 방법 3가지를 요약하고 장단점을 서술하시오.

6. 다음의 각 수에 대하여 $(r-1)$의 보수와 r의 보수를 구하시오.

① $11010)_2$ ② $435)_7$

③ $1356.74)_{12}$ ④ $7BD.A3)_{16}$

7. 다음 10진수의 감산을 9의 보수와 10의 보수를 이용하여 수행하시오.

① $756-42$ ② $34-756$

③ $145-32.4$ ④ $26-38$

8. 다음 2진수의 감산을 1의 보수와 2의 보수를 이용하여 수행하시오.

① 101－10　　② 110－10110

③ 110111－1100　　④ 111.11－11.001

9. 다음 각 진법의 감산을 r의 보수를 이용하여 수행하는 과정을 보이시오.

① $570-46\,)_8$　　② $42-13\,)_{11}$

10. 2진수의 감산을 수행하는 감산기를 설계할 때, 필요한 기능의 모듈은 무엇인가 1의 보수와 2의 보수에 대하여 각각 정리하여 보시오.

11. r진수에서 $(r-1)$의 보수와 r의 보수를 이용하여 감산을 가산으로 하는 경우의 연산 규칙을 2진수에서 1의 보수와 2의 보수를 이용하여 감산을 가산으로 수행하는 경우의 연산 규칙으로 바꾸어 정리하여 보시오.

3 CHAPTER

코 드

앞에서 살펴본 바와 같이 디지털 회로 시스템은 2개의 값만을 사용하므로 2진수를 사용한다. 크기를 갖는 수에서의 처리는 2진수로 변환하여 처리가 가능하지만, 단순한 숫자의 표현에서는 진법 변환이 필요 없는 보다 간편한 처리가 요구되며, 문자 등의 표현을 위한 방법이 필요하다. 이들 숫자, 문자 등을 2진수의 형태를 이용하여 표현하는 방법을 코드(code) 또는 부호라 하며, 이는 디지털 논리 회로 시스템에서 사용하는 약속된 체계이다. 본 장에서는 숫자를 표현하는 여러 가지 코드와 특수한 기능을 갖는 코드, 영문자, 특수문자 등을 표현하기 위한 코드, 한글 처리를 위한 코드 체계 등에 대하여 알아본다.

3-1 10진(BCD) 코드

10진 코드는 실생활에서 사용하는 10진수를 진법 변환 없이 그대로 사용하되 형태만 2진수의 형태를 빌어 표현하는 코드이며, 2진화 10진 코드(BCD : Binary Coded Decimal)라고 부른다.

〔1〕 8421 코드

8421 코드는 대표적인 BCD 코드로 코드에 사용되는 2진수 각 자릿값이 8421인 자릿값(weighted) 코드이다. 10진수의 10개의 디지트를 나타내기 위하여는 2진수 4비트가 필요하며, 0부터 9까지의 표현은 2진수 4비트의 값과 일치한다. 다만 2진수 1010부터 1111까지의 6개 코드는 사용하지 않는다. 표 3-1은 BCD 8421 코드를 나타낸다.

표 3-1 BCD 8421 코드

10진수	BCD 8421 코드
0	0000
1	0001
2	0010
3	0011
4	0100
5	0101
6	0110
7	0111
8	1000
9	1001

BCD 8421 코드에서는 4비트 2진수를 사용하기로 약속을 하였기 때문에 반드시 비트 수를 맞추어 사용한다. 2진수에서라면 생략하여도 될 무의미한 0일지라도 BCD 코드 내에서는 생략하여서는 안 된다. 따라서 사용하지 않는 코드가 있을 뿐만 아니라 자릿수의 고정으로 인하여 2진수를 사용하는 경우보다 낭비(redundancy)가 크다.

여러 자리 수의 8421 코드 표현

BCD 코드에서 중요한 점은 10진수 한 자리에 대하여 4비트의 2진수로 BCD 코드를 사용한다는 점이다. 2자리 이상의 10진수에 대하여도 한 자리씩 4비트의 BCD 코드로 대응시킨다. 다음은 10진수를 2진수와 BCD 8421 코드로 나타내는 예이다.

10진수	2진수	BCD 8421 코드
9	1001	1001
15	1111	0001 0101
47	101111	0100 0111
236	11101100	0010 0011 0110
801	1100100001	1000 0000 0001

8421 코드의 연산

8421 코드를 이용하여 수를 표현하는 것은 여러 가지 편리한 점을 제공한다. 그러나 연산이 필요한 경우에는 다시 2진수로 바꾸어 연산을 한 후 10진수로 변환하는 과정을 거쳐야 한다. 이를 10진수 상태로 연산을 할 수 있다면 2진수와의 진법 변환 과정이 생략되므로 간단하게 연산을 수행할 수 있을 것이다.

다음은 10진수의 가산을 2진수와 8421 코드로 나타낸 것이다.

10진수	2진수	BCD 8421 코드
15	1111	0001 0101 (BCD 코드)
+ 7	+ 0111	+ 0111 (BCD 코드)
22	10110	0001 1100 (BCD 코드 아님)
		+ 0110 (10진 보정)
		0010 0010 (BCD 결과)

그러나 위의 예에서 8421 코드로 표현된 수를 연산한 경우에는 답이 맞지 않는다. 그 이유는 8421 코드는 2진수 4비트로 만들어지는 16종류의 표현 중에서 10개만을 사용하는데 반하여, 연산 동작은 4비트 2진수로 보고 이루어졌기 때문이다. 즉, 사용하지 않는 6개 코드를 포함하여 연산이 이루어졌으며, 결과는 BCD 8421 코드가 아닌 결과를 얻어내었다. 따라서 8421 코드가 아닌 결과를 얻었을 때에는 6을 더하여 8421 코드로의 보정을 함으로써 8421 코드의 결과를 얻을 수 있다. 가산시 자리올림이 발생할 경우에는 결과는 8421 코드에 속하지만 가산 결과는 맞지 않으며, 이 경우에도 6을 더하면 맞는 결과를 얻을 수 있다. 6을 더하는 이유는 2진 가산시 6개의 BCD 코드에서 사용하지 않는 값들을 포함하여 가산하는 과정에서 자리올림이 발생하였기 때문이다.

8421 코드의 연산 규칙

① 8421 코드로 표현된 두 수를 더한다.

② 결과가 8421 코드가 아닌 경우에는 6을 더하여 10진 보정을 한다.

③ 결과가 8421 코드인 경우에도 자리올림이 발생하면, 6을 더하여 10진 보정을 한다.

결론적으로, 8421 코드를 사용하여 표현된 수를 가산하고자 한다면 2진수로 변환하여 연산하고 다시 결과를 8421 코드로 변환하는 방법 외에, 2진 가산을 두 번 하는 방법이 있으며, 8421 가산기의 자세한 내용은 6장의 연산 회로 설계시에 자세히 다루기로 하겠다.

예제 1 다음의 가산을 8421 코드를 이용하여 수행하고 설명하시오.

① 7+5 ② 9+8

▷▶ 풀 이

①		②	
0111		1001	
+0101		+1000	
1100	(BCD 코드가 아님)	**1** 0001	(자리올림 발생, 결과는 틀림)
+0110	(10진 보정)	+ 0110	(10진 보정)
0001 0010	(BCD 결과)	0001 0111	(BCD 결과)

〔2〕 3초과(Ex-3 : excess-three) 코드

BCD 코드의 또 다른 형태로 비자릿값(unweighted) 코드인 3초과 코드가 있다. 3초과란 말에서도 알 수 있듯이 8421 코드에 대하여 0부터 9까지의 모든 코

표 3-2 8421 코드와 3초과 코드

10진수	8421 코드	3초과 코드
0	0000	0011
1	0001	0100
2	0010	0101
3	0011	0110
4	0100	0111
5	0101	1000
6	0110	1001
7	0111	1010
8	1000	1011
9	1001	1100

드 값이 3이 큰 코드이다. 3초과 코드는 8421 코드와 마찬가지로 4비트의 2진수를 사용하여 10진 디지트를 표현하여, 사용하지 않는 6개의 코드가 존재한다. 표 3-2는 10진 디지트를 3초과 코드로 나타낸 것이다.

3초과 코드의 특징 - 자기 보수 코드

3초과 코드는 비자릿값 코드이면서 8421 코드가 갖지 못하는 중요한 특징을 갖고 있다. 10진수에서의 보수를 구하는 경우, 우리는 9에서의 감산을 수행하여 9의 보수를 구하였다. 8421 코드에서도 이는 변함이 없으나, 3초과 코드로 표현된 경우에는 2진수 1의 보수가 곧 9의 보수가 된다. 즉, 0과 1을 바꾸기만 함으로써, 감산 없이 보수를 구할 수 있다. 이러한 코드를 자기 보수화(self-complementing) 코드라고 부른다.

10진수	3초과 코드	9의 보수	
		10진수	3초과 코드
7	1010	2	0101
25	0101 1000	74	1010 0111
96	1100 1001	03	0011 0110
143	0100 0111 0110	856	1011 1000 1001

3초과 코드의 가산

3초과 코드도 8421 코드와 마찬가지로 10진수를 표현하며, 또한 보수를 쉽게 구할 수 있으므로 3초과 코드를 이용하여 연산을 수행한다면 감산까지 진법 변환 없이 간단하게 처리할 수 있다. 10진수의 가산을 3초과 코드를 이용하여 수행한다면 다음처럼 이루어진다.

10진수	3초과 코드
15	0100 1000 (3초과 코드)
+ 7	+ 0011 1010 (3초과 코드)
22	1000 **1** 0010 (6초과 코드와 0초과 코드)
	− 0011 + 0011 (3초과 코드로의 보정)
	0101 0101 (3초과 코드)

3초과 코드의 가산 결과는 두 가지 경우로 나타난다. 첫 번째는 자리올림이 발생하지 않으며, 3초과 수와 3초과 수가 더하여져서 6초과 수가 되는 경우이다. 따라서 올바른 3초과 코드의 결과를 얻기 위하여 초과된 3만큼 감산을 하여야 한다. 두 번째는 자리올림이 발생하여 0초과 코드가 발생되는 경우로 3을 더하여 준다. 0초과라고 부르는 이유는 3초과 수를 더할 때, 6초과가 되어야 하지만 사용하지 않는 6개의 코드를 포함하여 자리올림이 발생하였으므로 6초과 수와 자리올림이 상쇄되어 초과되지 않는 8421 코드 그대로이기 때문이다.

3초과 코드의 가산 규칙

① 3초과 코드로 표현된 두 수를 더한다.
② 연산 결과 자리올림이 발생하지 않으면, 이는 6초과 수이므로 3을 뺀다.
③ 연산 결과 자리올림이 발생하면, 이는 0초과 수이므로 3을 더한다.

예제 2 다음의 가산을 3초과 코드를 이용하여 수행하시오.
① 2+3　　　　② 49+25

▷▶ **풀 이**

①	2	0101	②	49	0111	1100
	+ 3	+ 0110		+25	+0101	1000
	5	1011 (6초과 수)		74	1101	**1** 0100 (캐리 발생)
		− 0011 (3초과 보정)			−0011	+0011 (3초과 보정)
		1000 (3초과 결과)			1010	0111 (3초과 결과)

3초과 코드의 감산

3초과 코드의 감산은 9의 보수 또는 10의 보수를 구하여 가산으로 계산하면 된다. 다음은 9의 보수를 이용하여 감산을 가산으로 바꾸어 계산하는 예이다.

10진수		3초과 코드		
감산	9의 보수 가산	감산	9의 보수 가산	
7	7	1010	1010	(3초과 코드)
− 4	+ 5	− 0111	+1000	(9의 보수 3초과 코드)
	1 2		**1** 0010	(자리올림 발생)
	+ 1		+ 1	(9의 보수 연산 규칙)
	3		0011	(0초과 수)
			+0011	(3초과 코드로의 보정)
			0110	(3초과 코드)

3초과 코드의 감산을 그대로 수행할 경우에는 3초과 수에서 3초과 수를 빼므로 항상 0초과 수가 된다. 그러나 직접 감산하는 것은 이미 우리의 관심사가 아니므로, 3초과 코드에서의 9의 보수를 간단히 구하여 더하면 되고, 9의 보수를 이용할 경우의 연산 규칙을 적용하고, 또한 3초과 코드의 가산 규칙을 적용하면 된다. 앞의 예에서는 4에 대한 3초과 코드 0111을 0과 1을 바꾸어 구한 9의 보수 1000을 더한다. 가산 결과 자리올림이 발생하였으므로 하위 자리에 1을 더하고, 3초과 코드의 연산 규칙에 따라 자리올림이 발생하였으므로 다시 3을 더하면 3초과 코드인 맞는 결과를 얻을 수 있다. 10의 보수를 이용할 경우에는 9의 보수를 구하여 1을 더한 다음 그대로 10의 보수 연산 규칙과 3초과 코드 연산 규칙을 적용한다.

예제 3 다음의 감산을 3초과 코드를 이용하여 수행하시오.

① 6−4　　　② 4−6

▷▶ 풀 이

① 6	1001	9의 보수	1001		10의 보수	1001	
− 4	− 0111	⟹	+1000	(9의 보수) ⟹		+1001	(10의 보수)
2			**1** 0001	(캐리 발생)		**1** 0010	(캐리 무시)
			+ 1	(9의 보수 연산)		____	
			0010	(0초과 수)		0010	(0초과 수)
			+0011	(3초과 보정)		+0011	(3초과 보정)
			0101	(3초과 결과)		0101	(3초과 결과)

② 4 0111 9의 보수 0111 10의보수 0111
$\underline{-\ 6}$ $\underline{-\ 1001}$ ⟹ $\underline{+0110}$ (9의 보수) ⟹ $\underline{+0111}$ (10의 보수)
− 2 1101 (캐리 없음) 1110 (캐리 없음)
$\underline{-0011}$ (3초과 보정) $\underline{-0011}$ (3초과 보정)
1010 (3초과 결과, 음수) 1011 (3초과 결과)
↓ 9의 보수 ↓ 10의 보수
0101 (3초과 절대치) 0101 (3초과 절대치)

〔3〕 기타의 4비트 10진 코드

4비트로 10진수를 나타내는 자릿값(weighted) 코드로는 8421 코드에서 보았듯이 자릿값을 바꾸어 다른 코드를 표현할 수 있다. 이들은 1로 표시되는 자릿값만을 더하면 쉽게 10진수로 바꿀 수 있다. 다만, 자릿값이 음수인 코드도 있으며, 이들은 자릿값 위에 −를 표시한다. 또 같은 자릿값이 2개 이상 나올 경우도 있으며, 이러한 경우는 하위 자리부터 사용한다. 표 3−3에 몇 종류의 4비트 10진 코드를 나타낸다.

2421 코드와 $84\bar{2}\bar{1}$ 코드는 0과 1을 바꾸기만 하면 보수가 구해지는 자기 보수 코드이다.

표 3-3 기타의 4비트 10진 코드

10진수	5421 코드	7421 코드	5311 코드	2421 코드	$84\bar{2}\bar{1}$ 코드	$74\bar{2}\bar{1}$ 코드
0	0000	0000	0000	0000	0000	0000
1	0001	0001	0001	0001	0111	0111
2	0010	0010	0011	0010	0110	0110
3	0011	0011	0100	0011	0101	0101
4	0100	0100	0101	0100	0100	0100
5	1000	0101	1000	1011	1011	1010
6	1001	0110	1001	1100	1010	1001
7	1010	1000	1011	1101	1001	1000
8	1011	1001	1100	1110	1000	1111
9	1100	1010	1101	1111	1111	1110

〔4〕 5비트 이상의 10진 코드

5비트 10진 코드

5비트의 10진 코드로는 표 3-4와 같은 코드들이 있으며, 이들은 특수 목적에 사용하기 위하여 만들어진 코드들로 낭비(redundancy)가 심하다. 5중2(2-out-of-5) 코드는 비자릿값 코드이며, 각 코드값 5비트 중 1이 반드시 2개가 포함되는 코드로 오류의 검출이 용이한 코드이다.

51111 코드는 자릿값 코드로 자기 보수의 특징을 가지며, 코드의 발생이 간단하다. 1부터 4까지의 코드는 0에서 한 비트씩 1을 왼쪽으로 자리이동(shift-left)시키면 되고, 5에서 9까지는 1을 오른쪽으로 자리 이동시키면 된다.

시프트 카운터 코드는 존슨(Johnson) 코드라고도 불리며, 코드의 발생이 51111 코드보다 더 간단한 시프트 동작으로 만들어지며, 인접한 코드 간의 차가 1의 개수의 차로 되는 특징을 갖기 때문에 방향 코드 등에 사용된다. 시프트 카운터는 4비트일 때 8진 코드가 만들어지고, 6비트일 때 12진 코드가 만들어지는 특징을 갖는다.

표 3-4 5비트 10진 코드

10진수	5중2 코드	51111 코드	시프트 카운터 코드
0	00011	00000	00000
1	00101	00001	10000
2	00110	00011	11000
3	01001	00111	11100
4	01010	01111	11110
5	01100	10000	11111
6	10001	11000	01111
7	10010	11100	00111
8	10100	11110	00011
9	11000	11111	00001

6비트 이상의 10진 코드

5비트보다 큰 10진 코드들로는 표 3-5와 같이 둘다섯(Biquinary) 코드와 링 카운터(Ring-counter) 코드가 있다. 이들은 자릿값 코드이며, 오류 검출이 용이하고, 코드의 발생이 간단한 특징을 갖는다. 둘다섯 코드는 7비트로 10진수를 나타내는데 항상 2비트가 1인 코드이며, 자릿값으로 5043210을 가지므로 5043210 코드라고도 부른다. 링 카운터 코드는 10비트의 2진수 중 반드시 한 개의 1로 10진수를 표현하기 때문에, 실제 디지털 회로의 내부 표현보다는 LED 등을 사용하여 외부적으로 표현하는 곳에 사용된다.

표 3-5 6비트 이상의 10진 코드

10진수	둘다섯 코드 50 43210	링 카운터 코드 9876543210
0	01 00001	0000000001
1	01 00010	0000000010
2	01 00100	0000000100
3	01 01000	0000001000
4	01 10000	0000010000
5	10 00001	0000100000
6	10 00010	0001000000
7	10 00100	0010000000
8	10 01000	0100000000
9	10 10000	1000000000

3-2 그레이(gray) 코드

그레이 코드는 10진수가 아닌 2진수를 나타내기 위한 코드이며, 비자릿값 코드이다. 또 이것은 일정한 비트를 갖는 코드 체계가 아니다. 2진수에서 인접한 코드 간의 차가 반드시 감산을 통하여 구하여지는 데에 반하여, 그레이 코드는 한 비트씩만이 차이가 나는 코드이다. 이러한 특징으로 인하여 내부적 표현보다는 외부의 기계, 또는 광학적인 회전축의 위치 부호기 등으로 많이 쓰인다.

4비트의 2진수와 그레이 코드의 표현을 표 3-6에 나타내었다. 그러나 그레이 코드는 정의된 표를 사용하기보다는 변환 방법을 정의하여 사용하는 것이 일반적이며, 회로적으로도 간단히 구현된다. 회로의 설계는 5장에서 다루기로 하며 본 장에서는 변환 방법만을 다루기로 한다.

표 3-6 2진수와 그레이 코드

10진수	2진수	그레이 코드
0	0000	0000
1	0001	0001
2	0010	0011
3	0011	0010
4	0100	0110
5	0101	0111
6	0110	0101
7	0111	0100
8	1000	1100
9	1001	1101
10	1010	1111
11	1011	1110
12	1100	1010
13	1101	1011
14	1110	1001
15	1111	1000

〔1〕 2진수를 그레이 코드로 변환하는 방법

그레이 코드는 2진수의 비트 길이와 같다. 따라서 n 비트의 2진수는 n 비트의 그레이 코드로 변환되며, 변환은 MSB부터 시작된다.

2진수의 그레이 코드로의 변환 규칙

① 2진수의 MSB부터 시작하여 LSB까지 변환한다.

② MSB는 그대로 쓴다.

③ 두 번째 비트부터는 2진수의 앞의 비트와 현재 비트를 비교하여 같으면 0, 다르면 1이 된다.

④ LSB까지 반복하여 같은 길이만큼 만들어 낸다.

예제 4 다음의 2진수를 그레이 코드로 변환하시오.

① 01001 ② 11101111

▷▶ 풀 이

① 2진수를 그레이 코드로 변환하는 규칙을 적용하면

```
B 0 1 0 0 1
  ↓
G 0          (규칙 2 : MSB는 그대로 쓴다)

B 0 1 0 0 1
   ＼
G 0 1        (규칙 3 : 2진수의 앞의 비트와 현재 비트를 비교하며
                       같으면 0, 다르면 1이 된다.)
B 0 1 0 0 1
     ＼
G 0 1 1      (규칙 3)

B 0 1 0 0 1
       ＼
G 0 1 1 0    (규칙 3)

B 0 1 0 0 1
         ＼
G 0 1 1 0 1  (규칙 3)
```

② 2진수를 그레이 코드로 변환하는 규칙을 적용하면

```
B 1  1  1  0  1  1  1  1
  ↓ ＼ ＼ ＼ ＼ ＼ ＼ ＼
G 1  0  0  1  1  0  0  0
```

(2) 그레이 코드를 2진수로 변환하는 방법

그레이 코드의 2진수로의 변환 규칙

① 그레이 코드의 MSB부터 시작하여 LSB까지 변환한다.

② MSB는 그대로 쓴다.

③ 두 번째 비트부터는 앞자리의 그레이 코드로 변환된 비트와 2진수의 다음 비트를 비교하여 같으면 0, 다르면 1이 된다.

④ LSB까지 반복하여 같은 길이만큼 만들어 낸다.

예제 5 다음의 그레이 코드를 2진수로 변환하시오.

① 01101 ② 10011000

▷▶ **풀 이**

① 그레이 코드를 2진수로 변환하는 규칙을 적용하면

G 0 1 0 0 1
B 0 (규칙 2 : MSB는 그대로 쓴다)

G 0 1 1 0 1
B 0 1 (규칙 3 : 그레이 코드의 내려 쓴 비트와 2진수의 다음 비트를 비교하여 같으면 0, 다르면 1이 된다.)

G 0 1 1 0 1
B 0 1 0 (규칙 3)

G 0 1 1 0 1
B 0 1 0 0 (규칙 3)

G 0 1 1 0 1
B 0 1 0 0 1 (규칙 3)

② 그레이 코드를 2진수로 변환하는 규칙을 순차적으로 적용하면

G 1 0 0 1 1 0 0
B 1 1 1 0 1 1 1

3-3 알파뉴메릭 코드 (ASCII, EBCDIC)

이제까지 다룬 코드들은 숫자의 표현을 위한 코드들이었다. 정보의 처리를 위하여는 숫자뿐만 아니라 문자, 특수문자, 제어문자 등을 표현하는 방법이 있어야 하며, 이들도 역시 2진수의 형태로 사용되어야만 한다.

숫자와 영대문자, 영소문자, 특수문자, 그리고 제어문자 등을 표현하기 위하여는 여러 비트의 2진수가 사용되어야 한다.

10진 숫자 10개, 영대소문자 52개, 연산자 등의 특수문자, 제어문자 등을 나타내려면 최소한 100여 개 이상의 정보를 표현할 수 있어야 한다.

현재 많이 사용되고 있는 알파뉴메릭 코드로는 ASCII 코드와 EBCDIC 코드가 있으며, 각각 7비트와 8비트로 최초에 정의되었고, ASCII는 다시 8비트, 16비트로 확장되었다.

ASCII 코드

ASCII는 정보 처리를 위한 미국 표준 코드(American Standard Code for Information Interchange)의 약자이고, 표 3-7과 같이 7비트로 정의되었다.

표 3-7 ASCII 코드

MSB LSB	0 000	1 001	2 010	3 011	4 100	5 101	6 110	7 111
0 0000	null	DLE	SP	0	@	P		p
1 0001	SOH	DC1	!	1	A	Q	a	q
2 0010	STX	DC2	〃	2	B	R	b	r
3 0011	ETX	DC3	#	3	C	S	c	s
4 0100	EOT	DC4	$	4	D	T	d	t
5 0101	END	NAK	%	5	E	U	e	u
6 0110	ACK	SYN	&	6	F	V	f	v
7 0111	bell	ETB	'	7	G	W	g	w
8 1000	BS	CAN	(	8	H	X	h	x
9 1001	HT	EM	)	9	I	Y	i	y
A 1010	LF	SUB	*	:	J	Z	j	z
B 1011	VT	ESC	+	;	K	[	k	{
C 1100	FF	FS	,	〈	L	\	l	¦
D 1101	CR	GS	–	=	M	]	m	}
E 1110	SO	RS	.	〉	N	^	n	~
F 1111	SI	US	/	?	0	_	o	DEL

표 3-7에서 가로는 7비트 중 상위 3비트를 나타내며, 세로는 하위 4비트를 나타낸다.

또, 이들 코드값은 10진수나 16진수를 사용하는데 표에서는 16진수와 2진수로 나타내었다.

EBCDIC 코드

EBCDIC 코드는 확장 2진화 10진 정보 교환 코드(Extended Binary Coded Decimal Interchange Code)로 6비트 BCDIC 코드를 8비트로 확장하여 숫자, 영문자, 특수문자 등을 표시한다.

표 3-8 EBCDIC 코드

MSB / LSB	00				01				10				11			
	00	01	10	11	00	01	10	11	00	01	10	11	00	01	10	11
0000	nul		DS		SP	&										0
0001			SOS						a	j			A	J		1
0010			FS						b	k	s		B	K	S	2
0011		TM							c	l	t		C	L	T	3
0100	PF	RES	BYP	PN					d	m	u		D	M	U	4
0101	HT	NL	LF	RS					e	n	v		E	N	V	5
0110	LC	BS	EOB	UC					f	o	w		F	O	W	6
0111	DL	IL	PRE	EOT					g	p	x		G	P	X	7
1000									h	q	y		H	Q	Y	8
1001									i	r	z		I	R	Z	9
1010		CC	SM		ϕ	!		:								
1011						$	.	#								
1100					<	*	%	@								
1101					(	)	–	'								
1110					+	;	>	=								
1111	CU1	CU2	CU3		¦		?	"								

8비트는 상위 4비트와 하위 4비트로 나누어 각각 존(zone)과 디지트(digit) 영역이라 부르고, 존 영역은 다시 2비트로 나누어 상위 두 비트가 00이면 제어 문자군, 01이면 특수문자군, 10이면 영소문자군, 그리고 11이면 영대문자군과 숫자군을 지정하도록 한다.

특히 존 영역 4비트가 1111일 때, 10진 숫자를 나타낸다. EBCDIC 코드를 표 3-8에 2진수를 이용하여 정리하였다.

3-4 패리티 검사(parity check)

모든 정보를 2진수로 바꾸어 연산, 저장, 전송 등의 정보 처리를 하는 디지털 회로 시스템에서는 0과 1이 잘못되어 오류(error)가 발생할 수 있다. 이들 오류를 간단히 검출하는 방법으로 패리티 검사를 사용하며, 패리티 검사는 기우(홀, 짝) 검사라고 할 수 있다. 즉 주어진 일정 길이의 2진 워드(word) 내에서 1의 개수가 홀수(기수 : odd)인가 짝수(우수 : even)인가를 검사하는 방법이다. 즉, 2진 데이터를 저장 또는 전송하기 전에 패리티 검사를 하여 패리티 비트를 추가하고, 저장한 내용을 읽은 후, 또는 수신한 후 다시 패리티 검사를 하여 서로 다르다면 오류가 발생하였음을 알아내는 것이다.

〔1〕 단일 패리티 검사

2진 데이터 워드 하나에 한 비트의 패리티 비트를 추가하는 방법으로 일반적으로 많이 사용된다. 그러나 한 비트의 패리티 비트를 추가하는 방법으로는 워드 내에서 단일 오류만을 검출할 수 있으나, 한 워드 내에서 두 개 이상의 오류가 발생할 확률은 극히 적음을 생각한다면 값싸게 오류 검사 기능을 추가하는 방법이다.

표 3-9에는 4비트 8421 BCD 코드에 추가된 패리티 비트를 나타낸다. 패리티 비트의 값은 홀수 패리티라면 패리티 비트를 포함하여 워드 내에 1의 개수가 홀수가 되도록 하며 짝수 패리티라면 짝수가 되도록 한다.

표 3-9 패리티 비트가 추가된 BCD 코드

10진수	BCD 코드	홀수 패리티	짝수 패리티
0	0000	0000 1	0000 0
1	0001	0001 0	0001 1
2	0010	0010 0	0010 1
3	0011	0011 1	0011 0
4	0100	0100 0	0100 1
5	0101	0101 1	0101 0
6	0110	0110 1	0110 0
7	0111	0111 0	0111 1
8	1000	1000 0	1000 1
9	1001	1001 1	1001 0

예제 6 다음은 홀수 패리티 비트가 추가된 워드이다. 오류가 있는지 검사하시오.

① 0100 1 $)_{BCD}$ ② 0111001 1 $)_{ASCII}$

③ 11110110 0 $)_{EBCDIC}$

▷▶ 풀 이

① 0100 1 $)_{BCD}$는 1의 개수가 짝수이므로 틀렸다.

② 0111001 1 $)_{ASCII}$는 1의 개수가 홀수이므로 맞았다(39 : ASCII 숫자 '9').

③ 11110110 0 $)_{EBCDIC}$는 1의 개수가 짝수이므로 틀렸다.

예제 7 다음은 짝수 패리티 비트가 추가된 워드이다.
오류가 있는지 검사하시오.

① 0100 1 $)_{BCD}$ ② 0111 0 $)_{Ex\ 3}$

③ 01100101 1 $)_{ASCII}$

▷▶ 풀 이

① 0100 1 $)_{BCD}$는 1의 개수가 짝수이므로 맞았다(BCD '4').

② 0111 0 $)_{Ex-3}$는 1의 개수가 홀수이므로 틀렸다.

③ 01100101 1 $)_{ASCII}$는 1의 개수가 홀수이므로 틀렸다.

〔2〕 이중 패리티

종이 테이프나 자기 디스크, 자기 테이프 등의 대용량 주변 장치에서는 두 개 이상의 오류를 검출하기 위한 방법으로 이중 패리티 검사를 사용하기도 한다. 이중 패리티란 한 워드 내에서의 패리티 검사를 비트 패리티라 하여 일반 패리티 검사와 똑같이 처리하고, 일정한 개수의 워드에 대하여 각 비트 위치를 패리티 검사하여 패리티 비트로만 이루어진 워드 패리티를 부가하는 방법이다.

이는 특정 비트에 대하여 가로와 세로로 두 방향의 패리티 검사를 하여, 한 방향에서의 검출 불능도 다른 방향에서 검출하는 것이다.

또한 단일 오류에 대하여는 몇 번째 워드의 몇 번째 비트가 틀렸는지를 지적할 수 있으므로 정정도 가능하다.

다음은 짝수 패리티로 이중 패리티 검사를 하여 비트 패리티와 워드 패리티가 추가된 데이터(ASCII 'START0')를 나타낸다.

	┌ 비트 패리티
S	10100110
T	10101001
A	10000010
R	10100101
T	10101001
0	01100000
워드 패리티 —	11100001

앞의 이중 패리티 검사된 데이터에서 R을 나타내는 10100101의 워드가 10100001(ASCII 'P')로 한 비트의 오류가 발생하였다면 다음과 같이 검출된다.

```
                        ┌ 비트 패리티
                        │
S              1 0 1 0 0 1 1 0 — 비트 패리티 검사 결과 맞음
T              1 0 1 0 1 0 0 1 — 비트 패리티 검사 결과 맞음
A              1 0 0 0 0 0 1 0 — 비트 패리티 검사 결과 맞음
R              1 0 1 0 0 0 0 1 — 비트 패리티 검사 결과 틀림 *
T              1 0 1 0 1 0 0 1 — 비트 패리티 검사 결과 맞음
0              0 1 1 0 0 0 0 0 — 비트 패리티 검사 결과 맞음
워드 패리티 —  1 1 1 0 0 0 0 1
               │ │ │ │ │ │ │ └── 워드 패리티 검사 결과 맞음
               │ │ │ │ │ │ └──── 워드 패리티 검사 결과 맞음
               │ │ │ │ │ └────── 워드 패리티 검사 결과 틀림 *
               │ │ │ │ └──────── 워드 패리티 검사 결과 맞음
               │ │ │ └────────── 워드 패리티 검사 결과 맞음
               │ │ └──────────── 워드 패리티 검사 결과 맞음
               │ └────────────── 워드 패리티 검사 결과 맞음
               └──────────────── 워드 패리티 검사 결과 맞음
```

⟹ 4번째 워드의 왼쪽으로부터 6번째 비트가 틀렸음

(P) 10100 0 01 → (R) 10100 1 01

3-5 오류 정정 코드 (Error Correcting Codes : Hamming Code)

3-4절에서 한 번의 패리티 검사로는 오류의 검출은 가능하나 정정은 불가능함을 살펴보았다. 이중 패리티에서 보았듯이 최소한 한 비트당 두 번의 검사가 이루어져야만 단일 오류의 정정이 가능함도 살펴보았다. 그러나 이중 패리티 검사는 여러 개의 워드 단위의 처리이다. 하나의 워드 내에서 오류의 검출과 정정이 가능한 코드가 있다. 해밍(Hamming)이라는 사람에 의하여 개발된 코드로 해밍 코드라고 부른다.

해밍 코드의 길이

한 비트당 최소한 두 번 이상의 패리티 검사가 이루어져야만 하므로 정보 비트의 길이에 따라 패리티 비트의 개수가 결정될 것임은 물론이다. 정보 비트의 개수가 d라고 한다면 필요한 패리티 비트의 수 p는 식 (3-1)의 부등식을 만족하는 값이 된다.

$$2^p \geq d+p+1 \tag{3-1}$$

BCD 코드에 대하여 알아본다면, BCD 코드는 정보 비트의 길이가 4비트이므로 식 (3-1)은 식 (3-2)로 쓸 수 있고, 이를 만족하는 p는 3이 되어 해밍 코드의 길이는 7비트가 된다.

$$2^p \geq 4+p+1 \tag{3-2}$$

해밍 코드의 비트 배치

이제 해밍 코드에서의 정보 비트와 패리티 비트의 배치 및 검사하는 비트의 할당에 대하여 알아보자. 각 비트의 배치 방법에는 일반적으로 두 가지가 있으며, 대표적인 방법은 다음과 같다.

$d_7\ d_6\ d_5\ p_4\ d_3\ p_2\ p_1$
($d_7\ d_6\ d_5\ d_3$는 BCD 코드이며, $p_4\ p_2\ p_1$는 패리티 비트임)

해밍 코드에서 d로 표시된 부분은 데이터 비트이며, p로 표시된 부분은 패리티 비트를 나타낸다. 첨자로 표시된 숫자는 전체 7비트의 위치를 하위 비트부터 표시한 것이다. 이 때, 패리티 비트들은 다음과 같은 위치의 비트에 대하여 패리티 검사를 수행한다.

p_1 은 비트 위치 1, 3, 5, 7의 패리티 검사를 한다.

p_2 는 비트 위치 2, 3, 6, 7의 패리티 검사를 한다.

p_4 는 비트 위치 4, 5, 6, 7의 패리티 검사를 한다.

7비트의 각각에 대하여 살펴보면 1, 2, 4의 비트는 패리티 비트 자신이며, 3, 5, 6의 비트는 두 번씩의 패리티 검사를, 7의 비트는 세 번의 검사를 받게 된다. 이를 이용하여 오류가 있다면 틀린 위치까지 지적하여 정정이 되는 것이다.

짝수 패리티를 사용하여 8421 코드를 해밍 코드로 변환한 코드는 표 3−10이 된다.

표 3-10 짝수 패리티로 표시된 BCD의 해밍 코드

10진수	해밍 코드						
	d_7	d_6	d_5	p_4	d_3	p_2	p_1
0	0	0	0	0	0	0	0
1	0	0	0	0	1	1	1
2	0	0	1	1	0	0	1
3	0	0	1	1	1	1	0
4	0	1	0	1	0	1	0
5	0	1	0	1	1	0	1
6	0	1	1	0	0	1	1
7	0	1	1	0	1	0	0
8	1	0	0	1	0	1	1
9	1	0	0	1	1	0	0

(p_4 : 4, 5, 6, 7)

(p_2 : 2, 3, 6, 7)

(p_1 : 1, 3, 5, 7)

해밍 코드의 오류 정정

해밍 코드에서의 정정은 수신 단에서 다시 패리티 검사를 하여 이루어진다. 예를 들어 10진수 '5'의 해밍 워드 0101101을 전송하였으나 수신 단에서 한 개의 오류가 포함된 0101001을 수신하였다면 BCD 코드값만을 보면 10진수 '4'가 된다. 해밍 코드를 이용하여 수신 단에서의 패리티 검사를 수행하면 다음과 같다.

각 패리티 비트를 지정된 비트에 대하여 짝수 패리티 검사를 하여 짝수로 맞게 되는 것을 0, 홀수로 틀린 것을 1이라 놓고, p_4를 MSB로 p_1을 LSB로 하여 2진값으로 읽어 내면 바로 틀린 비트 위치가 된다.

2진수에서 오류란 0이면 1로, 1이면 0으로 바뀌기만 하면 되므로 원래의 데이터로 정정이 된다. 앞의 예에서는 3번 비트가 오류가 있으며, 현재 0이므로 1로 바꾸면 0101101이 되어 원래의 BCD '5'가 전송되었음을 확인할 수 있다.

d_7	d_6	d_5	p_4	d_3	p_2	p_1
0	1	0	1	0	0	1

p_4 (4, 5, 6, 7) : 1 0 1 0 : 짝수(맞음 : 0)
p_2 (2, 3, 6, 7) : 0 0 1 0 : 홀수(틀림 : 1)
p_1 (1, 3, 5, 7) : 1 0 0 0 : 홀수(틀림 : 1)

p_4 p_2 p_1 = 0 1 1 → 3번째 비트가 틀림 (0 → 1)
정정된 워드 : 0101101 (BCD '5')

표 3-11은 패리티 비트의 검출 결과에 따른 정정될 오류 비트의 위치를 나타낸다. 2진값으로는 짝수로 검출되었을 때 0을, 홀수로 검출되거나 또는 짝수에서의 오류는 1로 나타낸다.

표 3-11 패리티 값에 따른 오류 정정 위치(짝수 패리티)

패리티 검사 결과			검사 결과의 2진값 할당			오류 위치
p_4	p_2	p_1	p_4	p_2	p_1	
맞음	맞음	맞음	0	0	0	없음
맞음	맞음	틀림	0	0	1	1
맞음	틀림	맞음	0	1	0	2
맞음	틀림	틀림	0	1	1	3
틀림	맞음	맞음	1	0	0	4
틀림	맞음	틀림	1	0	1	5
틀림	틀림	맞음	1	1	0	6
틀림	틀림	틀림	1	1	1	7

예제 8 수신된 해밍 워드가 짝수 패리티를 사용하며 다음과 같을 때, 오류가 있다면 정정하시오.

① 0 1 1 0 1 0 1 ② 1 1 1 0 0 0 1

▷▶ 풀 이

① d_7 d_6 d_5 p_4 d_3 p_2 p_1

0 1 1 0 1 0 1

p_4 p_2 p_1

0 0 1 ⇒ 1번 비트가 틀림

정정된 워드 : 0110100 (BCD '7')

② d_7 d_6 d_5 p_4 d_3 p_2 p_1

1 1 1 0 0 0 1

p_4 p_2 p_1

1 0 1 ⇒ 5번 비트가 틀림

정정된 워드 : 1100001 (BCD 코드가 아님 : 1100)

3-6 디스플레이 코드(Display Codes)

디스플레이 코드는 데이터의 저장, 전송 등의 처리를 위한 코드가 아니고, 출력용의 코드이다.

본 절에서는 숫자 또는 부분적인 영문자 출력 소자인 7-세그먼트 LED (Light Emitting Diode)를 제어하기 위한 코드와 모니터 화면이나 프린터 등에 사용되는 도트 매트릭스 코드에 대하여 살펴본다.

〔1〕 7-세그먼트(Segment) 코드

7-세그먼트 LED는 7개 또는 8개의 LED를 조합하여 만들며, LED를 선택적으로 발광시켜 정보를 표현한다.

일반적으로는 10진 또는 16진 숫자를 표현하는 데 사용하며, 부분적으로는 영문자나 특수문자를 출력하는 데 사용하기도 한다.

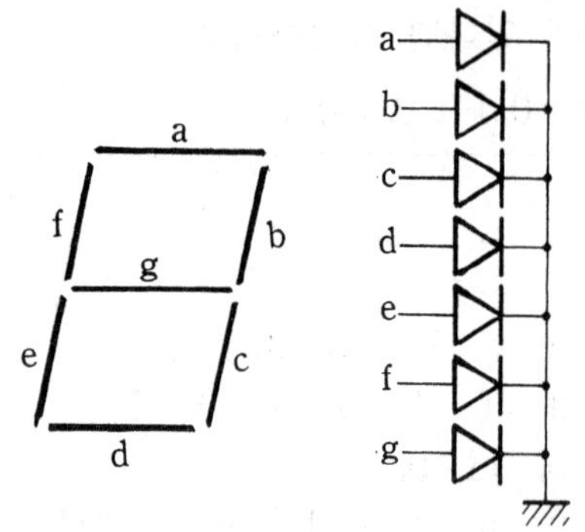

그림 3-1 7-세그먼트 LED와 제어 신호

표 3-12 10진수에 대한 7-세그먼트 LED 코드

10진수	7-세그먼트 LED 코드							
	g	f	e	d	c	b	a	16진값
0	0	1	1	1	1	1	1	3F
1	0	0	0	0	1	1	0	06
2	1	0	1	1	0	1	1	5B
3	1	0	0	1	1	1	1	4F
4	1	1	0	0	1	1	0	66
5	1	1	0	1	1	0	1	6D
6	1	1	1	1	1	0	1	7D
7	0	0	0	0	1	1	1	07
8	1	1	1	1	1	1	1	7F
9	1	1	0	1	1	1	1	6F

7-세그먼트 LED는 제어를 간단히 하기 위하여 LED의 애노드(anode)나 캐소드(cathode) 단자를 공통(common)으로 사용한다.

각 LED의 제어 단자는 그림 3-1과 같이 표시되며, 일반적으로 많이 사용되는 캐소드 공통(common cathode)의 LED라면 제어 단자에 1의 값이 인가될 때 불이 켜진다.

표 3-12에는 10진수를 표현하기 위한 7-세그먼트 LED의 제어 단자의 값을 코드로 표현한 것을 나타낸다.

BCD 코드를 7-세그먼트 코드로 변환하는 방법은 7장의 디코더 설계에서 다루도록 한다.

[2] 도트 매트릭스(Dot Matrix) 코드

문자를 출력하는 또 다른 방법으로 모니터 화면이나 프린터를 사용하는데 흑백의 문자를 나타내는 방법으로 도트로 이루어진 매트릭스상에서 도트를 선택하여 나타낼 수 있다. 숫자와 영문자를 표시하기 위한 최소한의 매트릭스 크기는 5×7 배열이다. 전체 35개의 0과 1의 선택이 필요하며, 이를 보통 5비트 코드 7개로 나타낸다. 그림 3-2에 5×7 도트 매트릭스와 이를 이용하여 구성한 문자의 예를 보인다.

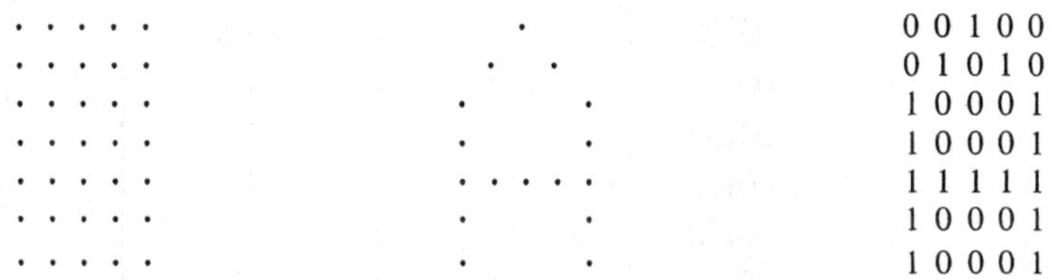

(a) 5 × 7 도트 매트릭스 (b) 영문자 A의 매트릭스 표현 (c) 영문자 A의 코드 표현

그림 3-2 도트 매트릭스 코드

3-7 한글 코드

대부분의 마이크로 컴퓨터 또는 개인용 컴퓨터에서는 알파뉴메릭 코드로 ASCII 코드를 사용한다. 이러한 디지털 시스템은 영어 사용권에서는 별문제가 없으나 비영어권에서는 자국의 언어에 대한 처리가 불가능하다.

이를 처리하기 위한 방법으로 초기에는 코드 체계 중 일부를 재정의하여 사용하기도 하였으나, 최근에는 각국의 언어를 포함하는 유니코드가 제안되어 사용되고 있기도 하다.

우리 나라의 한글 처리는 초창기에 여러 방법이 제안되었으나, 2-바이트 조합형 코드와 2-바이트 완성형 코드가 대표적으로 쓰이고 있다.

2-바이트 완성형은 국가 표준으로 지정된 코드 체계이지만, 처리하지 못하는 한글 문자가 존재하는 등의 문제를 내포하여 최근에는 완성형은 그대로 사용하고, 조합형을 포함하는 형태로 개정이 이루어졌다.

(1) 조합형 한글 코드

조합형 한글이란 한글 고유의 특성인 조합 문자의 특징을 살려 조합 가능한 모든 문자를 표현하는 코드 체계이다.

표 3-13 조합형 한글 코드표

5비트 43210	초 성	중 성	종 성
00000	미사용	사용 제한	사용 제한
00001	Fill	사용 제한	Fill
00010	ㄱ	Fill	ㄱ
00011	ㄲ	ㅏ	ㄲ
00100	ㄴ	ㅐ	ㄳ
00101	ㄷ	ㅑ	ㄴ
00110	ㄸ	ㅒ	ㄵ
00111	ㄹ	ㅓ	ㄶ
01000	ㅁ	사용 제한	ㄷ
01001	ㅂ	사용 제한	ㄹ
01010	ㅃ	ㅔ	ㄺ
01011	ㅅ	ㅕ	ㄻ
01100	ㅆ	ㅖ	ㄼ
01101	ㅇ	ㅗ	ㄽ
01110	ㅈ	ㅘ	ㄾ
01111	ㅉ	ㅙ	ㄿ
10000	ㅊ	사용 제한	ㅀ
10001	ㅋ	사용 제한	ㅁ
10010	ㅌ	ㅚ	미사용
10011	ㅍ	ㅛ	ㅂ
10100	ㅎ	ㅜ	ㅄ
10101	미사용	ㅝ	ㅅ
10110	미사용	ㅞ	ㅆ
10111	미사용	ㅟ	ㅇ
11000	미사용	사용 제한	ㅈ
11001	미사용	사용 제한	ㅊ
11010	미사용	ㅠ	ㅋ
11011	미사용	ㅡ	ㅌ
11100	미사용	ㅢ	ㅍ
11101	미사용	ㅣ	ㅎ
11110	미사용	미사용	미사용
11111	사용 제한	미사용	사용 제한

한글은 자음과 모음으로 나뉘지만, 이들이 다시 초성, 중성, 종성으로 쓰여 이들 3성의 조합으로 하나의 문자가 구성된다.

14개의 자음과 10개의 모음은 복합적으로 쓰여 쌍자음 및 복자음, 복모음이 되어 실제 3성에 쓰이는 기본 요소들은 표 3－13과 같이 초성이 19개, 중성이 28개, 종성이 21개로 이루어져 있다.

이들이 조합하여 생성할 수 있는 문자의 수는 11172자가 된다. 그러나 이렇게 조합되어 생성되는 문자가 모두 쓰이는 것은 아니고 그 중 2000~3000자가 실생활에 쓰인다.

조합형 코드는 기본 코드로 3성의 요소들을 각각 5비트로 정의한다. 실제 문자는 3성을 나타내는 세 개의 5비트 코드의 조합으로 이루어져서 15비트의 길이를 갖는다. 그러나 기본 코드는 ASCII 등을 사용하므로 이들과 구별하기 위하여 한글인 경우에는 15비트에 MSB 1비트를 추가하여 표시하도록 하며, 이 MSB가 1이면 한글, 0이면 ASCII 문자를 나타내도록 한다(그림 3－3).

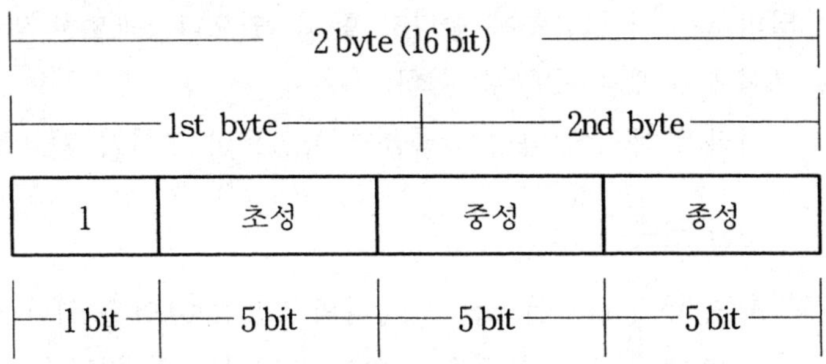

그림 3-3 조합형 한글 코드의 구성

[2] 완성형 한글 코드

완성형 한글 코드는 초창기 여러 종류의 한글 코드들이 사용되어 자료의 호환성이 문제가 되면서 국가 표준으로 제정된 코드 체계로 '정보 교환용 부호에 대한 한국 공업 규격' (KS－C5601 코드집)에 정의되어 있으며, 국가 5대 기간 전산망, 특히 행정 전산망에서 사용되는 코드로, 대부분의 컴퓨터들에서 사용된다. 완성형 코드는 조합형과 달리 이미 문자로서 완성되어 정의된 2350자의 한글을 사용하며, 한자 4888자, 숫자, 영문자, 일본 가나 문자, 특수문자, 제어문자, 그래픽 문자 등도 함께 정의되어 있다.

3-8 기타의 코드

이제까지 정의된 코드들을 이용하면 수 또는 문자를 기반으로 하는 정보에 대하여 여러 가지 필요한 처리를 할 수 있다. 아직까지 정의되지 않은 부분은 GUI(Graphic User Interface) 및 멀티미디어 환경의 정지영상, 동영상, 음성, 음악 등과 보안을 위한 코드 정도이다.

멀티미디어에 관련한 코드들은 단순한 표현보다는 얼마나 데이터의 양을 줄일 수 있는가 하는 압축률과 원래의 데이터와 어느 정도로 근접하게 복원시키는가 하는 복원률이 가장 중요하다고 할 수 있다.

압축률은 데이터의 처리 비용 및 시간과 밀접한 관계를 갖고 있으므로 데이터의 압축이 많을수록 좋다고 할 수 있으나, 과도한 압축은 원래 데이터로의 복원에 문제가 있을 수 있다.

따라서 목적에 따라 압축률과 복원률의 조화가 필요할 것이다.

보안 코드

코드 체계에서 언급될 또 하나의 코드는 보안을 위한 코드이다. 정보의 유출을 방지하기 위한 목적으로 쉽게 데이터를 알아볼 수 없게 하는 것이 목적인 암호화(또는 보안을 위한 부호화)가 그것이다.

암호화는 또한 원래의 데이터로 복호화시킬 수 있어야 함은 물론이다.

암호화 논리는 그림 3-4와 같이 표현할 수 있으며, 송신 단에서 암호화를, 수신 단에서 복호화를 수행한다.

가장 기본적인 암호화는 데이터 비트의 상위와 하위를 교환한다던가, XOR(eXclusive-OR : 배타적 논리합) 논리를 이용하여 구현할 수 있다. XOR는 4장에서 다루게 되지만, 이미 2진수와 그레이 코드 간의 변환에 이용한 적이 있는 논리로 서로 다른 입력을 가질 때, 출력이 1이 되는 논리이다. 예를 들어 ASCII 코드로 문자 'A'를 전송한다면 2진수로 01000001이 되고 누구나 이것이 문자 'A'를 나타낸다는 것을 알 수 있다.

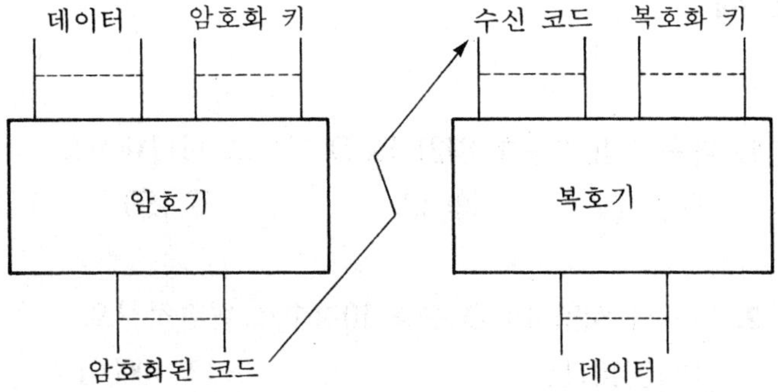

그림 3-4 암호화 논리

그러나 암호화 키로 5A를 사용하기로 하고 XOR 논리로 암호화한다면 실제 전송되는 코드는 00011011(ASCII 'ESC')이 되어 'A'라고 알 수는 없다. 수신단에서는 복호화 키를 이용해서 원래의 데이터로 복호시킬 수 있다. 이 과정을 나타내면 다음과 같다.

암호화

```
  0100 0001  (원래 데이터 : ASCII 'A')
⊕ 0101 1010  (암호화 키 : 5A)
  0001 1011  (암호화된 데이터 : 1B)
```

복호화

```
  0001 1011  (수신 데이터 : ASCII 'ESC')
⊕ 0101 1010  (복호화 키  : 5A)
  0100 0001  (원래 데이터 : ASCII 'A')
```

이러한 암호화 코딩은 초보적인 수준으로 쉽게 원래 데이터를 추출해 낼 수 있지만, 이를 응용하여 암호화 키를 주기적으로 바꾼다던가, 암호화된 워드를 또다시 암호화하는 등의 방법을 사용하여 해독하는 데 시간이 많이 소요되게 할 수 있다.

연 습 문 제

1. 다음의 10진수를 8421 BCD 코드로 나타내시오.

① 8 ② 13 ③ 259 ④ 7546

2. 다음의 8421 BCD 수를 10진수로 변환하시오.

① 10010111 ② 100001

③ 1110101 ④ 101001000

3. 다음의 10진수 연산을 8421 코드를 이용하여 수행하시오.

① 5+4 ② 13+7 ③ 27+9 ④ 34+68

4. 다음의 수를 3초과 코드로 나타내시오.

① $253)_{10}$ ② $476)_{10}$

③ $11000)_{8421}$ ④ $10010000)_{8421}$

5. 다음의 3초과 코드 연산을 수행하시오.

① 1001 + 0111 ② 0110 1011 + 0101 0111

③ 1010 0011 + 0111 1000 ④ 0100 0101 − 1100

6. 다음의 코드들을 각각 지정된 코드로 변환하시오.

① $179)_{10} \Rightarrow \qquad)_{5421}$ ② $1011)_{2421} \Rightarrow \qquad)_{84\bar{2}\bar{1}}$

③ $1010)_{7421} \Rightarrow \qquad)_{51111}$ ④ $1000010)_{5043210} \Rightarrow \qquad)_{Ex\ 3}$

7. 다음의 2진수를 그레이 코드로 변환하시오.

① 10101 ② 111110

8. 다음의 그레이 코드를 2진수로 변환하시오.

① 111111 ② 10101

9. 영어 단어 'Computer'를 ASCII 코드로 나타내시오.

10. 숫자 '3754'를 EBCDIC 코드로 나타내시오.

11. 다음의 2진수에 짝수 패리티 비트를 추가하시오.

① 10101 ② 110011
③ 1000111 ④ 11110111

12. 다음의 워드에서 마지막 비트는 홀수 패리티 비트이다. 오류가 있는가 검사하시오.

① 110111 ② 10010011
③ 1010101 ④ 111110011

13. 10진수 1234를 전송하기 위한 해밍 코드로 바꾸고자 할 때, 소요되는 비트의 수는 총 몇 비트인가 계산하시오.

14. 10진수 7을 전송하기 위한 해밍 코드를 만드시오.

15. 수신된 해밍 코드가 1000100이었다면 오류가 있는가 검사하고, 오류가 있을 경우 원래의 데이터로 정정하시오.

16. 논리 0의 출력에서 ON이 되는 7－세그먼트 LED가 있을 때, 이의 코드표를 작성하시오.

17. 5×7 도트 매트릭스 코드에서 10진수를 디스플레이하기 위한 코드 표를 작성하시오.

18. 자신의 성명을 2바이트 조합형 한글 코드로 나타내시오.

19. 8비트 ASCII 코드를 사용하는 시스템에서 암호화 방법으로 상위 4비트와 하위 4비트를 교환하는 방법을 사용하고 있을 때, 자신의 성명을 암호화하고, 다시 복호화하는 방법을 설명하시오.

4 CHAPTER 불 대수

불 대수는 논리적인 문제를 다루어 결과를 참(true)과 거짓(false)으로 나타내는 수학의 한 이론이다.

1847년 영국의 수학자 조지 불(George Boole)이 제안하여 체계화된 이론으로 여러 가지 규칙과 법칙으로 정의되어 있으며, 우리는 이들을 공리, 정리 등으로 부르고, 이들을 이용하여 논리식을 정의하고, 간략화 등의 변형을 한다. 불 대수를 전기적인 회로망의 해석에 도입한 사람은 스위치 이론으로 알려진 클라우드 섀넌(Claude Shannon)으로 전화국의 다단 접촉 회로망의 해석에 이용하였다.

수학에서의 참과 거짓은 스위치 이론에서의 접속(closed)과 개방(open)으로, 2진수의 1과 0으로 대응된다. 따라서 디지털 공학의 2치 디지털 신호를 처리하기 위한 회로를 해석하고, 설계하는 학문 분야에 불 대수가 쓰이게 되는 것이다.

디지털 공학에서 불 대수를 이용함에 따라 디지털 회로의 설계가 논리식 또는 불 변수에 대한 함수라는 수학적인 접근 방법으로 이루어지고, 또한 수학적 방법으로 회로를 간략화시켜 적은 비용으로 등가의 회로를 설계할 수 있게 되는 것이다.

4-1 불 대수의 기초

불 대수의 기본 연산은 논리곱(AND), 논리합(OR), 그리고 부정(NOT)이다. 부정은 역(inverse)이며, 보수(complement)라고도 한다. 이러한 연산들은 불 상수(Boolean constants) 또는 불 변수(Boolean variables)들 간의 동작으로 정의된다. 불 상수란 논리에서의 참과 거짓, 스위칭에서의 접속과 개방, 2진수에서의 1과 0으로 정의하며, 디지털 공학에서는 일반적으로 논리 1과 논리 0으로 사용한다. 따라서 불 변수라 함은 논리 1 또는 논리 0을 가질 수 있는 2진 변수가 되며, 회로적으로는 하나의 신호선으로 생각하여도 무방하다. 기본 논리 연산은 불의 공리로 불리기도 한다.

[1] 논리 연산

논리 부정 연산(Logical Inverse Operation)

부정 연산(NOT)은 논리 1은 논리 0으로, 논리 0은 논리 1로 변화시키는 연산이다. A를 불 변수라 한다면 부정 연산은 $\overline{A}$로 표기한다. 이를 읽을 때는 not A 혹은 inverse A 또는 A bar라고 읽는다(A' : A prime으로 표기하기도 함). 부정 연산의 논리 동작 내용은 표 4-1에 정리하였다. 부정 연산을 나타내는 논리식으로는 $X = \overline{A}$로 표시한다.

표 4-1 부정 연산의 논리 동작

A	$X = \overline{A}$
0	1
1	0

논리곱 연산(Logical AND Operation)

논리곱 연산(AND)은 두 불 변수 A와 B에 대하여 모두 1을 가질 때에만 결과가 1이 되는 연산이다. 논리곱 연산의 연산자는 ·를 사용하거나 생략하며, 불식으로는 A·B(AB)라고 표시하고, A dot B, A and B, AB 등으로 읽는다. 논리곱 연산의 결과는 표 4-2와 같다.

표 4-2 논리곱 연산의 논리 동작

A	B	$X = A \cdot B$
0	0	0
0	1	0
1	0	0
1	1	1

논리합 연산(Logical OR Operation)

논리합 연산(OR)은 두 불 변수 A와 B에 대하여 둘 중 하나라도 1의 값을 가지면 결과가 1이 되는 연산이다. 논리합 연산의 연산자는 +를 사용하며, 불 식으로는 A+B라고 표시하고, A plus B, A or B 등으로 읽는다. 논리합 연산의 동작은 표 4-3과 같다.

표 4-3 논리합 연산의 논리 동작

A	B	X = A + B
0	0	0
0	1	1
1	0	1
1	1	1

불 대수와 스위치

불 대수는 스위칭 이론의 해석에 도입된 관계로 그 해석 및 증명 등에 종종 스위치의 동작을 사용한다. 불 변수 하나는 스위치 하나에 대응하여 그림 4-1처럼 해석된다.

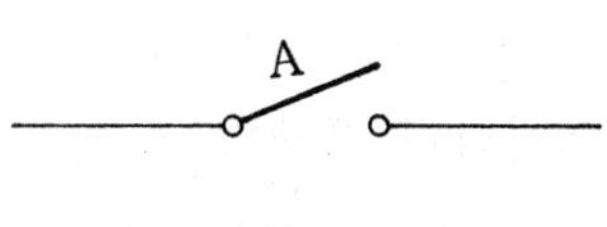

X = A
X = 0 : 스위치 open
X = 1 : 스위치 closed

그림 4-1 불 변수의 스위치 논리

두 개 이상의 스위치에 대한 연결은 논리곱과 논리합의 연산에 대응하는데, 직렬로 연결된 스위치는 논리곱 연산에, 병렬로 연결된 스위치는 논리합 연산에 대응된다. 그림 4-2는 직렬 연결된 두 개의 스위치이며, ①점에서 ②점 사이에 회로상의 연결은 스위치 A와 스위치 B의 논리곱으로 표현된다. 즉, 두 개의 스위치 A, B가 모두 접속되어야만 회로는 접속 상태가 된다.

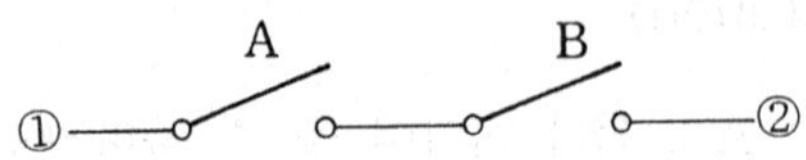

X = A·B
X = 0 : ①점과 ②점 사이 회로 개방
X = 1 : ①점과 ②점 사이 회로 접속

그림 4-2 논리곱 연산의 스위치 논리

그림 4-3은 병렬 연결된 두 개의 스위치 회로를 나타내며, 논리합 연산의 동작을 표현하며, ①점에서 ②점 사이의 회로는 두 개의 스위치 A, B 중 어느 한 개라도 접속되면 전체 회로가 접속된다.

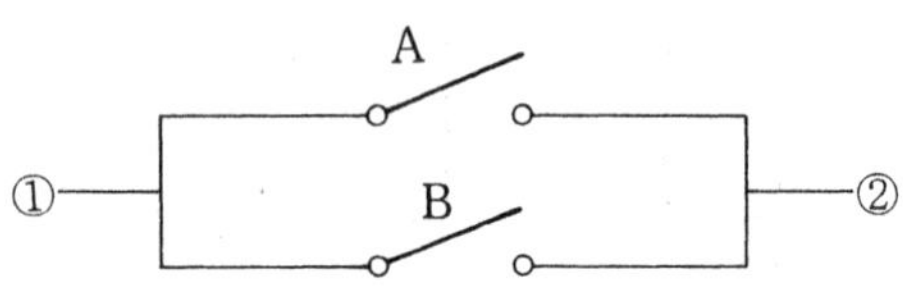

X = A+B
X = 0 : ①점과 ②점 사이 회로 개방
X = 1 : ①점과 ②점 사이 회로 접속

그림 4-3 논리합 연산의 스위치 논리

〔2〕 불 함수와 진리표

불 함수 또는 불 식은 간단히 논리식이라고도 하며, 불 변수와 상수, 논리 연산들을 이용하여 수식화하여 표현하는 논리 동작들이다. 식 (4-1)과 식 (4-2)는 불 식의 예를 나타낸다. 이의 해석을 위하여 모든 경우에 대하여 입력과 출력의 논리값들을 정리하여 표로 만든 것을 진리표(truth table)라고 한다. 식 (4-1)과 (4-2)의 진리표는 표 4-4, 4-5와 같다.

$$A\overline{B}+C \tag{4-1}$$

$$X=\overline{A}+B \tag{4-2}$$

표 4-4 $(A\overline{B}+C)$의 진리표

A	B	C	$\overline{B}$	$A\overline{B}$	$A\overline{B}+C$
0	0	0	1	0	0
0	0	1	1	0	1
0	1	0	0	0	0
0	1	1	0	0	1
1	0	0	1	1	1
1	0	1	1	1	1
1	1	0	0	0	0
1	1	1	0	0	1

표 4-5 $X=\overline{A}+B$의 진리표

A	B	$\overline{A}$	$X=\overline{A}+B$
0	0	1	1
0	1	1	1
1	0	0	0
1	1	0	1

진리표는 모든 가능한 입력에 대하여 기술하는 것이 원칙이다. 따라서 표 4-5처럼 불 변수가 두 개이면 4개의 입력 상태가 조합된다. 표 4-4는 3개의 불 변수를 입력으로 갖기 때문에 진리표의 입력 조합은 8개가 된다. n개의 입력 변수를 갖는다면 진리표의 상태 수는 2^n개가 된다.

4-2 불 대수의 정리

불 대수의 정리는 불 식을 작성하고 변형하는 방법으로 사용하는 여러 가지 법칙들을 포함하고 있으며, 증명된 법칙들은 이후 그대로 사용할 수 있다. 각 정리를 증명하는 방법으로는 가능한 상수의 대입과 그의 논리 동작 해석, 스위치 해석, 진리표 작성, 집합 이론 또는 증명된 불 대수의 여러 법칙들을 이용할 수 있다. 또 모든 정리는 상수와 연산자를 교환하여도 성립하는 쌍대(duality)의 원칙을 가지며, 이는 각 정리의 식에서 a와 b로 구분한다. 또 표 4-13에 정리하여 놓은 불 대수의 정리의 명칭을 식의 번호와 함께 표시한다.

기본 정리(Basic Theorems)

기본 정리는 한 개의 불 변수에 대한 규칙들이다.

상수(0과 1) 연산(Operations with 0 and 1) (T_1)

$A+0 = A$ (T_1a) (4−3a)

$A \cdot 1 = A$ (T_1b) (4−3b)

$A+1 = 1$ (T_1a) (4−4a)

$A \cdot 0 = 0$ (T_1b) (4−4b)

동일 법칙(Idempotent laws) (T_2)

$A+A = A$ (T_2a) (4−5a)

$A \cdot A = A$ (T_2b) (4−5b)

이중 부정(Involution law) (T_3)

$\overline{\overline{A}} = A$ (T_3) (4−6)

보수의 법칙(Laws of complementarity) (T_4)

$A+\overline{A}=1$ (T_4a) (4−7a)

$A \cdot \overline{A}=0$ (T_4b) (4−7b)

이들 정리들은 반드시 증명되어진 후에 사용하는 것이 원칙이며, 이들은 간단하게 증명될 수 있다. 식 (4−3)과 (4−4)로 표시된 상수의 연산에 관련된 정리를 스위치 이론을 이용하여 증명하면 그림 4−4와 같다. 그림에서 A로 표시된 스위치는 변수 A의 동작에 따라 온−오프를 하며, 개방되어 있는 스위치는 상수 0을, 접속되어 있는 스위치는 상수 1을 나타낸다.

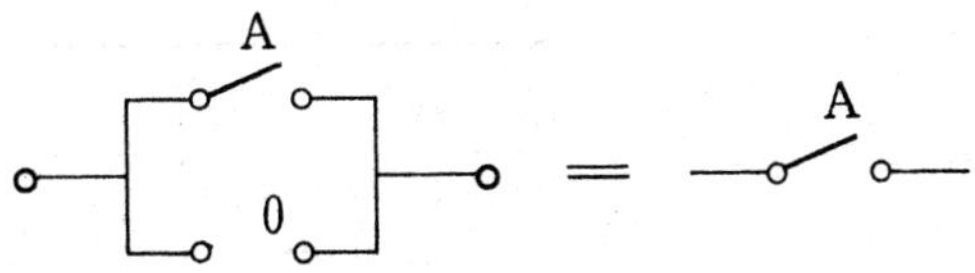

(a) 식 (4-3a) A+0 = A

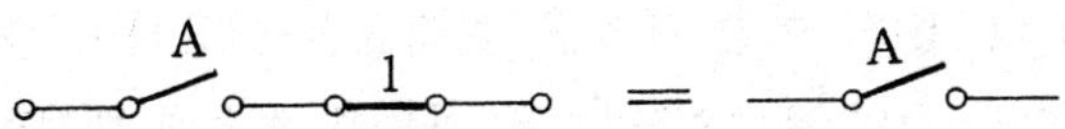

(b) 식 (4-3b) A · 1 = A

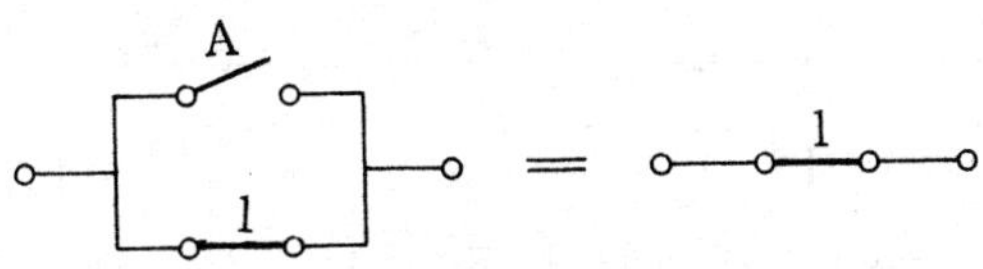

(c) 식 (4-4a) A+1 = 1

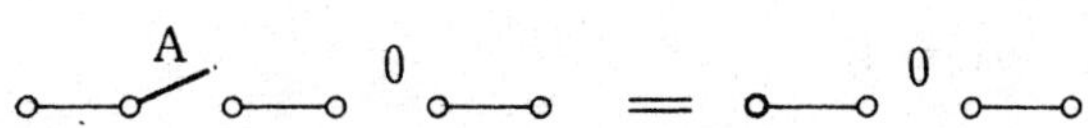

(d) 식 (4-4b) A · 0 = 0

그림 4-4 식 (4-3)과 식 (4-4) 상수 연산의 증명

식 (4-5)의 동일 법칙의 증명 또한 그림 4-5처럼 스위치 회로로 간단하게 증명할 수 있다.

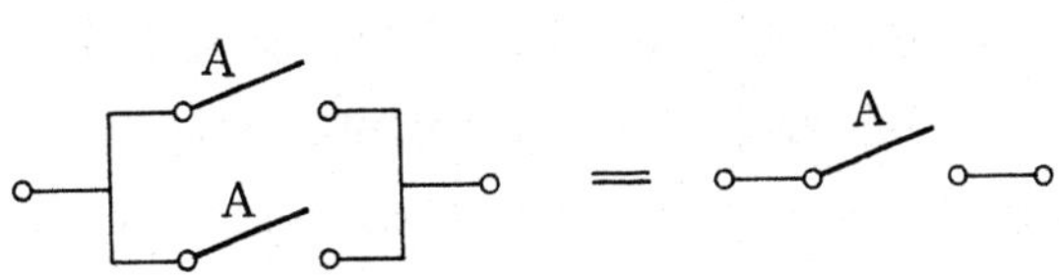

(a) 식 (4-5a) A+A = A

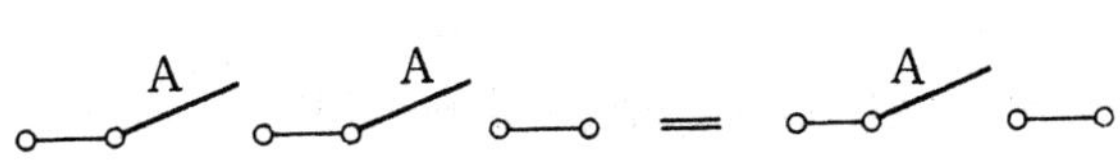

(b) 식 (4-5b) A · A = A

그림 4-5 식 (4-5) 동일 법칙의 증명

표 4-6 식 (4-6) 이중 부정의 증명

A	$\overline{A}$	$\overline{\overline{A}}$
0	1	0
1	0	1

식 (4−6)의 이중 부정을 진리표를 이용하여 증명하면 표 4−6과 같다.

식 (4−7)의 보수의 법칙을 가능한 경우에 대하여 상수를 대입하고 그 출력을 확인하면 다음과 같다.

$$A+\overline{A} = 1 \qquad (4-7a)$$

if $A = 0$, then $0+\overline{0} = 0+1 = 1$

if $A = 1$, then $1+\overline{1} = 1+0 = 1$

$$A \cdot \overline{A} = 0 \qquad (4-7b)$$

if $A = 0$, then $0 \cdot \overline{0} = 0 \cdot 1 = 0$

if $A = 1$, then $1 \cdot \overline{1} = 1 \cdot 0 = 0$

2변수 이상의 규칙

불 대수의 정리에는 2변수 이상의 규칙이 여러 개 존재하며, 이들을 이용하여 불식의 변형 또는 간략화를 한다. 불 대수에도 일반 대수와 마찬가지로 교환 법칙, 결합 법칙, 분배 법칙이 성립한다. 또한 불 식에도 연산의 우선 순위가 존재하여 높은 순위부터 낮은 순위의 순서로 보면, NOT, AND, OR의 순서이고, 이 순위를 바꾸고자 할 경우에는 괄호를 사용한다.

교환 법칙(commutative laws) (T_5)

$$A+B = B+A \ (T_5a) \qquad (4-8a)$$

$$A\ B = B\ A \ (T_5b) \qquad (4-8b)$$

결합 법칙(associative laws) (T_6)

$(A+B)+C = A+(B+C) = A+B+C$ (T_6a) (4−9a)

$(A\ B)\ C = A\ (B\ C) = A\ B\ C$ (T_6b) (4−9b)

분배 법칙(distributive laws) (T_7)

$A\ (B+C) = A\ B+A\ C$ (T_7a) (4−10a)

$A+B\ C = (A+B)\ (A+C)$ (T_7b) (4−10b)

결합 법칙의 증명은 표 4−7의 진리표로 증명된다.

표 4-7 결합 법칙의 증명을 위한 진리표

A	B	C	A+B	B+C	(A+B)+C	A+(B+C)	A+B+C	AB	BC	(AB)C	A(BC)	ABC
0	0	0	0	0	0	0	0	0	0	0	0	0
0	0	1	0	1	1	1	1	0	0	0	0	0
0	1	0	1	1	1	1	1	0	0	0	0	0
0	1	1	1	1	1	1	1	0	1	0	0	0
1	0	0	1	0	1	1	1	0	0	0	0	0
1	0	1	1	1	1	1	1	0	0	0	0	0
1	1	0	1	1	1	1	1	1	0	0	0	0
1	1	1	1	1	1	1	1	1	1	1	1	1

교환 법칙은 OR와 AND 연산에 대하여 그 순서를 바꾸어도 결과에 변화가 없다는 것을 나타내며, 결합 법칙은 다중 입력의 논리 연산을 다단계로 실현할 수 있게 하는 중요한 의미를 갖는다.

분배 법칙은 일반 대수학에서처럼 공통 인수로 묶어 낼 수 있음을 의미하며, 또한 논리식의 전개가 가능함을 나타낸다. 분배 법칙은 진리표로 쉽게 증명할 수 있으며, 분배 법칙의 증명을 위한 진리표를 표 4−8에 보인다.

표 4-8 분배 법칙의 증명을 위한 진리표

A	B	C	B+C	AB	AC	A(B+C)	AB+AC	BC	A+B	A+C	A+BC	(A+B)·(A+C)
0	0	0	0	0	0	0	0	0	0	0	0	0
0	0	1	1	0	0	0	0	0	0	1	0	0
0	1	0	1	0	0	0	0	0	1	0	0	0
0	1	1	1	0	0	0	0	1	1	1	1	1
1	0	0	0	0	0	0	0	0	1	1	1	1
1	0	1	1	0	1	1	1	0	1	1	1	1
1	1	0	1	1	0	1	1	0	1	1	1	1
1	1	1	1	1	1	1	1	1	1	1	1	1

식 (4-10b)는 앞서 증명된 불 대수의 정리를 이용하여 증명할 수 있다.

$A+BC = (A+B)(A+C)$		(4-10b)
$(A+B)(A+C)$	$= A(A+C)+B(A+C)$	(4-10a 이용)
	$= AA+AC+BA+BC$	(4-10a 이용)
	$= A+AB+AC+BC$	(4-5b, 4-8 이용)
	$= A1+AB+AC+BC$	(4-3b 이용)
	$= A(1+B+C)+BC$	(4-10a 이용)
	$= A+BC$	(4-4a, 4-3b 이용)

간략화를 위한 정리

다음의 불 대수의 정리들은 불 식의 간략화에 이용되는 정리들이다. 이들은 진리표, 증명된 불 대수의 정리 등을 이용하여 증명된다.

흡수 법칙(absorptive laws)(T_8)

$AB+A\overline{B}=A$	(4-11a)	$(A+B)(A+\overline{B})=A$	(4-11b)
$A+AB=A$	(4-12a)	$A(A+B)=A$	(4-12b)
$A\overline{B}+B=A+B$	(4-13a)	$(A+\overline{B})B=AB$	(4-13b)

흡수 법칙의 증명은 다음과 같다.

식 (4-11a)의 증명

$$A B+A\overline{B}=A(B+\overline{B}) \quad \text{(4-10a 이용)}$$
$$=A\,1 \quad \text{(4-7a 이용)}$$
$$=A \quad \text{(4-3b 이용)}$$

식 (4-11b)의 증명

$$(A+B)(A+\overline{B})=AA+A\overline{B}+AB+B\overline{B} \quad \text{(4-10a 이용)}$$
$$=A+A\overline{B}+AB+0 \quad \text{(4-5b, 4-7b 이용)}$$
$$=A \quad \text{(4-11a, 4-5a 이용)}$$

식 (4-12a)의 증명

$$A+AB=A(1+B) \quad \text{(4-10a 이용)}$$
$$=A \quad \text{(4-4a, 4-3b 이용)}$$

식 (4-12b)의 증명

$$A(A+B)=AA+AB \quad \text{(4-10a 이용)}$$
$$=A+AB \quad \text{(4-5b 이용)}$$
$$=A \quad \text{(4-12a 이용)}$$

식 (4-13a)의 증명

$$A\overline{B}+B=(A+B)(B+\overline{B}) \quad \text{(4-10a 이용)}$$
$$=A+B \quad \text{(4-5b 이용)}$$

식 (4-13b)의 증명

$$(A+\overline{B})B = AB + B\overline{B} \quad \text{(4-10a 이용)}$$
$$= AB \quad \text{(4-5b 이용)}$$

흡수 법칙은 주로 논리식의 간략화를 위하여 사용되는 법칙이다.

일치 정리(consensus theorem)(T_9a, T_9b)

$$AB + BC + \overline{A}C = AB + \overline{A}C \quad \text{(4-14a)}$$
$$(A+B)(B+C)(\overline{A}+C) = (A+B)(\overline{A}+C) \quad \text{(4-14b)}$$
$$(A+B)(\overline{A}+C) = AC + \overline{A}B \quad \text{(4-15)}$$

일치 정리의 증명은 다음과 같다.

식 (4-14a)의 증명

$$AB + BC + \overline{A}C = AB + (A+\overline{A})BC + \overline{A}C \quad \text{(4-7a, 4-3b 이용)}$$
$$= AB + ABC + \overline{A}BC + \overline{A}C \quad \text{(4-10a 이용)}$$
$$= AB(1+C) + \overline{A}C(1+B) \quad \text{(4-10a 이용)}$$
$$= AB + \overline{A}C \quad \text{(4-4a, 4-3b 이용)}$$

식 (4-14b)와 식 (4-15)의 증명

식 (4-14b)의 좌변은

$$
\begin{aligned}
(A+B)(B+C)(\overline{A}+C) &= (AB+AC+B+BC)(\overline{A}+C) && \text{(4-10a, 4-5b 이용)}\\
&= (AC+B)(\overline{A}+C) && \text{(4-10a, 4-4b 이용)}\\
&= A\overline{A}C+AC+\overline{A}B+BC && \text{(4-10a 이용)}\\
&= \overline{A}B+(A+\overline{A})BC+AC && \text{(4-8a, 4b, 3a, 7a, 3b 이용)}\\
&= \overline{A}B+ABC+\overline{A}BC+AC && \text{(4-10a 이용)}\\
&= \overline{A}B(1+C)+AC(1+B) && \text{(4-3b, 4-10a 이용)}\\
&= \overline{A}B+AC && \text{(4-4a, 4-3b 이용)}
\end{aligned}
$$

우변 또는 식(4-15)는

$$
\begin{aligned}
(A+B)(\overline{A}+C) &= A\overline{A}+AC+\overline{A}B+BC && \text{(4-10a 이용)}\\
&= \overline{A}B+BC+AC && \text{(4-7b, 4-3a, 4-8a 이용)}\\
&= \overline{A}B+(A+\overline{A})BC+AC && \text{(4-7a, 4-3b 이용)}\\
&= \overline{A}B+ABC+\overline{A}BC+AC && \text{(4-10a 이용)}\\
&= \overline{A}B(1+C)+AC(1+B) && \text{(4-3b, 4-10a 이용)}\\
&= \overline{A}B+AC && \text{(4-4a, 4-3b 이용)}
\end{aligned}
$$

일치 정리를 진리표로 증명하면 표 4-9와 같이 나타낼 수 있다.

표 4-9 일치 정리의 진리표

A	B	C	$\overline{A}$	AB	BC	$\overline{A}C$	$AB+BC+\overline{A}C$	$AB+\overline{A}C$	A+B	B+C	$\overline{A}+C$	$(A+B)(B+C)(\overline{A}+C)$	$(A+B)(\overline{A}+C)$	AC	$\overline{A}B$	$AC+\overline{A}B$
0	0	0	1	0	0	0	0	0	0	0	1	0	0	0	0	0
0	0	1	1	0	0	1	1	1	0	1	1	0	0	0	0	0
0	1	0	1	0	0	0	0	0	1	1	1	1	1	0	1	1
0	1	1	1	0	1	1	1	1	1	1	1	1	1	0	1	1
1	0	0	0	0	0	0	0	0	1	0	0	0	0	0	0	0
1	0	1	0	0	0	0	0	0	1	1	1	1	1	1	0	1
1	1	0	0	1	0	0	1	1	1	1	0	0	0	0	0	0
1	1	1	0	1	1	0	1	1	1	1	1	1	1	1	1	1

드 모르간 법칙(de Morgan's laws) (T_{10})

$\overline{A+B} = \overline{A}\ \overline{B}$ (T_{10}a) (4-16a)

$\overline{AB} = \overline{A} + \overline{B}$ (T_{10}b) (4-16b)

드 모르간 법칙은 어떤 불 식에 대한 부정 또는 보수를 구하는 방법을 보여 준다. 이는 불식을 쉽게 변형하는 방법이 된다. 드 모르간 법칙의 증명은 진리표로 할 수 있으며, 표 4-10에 나타낸다.

표 4-10 드 모르간 법칙의 증명

A	B	$\overline{A}$	$\overline{B}$	A+B	$\overline{A+B}$	$\overline{A}\ \overline{B}$	AB	$\overline{AB}$	$\overline{A}+\overline{B}$
0	0	1	1	0	1	1	0	1	1
0	1	1	0	1	0	0	0	1	1
1	0	0	1	1	0	0	0	1	1
1	1	0	0	1	0	0	1	0	0

드 모르간 법칙은 3입력 이상으로 확장하여도 성립한다. 3입력에 대한 드 모르간 법칙을 식 (4-17)로 나타낸다. 이의 증명은 표 4-11로 나타낸다.

$\overline{A+B+C} = \overline{A}\ \overline{B}\ \overline{C}$ (4-17a)

$\overline{ABC} = \overline{A} + \overline{B} + \overline{C}$ (4-17b)

표 4-11 3입력 드 모르간 법칙의 증명

A	B	C	$\overline{A}$	$\overline{B}$	$\overline{C}$	A+B+C	$\overline{A+B+C}$	$\overline{A}\ \overline{B}\ \overline{C}$	ABC	$\overline{ABC}$	$\overline{A}+\overline{B}+\overline{C}$
0	0	0	1	1	1	0	1	1	0	1	1
0	0	1	1	1	0	1	0	0	0	1	1
0	1	0	1	0	1	1	0	0	0	1	1
0	1	1	1	0	0	1	0	0	0	1	1
1	0	0	0	1	1	1	0	0	0	1	1
1	0	1	0	1	0	1	0	0	0	1	1
1	1	0	0	0	1	1	0	0	0	1	1
1	1	1	0	0	0	1	0	0	1	0	0

불 대수의 정리 요약

표 4-12 불의 공리

종 류	내 용
불 변수	$A = 0$ or $A = 1$
NOT	$\overline{0}=1,\ \overline{1}=0$
AND	$0 \cdot 0 = 0$
	$0 \cdot 1 = 1 \cdot 0 = 0$
	$1 \cdot 1 = 1$
OR	$0+0 = 0$
	$0+1 = 1+0 = 1$
	$1+1 = 1$

표 4-13 불 대수의 정리

명칭	종류	내 용	
		기 본 (a)	쌍 대 (b)
T_1	상수 연산	$X+0 = X$ $X+1 = 1$	$X \cdot 1 = X$ $X \cdot 0 = 0$
T_2	동일 법칙	$X+X = X$	$X \cdot X = X$
T_3	이중 부정	$\overline{\overline{X}}=X$	
T_4	보수 법칙	$X+\overline{X}=1$	$X \cdot \overline{X}=0$
T_5	교환 법칙	$A+B = B+A$	$A \cdot B = B \cdot A$
T_6	결합 법칙	$(A+B)+C=A+(B+C)=A+B+C$	$(A \cdot B) \cdot C=A \cdot (B \cdot C)=A \cdot B \cdot C$
T_7	분배 법칙	$A \cdot (B+C) = A \cdot B+A \cdot C$	$A+B \cdot C = (A+B) \cdot (A+C)$
T_8	흡수 법칙	$A \cdot B+A \cdot \overline{B}=A$ $A+A \cdot B=A$ $A \cdot \overline{B}+B=A+B$	$(A+B) \cdot (A+\overline{B})=A$ $A \cdot (A+B)=A$ $(A+\overline{B}) \cdot B=AB$
T_9	일치 정리	$A \cdot B+B \cdot C+\overline{A} \cdot C=A \cdot B+\overline{A} \cdot C$ $(A+B) \cdot (\overline{A}+C)=A \cdot C+\overline{A} \cdot B$	$(A+B) \cdot (B+C) \cdot (\overline{A}+C)$ $=(A+B) \cdot (\overline{A}+C)$
T_{10}	드 모르간 법칙	$\overline{A+B}=\overline{A} \cdot \overline{B}$	$\overline{A \cdot B}=\overline{A}+\overline{B}$

예제 1 흡수 법칙 A+AB=A를 스위치 회로망으로 표현하시오.

▷▶ **풀 이**

A+AB의 스위치 회로망은 좌측의 그림으로 표현되며, 이는 A의 스위치 한 개의 회로망과 등가가 된다.

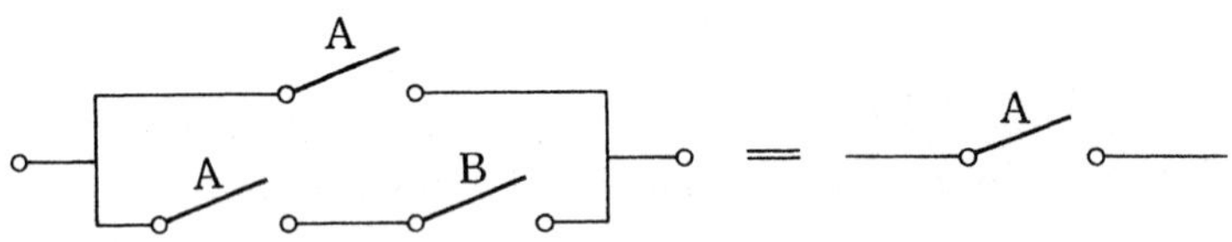

예제 2 흡수 법칙 $(A+\overline{B})B=AB$를 진리표로 증명하시오.

▷▶ **풀 이**

입력 변수 A와 B에 대하여 필요한 각 항들을 정리하면 다음과 같다.

A	B	$\overline{B}$	$A+\overline{B}$	$(A+\overline{B})\cdot B$	AB
0	0	1	1	0	0
0	1	0	0	0	0
1	0	1	1	0	0
1	1	0	1	1	1

4-3 불 대수식

불의 공리와 불 변수를 이용하여 어떠한 문제를 수학적으로 표현한 것을 불 대수식 또는 논리식이라고 한다. 디지털 회로 설계에서 불 대수식을 사용하는 이유는 첫째, 문제 자체를 회로로 설계하기 위하여 보다 조직적이고, 논리적이며, 수학적으로 표현하기 위함이다. 둘째로는 불 대수의 정리를 이용하여, 디지털 회로의 기능을 그대로 유지하면서 간략화된 회로로 실현함으로써 경제적이며, 높은 신뢰도를 갖는 회로를 설계하기 위함이다.

설계하고자 하는 디지털 회로를 불 대수식으로 표현하는 방법으로는 입력 신호를 불 변수로 하고, 주어진 입력 신호의 값에 따라 출력을 정의하고(진리표), 출력을 입력 변수의 논리에 따라 불 대수식으로 표현하는 것이다.

예를 들어 다음과 같은 문제를 디지털 회로로 설계하고자 한다면, 문제를 수학적으로 전개하여 불 대수식을 만들면 된다. 그 과정에서 진리표를 사용하여 입력에 대한 출력을 정리하면 간편하고, 명확하게 정의할 수 있다.

문 제	BCD 코드가 입력될 때 0011(10진수 3)이거나, 0110(10진수 6), 혹은 1001(10진수 9)이 입력되면 출력 1을 내는 회로의 불 대수식을 정의하시오.

▷▶ 풀 이

먼저 주어진 문제로부터 입력 신호를 불 변수로 정의하고, 출력 함수를 정의한다.

BCD 코드가 입력될 때	0011(10진수 3)	이거나,	0110(10진수 6),	혹은	1001(10진수 9)이
입력 신호 ABCD	X	+	Y	+	Z

입력되면	출력 1을	내는 회로의 불 대수식을 정의하시오.
	f	

문제의 분석을 통하여 '입력이 X이거나, Y, 혹은 Z일 때, 출력 f를 1로 하면 된다'로 바꿀 수 있고, '이거나'와 '혹은' 등은 어느 경우라도 좋다는 OR 논리가 성립됨을 의미하므로 이를 대수식으로 표현하면 다음과 같이 된다.

$$f = X+Y+Z$$

X라고 정의한 부분을 다시 고찰하여 보면, X가 되기 위하여는 4개의 입력 신호가 0011이 되어야만 하고, 입력 신호를 ABCD라고 하였으므로, 다음과 같이 표현된다.

X는 A가 0이고, B가 0이며, C가 1이고, D가 1일 때이다

여기에서 불 변수 A가 0인 경우는 $\overline{A}$로, 1인 경우는 A라 표현한다고 하였고, '이고', '이며' 등은 모두 만족하여야 하는 AND 논리임을 의미하므로, 이를 불 대수식으로 표현하면 다음과 같이 된다.

$$X=\overline{A}\cdot\overline{B}\cdot C\cdot D$$

마찬가지로 Y와 Z는 다음과 같이 된다.

$$Y=A\cdot\overline{B}\cdot\overline{C}\cdot D$$

$$Z=\overline{A}\cdot B\cdot C\cdot\overline{D}$$

이들 X, Y, Z에 의한 출력 함수 f를 다시 쓰면 다음과 같이 된다.

$$f=X+Y+Z=\overline{A}\cdot\overline{B}\cdot C\cdot D+A\cdot\overline{B}\cdot\overline{C}\cdot D+\overline{A}\cdot B\cdot C\cdot\overline{D}$$

이것이 주어진 문제의 불 대수식이 된다.

지금까지 간단한 것을 매우 복잡하게 설명하였다.

이를 간단하게 표현하는 방법으로 입출력 신호를 정의하고, 이들의 관계를 진리표로 나타내면 보다 간편하게 나타낼 수 있다. 앞의 문제에 대한 진리표는 표 4-14로 나타내어진다.

표 4-14 10진수 3, 6, 9 검출기의 진리표

입	력			출 력
A	B	C	D	f
0	0	0	0	0
0	0	0	1	0
0	0	1	0	0
0	0	1	1	1
0	1	0	0	0
0	1	0	1	0
0	1	1	0	1
0	1	1	1	0
1	0	0	0	0
1	0	0	1	1
1	0	1	0	0
1	0	1	1	0
1	1	0	0	0
1	1	0	1	0
1	1	1	0	0
1	1	1	1	0

진리표로부터 출력 f가 1이 나오는 경우에 대하여 불 대수식을 구하면 식 (4-18)이 된다.

$$f=\overline{A}\cdot\overline{B}\cdot C\cdot D+A\cdot\overline{B}\cdot\overline{C}\cdot D+\overline{A}\cdot B\cdot C\cdot\overline{D} \qquad (4-18)$$

불 대수식으로 표현되면 불 대수의 정리를 이용하여 대수식 자체를 여러 가지로 변형하는 것이 가능하며, 전자 논리 게이트를 이용하여 실제 디지털 회로로 설계하는 것도 가능하다.

4-4 전자 논리 게이트

앞에서 유도한 불 대수식을 전자 회로로 구현하기 위하여는 불 변수는 신호선으로, 또, 논리 연산들은 연산을 수행하는 전자 회로로 나타내어야 하는데,

모든 논리 연산 회로를 트랜지스터 또는 다이오드, 저항, 콘덴서 등으로 표현한다면 디지털 회로가 매우 복잡하게 만들어질 것이다. 실제에 있어서는 이들 디지털 회로에 쓰이는 전자 회로들은 IC로 집적화되어 각 논리 연산을 수행하는 단위의 논리 소자로 만들어져 있다. 이들을 전자 논리 게이트(gate)라고 부르며, 디지털 회로 설계에서는 이들 게이트를 이용하여 회로를 설계하며, 이 회로를 디지털 회로라고 부른다.

불 대수에서 정의된 연산들은 AND, OR, NOT 연산으로 이들 연산을 수행하는 논리 게이트를 표준 논리 게이트라 하며, 이들만 있으면 디지털 회로의 설계가 가능하다.

IC 표기법

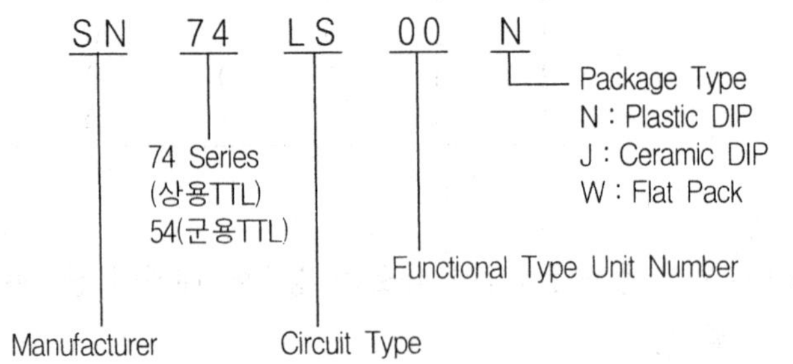

SN	: Texas Instrument		: standard
MC	: Motorola	S	: high speed Schottky
DM	: National Semiconductor	L	: Low power
IM	: Intersil	LS	: Low power Schottky
N	: Signetics	H	: High power
MM	: Monolithic Memories	F	: Fast
P	: Intel	HC	: High speed CMOS(CMOS compatible)
H	: Harries	HCT	: High speed CMOS TTL(LSTTL compatible)
F	: Fairchild	AC	: Advanced
AM	: Advanced Micro Devices	AS	: Advanced Schottky
CD	: RCA	ALS	: Advanced Low power Schottky
HD	: Hitach		
DN/MN	: Matsushita		
M	: Mitsubishi		
MB	: Fujitsu		
TC	: Toshiba		
HY	: Hyundai		
GD	: GoldStar		
K-	: Samsung		

그러나 많은 경우에 있어서 이들보다는 또 다른 응용 논리 게이트를 사용한다. 본 절에서는 이후에 디지털 회로 설계에 사용할 표준 논리 게이트와 응용 논리 게이트들을 논리 기호로서 정의하며, 실제 사용할 IC 소자들을 소개한다.

〔1〕 NOT 게이트 (Inverter)

NOT 연산은 부정 연산으로 정의한 논리 연산으로 입력 불 변수를 A라 하고, 출력 함수를 Y라 하면 식 (4-19)로 표현되고, 이의 진리표는 표 4-15로 정의된다.

$$Y = \overline{A} \qquad (4-19)$$

표 4-15 NOT 연산의 진리표

A	$Y = \overline{A}$
0	1
1	0

NOT 연산을 수행하는 전자 논리 게이트는 인버터라고도 부르며, 그림 4-6으로 표현된다.

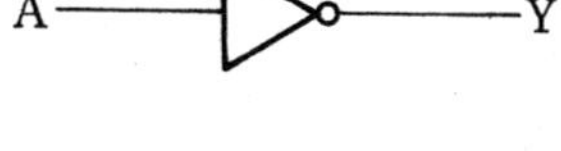

그림 4-6 NOT 게이트(인버터)

인버터의 IC 소자

NOT 게이트의 IC 소자로는 TTL 7404가 대표적으로 쓰이며, 14핀 IC에 6조의 인버터가 집적되어 있다. 그림 4-7에 7404의 핀 배치도를 나타낸다.

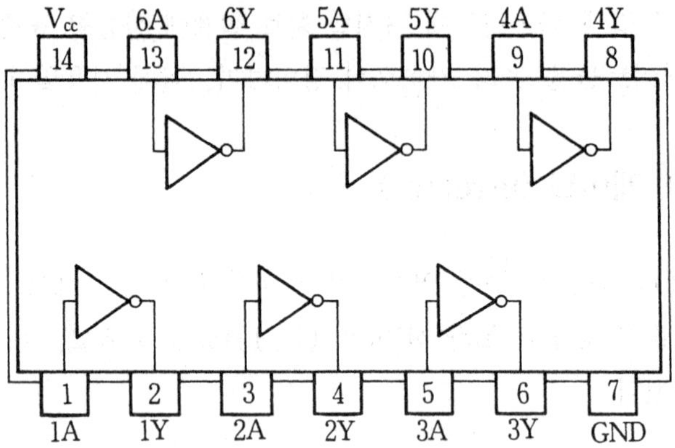

그림 4-7 인버터 7404의 핀 배치도

표 4-16에는 인버터 IC의 여러 종류를 나타낸다.

표 4-16 인버터 IC의 여러 종류

part No.	description	pin	비고
7404	Hex Inverters	14	TTL
7405	Hex Inverters(Open Collector output)	14	7404의 O.C.형
7406	Hex Inverters(Open Collector output)	14	고내압형(30V)
7414	Hex Schmitt Trigger Inverters	14	Schmitt 회로
4049	Hex Inverters/Buffers	16	CMOS
4069	Hex Inverters	14	CMOS

〔2〕 AND 게이트

AND 연산은 논리곱 연산이라고도 부르며 입력 불 변수를 A, B라 하고, 출력 함수를 Y라 한다면 식 (4-20)의 불 식으로 정의한다.

$$Y = A \cdot B \qquad (4-20)$$

AND 연산의 논리 동작은 표 4-17의 진리표로 표현된다.

표 4-17 AND 연산의 진리표

A	B	Y = A·B
0	0	0
0	1	0
1	0	0
1	1	1

AND 연산을 수행하는 전자 논리 게이트는 그림 4-8로 나타낸다.

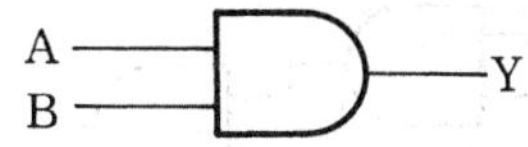

그림 4-8 AND 게이트

다중 입력 AND 게이트

AND 연산은 불 대수의 정리 중 결합 법칙(T_6b)이 성립하는 연산으로 3입력 이상의 불 변수에 대한 연산을 2-입력 게이트로 실현하여도 크게 복잡하여지지 않는다. 그림 4-9는 다중 입력과 다단계 입력을 나타내는 AND 게이트 회로이다.

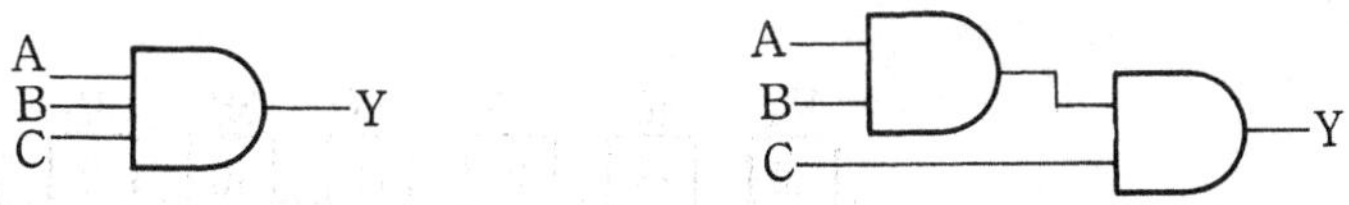

(a) 3입력 AND 게이트 (b) 2단계 3입력 AND 게이트

그림 4-9 AND 게이트의 다중 입력과 다단계 입력

예제 3 4입력 AND 논리 연산을 2입력 AND 게이트로 실현하는 방법을 그리고 차이점을 설명하시오.

▷▶ 풀 이

4입력 AND 연산은 4입력 AND 게이트를 이용한다면 간단하다.

그러나 결합 법칙이 성립하기 때문에 2입력 게이트를 이용하여 실현하는 방법으로 두 가지의 방법이 있다. 이는 그림 4-10에 나타내며, 이들의 차이점은 출력이 나오기까지의 지연 시간과 중간 결과가 달라지며, 최종 출력은 같다.

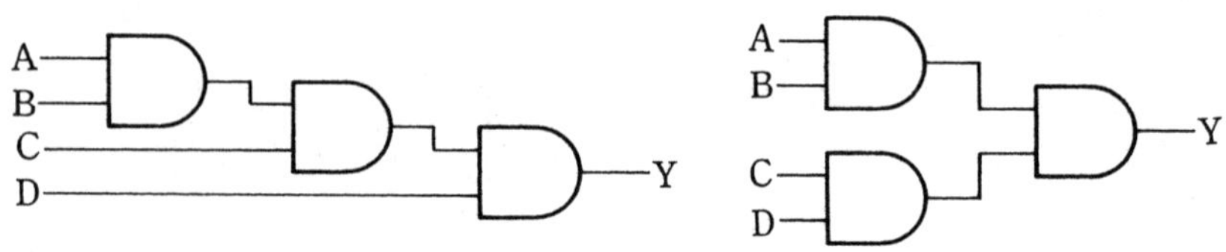

(a) 3단계 4입력 AND 게이트 (b) 2단계 4입력 AND 게이트

그림 4-10 4입력 AND 연산의 2입력 게이트로의 실현

AND 게이트 IC 소자

AND 게이트 IC 소자로는 7408이 대표적으로 쓰이며, 14핀 IC에 4조의 AND 게이트가 집적되어 있다. 그림 4-11에는 7408의 핀 배치도를 나타낸다.

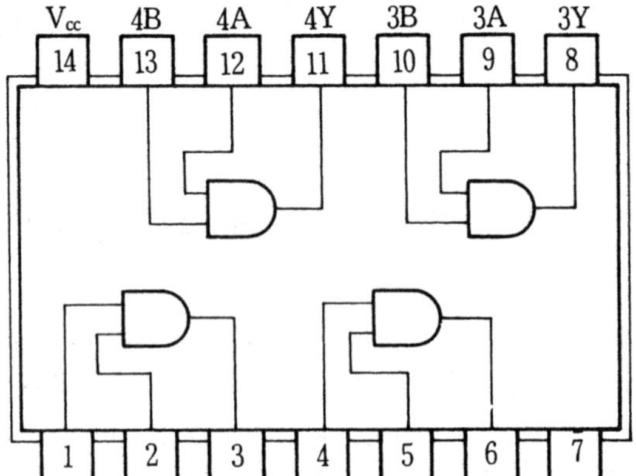

그림 4-11 AND 게이트 IC 7408의 핀 배치도

표 4-18 AND 게이트 IC의 여러 종류

part No.	description	pin	비고
7408	Quad 2-Input AND	14	TTL
7409	Quad 2-Input Open Collector AND	14	7408의 O.C.형
7411	Triple 3-Input AND	14	
7415	Triple 3-Input Open Collector AND	14	7411의 O.C.형
7421	Dual 4-Input AND	14	
4073	Triple 3-Input AND	14	CMOS
4081	Quad 2-Input AND	14	CMOS
4082	Dual 4-Input AND	14	CMOS

AND 게이트에는 여러 가지 변형된 게이트가 많으며 그 중 대표적인 것들을 표 4-18에 나타낸다.

[3] OR 게이트

논리합 연산은 OR 연산이라고 하며, 두 입력 A, B에 대하여 출력 Y는 식 (4-21)로 정의하는 기본 논리 연산이다.

$$Y = A+B \tag{4-21}$$

OR 연산의 논리 동작은 표 4-19의 진리표로 나타내어진다.

표 4-19 OR 연산의 진리표

A	B	Y = A+B
0	0	0
0	1	1
1	0	1
1	1	1

OR 연산을 수행하는 게이트는 그림 4-12의 논리 기호로 표현한다.

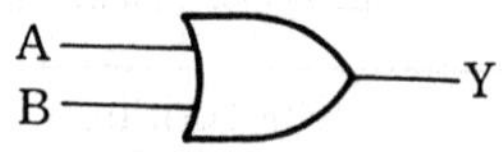

그림 4-12 OR 게이트

다중 입력 OR 게이트

다중 입력의 OR 연산은 AND와 마찬가지로 불 대수의 정리 중 결합 법칙 (T_6a)이 성립하므로 간단하게 확장할 수 있다. 다중 입력과 다단계 입력의 실현을 그림 4−13에 나타낸다.

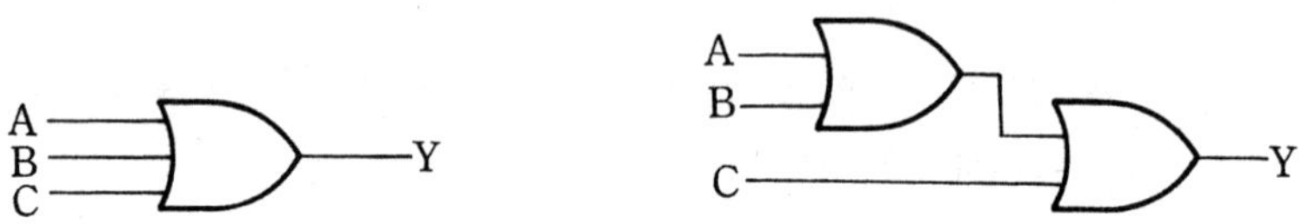

(a) 3입력 OR 게이트 (b) 2단계 3입력 OR 게이트

그림 4-13 OR 게이트의 다중 입력과 다단계 입력

OR 게이트 IC 소자

OR 게이트의 IC 소자로는 대표적으로 7432가 쓰이며, 14핀 IC에 4조의 OR 게이트가 집적되어 있다. 이의 핀 배치도는 그림 4−14에 나타낸다.

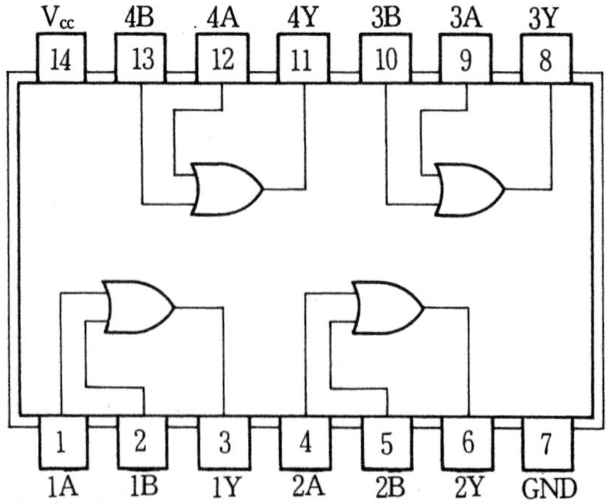

그림 4-14 OR 게이트 IC 7432의 핀 배치도

OR 게이트의 종류는 표 4-20에 정리하였다.

표 4-20 OR 게이트 IC의 여러 종류

part No.	description	pin	비고
7432	Quad 2-Input OR	14	
4072	Dual 4-Input OR	14	CMOS
4075	Triple 3-Input OR	14	CMOS
4078	8-Input NOR/OR	14	CMOS, NOR/OR 출력

예제 4 일치 정리 $AB+BC+\overline{A}C=AB+\overline{A}C$를 게이트를 나타내는 논리 기호로 표현하시오.

▷▶ 풀 이

AND와 OR, NOT의 논리 기호를 사용하여 일치 정리를 나타내면 그림 4-15와 같다.

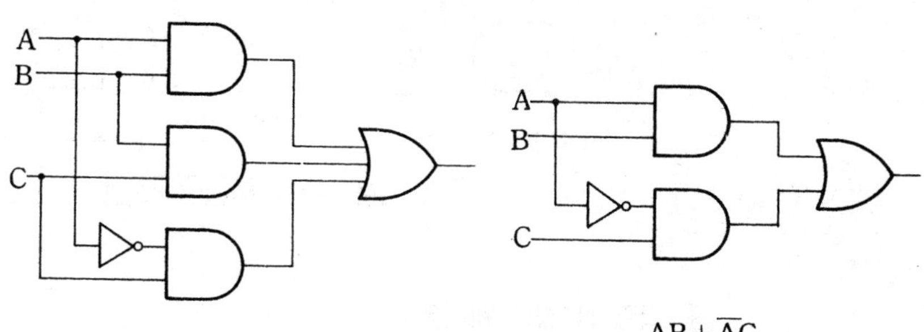

그림 4-15 일치 정리의 게이트 회로도

〔4〕 NAND 게이트

NAND 게이트는 NOT-AND 연산을 수행하는 게이트로 기본 논리 연산으로 정의된 것은 아니지만 TTL의 가장 기본적인 회로로 정의된 게이트이다. 두 입력을 A, B라 한다면 출력 Y는 식 (4-22)의 불 식으로 정의되는 연산이다. 물론 NAND 연산은 AND 연산의 부정과 같다.

$$Y = \overline{A \cdot B} \qquad (4-22)$$

NAND 연산의 논리 동작은 표 4-21의 진리표로 설명할 수 있으며, AND 연산의 부정이 됨을 확인할 수 있다.

표 4-21 NAND 연산의 진리표

A	B	AB	$Y = \overline{A \cdot B}$
0	0	0	1
0	1	0	1
1	0	0	1
1	1	1	0

NAND 연산을 수행하는 게이트는 그림 4-16(a)의 논리 기호로 표현하며, (b)의 게이트 회로와 등가이다.

(a) NAND 게이트 (b) 등가의 게이트 표현

그림 4-16 NAND 게이트

다중 입력 NAND 게이트

NAND 게이트도 다중 입력의 NAND 게이트가 존재하지만 2입력 게이트로 다중 입력을 실현할 수 있다. 그러나 NAND의 논리는 결합 법칙이 성립하지 않으므로 다중 입력을 실현하는 데에는 AND 연산이나 OR 연산보다는 복잡한 회로가 구성된다. 식 (4-23)은 3입력 NAND 연산을 나타낸다. 이를 2입력 NAND 논리로 논리식을 변형하면 식 (4-24)가 되며, 이를 2입력 NAND 게이트로 실현한 회로를 그림 4-17에 보인다.

$$Y = \overline{ABC} \qquad (4-23)$$
$$= \overline{(AB)C}$$
$$= \overline{\overline{\overline{AB}}C} \qquad (4-24)$$

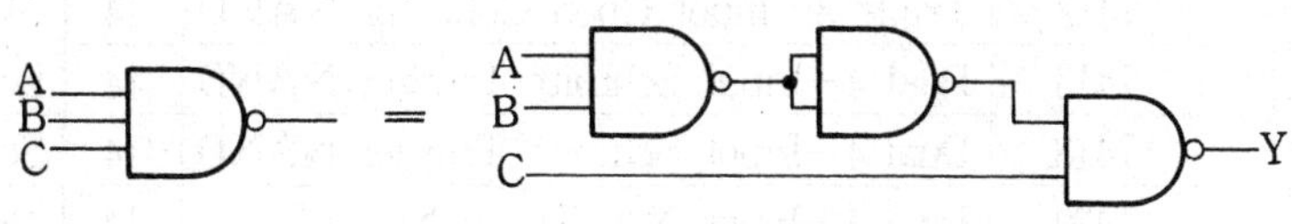

그림 4-17 2입력 NAND 게이트로 실현한 3입력 NAND 연산

NAND 게이트 IC 소자

NAND 게이트 IC는 TTL 논리의 대표 회로로 7400이 있다. 이는 14핀 IC에 4조의 NAND 게이트를 집적하여 놓은 것으로 그림 4-18과 같은 핀 배치도를 갖는다.

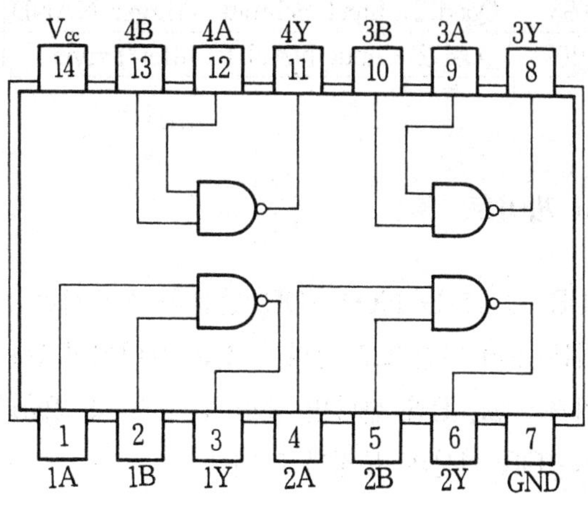

그림 4-18 NAND 게이트 IC 7400의 핀 배치도

NAND 게이트는 많이 사용하는 게이트 논리로 여러 가지 형태의 것이 만들어져 있다. 표 4-22에는 NAND 게이트 IC의 여러 가지 종류를 정리하였다.

표 4-22 NAND 게이트 IC의 여러 종류

part No.	description	pin	비고
7400	Quad 2-Input NAND	14	TTL
7401	Quad 2-Input Open Collector NAND	14	입출력 방향 반대 배치
7403	Quad 2-Input Open Collector NAND	14	7400의 O.C.형
7410	Triple 3-Input NAND	14	다중(3) 입력 게이트
7412	Triple 3-Input Open Collector NAND	14	7410의 O.C.형
7413	Dual 4-Input Schmitt Trigger NAND	14	Schmitt 회로
7418	Dual 4-Input Schmitt Trigger NAND	14	Schmitt 회로
7420	Dual 4-Input NAND	14	다중(4) 입력 게이트
7422	Dual 4-Input Open Collector NAND	14	7420의 O.C.형
7424	Quad 2-Input Schmitt Trigger NAND	14	Schmitt 회로
7426	Quad 2-Input Open Collector NAND	14	7403의 고내압형(15V)
7430	8-Input NAND	14	다중(8) 입력 게이트
7437	Quad 2-Input NAND Buffers	14	7400의 버퍼형
74133	13-Input NAND	16	다중(13) 입력 게이트
4011	Dual 4-Input NAND	14	CMOS 다중(4) 입력
4012	Dual 4-Input NAND	16	CMOS 다중(4) 입력
4023	Triple 3-Input NAND	14	CMOS 다중(3) 입력
4068	8-Input NAND	14	CMOS 다중(8) 입력
4093	Quad 2-Input Schmitt Trigger NAND	14	CMOS Schmitt 회로
40107	Dual 2-Input NAND Buffer/Driver	8	CMOS

〔5〕 NOR 게이트

NOR 게이트는 NOT-OR 연산을 수행하는 게이트로 NAND와 마찬가지로 기본 논리 연산으로 정의된 것은 아니지만 논리 게이트로 정의된 회로이다. 두 입력을 A, B라 한다면 출력 Y는 식 (4-25)의 불 식으로 정의된다. NOR 연산은 OR 연산의 부정과 같다.

$$Y = \overline{A + B} \qquad (4-25)$$

NOR 연산의 논리 동작은 표 4-23의 진리표로 설명할 수 있으며, OR 연산의 부정이 된다.

표 4-23 NOR 연산의 진리표

A	B	A+B	$Y = \overline{A+B}$
0	0	0	1
0	1	1	0
1	0	1	0
1	1	1	0

NOR 연산을 수행하는 게이트는 그림 4-19(a)의 논리 기호로 표현하며, (b)와 게이트 회로로 등가이다.

(a) NOR 게이트　　(b) 등가의 게이트 표현

그림 4-19 NOR 게이트

다중 입력 NOR 게이트

NOR 게이트도 다중 입력의 게이트가 존재하며 이를 이용할 경우는 다중 입력이 간단하게 이루어지지만, 2입력 NOR 게이트를 사용하여도 다중 입력을 실현할 수 있다. 식 (4-26)은 3변수 NOR 연산을 나타내며, 식 (4-27)은 2변수 NOR 연산을 이용하여 표현한 등가의 논리식이다.

$$Y = \overline{A+B+C} \qquad (4-26)$$
$$= \overline{(A+B)+C}$$
$$= \overline{\overline{\overline{(A+B)}}+C} \qquad (4-27)$$

식 (4-26)과 (4-27)을 게이트 회로로 표현하면 그림 4-20과 같으며 이들은 서로 등가의 회로이다.

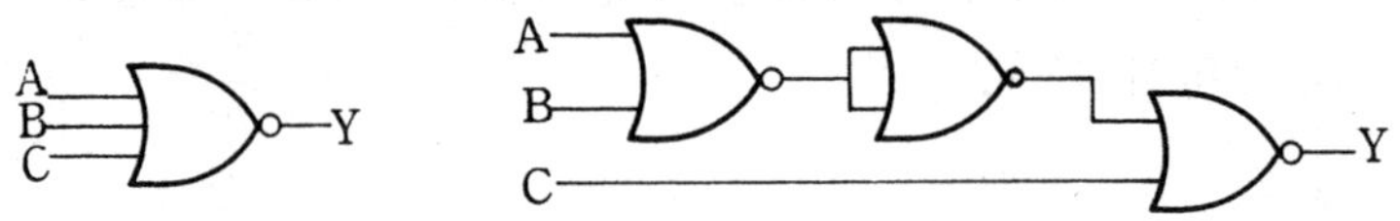

그림 4-20 3입력 NOR 게이트의 실현

NOR 게이트 IC 소자

대표적인 NOR 게이트 IC는 7402가 있다. 이는 14핀 IC에 4조의 NOR 게이트를 집적하여 놓은 것으로 그림 4-21과 같은 핀 배치도를 갖는다. 7402는 일반적인 2입력 게이트와 핀 배치가 반대 방향이므로 사용에 주의를 요한다.

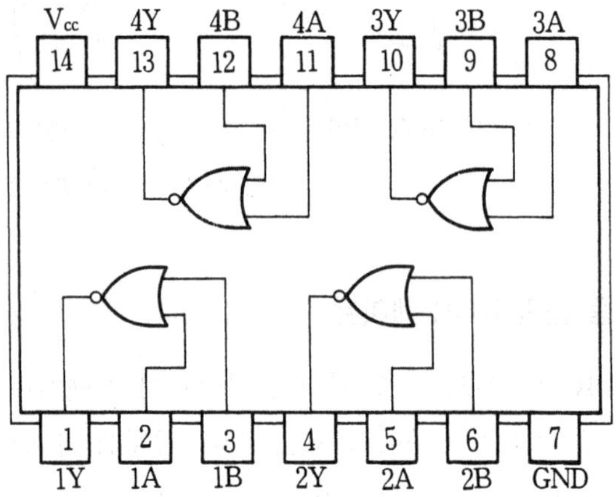

그림 4-21 NOR 게이트 IC 7402의 핀 배치도

NOR 게이트도 NAND 게이트와 함께 많이 사용하는 게이트 논리로 여러 가지 형태의 것이 만들어져 있다. 표 4-24에는 NOR 게이트 IC의 여러 가지 종류를 정리하였다.

표 4-24 NOR 게이트 IC의 여러 종류

part No.	description	pin	비고
7402	Quad 2-Input NOR	14	TTL, 핀 배치 반대
7423	Dual Expandable 4-Input NOR(strobe)	16	확장성, strobe 입력
7425	Dual 4-Input NOR(strobe)	14	7423의 Exp 생략형
7427	Triple 3-Input NOR	14	다중(3) 입력
7428	Quad 2-Input NOR Buffers	14	7402의 버퍼형
7433	Quad 2-Input Open Collector NOR	14	7428의 O.C.형
7436	Quad 2-Input NOR	14	7432의 NOR형, 일반 핀 배치
74260	Dual 5-Input NOR	14	다중(5) 입력
4000	Dual 3-Input NOR plus Inverters	14	CMOS, 다중(3), 인버터
4001	Quad 2-Input NOR	14	CMOS
4002	Dual 4-Input NOR	14	CMOS 다중(4) 입력
4025	Triple 3-Input NOR	14	CMOS 다중(3) 입력

예제 5 불 대수의 정리 중 드 모르간 법칙을 게이트 회로로 표현하시오.

▷▶ 풀 이

드 모르간 법칙은 NAND와 NOR 연산의 등가의 논리를 나타내므로 이들을 각각 게이트 회로로 표현하면 그림 4-22와 같다.

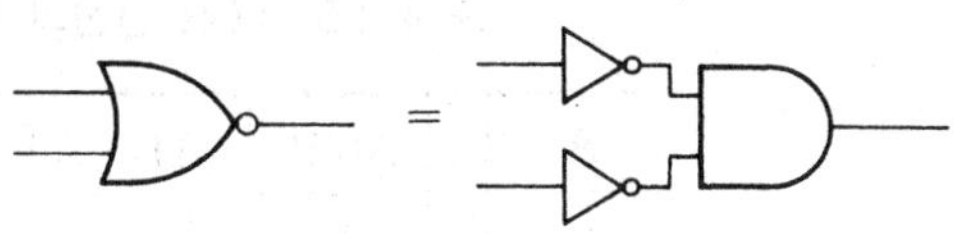

(a) 드 모르간 제1 법칙

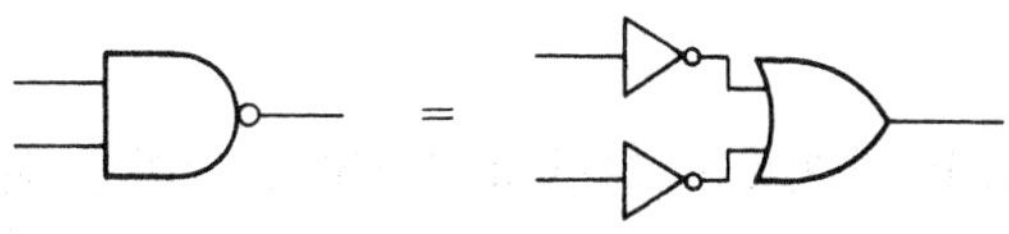

(b) 드 모르간 제2 법칙

그림 4-22 드 모르간 법칙의 게이트 회로 표현

[6] XOR 게이트

XOR(Ex−OR) 게이트는 불 대수로 정의되지 못하는 응용 논리 연산을 수행하는 게이트이다. XOR 연산은 배타적 논리합(eXclusive OR) 연산이라고도 부르며, 서로 다른 입력에 대하여만 출력 1을 내는 논리 연산이다. 게이트도 기본 논리 게이트로서 정의된 게이트가 아니라, 게이트들의 조합 논리로 정의된 게이트이지만 매우 쓸모 있는 게이트이며, 기본적으로 5개의 게이트를 대신할 수 있는 게이트이다.

XOR 연산은 식 (4−28)로 정의하며, 이의 등가의 불 대수식은 식 (4−29)이다.

$$Y = A \oplus B \qquad (4-28)$$

$$Y = \overline{A}B + A\overline{B} \qquad (4-29)$$

XOR 연산의 논리 동작은 표 4−25의 진리표로 나타내어지며, 아울러 진리표에서는 식 (4−29)와 등가임을 증명한다.

표 4-25 XOR 연산의 진리표

A	B	$A \oplus B$	$\overline{A}B$	$A\overline{B}$	$\overline{A}B + A\overline{B}$
0	0	0	0	0	0
0	1	1	1	0	1
1	0	1	0	1	1
1	1	0	0	0	0

XOR 게이트는 그림 4−23(b)로 정의된 논리 기호를 사용한다. (a)에는 AND, OR, NOT 게이트를 사용한 등가의 회로도를 나타낸다.

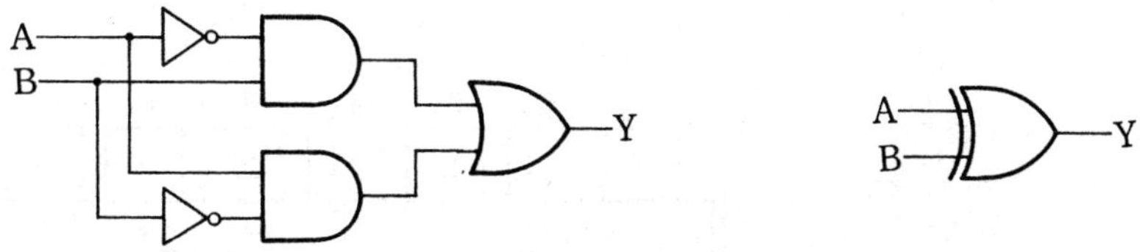

(a) AND, OR, NOT 게이트를 이용한 XOR 실현　　(b) XOR 게이트

그림 4-23 XOR 연산 회로

다중 입력 XOR 게이트

XOR 연산은 불 대수로 정의되지 못한 논리 연산이지만 결합 법칙은 성립한다. 즉, AND 혹은 OR 연산처럼 다중 입력을 2입력 게이트로 실현하는 것이 그림 4-24처럼 간단하게 이루어진다. 다만 다중 입력인 경우는 XOR 연산의 기본 정의를 '입력 중 1의 개수가 홀수일 때 출력이 1이 되는 연산'으로 바꾸어야 한다.

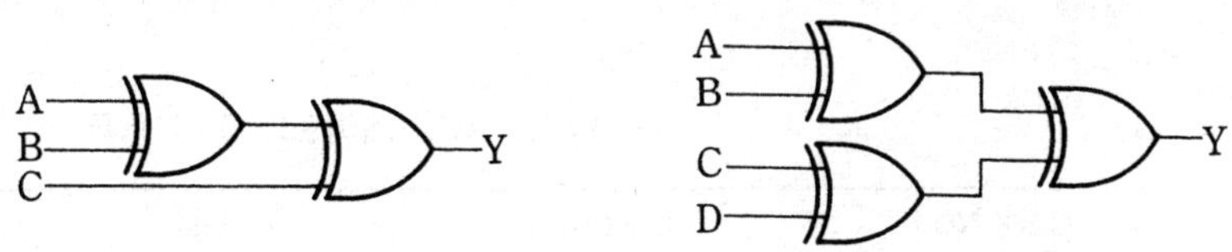

(a) 3입력 XOR 게이트　　(b) 4입력 XOR 게이트

그림 4-24 다중 입력 XOR 게이트

XOR 게이트 IC 소자

XOR 논리를 수행하는 게이트의 IC 소자로는 대표적으로 7486이 쓰이며, 이는 14핀 IC에 4조의 XOR 게이트를 집적한 회로이다. 그림 4-25에 7486 XOR 게이트의 핀 배치도를 나타낸다.

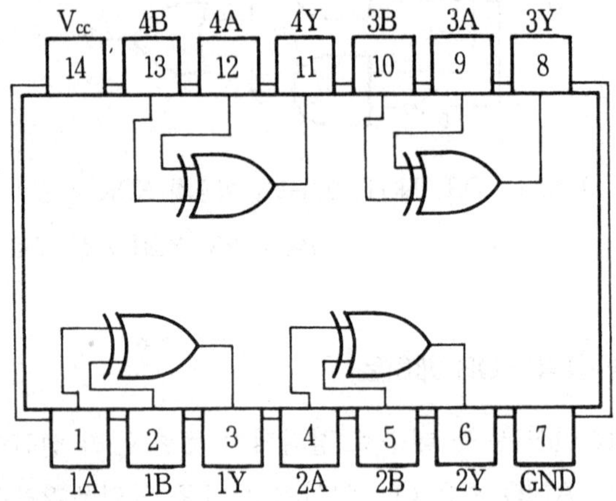

그림 4-25 XOR 게이트 7486의 핀 배치도

XOR 게이트도 몇 종류의 IC 소자가 제공되고 있으나 3입력 이상의 다중 입력은 없으며, 이들을 표 4-26에 정리하였다.

표 4-26 XOR 게이트의 여러 종류

part No.	description	pin	비고
7486	Quad 2-Input XOR	14	TTL
74135	Quad 2-Input XOR/Ex-NOR	16	XOR/Ex-NOR 선택형
74136	Quad 2-Input Open Collector XOR	14	7486의 O.C.형
74386	Quad 2-Input XOR	14	핀 배치가 부분적으로 다름
4030	Quad 2-Input XOR	14	CMOS

예제 6 NAND 게이트만 사용하여 XOR 연산을 수행하는 회로를 만드시오.

▷ 풀 이

XOR 연산의 논리식을 다음과 같이 NAND만의 논리식으로 변환하고, 이를 게이트 회로도로 나타내면 그림 4-26으로 표현된다.

$$Y = \bar{A}B + A\bar{B} = \overline{\overline{\bar{A}B + A\bar{B}}} = \overline{\overline{\bar{A}B} \cdot \overline{A\bar{B}}} \qquad (NAND\times 5)$$

$$= \overline{\bar{A}\bar{B} + AB} = \overline{\overline{\bar{A}\bar{B}} \cdot \overline{AB}} \qquad (NAND\times 6)$$

$$= \bar{A}B + A\bar{B} = (\bar{A}B + B\bar{B}) + (A\bar{B} + A\bar{A})$$

$$= B(\bar{A} + \bar{B}) + A(\bar{B} + \bar{A})$$

$$= B(\overline{AB}) + A(\overline{AB})$$

$$= \overline{\overline{B(\overline{AB}) + A(\overline{AB})}}$$

$$= \overline{\overline{B(\overline{AB})} \cdot \overline{A(\overline{AB})}} \qquad (NAND\times 4)$$

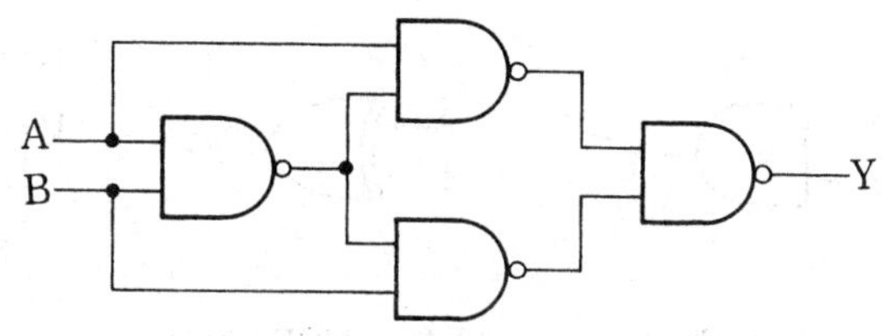

그림 4-26 XOR 연산의 NAND 게이트만의 회로도

〔7〕 Ex-NOR 게이트

Ex-NOR 게이트는 XOR 연산의 부정 출력을 내는 게이트로, 동치(Equivalence) 게이트라고도 부르며, XOR 연산과 마찬가지로 기본 논리 연산은 아니다. Ex-NOR 연산은 식 (4-30)으로 정의하며, (4-31), (4-32)는 등가의 표현들이다.

$$Y = A \equiv B \ (\text{또는 } A \odot B) \qquad (4-30)$$

$$= \overline{A \oplus B} \qquad (4-31)$$

$$= \overline{\bar{A}B + A\bar{B}}$$

$$= \bar{A}\bar{B} + AB \qquad (4-32)$$

Ex-NOR 게이트의 동작은 서로 같은 입력이 인가될 때, 출력이 1이 되는 회로로 표 4-27에 진리표를 나타낸다.

표 4-27 Ex-NOR 게이트의 진리표

A	B	$A\oplus B$	$\overline{A\oplus B}$	$\overline{A}\,\overline{B}$	AB	$\overline{A}\,\overline{B}+AB$
0	0	0	1	1	0	1
0	1	1	0	0	0	0
1	0	1	0	0	0	0
1	1	0	1	0	1	1

Ex-NOR 게이트의 논리 기호는 그림 4-27(a) 또는 (b)로 표현하며, (c)는 등가의 표현이다.

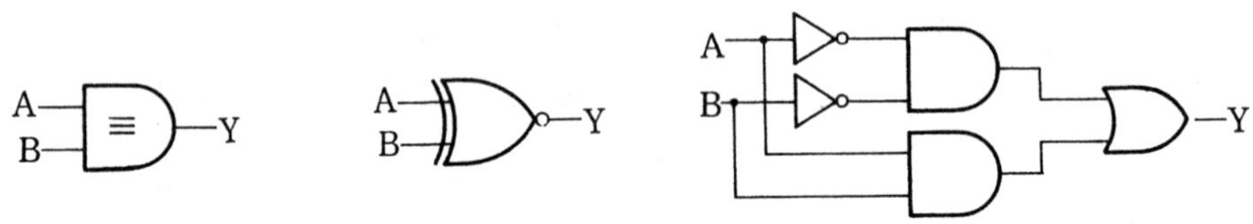

(a) 동치 게이트 (b) Ex-NOR 게이트 (c) 등가의 게이트 회로

그림 4-27 Ex-NOR 게이트

Ex-NOR 게이트 IC 소자

Ex-NOR 게이트는 XOR 게이트에 인버터를 사용하든가 또는 다른 게이트의 조합으로 사용하는 경우가 많기 때문에 IC 소자로는 그다지 많은 종류가 있지는 않다. 표 4-28에 Ex-NOR 게이트 IC 소자를 나타낸다.

표 4-28 Ex-NOR 게이트의 여러 종류

part No.	description	pin	비고
74135	Quad 2-Input XOR/Ex-NOR	16	선택 사용
74266	Quad 2-Input Open Collector Ex-NOR	14	O.C.형
4077	Quad 2-Input Ex-NOR	14	CMOS

Ex-NOR 게이트 74135는 XOR와 Ex-NOR가 혼합적으로 제공되고 있는 IC로, 16핀으로 4조의 XOR/Ex-NOR 게이트를 집적하여 놓았다. XOR 게이트 2개를 1그룹으로 묶어 각 출력을 제어하여 XOR 혹은 Ex-NOR로 동작할 수 있도록 만들어 놓은 회로이다. 74135의 핀 배치도를 그림 4-28에 나타내었다.

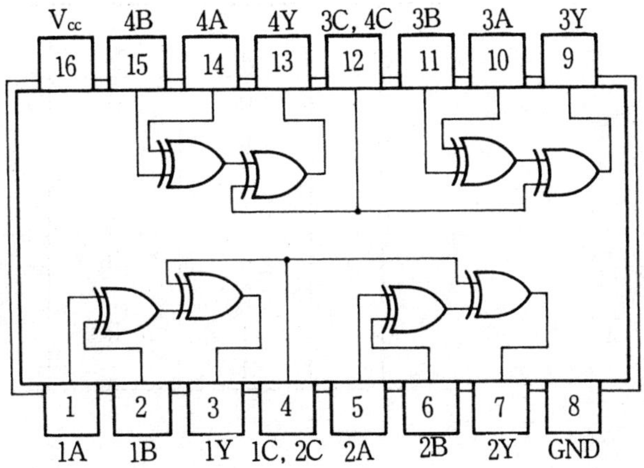

그림 4-28 XOR/Ex-NOR 게이트 IC 74135의 핀 배치도

프로그래머블 인버터

74135의 1개의 XOR/Ex-NOR 게이트 내부 회로는 그림 4-29로 되어 있다. XOR 게이트 2개가 연결된 형태로 그들의 역할은 각각 다르다. 첫 번째 단의 XOR 게이트는 XOR 논리 연산을 수행하며, 두 번째 XOR 게이트는 출력을 조절하는 역할을 한다. 즉 C단자에 0을 인가하면 XOR 출력을 그대로 내보내는 버퍼로서의 역할을 하며, C단자에 1을 인가하면 XOR 연산의 부정 출력을 내는 인버터로서의 역할을 수행한다. 이를 프로그래머블 인버터라고 부른다.

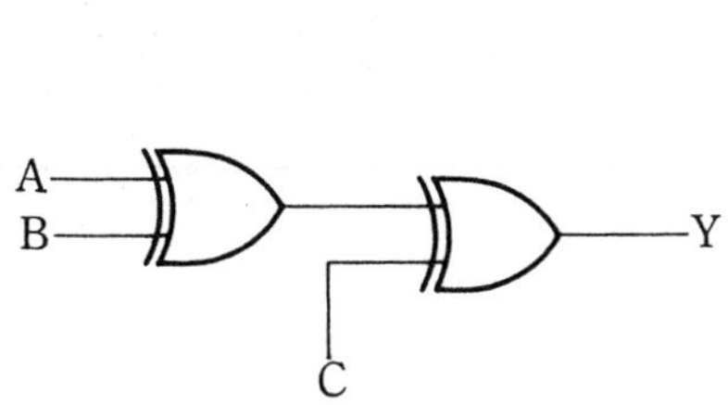

그림 4-29 XOR/Ex-NOR 게이트의 실현

표 4-29에는 XOR/Ex-NOR 게이트 한 개의 논리가 진리표로 정리되어 있다. C의 값이 0일 때 XOR 게이트로, C의 값이 1일 때 Ex-NOR 게이트로 동작함을 확인할 수 있다.

표 4-29 XOR/Ex-NOR 게이트의 진리표

제어 입력 C	입력 A	력 B	출력 Y
0	0	0	0
0	0	1	1
0	1	0	1
0	1	1	0
1	0	0	1
1	0	1	0
1	1	0	0
1	1	1	1

〔8〕 버퍼(Buffer)

버퍼 게이트는 논리 연산을 수행하는 것이 아니고, 입력된 데이터를 그대로 출력으로 내보내는 역할만 하는 게이트이다. 이는 감쇠된 신호를 정상으로 증폭시키는 역할을 수행하여 팬-아웃을 늘려 주거나, 시간 지연을 갖게 하는 등의 역할을 하며, 오픈-컬렉터* 출력을 제공하거나, 3-상태 출력을 제공하기 위하여 사용되는 경우도 있다.

버퍼의 논리 동작은 식 (4-33)으로 표현되며, 이의 논리 기호는 그림 4-30(a)로 나타낸다.

$$Y = A \qquad (4-33)$$

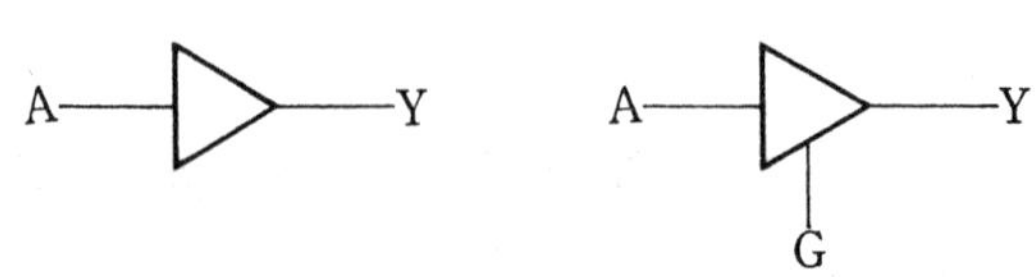

(a) 버퍼 (b) 3-상태 버퍼

그림 4-30 버퍼 게이트

3-상태 버퍼

3—상태 버퍼는 0의 입력이 0의 출력으로, 1의 입력이 1의 출력으로 되는 두 개의 상태와 어떤 입력이 인가되더라도 출력이 하이 임피던스(high impedance)가 되는 상태를 포함하여 3가지의 상태를 제공하는 버퍼를 의미한다. 3—상태 버퍼에는 제어 단자를 갖고 있어서 이를 해결하며, 이의 논리 동작을 표 4—30에 나타낸다.

표 4-30 3-상태 버퍼의 진리표

제어 G	입력 A	출력 Y
0	d	z
1	0	0
1	1	1

버퍼는 단순한 버퍼 게이트로서도 사용되지만, 많은 경우 여러 비트의 데이터에 대하여 단방향의 버스 버퍼, 또는 양방향의 버스 트랜시버로서 쓰이며, 3—상태이거나 오픈—컬렉터 출력을 갖는 경우가 대부분이다.

버퍼의 IC 소자

버퍼 게이트 IC 소자로는 7434와 4050이 6조의 버퍼 게이트가 집적된 IC이며, 이의 오픈—컬렉터 출력으로 7407, 7417, 7435 등이 있다. 3—상태 버퍼로는 6조의 3—상태 버스 버퍼로 74365, 74367(8T97)이 있으며, 8조의 3—상태 버스 버퍼로 74241, 74244, 74426, 74465, 74466, 74467, 74541, 74795, 74797 등이 있다.

양방향의 버퍼인 트랜시버로는 4조의 3—상태 버스 트랜시버로 74243, 8조의 3—상태 버스 트랜시버로 74245, 74620, 74623, 74640, 74643 등이 있고, 또 버스 트랜시버의 오픈 컬렉터형으로 74621, 74622, 74641, 74644, 74645 등이 있고, 오픈—컬렉터와 3—상태를 겸하는 버스 트랜시버로 74638과 74639가 있다.

그림 4—31에는 버퍼 게이트와 버스 버퍼, 버스 트랜시버의 대표적인 IC 소자의 핀 배치도를 보인다.

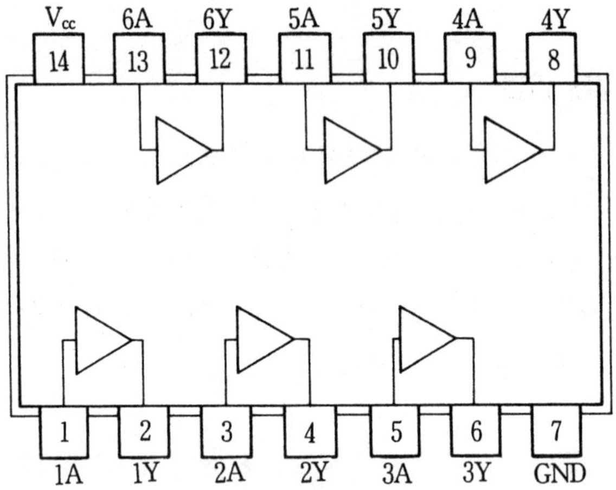

(a) 6조의 버퍼 게이트 7434

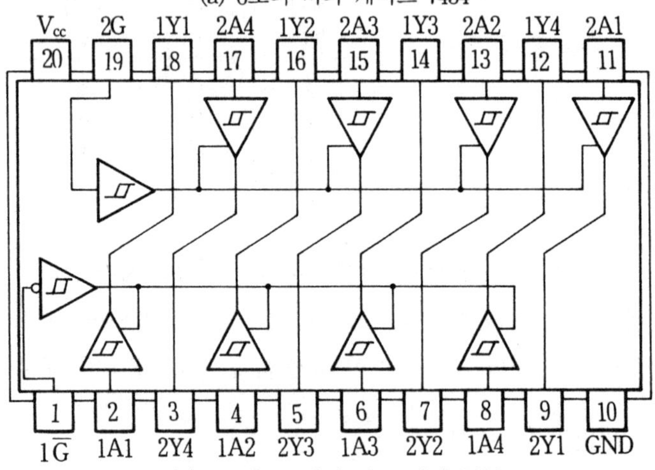

(b) 8조의 3-상태 버스 버퍼 74241

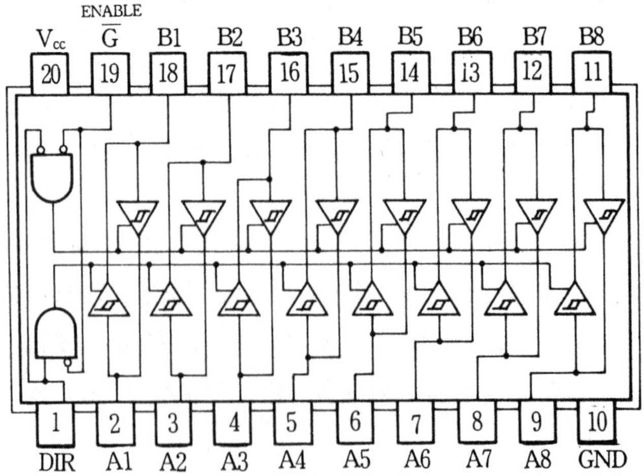

(c) 8조의 3-상태 버스 트랜시버 74245

그림 4-31 버퍼 IC 소자의 핀 배치도

오픈 컬렉터

오픈 컬렉터(open-collector)란 TTL의 출력단 트랜지스터에서 컬렉터단을 오픈시켜 놓은 것을 말한다. 아래 그림의 (a)는 기본적인 TTL 출력단의 트랜지스터 회로인 토템-폴(totem-pole) 출력, (b)는 오픈 컬렉터 출력을 나타낸다.

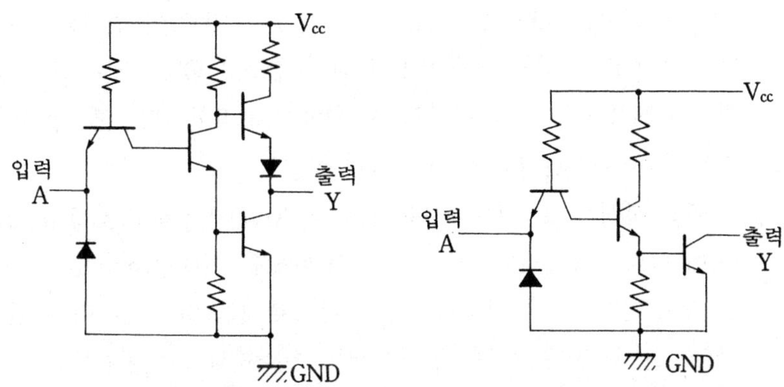

(a) 토템-폴 회로　　(b) 오픈 컬렉터 회로

참고 그림. TTL 인버터의 회로

오픈 컬렉터 출력은 결선 논리(wired logic)를 실현하기 위하여, 또는 출력의 내압을 크게 하기 위하여, 또는 오픈 상태를 이용하기 위하여 사용한다.

4-5 최소항과 최대항

어떠한 문제를 불 대수식으로 표현하였다면 이는 회로화 될 수 있음을 알았다. 또, 불 대수식은 진리표로부터 간단하게 유도될 수 있음도 알았다. 그러나 4-3절에서 유도되었던 대수식은 가장 기본적인 논리 전개 방법이었으며, 모든 입력 변수를 그대로 사용하는 형태로 각 AND항들의 OR 형식의 논리식으로 유도하였다. 입력 변수가 하나도 생략되지 않은 형태로 만들어진 논리식을 표준형(canonical form)이라 부르며, 표준형 논리식에 사용된 각 항들을 표준항이라고 한다.

SOP와 POS 논리식

논리식은 곱의 합(SOP : Sum Of Product)과 합의 곱(POS : Product Of Sum) 두 가지 형식이 존재한다. SOP 논리식은 AND항들을 OR하여 구하는 논리식으로, 가장 기본적으로 사용되는 형식이며, 4−3절에서 전개한 논리식도 SOP였다. POS 논리식은 OR항들을 AND하여 만들어 내는 논리식이다. POS의 논리 전개는 출력이 0이 되는 항들을 OR항으로 하되 불 변수의 표시방식을 SOP와는 반대로 하여 AND하는 논리식이다. 즉, 불 변수 A에 대하여 입력이 0이면 A, 1이면 $\overline{A}$로 표시한다.

SOP 형식의 표준형에 사용되는 각 AND항들을 최소항(minterm)이라 하고 POS 형식의 표준형에 사용되는 OR항들을 최대항(maxterm)이라 하며, 이들은 모든 변수를 다 사용하여 표기하므로 간단하게 m_i 또는 M_i로 표기하기도 한다. 표 4−31은 3변수 논리에서의 최소항과 최대항을 나타낸다.

표 4-31 3변수 논리에서의 최소항과 최대항

입력 A	입력 B	입력 C	최소항	최대항
0	0	0	$\overline{A}\,\overline{B}\,\overline{C}=m_0$	$A+B+C=M_0$
0	0	1	$\overline{A}\,\overline{B}\,C=m_1$	$A+B+\overline{C}=M_1$
0	1	0	$\overline{A}\,B\,\overline{C}=m_2$	$A+\overline{B}+C=M_2$
0	1	1	$\overline{A}\,B\,C=m_3$	$A+\overline{B}+\overline{C}=M_3$
1	0	0	$A\,\overline{B}\,\overline{C}=m_4$	$\overline{A}+B+C=M_4$
1	0	1	$A\,\overline{B}\,C=m_5$	$\overline{A}+B+\overline{C}=M_5$
1	1	0	$A\,B\,\overline{C}=m_6$	$\overline{A}+\overline{B}+C=M_6$
1	1	1	$A\,B\,C=m_7$	$\overline{A}+\overline{B}+\overline{C}=M_7$

최소항의 논리 전개

예를 들어 표 4−32의 진리표를 SOP의 논리식으로 최소항을 이용하여 나타내면, 식 (4−34)가 된다.

표 4-32 출력 f의 진리표

A	B	C	f
0	0	0	1
0	0	1	1
0	1	0	0
0	1	1	0
1	0	0	0
1	0	1	0
1	1	0	1
1	1	1	1

$$f = \overline{A}\,\overline{B}\,\overline{C} + \overline{A}\,\overline{B}C + AB\overline{C} + ABC \qquad (4-34)$$

그러나 이 논리식을 표준형으로 나타낸다면 이렇게 표기하지 않아도 좋다. 모든 항들이 3개의 변수를 포함하고 있으므로 이들 변수를 표시하는 대신에 입력의 2진수 값을 첨자 i로 하는 최소항의 간단한 표기 방법 m_i를 이용하여 식 (4-35)로 표기하여도 된다. 또, 수학적인 표기 방법을 이용하면 식 (4-36)으로 나타낼 수도 있다.

$$f(A,\ B,\ C) = m_0 + m_1 + m_6 + m_7 \qquad (4-35)$$
$$f(A,\ B,\ C) = \Sigma m(0,\ 1,\ 6,\ 7) \qquad (4-36)$$

식 (4-34), (4-35), (4-36)은 다른 형식으로 표시된 논리식이지만 같은 진리표에 대하여 표현된 것이므로 모두 등가의 논리식이라 할 수 있다. 이들은 필요에 따라 사용하면 될 것이다.

최대항의 논리 전개

표 4-32의 출력 f를 최대항을 이용하여 POS 형식의 논리식으로 나타내면 식 (4-37)이 된다.

$$f=(A+\overline{B}+C)\cdot(A+\overline{B}+\overline{C})\cdot(\overline{A}+B+C)\cdot(\overline{A}+B+\overline{C}) \qquad (4-37)$$

식 (4-37)은 모든 변수를 포함하는 최대항으로 표시하였으므로 이는 식 (4-38)과 (4-39)로 나타내어도 같은 논리식이라 할 수 있다.

$$f(A,\ B,\ C) = M_2 \cdot M_3 \cdot M_4 \cdot M_5 \qquad (4-38)$$

$$f(A,\ B,\ C) = \Pi M(2,\ 3,\ 4,\ 5) \qquad (4-39)$$

또, 식 (4-34)의 최소항으로 전개된 논리식과 식 (4-37)의 최대항으로 전개된 논리식은 같은 출력 함수 f에 대하여 유도된 것이므로 서로 다른 형식을 갖는다 하더라도 등가의 논리식이다. 이의 증명은 다음과 같다.

최소항과 최대항 논리 전개의 등가

식 (4-37)을 불 대수의 정리들을 이용하여 전개하면 다음과 같이 정리되어 식 (4-34)가 된다.

$$\begin{aligned}
f &= (A+\overline{B}+C)(A+\overline{B}+\overline{C})(\overline{A}+B+C)(\overline{A}+B+\overline{C}) && (4-37)\\
&= (AA+A\overline{B}+A\overline{C}+A\overline{B}+\overline{B}\,\overline{B}+\overline{B}\,\overline{C}+AC+\overline{B}C+C\overline{C})\\
&\qquad \cdot(\overline{A}+B+C)(\overline{A}+B+\overline{C})\\
&= (A+A\overline{B}+A\overline{C}+AC+\overline{B}+\overline{B}\,\overline{C}+\overline{B}C)(\overline{A}+B+C)(\overline{A}+B+\overline{C})\\
&= (A+\overline{B})(\overline{A}+B+C)(\overline{A}+B+\overline{C})\\
&= (A\overline{A}+AB+AC+\overline{A}\,\overline{B}+B\overline{B}+\overline{B}C)(\overline{A}+B+\overline{C})\\
&= A\overline{A}B+ABB+AB\overline{C}+A\overline{A}C+ABC+AC\overline{C}+\overline{A}\,\overline{A}\,\overline{B}+\overline{A}\,\overline{B}B\\
&\qquad +\overline{A}\,\overline{B}\,\overline{C}+\overline{A}\,\overline{B}C+B\overline{B}C+\overline{B}C\overline{C}\\
&= AB+AB\overline{C}+ABC+\overline{A}\,\overline{B}+\overline{A}\,\overline{B}\,\overline{C}+\overline{A}\,\overline{B}C\\
&= \overline{A}\,\overline{B}\,\overline{C}+\overline{A}\,\overline{B}C+AB\overline{C}+ABC && (4-34)
\end{aligned}$$

부정의 논리 전개

지금까지 전개한 SOP와 POS의 논리식들은 모두 정상적인 논리 전개 방법이었다. 경우에 따라서는 출력의 부정(f')을 유도하여 논리식을 전개하는 방법도 있다. 표 4-32의 진리표로부터 최소항을 이용하여 SOP 형식의 부정의 논리식을 구하면 식 (4-40)이 된다.

$$\begin{aligned}\overline{f} &= \overline{A}B\overline{C} + \overline{A}BC + A\overline{B}\,\overline{C} + A\overline{B}C \qquad (4-40)\\ &= m_2 + m_3 + m_4 + m_5\\ &= \sum m(2,\ 3,\ 4,\ 5)\end{aligned}$$

식 (4-40)으로부터 정상 출력 f를 구하면 식 (4-41)이 되어 정상의 논리 전개로 유도한 POS 논리식 식 (4-37)과 일치한다. 물론 이 논리식은 식 (4-34)가 되어 SOP 논리식과 일치한다.

$$\begin{aligned}f &= \overline{\overline{A}B\overline{C} + \overline{A}BC + A\overline{B}\,\overline{C} + A\overline{B}C}\\ &= (\overline{\overline{A}B\overline{C}}) \cdot (\overline{\overline{A}BC}) \cdot (\overline{A\overline{B}\,\overline{C}}) \cdot (\overline{A\overline{B}C})\\ &= (A + \overline{B} + C) \cdot (A + \overline{B} + \overline{C}) \cdot (\overline{A} + B + C) \cdot (\overline{A} + B + \overline{C}) \qquad (4-41)\end{aligned}$$

또, 표 4-32의 진리표로부터 POS 형식의 부정의 논리식을 유도하면 식 (4-42)가 된다.

$$\begin{aligned}\overline{f} &= (A + B + C) \cdot (A + B + \overline{C}) \cdot (\overline{A} + \overline{B} + C) \cdot (\overline{A} + \overline{B} + \overline{C}) \qquad (4-42)\\ &= M_0 \cdot M_1 \cdot M_6 \cdot M_7\\ &= \prod M(0,\ 1,\ 6,\ 7)\end{aligned}$$

식 (4−42)의 부정을 구하여 정상 출력 f를 유도하면 식 (4−43)이 되어 최소항에 의한 SOP 논리식 f와 일치한다.

$$
\begin{aligned}
f &= \overline{(M_0 \cdot M_1 \cdot M_6 \cdot M_7)} \\
&= \overline{M_0} + \overline{M_1} + \overline{M_6} + \overline{M_7} \\
&= m_0 + m_1 + m_6 + m_7 \qquad (4-43)
\end{aligned}
$$

예제 7 f = A+BC의 논리식을 표준형 SOP 논리식으로 변형하시오.

▷▶ 풀 이

f = A+BC의 논리식은 3변수의 논리식이지만 각 항들에는 변수가 생략되어 있다. 생략된 변수들을 모두 찾아 분배 법칙을 이용하여 포함시킨다면 표준형이 된다.

$$
\begin{aligned}
f &= A + BC \\
&= A(B+\overline{B})(C+\overline{C}) + BC(A+\overline{A}) \\
&= (AB + A\overline{B})(C+\overline{C}) + ABC + \overline{A}BC \\
&= ABC + AB\overline{C} + A\overline{B}C + A\overline{B}\,\overline{C} + ABC + \overline{A}BC \\
&= \overline{A}BC + A\overline{B}\,\overline{C} + A\overline{B}C + AB\overline{C} + ABC \\
&= \Sigma m(3,\ 4,\ 5,\ 6, 7)
\end{aligned}
$$

예제 8 다음 논리식을 표준형 SOP 논리식으로 변형하시오.

$$f(A,\ B,\ C,\ D) = \overline{A}(\overline{B} + D) + AC\overline{D}$$

▷▶ 풀 이

$$
\begin{aligned}
f &= \overline{A}\,\overline{B} + \overline{A}D + AC\overline{D} \\
&= \overline{A}\,\overline{B}(C+\overline{C})(D+\overline{D}) + \overline{A}D(B+\overline{B})(C+\overline{C}) + AC\overline{D}(B+\overline{B}) \\
&= \overline{A}\,\overline{B}CD + \overline{A}\,\overline{B}C\overline{D} + \overline{A}\,\overline{B}\,\overline{C}D + \overline{A}\,\overline{B}\,\overline{C}\,\overline{D} + \overline{A}BCD + \overline{A}B\overline{C}D \\
&\quad + \overline{A}\,\overline{B}CD + \overline{A}\,\overline{B}\,\overline{C}D + ABC\overline{D} + A\overline{B}C\overline{D} \\
&= \overline{A}\,\overline{B}\,\overline{C}\,\overline{D} + \overline{A}\,\overline{B}\,\overline{C}D + \overline{A}\,\overline{B}C\overline{D} + \overline{A}\,\overline{B}CD + \overline{A}B\overline{C}D + \overline{A}BCD \\
&\quad + A\overline{B}C\overline{D} + ABC\overline{D} \\
&= \sum m(0,\ 1,\ 2,\ 3,\ 5,\ 7,\ 10,\ 14)
\end{aligned}
$$

예제 9 예제 8의 논리식을 표준형 POS 논리식으로 변형하시오.

▷▶ 풀 이

$$
\begin{aligned}
f &= \overline{A}(\overline{B}+D) + AC\overline{D} \\
&= (\overline{A}+C\overline{D})(A+\overline{B}+D) \\
&= (\overline{A}+C)(\overline{A}+\overline{D})(A+\overline{B}+D) \\
&= (\overline{A}+B\overline{B}+C+D\overline{D})(\overline{A}+B\overline{B}+C\overline{C}+\overline{D})(A+\overline{B}+C\overline{C}+D) \\
&= (\overline{A}+B\overline{B}+C+D)(\overline{A}+B\overline{B}+C+\overline{D})(\overline{A}+B\overline{B}+C+\overline{D}) \\
&\quad (\overline{A}+B\overline{B}+\overline{C}+\overline{D})(A+\overline{B}+C\overline{C}+D) \\
&= (\overline{A}+B+C+D)(\overline{A}+\overline{B}+C+D)(\overline{A}+B+C+\overline{D})(\overline{A}+\overline{B}+C+\overline{D}) \\
&\quad (\overline{A}+B+\overline{C}+\overline{D})(\overline{A}+\overline{B}+\overline{C}+\overline{D})(A+\overline{B}+C+D)(A+\overline{B}+\overline{C}+D) \\
&= \prod M(8,\ 12,\ 9,\ 13,\ 11,\ 15,\ 4,\ 6) \\
&= \prod M(4,\ 6,\ 8,\ 9,\ 11,\ 12,\ 13,\ 15) \\
&= \sum m(0,\ 1,\ 2,\ 3,\ 5,\ 7,\ 10,\ 14)
\end{aligned}
$$

4-6 대수식의 간략화

어떤 문제를 불 대수식으로 표현하였다면 이는 게이트 회로로 실현될 수 있음을 의미한다. 그러나 진리표로부터 모든 입력 변수를 포함하는 형태의 표준형 논리식을 만들었다면, 이를 그대로 게이트 회로로 실현하는 것은 경제성이나 그 복잡도에 있어서 바람직하지 않다고 할 수 있다. 이를 같은 기능을 수행하면서 더 간단한 형태의 회로도로 바꿀 수 있다면 바꾸어야 한다.

일반적으로 디지털 회로는 같은 기능을 수행하는 여러 가지 형태의 회로가 존재할 수 있으며, 이들 중 더 좋은 경제성이나, 특정한 게이트만의 논리 수행 등의 조건을 만족하는 회로를 설계하는 것이 좋은 설계라고 할 수 있다.

본 절에서는 같은 기능을 수행하면서 더 간단한 형태의 회로로 설계하기 위한 가장 기본적인 방법으로 불 대수의 정리를 이용하여 간략화하는 방법을 예제를 통하여 알아본다.

예제 10 다음의 논리식을 게이트 회로로 표현하고, 간략화한 후의 게이트 회로와 비교하시오.

(a) $X = \overline{A}BC + A\overline{B}C + AB\overline{C} + ABC$

(b) $Y = \overline{A}B\overline{C} + \overline{A}BC + A\overline{B}C + AB\overline{C} + ABC$

▷▶ 풀 이

논리식을 불 대수의 정리를 이용하여 간략화하면 다음과 같다.

(a)
$$\begin{aligned} X &= \overline{A}BC + A\overline{B}C + AB\overline{C} + ABC \\ &= \overline{A}BC + ABC + A\overline{B}C + ABC + AB\overline{C} + ABC \\ &= (\overline{A} + A)BC + (\overline{B} + B)AC + (\overline{C} + C)AB \\ &= AB + AC + BC \\ &= A(B + C) + BC \end{aligned}$$

(b) $Y = \overline{A}B\overline{C} + \overline{A}BC + A\overline{B}C + AB\overline{C} + ABC$

$= (\overline{A} + A)B\overline{C} + \overline{A}BC + A\overline{B}C + ABC$

$= B\overline{C} + (\overline{A} + A)BC + A\overline{B}C + ABC$

$= B + AC$

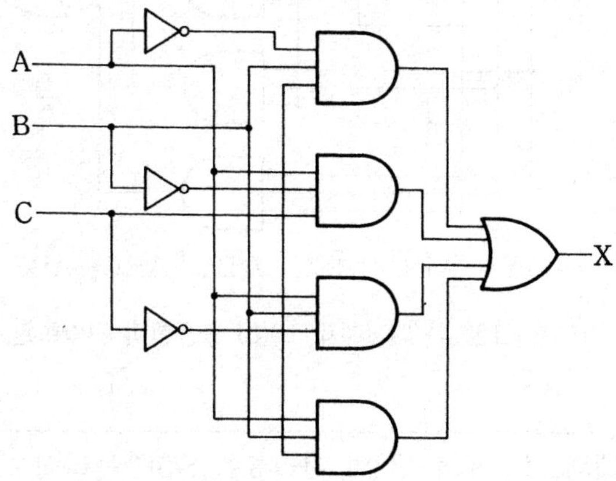

(a) $X = \bar{A}BC + A\bar{B}C + AB\bar{C} + ABC$

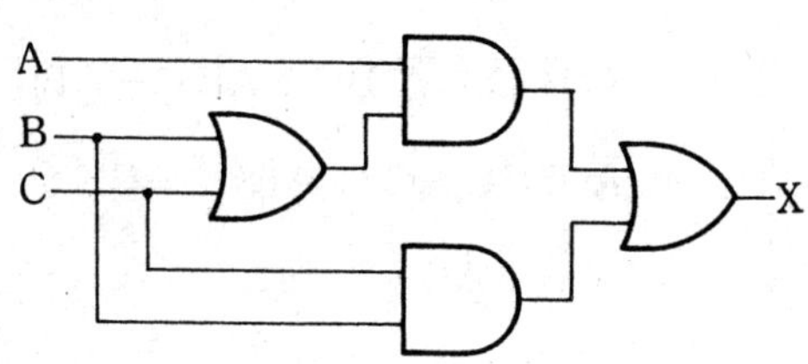

(b) $X = A(B+C)+BC$

그림 4-32 예제 10(a) 표준형과 간략화된 논리식의 게이트 회로도

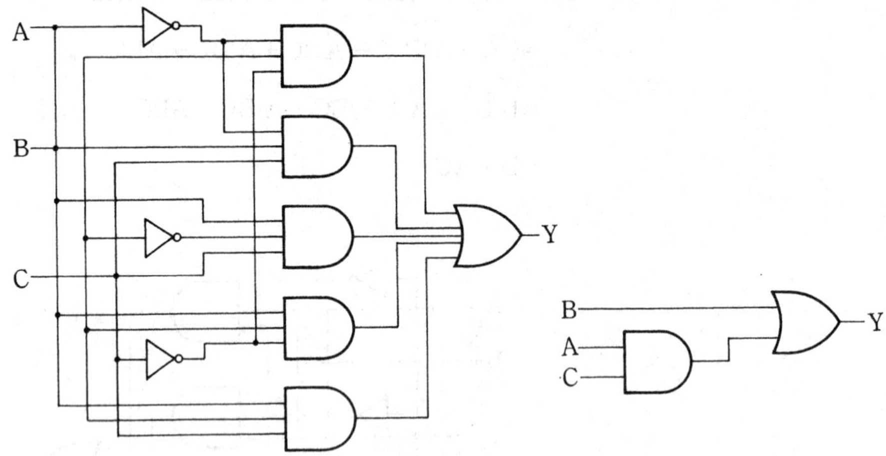

(a) $Y=\overline{A}B\overline{C}+\overline{A}BC+A\overline{B}C+AB\overline{C}+ABC$ (b) $Y = B+AC$

그림 4-33 예제 10(b) 표준형과 간략화된 논리식의 게이트 회로도

예제 11 표 4-32의 진리표를 SOP 논리식으로 간략화하고, 논리 회로도를 그리시오.

▷▶ 풀 이

$$f = \overline{A}\,\overline{B}\,\overline{C} + \overline{A}\,\overline{B}C + AB\overline{C} + ABC$$

$$= \overline{A}\,\overline{B}(\overline{C}+C) + AB(\overline{C}+C)$$

$$= \overline{A}\,\overline{B} + AB \qquad \text{(a)}$$

$$= \overline{A \oplus B} \qquad \text{(b)}$$

$$= A \equiv B$$

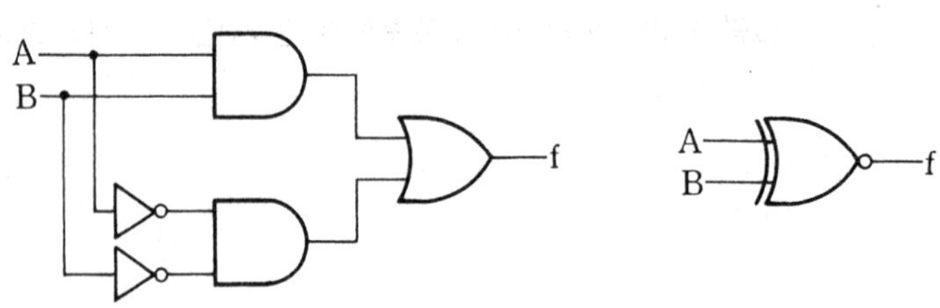

(a) $f=\overline{A}\,\overline{B}+AB$ (b) $f = A\oplus B$

그림 4-34 예제 11의 논리 회로도

예제 12 표 4-32의 진리표로부터 간략화된 POS 논리식을 구하고 회로도로 나타내시오.

▷▶ **풀 이**

$$f = (A+\overline{B}+C)(A+\overline{B}+\overline{C})(\overline{A}+B+C)(\overline{A}+B+\overline{C})$$

$$= (A+\overline{B}+C\overline{C})(\overline{A}+B+C\overline{C})$$

$$= (A+\overline{B})(\overline{A}+B)$$

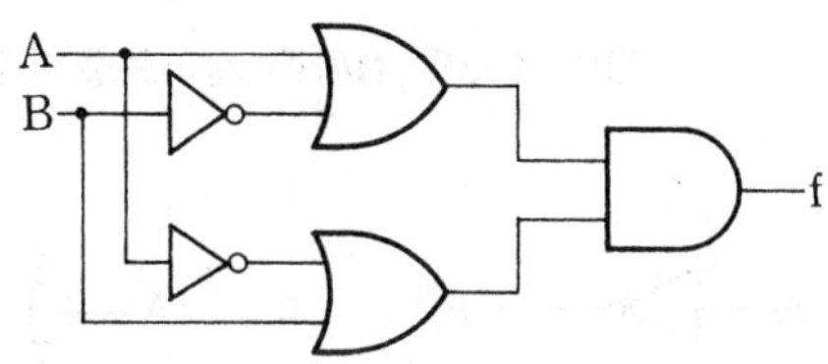

그림 4-35 예제 4-12의 논리 회로도

4-7 NAND, NOR를 이용한 설계

AND, OR 게이트와 인버터만 있으면 어떠한 논리식도 게이트 회로도로 구성할 수 있음을 알아보았다. 그러나 NAND 게이트와 NOR 게이트는 그들만의 게이트로 어떠한 논리식도 회로도로 구성할 수 있는 만능의 게이트이다. AND, OR, 인버터로 구성된 회로와 NAND 게이트만으로 구성된 회로의 게이트 수가 같아도 NAND 게이트만의 회로가 좋다고 말할 수 있다. 왜냐하면 AND와 OR, 인버터는 각각 서로 다른 IC로 제공되므로 IC의 개수가 늘어나게 된다. 그러나 NAND 혹은 NOR 게이트만의 회로를 구성하였다면 IC 수가 줄어드는 효과를 보게 된다.

NAND와 NOR 게이트는 그들만으로 AND, OR, NOT의 표준 게이트의 논리를 수행할 수 있으며, 각각의 논리 수행을 그림 4-36과 4-37로 나타낸다.

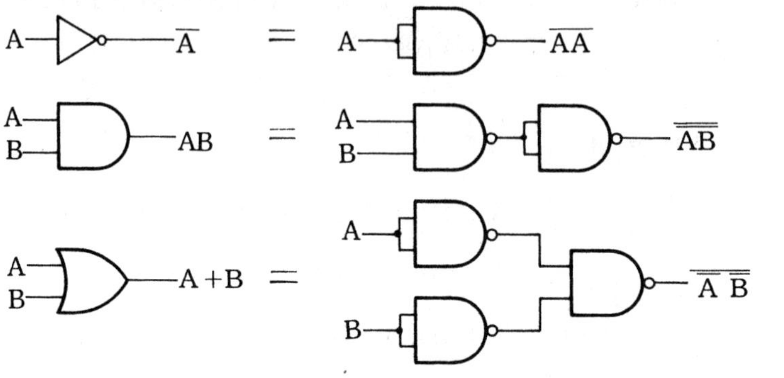

그림 4-36 NAND 게이트로 구현한 표준 게이트

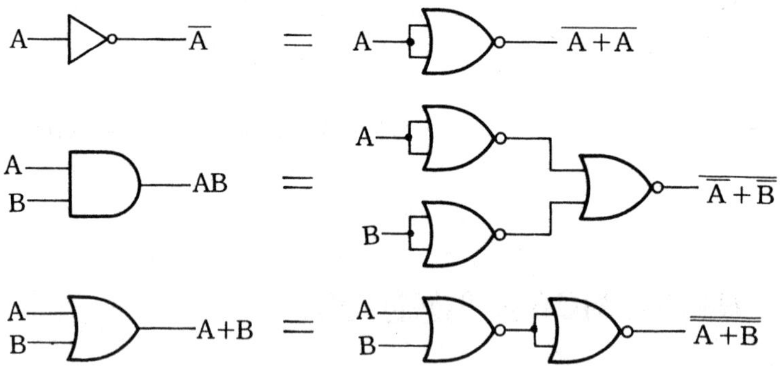

그림 4-37 NOR 게이트로 구현한 표준 게이트

논리식의 변형

NAND 또는 NOR 게이트만의 회로를 구성하기 위하여는 간략화된 논리식을 NAND 또는 NOR만의 연산을 갖도록 변형함으로써 가능하다. 이는 불 대수의 정리 중 이중 부정과 드 모르간 법칙을 적용하여 변형한다.

예제 13 $X = AB + \bar{A}C$의 논리식을 NAND 게이트만의 회로도로 구현하시오.

▷▶ 풀 이

주어진 논리식을 이중 부정을 취하고, 드 모르간 법칙을 적용하여 변형하면 다음과 같이 변형되고, 이를 회로도로 나타내면 그림 4-38이 된다. 그림에서 입력 단 앞의 인버터는 간단하게 표기하는 방법으로 사용된다.

$$
\begin{aligned}
X &= AB + \overline{A}C \\
&= \overline{\overline{AB + \overline{A}C}} \\
&= \overline{\overline{AB} \cdot \overline{\overline{A}C}}
\end{aligned}
$$

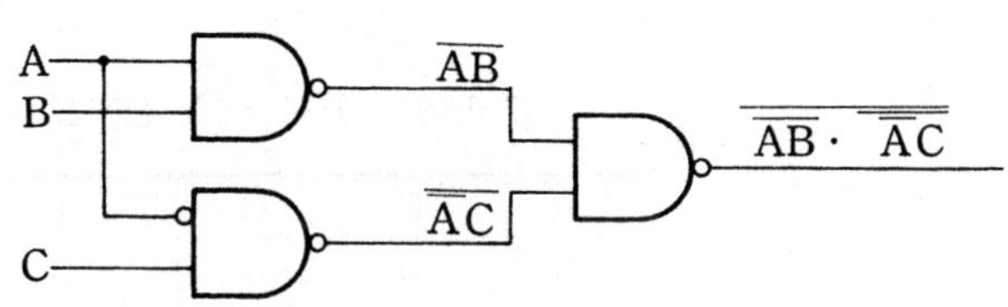

그림 4-38 예제 13의 논리 회로도

예제 14 $Y = (A + \overline{B})(\overline{A} + B)$의 논리식을 NOR 게이트만의 회로도로 구현하시오.

▷▶ 풀 이

논리식을 이중 부정을 취하고 드 모르간 법칙을 적용하면 다음과 같이 변형되며, 이를 게이트 회로도로 나타내면 그림 4-39가 된다.

$$
\begin{aligned}
Y &= (A + \overline{B})(\overline{A} + B) \\
&= \overline{\overline{(A + \overline{B})(\overline{A} + B)}} \\
&= \overline{\overline{(A + \overline{B})} + \overline{(\overline{A} + B)}}
\end{aligned}
$$

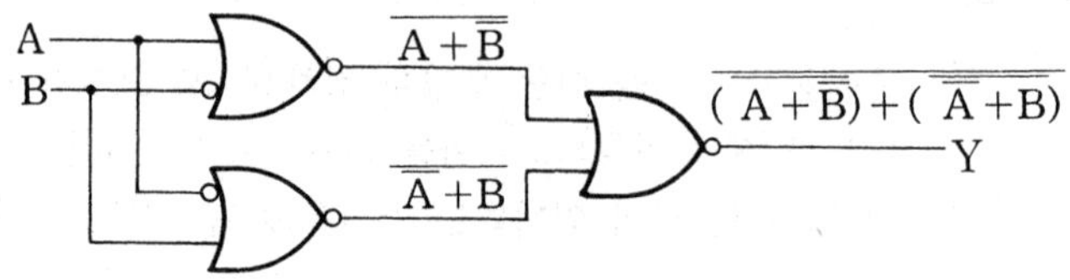

그림 4-39 예제 14의 논리 회로도

예제 15 표 4-33의 진리표로부터 출력 함수 f를 구하는 논리 회로도를 NAND 게이트만의 회로도로 구현하시오.

표 4-33 예제 15의 진리표

A	B	C	f
0	0	0	0
0	0	1	1
0	1	0	1
0	1	1	1
1	0	0	1
1	0	1	0
1	1	0	1
1	1	1	0

▷▶ 풀 이

진리표로부터 출력 f를 SOP 논리식으로 구하고, 이를 이중 부정을 취한 후, 드 모르간 법칙을 적용하면 다음과 같이 변형된다.

$$f = \bar{A}\,\bar{B}C + \bar{A}B\bar{C} + \bar{A}BC + A\bar{B}\,\bar{C} + AB\bar{C}$$

$$= \bar{A}C(\bar{B}+B) + (\bar{A}+A)B\bar{C} + A\bar{C}(\bar{B}+B)$$

$$= \bar{A}C + B\bar{C} + A\bar{C}$$

$$= \overline{\overline{\bar{A}C + B\bar{C} + A\bar{C}}}$$

$$= \overline{\overline{\bar{A}C} \cdot \overline{B\bar{C}} \cdot \overline{A\bar{C}}}$$

NAND만의 연산으로 변형된 논리식을 게이트 회로도로 그리면 그림 4-40이 된다.

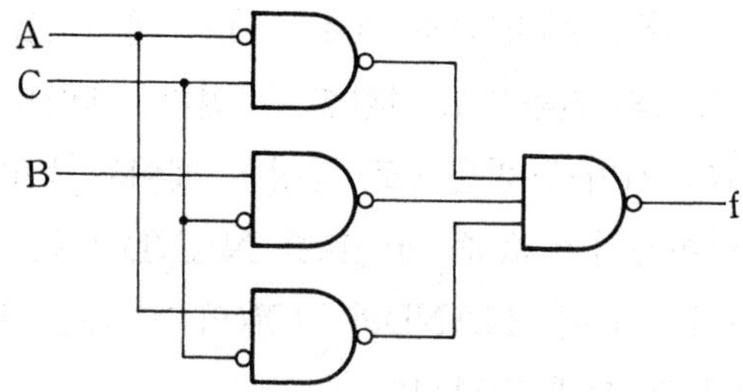

그림 4-40 예제 15의 논리 회로도

예제 16 예제 15의 진리표(표 4-33)로부터 NOR 게이트만의 회로도를 구현하시오.

▷▶ 풀 이

NOR 연산만의 논리식을 간단하게 구하는 방법은 POS의 간단한 논리식을 구한 후 이중 부정을 취하고, 드 모르간 법칙을 적용하여 논리식을 변형한다. 완성된 회로도는 그림 4-41에 나타낸다.

$$f = (A+B+C)(\overline{A}+B+\overline{C})(\overline{A}+\overline{B}+\overline{C})$$

$$= (A+B+C)\cdot(\overline{A}+B\overline{B}+\overline{C})$$

$$= (A+B+C)\cdot(\overline{A}+\overline{C})$$

$$= \overline{\overline{(A+B+C)\cdot(\overline{A}+\overline{C})}}$$

$$= \overline{\overline{(A+B+C)}+\overline{(\overline{A}+\overline{C})}}$$

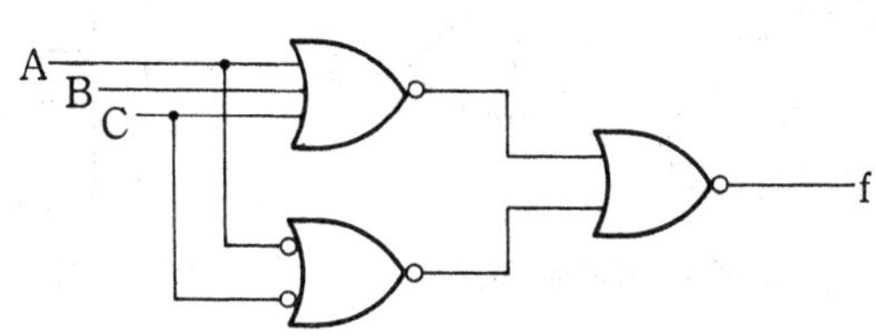

그림 4-41 예제 16의 논리 회로도

등가의 게이트 변환

NAND 혹은 NOR만의 회로는 표준 게이트를 이용하여 표현된 게이트 회로로부터 등가의 변환으로 변환할 수 있다. 게이트 논리로 표현된 논리 회로도에서 등가의 게이트 변환으로 특정의 게이트 논리를 수행하려면 그림 4-36과 4-37을 이용하여 표준 게이트를 NAND 또는 NOR 게이트만의 회로로 구현하면 된다. 이 때, NAND와 NOR의 또 다른 등가의 표현인 그림 4-42의 회로로 바꾸면 쉽게 변환된다.

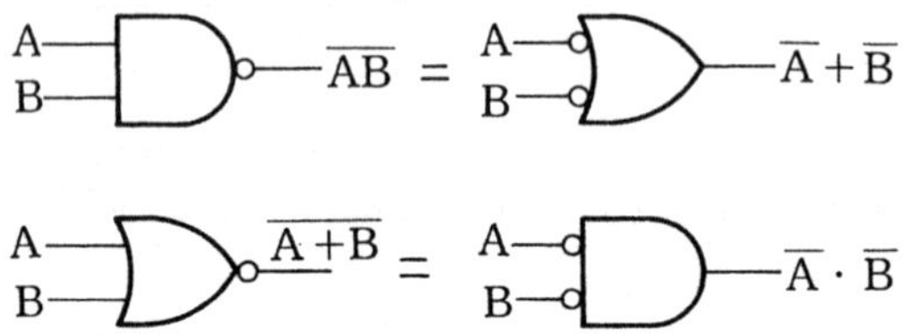

그림 4-42 드 모르간 법칙의 게이트 회로 표현

예제 17 $X = AB+\bar{A}C$의 논리식을 표준 게이트를 사용하여 그리고, 등가의 게이트 변환으로 NAND 게이트만의 회로로 변형하시오.

▷▶ 풀 이

논리식을 AND, OR, NOT 게이트의 회로로 표현하면 그림 4-43(a)로 나타내어지며, 여기에 두 개의 인버터를 삽입하여 표현한 등가의 회로를 그림 4-43(b)에, 등가의 변환이 완료되어 NAND 게이트만으로 변환된 회로를 그림 4-43(c)에 나타낸다.

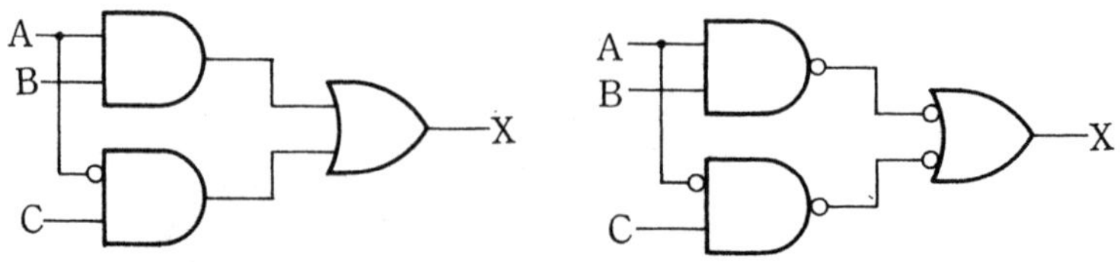

(a) 표준 게이트 회로　　(b) 두 개의 인버터를 삽입한 회로

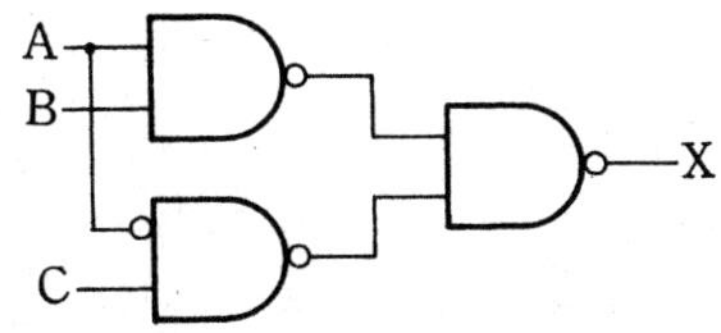

(c) NAND 게이트만으로 등가의 변환된 회로

그림 4-43 예제 17의 등가의 게이트 변환 회로

예제 18 $Y = (A+\overline{B})(\overline{A}+B)$의 논리식을 등가의 게이트 변환 방법으로 NOR 게이트만의 회로로 구현하시오.

▷▶ 풀 이

주어진 논리식을 표준 게이트를 사용하여 회로도를 완성하고(그림 4-44(a)), 두 개의 인버터를 삽입하고(그림 4-44(b)), 등가의 변환으로(그림 4-44(c)) 회로도를 완성한다.

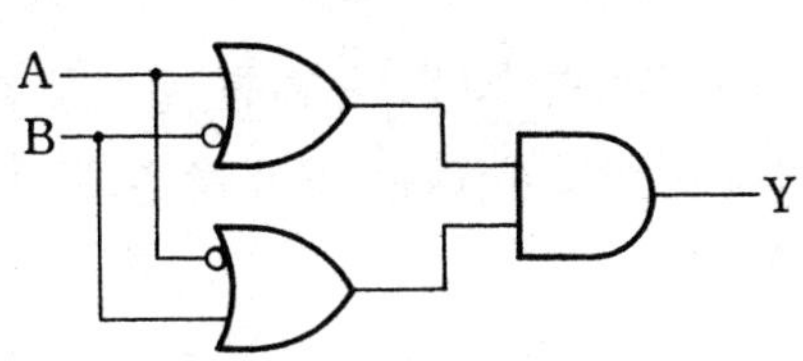

(a) 표준 게이트 회로

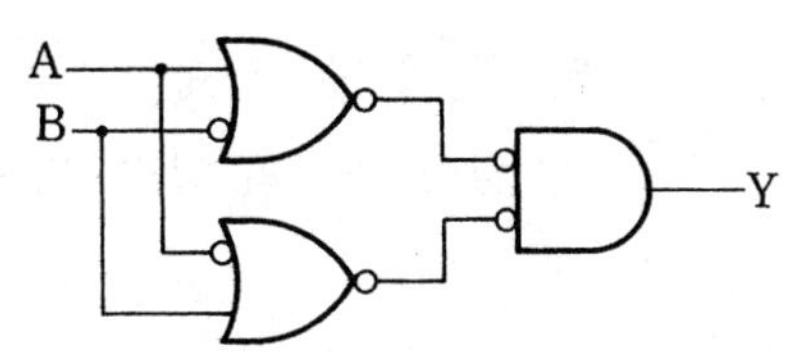

(b) 두 개의 인버터를 삽입한 회로

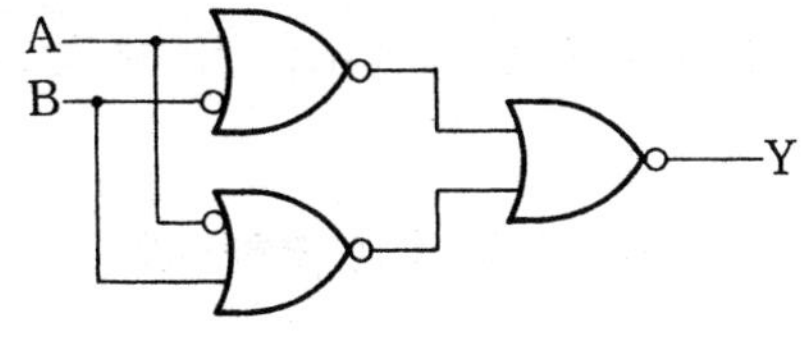

(c) NOR 게이트만으로 등가의 변환된 회로

그림 4-44 예제 18의 등가의 게이트 변환 회로

연 습 문 제

1. 불 대수식 $f = AB+AC+BC$에 대하여 진리표를 작성하시오.

2. 불 대수의 법칙 중 분배 법칙 $A+BC=(A+B)(A+C)$를 스위치 회로를 이용하여 증명하시오.

3. 진리표를 이용하여 흡수 법칙 $A+AB=A$를 증명하시오.

4. 4입력 NAND 논리를 2입력 NAND 게이트를 이용하여 구현하시오.

5. 4입력 NAND 게이트를 이용하여 3입력 NAND 논리를 실현할 때, 하나의 입력 단자의 처리는 어떻게 하는 것이 좋은가 그 논리를 찾아보시오.

6. 4입력 NOR 게이트를 이용하여 3입력 NOR 논리를 실현할 때, 사용하지 않는 하나의 입력 단자의 처리는 어떻게 하는 것이 좋은가 그 논리를 찾아보시오.

7. 3입력 드 모르간 법칙을 게이트 회로로 표현하시오.

8. 8입력 XOR 논리를 수행하는 XOR 게이트 회로를 구성하시오.

9. 프로그래머블 인버터를 설명하시오.

10. $f=\overline{A}B+AC$의 논리식을 표준형 SOP 논리식으로 변형하시오.

11. $f=(A+\overline{B})(B+C)$의 논리식을 표준형 POS 논리식으로 변형하시오.

12. $f(A, B, C) = \Sigma m(0, 2, 5, 7)$의 함수를 불 대수의 정리를 이용하여 간략화된 SOP 논리식으로 바꾸고 게이트 회로로 표현하시오.

13. $f(A, B, C, D) = \Sigma m(1, 2, 3, 6, 8, 9, 12, 13)$ 함수를 불 대수의 정리를 이용하여 간략화된 SOP 형식의 논리식으로 바꾸고, 게이트 회로로 표현하시오.

14. $f(A, B, C) = \Pi M(3, 4, 5, 7)$의 함수를 불 대수의 정리를 이용하여 간략화된 POS 형식의 논리식으로 바꾸고, 게이트 회로로 표현하시오.

15. $f(A, B, C) = \Sigma m(1, 3, 6, 7)$의 함수를 불 대수의 정리를 이용하여 간략화하고, NAND 게이트만의 회로로 구성하시오.

16. $f(A, B, C) = \Sigma m(0, 1, 5, 7)$의 함수를 불 대수의 정리를 이용하여 간략화하고, NAND 게이트만을 이용하여 구성하시오.

17. $f(A, B, C) = \Pi M(0, 1, 5, 7)$의 함수를 불 대수의 정리를 이용하여 POS 형식으로 간략화하고, NOR 게이트만의 회로로 구성하시오.

18. $f(A, B, C) = \Sigma m(1, 3, 6, 7)$의 함수를 NOR 논리만으로 간략화하고, 게이트 회로로 구성하시오.

19. $f(A, B, C) = \Sigma m(0, 1, 3, 4, 5)$의 함수를 SOP 형식의 논리식으로 전개한 경우와 POS 형식의 논리식으로 전개한 것이 등가임을 증명하시오.

5 CHAPTER 논리 회로의 설계 기법

설계하고자 하는 논리 회로의 기능을 유지하면서 회로를 간략화하는 것은 비용의 절감뿐만 아니라 소비 전력의 최소화, 신뢰도의 증가 등 여러 가지 좋은 점이 있다.

우리는 이미 4장에서 다룬 불 대수의 정리를 이용하여 논리식을 간략화할 수 있으나, 입력 변수가 많아지면 매우 복잡해진다. 이것을 보다 쉽게 간략화하기 위한 방법을 알아본다. 카르노 맵(Karnaugh Maps)은 그림으로 표현되는 방법으로 간략화에 있어서 가장 많이 쓰이는 우수한 방법이다. 그러나 카르노 맵은 5변수, 6변수 이상의 경우에는 그림으로 표현이 어려워지므로, 그 이상의 경우에도 가능한 간략화 방법이 있어야 하며, 그 방법으로 콰인－매클러스키(Quine－McClusky)가 제안한 타뷸라(tabular) 법을 사용한다.

아울러 논리 회로 설계의 과정을 샘플 설계를 통하여 알아보고, 그 외의 논리 설계 기법을 알아본다.

5-1 카르노 맵

카르노 맵은 진리표의 내용, 즉 입력 변수의 모든 경우의 수를 진리표의 선형적인 표가 아닌, 2차원적인 배열로 인접한 항들 간에는 변수의 값이 한 개만이 변화하도록 정의하는 일종의 지도이다.

2변수 카르노 맵

카르노 맵은 진리표처럼 입력 변수에 대한 모든 상태를 표시한다. 그림 5－1(a)의 진리표를 카르노 맵으로 표시하면 그림 5－1(b)가 된다. 2변수 카르노 맵을 표시하는 방법은 가로와 세로 축에 각 한 개의 변수를 할당하여 0인 경우와 1인 경우를 표시한다. 가로와 세로의 각 변수의 상태가 만나는 곳은 하나의 박스가 형성되며, 이 박스는 2변수의 최소항을 나타낸다. 따라서 진리표의 출력이 0인 부분은 0으로, 1인 항은 1을 표시한다. 각 박스의 m_i는 최소항을 표기하는 방법으로 번호만을 표기하기도 한다.

A	B	최소항
0	0	$\overline{A}\ \overline{B} = m_0$
0	1	$\overline{A}\ B = m_1$
1	0	$A\ \overline{B} = m_2$
1	1	$A\ B = m_3$

(a) 진리표

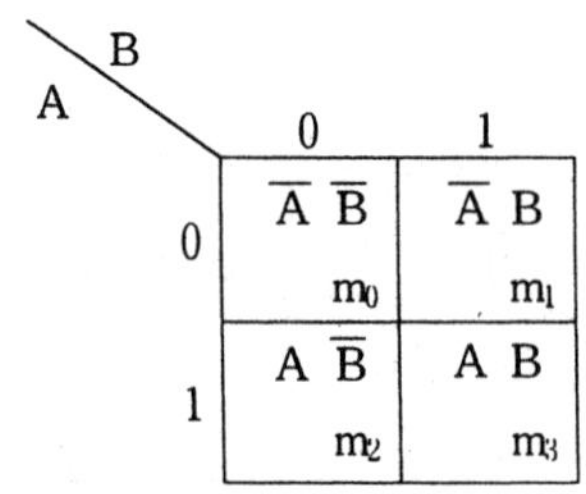

(b) 카르노 맵

그림 5-1 2변수의 진리표와 카르노 맵

2변수 카르노 맵을 표시한 후, 인접한 박스가 1로 표시된 경우는 두 개의 박스(페어 : pair)를 묶어 표시할 수 있으며, 이 때는 하나의 변수를 생략하여 단지 한 개의 변수로만 나타내어진다. 이의 표시와 묶인 상태를 그림 5-2에 나타낸다.

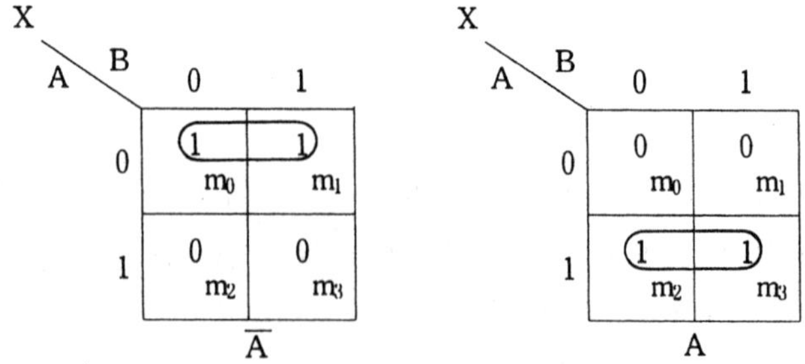

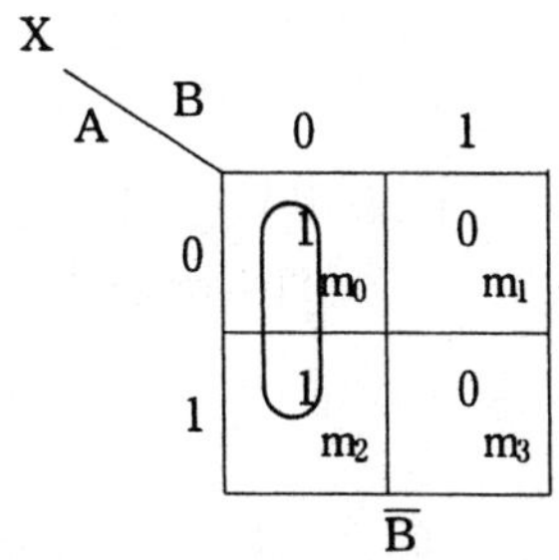

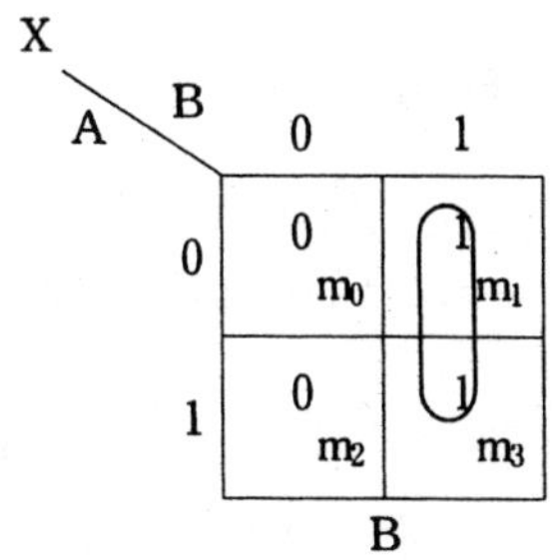

그림 5-2 2변수 카르노 맵의 페어 묶음

이들 페어 묶음은 그 중 어느 항이 중복되어 다른 페어 묶음에 사용되어도 무방하다. 이는 불 대수의 법칙 중 동일 법칙을 의미한다. 페어 묶음이 하나의 변수가 생략되어 하나의 변수로만 표시됨을 불 대수의 정리를 이용하여 증명하면 식 (5−1)과 같다.

$$X=\overline{A}\ \overline{B}+\overline{A}B=\overline{A}(\overline{B}+B)=\overline{A} \quad (5-1)$$

2변수 카르노 맵에서 페어가 존재하지 않는다면 이는 싱글(single)이라 부르고, 생략되는 변수 없이 최소항 그대로 표현되어짐을 의미한다. 또, 모든 출력이 0이라면 함수는 상수 0을, 모든 출력이 1이라면 함수는 상수 1을 갖게 된다.

예제 1 그림 5−3의 카르노 맵으로부터 간략화된 논리식을 구하시오.

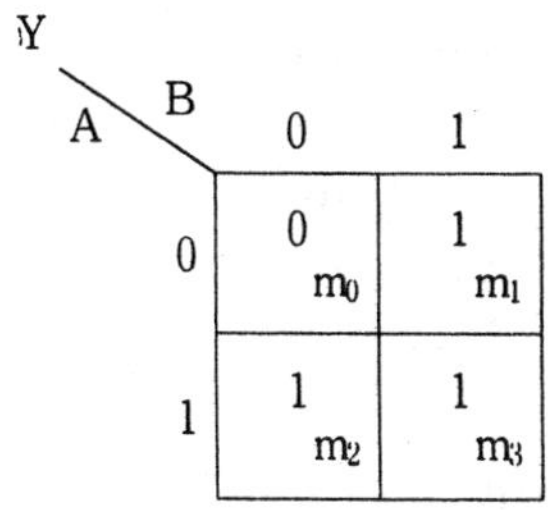

그림 5-3 예제 1의 카르노 맵

▷▶ 풀 이

그림 5-3의 카르노 맵으로부터 1의 출력을 갖는 항들을 페어로 묶으면 그림 5-4와 같고, 이를 논리식으로 쓰면 다음과 같다.

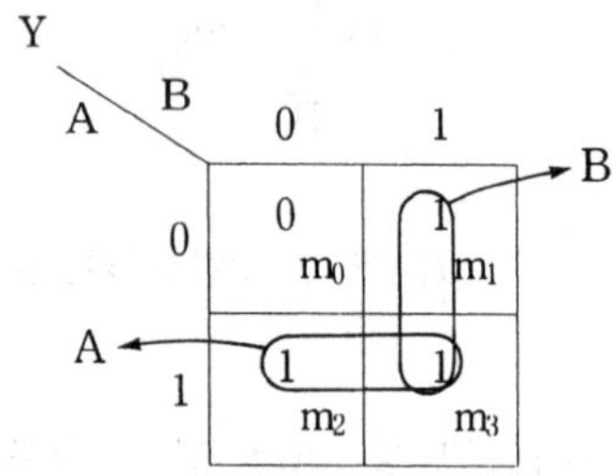

$$Y = A+B$$

그림 5-4 예제 5-1의 간략화

3변수 카르노 맵

3변수 진리표는 총 8개의 상태를 나타내므로 3변수 카르노 맵에서도 8개의 박스가 만들어져야만 한다. 즉, 가로 혹은 세로 어느 축이든 2개의 변수를 나타내어야만 되며, 이 때, 2개의 변수도 인접한 박스는 반드시 한 개의 변수 값만이 변화되도록 배치하여야 한다. 이러한 조건을 만족하는 2진 코드 체계인 그레이(gray) 코드를 이용하여 할당하되, 실제 값은 2진수로 사용한다.

A	B	C	최소항
0	0	0	$\overline{A}\,\overline{B}\,\overline{C}=m_0$
0	0	1	$\overline{A}\,\overline{B}\,C=m_1$
0	1	0	$\overline{A}\,B\,\overline{C}=m_2$
0	1	1	$\overline{A}\,B\,C=m_3$
1	0	0	$A\,\overline{B}\,\overline{C}=m_4$
1	0	1	$A\,\overline{B}\,C=m_5$
1	1	0	$A\,B\,\overline{C}=m_6$
1	1	1	$A\,B\,C=m_7$

(a) 진리표

A \ BC	00	01	11	10
0	$\overline{A}\,\overline{B}\,\overline{C}$ 0	$\overline{A}\,\overline{B}\,C$ 1	$\overline{A}\,B\,C$ 3	$\overline{A}\,B\,\overline{C}$ 2
1	$A\,\overline{B}\,\overline{C}$ 4	$A\,\overline{B}\,C$ 5	$A\,B\,C$ 7	$A\,B\,\overline{C}$ 6

(b) 카르노 맵

그림 5-5 3변수의 진리표와 카르노 맵

그림 5-5는 3변수 진리표와 카르노 맵을 나타낸다. 각 박스는 3변수의 최소항을 의미하며, 각 박스의 숫자는 최소항의 번호를 의미한다. 여기에서 페어 또는 그 이상의 묶음이 없이 각 박스가 혼자 존재한다면 이는 싱글로 3변수의 표준항을 최소항으로 그대로 쓰면 된다.

3변수 카르노 맵에서도 인접한 두 개의 박스가 1의 출력을 가지면 페어로 묶일 수 있으며, 이들의 묶음에 대응하는 간략화된 항들의 표현을 그림 5-6에 나타낸다. 그림 5-6(c)는 말아감기하여 인접한 페어 묶음을 나타낸다.

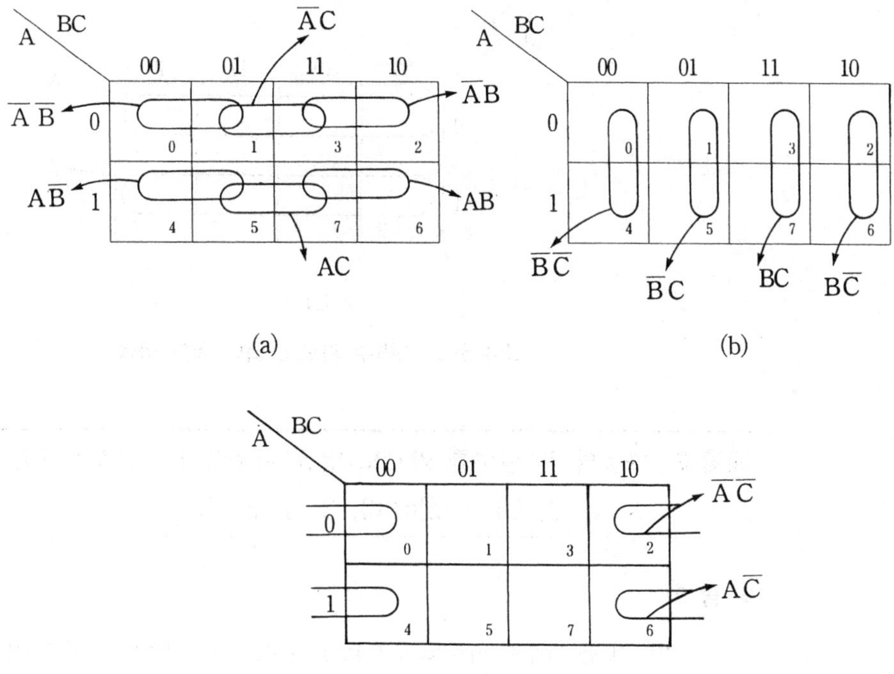

그림 5-6 3변수 카르노 맵의 페어 묶음

두 개의 페어 묶음이 인접하다면, 즉, 4개의 인접한 박스에 1이 존재한다면 이는 쿼드(quad)라 부르는 묶음으로 표현된다. 이 경우 두 개의 변수가 생략되어 단지 한 개의 변수로 나타내어진다. 그림 5-7은 쿼드의 묶음을 나타내며, 페어에서와 마찬가지로 말아감기에 의하여도 쿼드가 이루어진다.

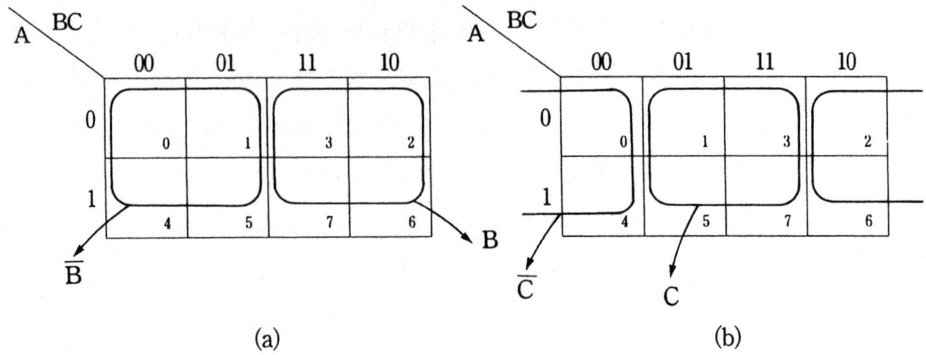

그림 5-7 3변수 카르노 맵의 쿼드 묶음

예제 2 다음의 불 함수를 카르노 맵을 이용하여 간략화하시오.

$X(A, B, C) = \Sigma m\ (0, 2, 4, 5, 6)$

▷ **풀 이**

주어진 불 함수를 카르노 맵으로 표시하고 간략화하면 그림 5-8과 같이 한 개의 쿼드 묶음과 중복에 의한 페어 묶음이 되어 간략화가 이루어진다.

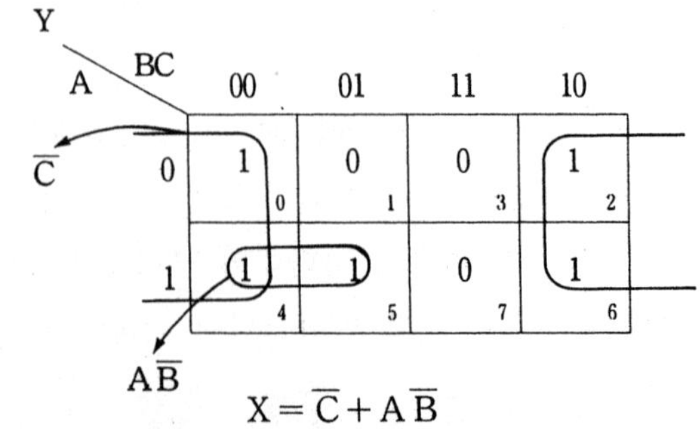

$X = \overline{C} + A\overline{B}$

그림 5-8 예제 2의 간략화

4변수 카르노 맵

4변수 카르노 맵은 16개의 박스로 이루어진다. 따라서 가로와 세로 양 축에 두 개의 변수를 할당하여 4개의 상태가 되게 하고, 양 축의 4개의 상태가 만나는 16개의 항이 만들어진다. 이 때, 두 개 변수의 상태 값 할당은 그레이 코드를 사용하여, 인접한 항(또는 박스)이 한 개의 변수만이 변화되도록 하는 점은 3변수에서와 같다.

그림 5-9는 4변수 진리표와 4변수 카르노 맵의 관계를 나타낸다. 인접한 박스가 없이 1의 출력이 홀로 존재한다면 그것은 싱글로 4변수의 최소항 그대로 표현되어진다.

A	B	C	D	최소항
0	0	0	0	$\overline{A}\,\overline{B}\,\overline{C}\,\overline{D}=m_0$
0	0	0	1	$\overline{A}\,\overline{B}\,\overline{C}D=m_1$
0	0	1	0	$\overline{A}\,\overline{B}C\overline{D}=m_2$
0	0	1	1	$\overline{A}\,\overline{B}CD=m_3$
0	1	0	0	$\overline{A}B\overline{C}\,\overline{D}=m_4$
0	1	0	1	$\overline{A}B\overline{C}D=m_5$
0	1	1	0	$\overline{A}BC\overline{D}=m_6$
0	1	1	1	$\overline{A}BCD=m_7$
1	0	0	0	$A\overline{B}\,\overline{C}\,\overline{D}=m_8$
1	0	0	1	$A\overline{B}\,\overline{C}D=m_9$
1	0	1	0	$A\overline{B}C\overline{D}=m_{10}$
1	0	1	1	$A\overline{B}CD=m_{11}$
1	1	0	0	$AB\overline{C}\,\overline{D}=m_{12}$
1	1	0	1	$AB\overline{C}D=m_{13}$
1	1	1	0	$ABC\overline{D}=m_{14}$
1	1	1	1	$ABCD=m_{15}$

(a) 진리표

AB \ CD	00	01	11	10
00	$\overline{A}\,\overline{B}\,\overline{C}\,\overline{D}$ 0	$\overline{A}\,\overline{B}\,\overline{C}D$ 1	$\overline{A}\,\overline{B}CD$ 3	$\overline{A}\,\overline{B}C\overline{D}$ 2
01	$\overline{A}B\overline{C}\,\overline{D}$ 4	$\overline{A}B\overline{C}D$ 5	$\overline{A}BCD$ 7	$\overline{A}BC\overline{D}$ 6
11	$AB\overline{C}\,\overline{D}$ 12	$AB\overline{C}D$ 13	$ABCD$ 15	$ABC\overline{D}$ 14
10	$A\overline{B}\,\overline{C}\,\overline{D}$ 8	$A\overline{B}\,\overline{C}D$ 9	$A\overline{B}CD$ 11	$A\overline{B}C\overline{D}$ 10

(b) 카르노 맵

그림 5-9 4변수의 진리표와 카르노 맵

4변수 카르노 맵에서의 간략화는 2개의 인접한 박스는 페어(pair)로, 4개의 인접한 박스는 쿼드(quad)로, 8개의 인접한 박스는 옥텟(octet)으로 묶인다. 이들은 각각 한 개의 변수가 생략되어 3개의 변수로, 2개의 변수가 생략되어 2개의 변수로, 3개의 변수가 생략되어 1개의 변수로 간략화된다.

그림 5-10은 페어로 묶음이 이루어져 1개의 변수가 생략되고, 3개의 변수로 간략화되는 것을 나타낸다.

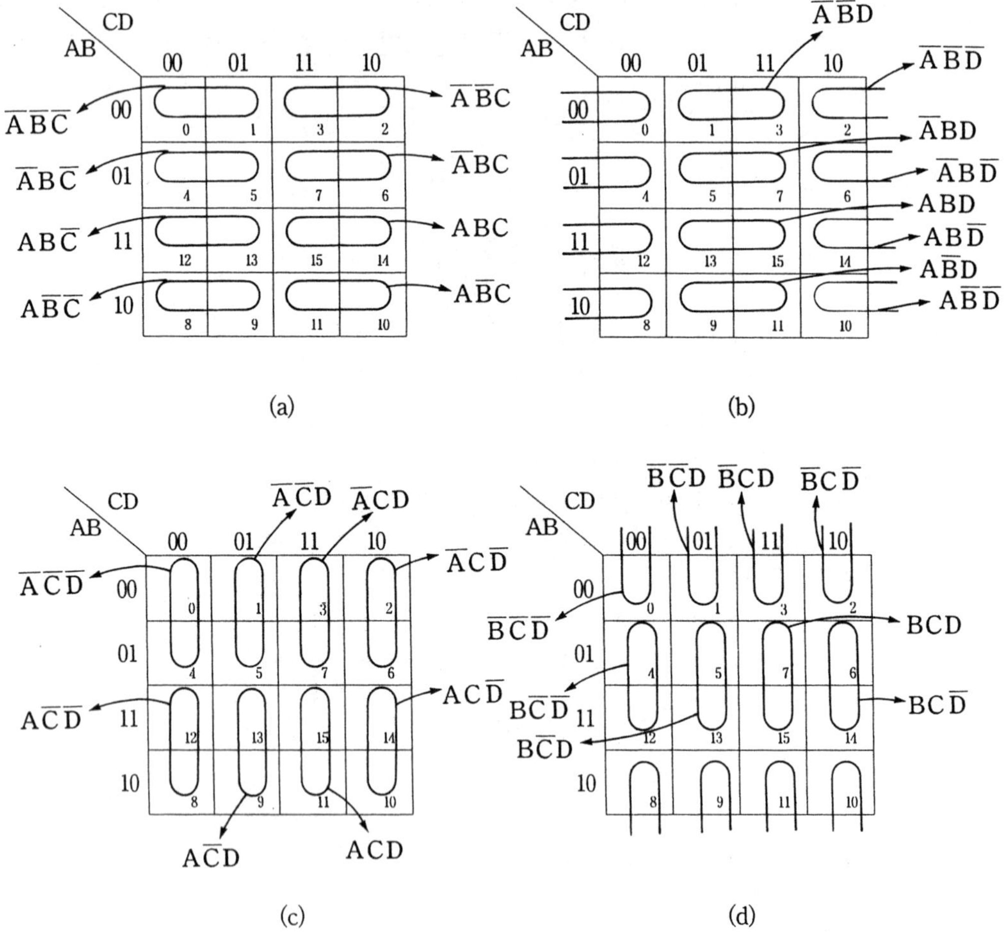

그림 5-10 4변수 카르노 맵의 페어 묶음

4변수 카르노 맵에서 4개의 인접한 박스가 존재하여 쿼드로 묶여 2개의 변수로 표현되는 것을 그림 5-11에 나타낸다.

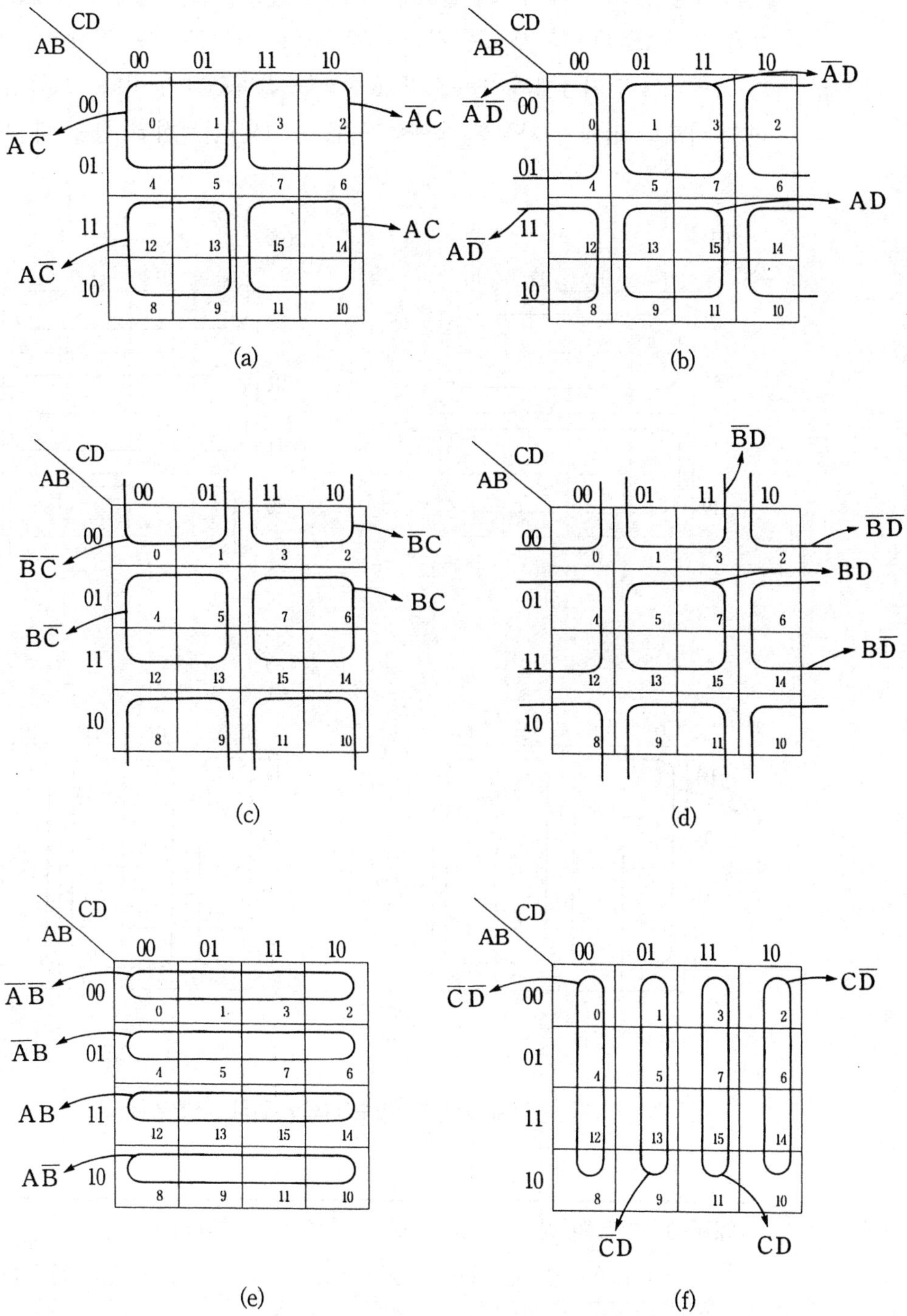

그림 5-11 4변수 카르노 맵의 쿼드 묶음

4변수 카르노 맵에서 1의 출력을 갖는 인접한 박스가 8개가 존재한다면, 이들은 옥텟(octet)이라 부르는 하나의 묶음으로 간략화된다. 옥텟은 3개의 변수가 생략되어 단지 1개의 변수로만 표현되는 간략화된 항이다. 그림 5-12에 4변수 카르노 맵에서 가능한 옥텟의 묶음과 그의 간략화된 항을 나타낸다.

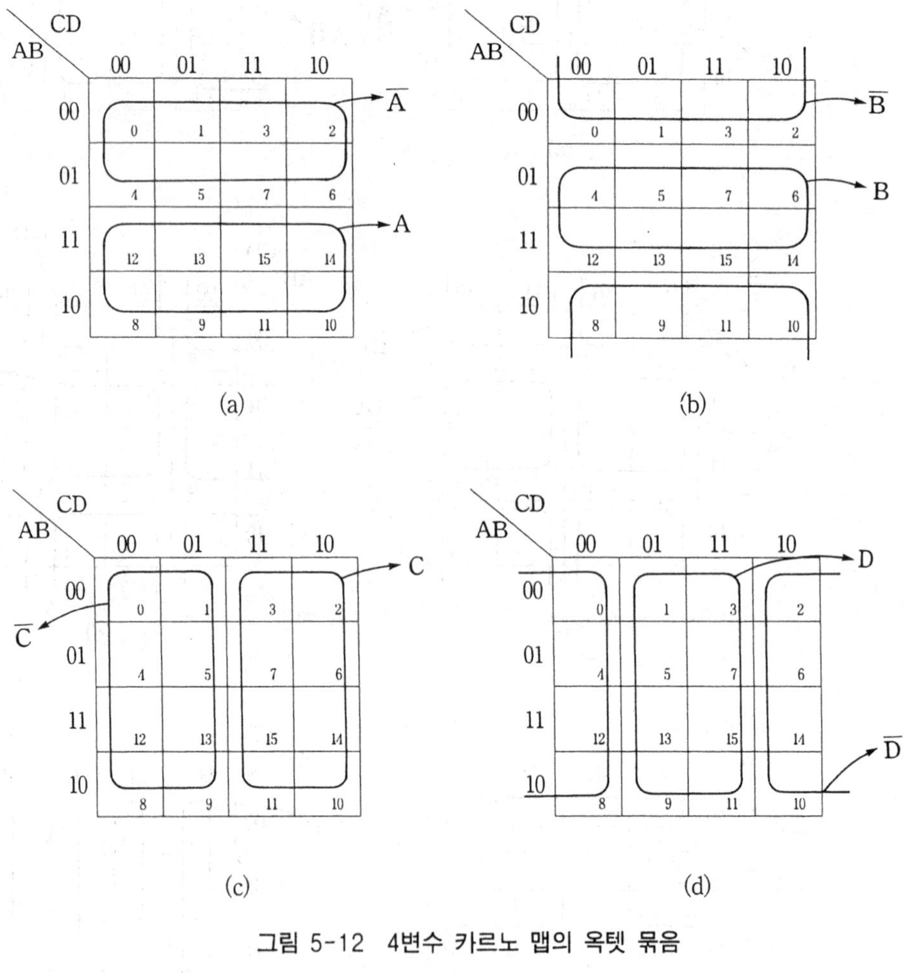

그림 5-12 4변수 카르노 맵의 옥텟 묶음

예제 3 다음의 불 함수를 카르노 맵으로 간략화하시오.

$$Y(A, B, C, D) = \Sigma m\,(0, 2, 3, 6, 7, 8, 10, 11, 12)$$

▷▶ 풀 이

불 함수를 카르노 맵으로 표시하고 인접한 박스들을 각 묶음으로 묶으면 그림 5-13과 같이 간략화된다.

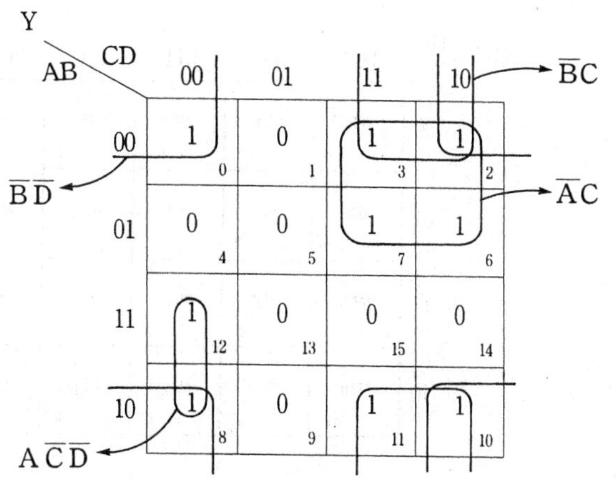

$$Y = \overline{A}C + \overline{B}C + \overline{B}\,\overline{D} + A\overline{C}\,\overline{D}$$

그림 5-13 예제 3의 간략화

5변수 이상의 카르노 맵

일반적으로 복잡한 회로는 간단한 단위 모듈을 설계하고, 그 모듈을 이용하여 설계하는 방법을 사용한다.

꼭 필요한 경우라면 물론 카르노 맵을 사용하여 간략화할 수 있으며, 또 다른 간략화 방법인 콰인-매클러스키법을 이용하기도 한다.

5변수 이상의 불 함수를 카르노 맵을 이용하여 간략화하기 위하여는 그만큼의 인접한 박스(1개의 변수만이 변화되는)를 만들어야 하므로 맵 자체가 커지며 복잡하여진다.

5변수 카르노 맵을 만든다면 총 32개의 최소항이 존재하므로 카르노 맵의 박스도 32개가 만들어져야만 한다.

이를 실현하기 위하여는 두 가지의 방법을 생각할 수 있으며, 첫째로는 4변수 카르노 맵에 대각선의 사선을 그어 32개의 박스로 만드는 방법과, 둘째로는, 가로와 세로 중 어느 한 축에 3개의 변수를 할당하고 또 다른 한 축에 2개의 변수를 할당하는 것이다.

이들 중 6변수로의 확장을 생각한다면 둘째 방법이 더 좋으리라 생각된다. 그림 5-14에는 5변수 카르노 맵의 표현과 최소항과의 관계를 보여 준다. 가로축에 3개의 변수를 사용하고 그 순서는 그레이 코드의 순서를 사용한다.

Y AB \ CDE	000	001	011	010	110	111	101	100
00	m_0 0	m_1 1	m_3 3	m_2 2	m_6 6	m_7 7	m_5 5	m_4 4
01	m_8 8	m_9 9	m_{11} 11	m_{10} 10	m_{14} 14	m_{15} 15	m_{13} 13	m_{12} 12
11	m_{24} 24	m_{25} 25	m_{27} 27	m_{26} 26	m_{30} 30	m_{31} 31	m_{29} 29	m_{28} 28
10	m_{16} 16	m_{17} 17	m_{19} 19	m_{18} 18	m_{22} 22	m_{23} 23	m_{21} 21	m_{20} 20

그림 5-14 5변수 카르노 맵

5변수 카르노 맵의 간략화는 상수 0, 싱글(5변수), 페어(4변수), 쿼드(3변수), 옥텟(2변수), 헥스(1변수), 상수 1이 가능하다.

카르노 맵에 의한 POS 논리 간략화

지금까지 카르노 맵의 표현과 간략화 방법을 간단하게 알아보았다. 그러나 간략화의 과정과 간략화된 논리식은 모두 SOP 형식의 논리 전개만을 다루었다. NOR 설계 등을 위하여는 POS 형식의 간략화된 논리식이 필요하다. 이를 카르노 맵으로 간략화하는 과정은 최대항을 만드는 과정과 같으며, 카르노 맵의 표시는 진리표의 표시 방법과 같다. 즉, 출력이 0인 항은 0으로, 1인 항은 1로 표시한 후, 0의 출력만을 묶음으로 만들고 입력 변수의 표시를 SOP와는 반대로 하여 간략화한다.

예제 4 다음의 불 함수를 POS 형식으로 간략화하시오.

$$Y(A, B, C, D) = \Pi M (1, 2, 4, 5, 10, 11, 12, 13)$$

▷▶ 풀 이

POS 형식의 논리식을 나타내는 Π 함수는 출력이 0인 항들을 표시하므로 카르노 맵에도 그대로 각 항에 0을 표시한다. 물론 나머지는 1이다. 출력이 0인 항들을 찾아 묶음으로 표시하고, 간략화하면 그림 5-15와 같다. 이 때, 입력 변수를 0인 경우 A로 표시함을 잊지 않으면 된다.

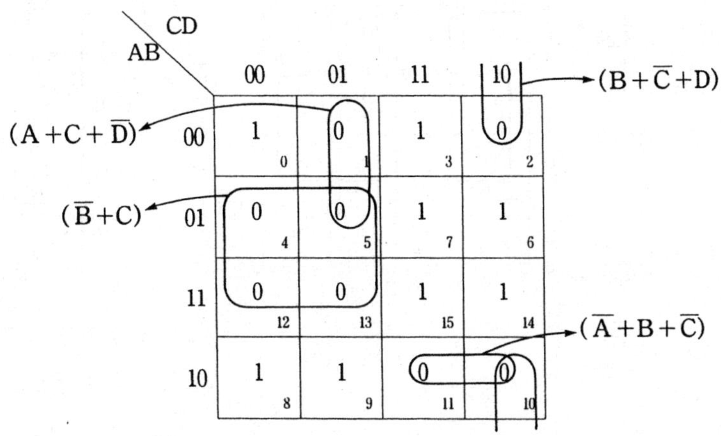

$$Y=(\overline{B}+C)(A+C+\overline{D})(B+\overline{C}+D)(\overline{A}+B+\overline{C})$$

그림 5-15 예제 4의 간략화

카르노 맵에 의한 부정의 논리 간략화

앞에서 논리 전개의 방법에는 경우에 따라 부정의 논리 전개도 가능하다고 하였다. 이것은 카르노 맵을 이용하면 부정의 논리가 수월할지 어떨지의 판단도 쉬워지며, 간략화도 똑같이 이루어진다.

예제를 통하여 부정의 논리 전개가 수월한 경우와 간략화된 논리식의 처리 방법을 알아본다.

예제 5 다음의 불 함수를 논리 회로도로 나타내는데 정상의 논리 전개와 부정의 논리전개 방법을 비교하시오.

X(A, B, C, D) = Σm (1, 3, 4, 5, 6, 7, 11, 12, 13, 14, 15)

▷▶ 풀 이

주어진 Σ 함수를 4변수 카르노 맵에 표시하고 간략화하면 그림 5-16과 같다. 두 개의 논리식을 각각 논리 회로도로 나타내면 그림 5-17이 된다.

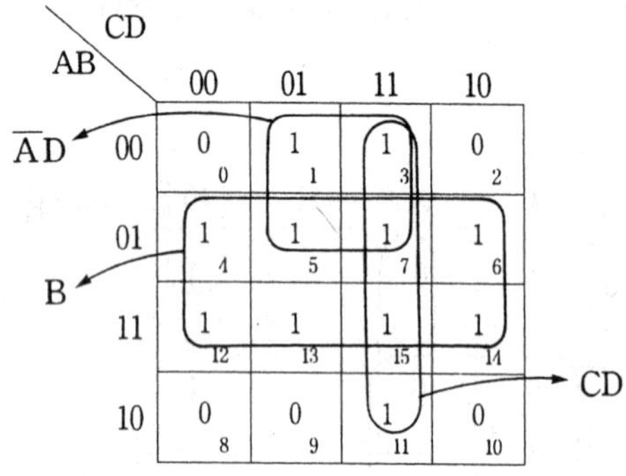

$X = B + \overline{A}D + CD$

(a) 정상의 논리 전개

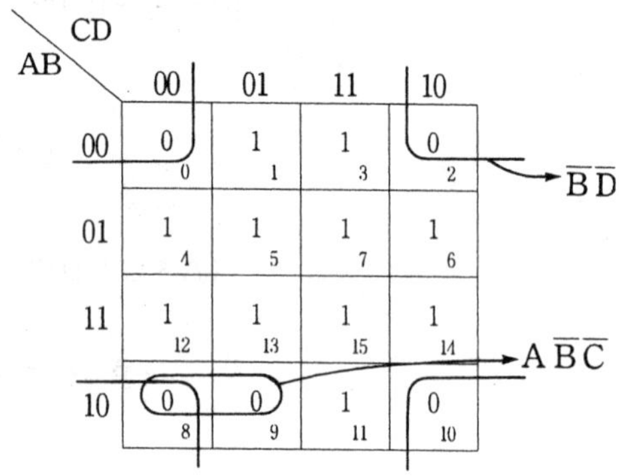

$\overline{X} = \overline{B}\,\overline{D} + A\,\overline{B}\,\overline{C} = (\overline{B+D}) + (\overline{\overline{A}+B+C})$

$X = \overline{\overline{(B+D)} + \overline{\overline{A}+B+C}} = (B+D)\cdot(\overline{A}+B+C)$

(b) 부정의 논리 전개

그림 5-16 예제 5의 간략화

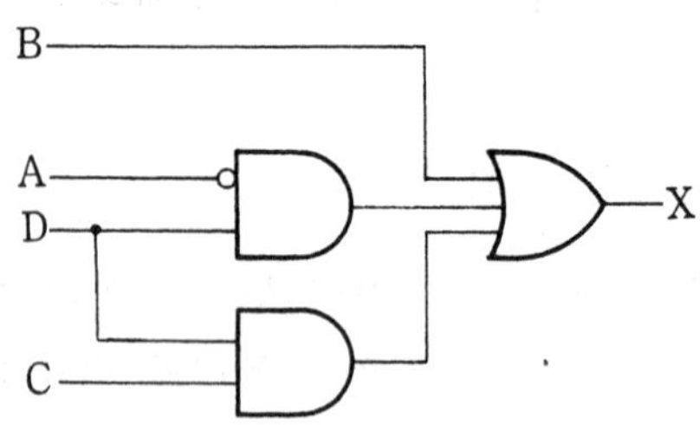

(a) 정상의 논리 전개

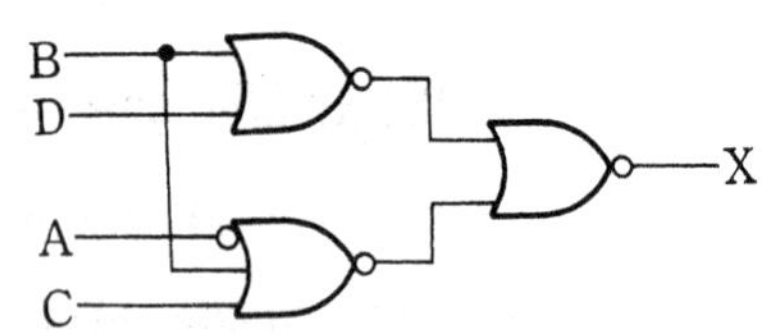

(b) 부정의 논리 전개

그림 5-17 예제 5의 논리 회로도

5-2 논리 전개

어떠한 문제를 해결하는 디지털 회로를 설계하기 위하여는 주어진 문제로부터 불 대수식을 유도하여야 한다. 그러나 이는 바로 전개하기 힘든 문제이므로 우리는 입출력 변수를 정의하고, 그들 변수에 대하여 모든 가능한 경우의 수를 표로 나타내는 진리표를 사용한다.

진리표의 출력 함수를 곱의 합(SOP) 또는 합의 곱(POS) 형식의 논리식으로 전개한다. 또, 경우에 따라서는 부정의 논리 전개 방법을 사용하기도 하고, XOR 등의 응용 논리를 사용하기도 한다.

전혀 간략화하지 않은 상태일지라도 논리식을 얻어내면 회로는 설계할 수 있으나 경제성은 좋다고 할 수 없다. 이를 간략화하면 그 기능을 유지하면서 비용이 적게 드는 회로를 설계할 수 있는 것이다. 간략화 방법은 어떠한 것을 사용하여도 좋으나 일반적으로 카르노 맵을 많이 사용한다.

NAND나 NOR 등의 특정한 게이트의 사용 등, 제한 조건이 있다면 간략화 후에 그 조건을 수용하여 논리식을 변형한다. 이제까지의 작업이 다 끝나면 비로소 회로 설계에 사용할 논리식이 만들어진 것이며, 이를 게이트 회로로 나타내면 일단 설계는 이루어졌다고 할 수 있으며, 최종적으로 설계된 회로의 검증을 거친다면 완벽하게 설계된 회로도를 얻을 수 있다.

본 절에서는 이후 회로 설계에 사용될 설계 단계를 정의한다.

조합 논리 회로 설계 단계

① 제목 : 문제의 기능에 적합한 제목을 달아 준다.

② 입출력 정의 : 입력과 출력으로 사용되는 불 변수를 정의한다.

③ 블록도 : 문제 분석의 최종 단계로 기능에 의하여 정의된 제목과 입출력 신호를 사용하여 논리적인 동작을 결정한다.

④ 진리표 : 입력과 출력 신호의 상호 관계를 진리표로 정의한다.

⑤ 논리식 : 기본적인 논리식을 유도한다.

⑥ 간략화 : 카르노 맵 등의 간략화 방법을 사용하여 간략화한다.

⑦ 변형, 조작 : 간략화된 논리식에 대하여 조건에 따른 변형이나, 중복 사용 가능한 항, XOR 논리 등의 변형이나 조작을 행한다.

⑧ 회로도 : 최종 회로도를 그린다.

⑨ 검증 : 가능한 입력에 대하여 정상적으로 출력이 나오는가 확인하거나, 실제 회로를 실험적으로 구성하여 동작, 또는 컴퓨터 시뮬레이션 등으로 검증한다.

5-3 샘플 설계

본 절에서는 몇 개의 샘플 설계를 통하여 디지털 회로의 설계 과정을 숙달하도록 한다. 간략화는 카르노 맵을 이용하며, 무정의 조건(don't care)의 발생 경우를 알아보고, 이를 이용하면 회로가 더 간단하게 설계됨을 이해한다. 특히 다중 출력 회로인 코드 변환기의 설계를 통하여 각 출력 함수의 간략화 이후에도 논리식의 조작을 통하여 전체 회로를 간략하게 할 수 있음을 이해한다.

회로의 설계 순서는 앞에서 정의한 조합 논리 회로 설계 9단계를 따른다.

1) 2진수 101 검출기

3비트의 2진수가 입력되고 있다. 입력 값이 101이면 출력 1을 내는 회로를 설계하자.

① 제목 : 2진수 101 검출기

② 입출력 정의

- 입력 – A, B, C
- 출력 – Y

③ 블록도 : 그림 5–18로 나타냄

그림 5-18 2진수 101 검출기의 블록도

④ 진리표 : 표 5-1로 나타냄

표 5-1 2진수 101 검출기의 진리표

A	B	C	Y
0	0	0	0
0	0	1	0
0	1	0	0
0	1	1	0
1	0	0	0
1	0	1	1
1	1	0	0
1	1	1	0

⑤ 기본 논리식 : $Y = m_5 = A\overline{B}C$

⑥ 간략화, ⑦ 변형, 조작 : 없음

⑧ 회로도 : 그림 5-19로 나타냄

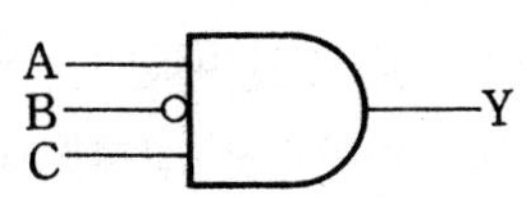

그림 5-19 2진수 101 검출기의 회로도

⑨ 검증 : 생략

2) BCD 9 검출기

4비트의 BCD 입력이 들어올 때, 9(2진수 1001)가 입력되면 1의 출력을 내는 회로를 설계하자.

① 제목 : BCD 9(1001) 검출기

② 입출력 정의

- 입력 – D, C, B, A
- 출력 – Y

③ 블록도 : 그림 5-20으로 나타냄

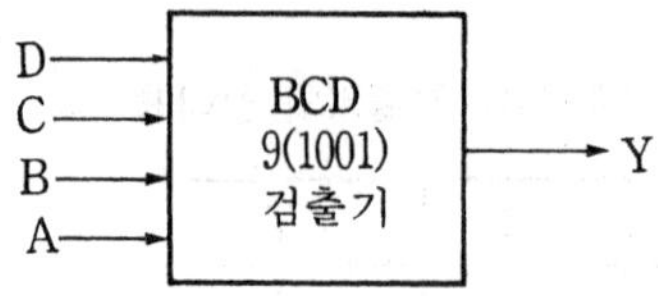

그림 5-20 BCD 9 검출기의 블록도

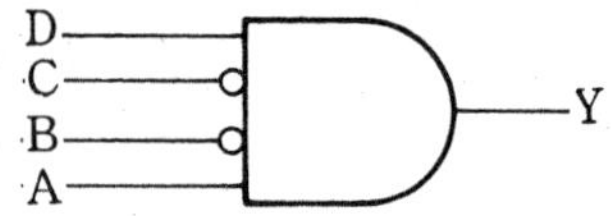

그림 5-21 BCD 9 검출기의 회로도

④ 진리표 : 생략

⑤ 기본 논리식 : $Y = m_9 = D\overline{C}\,\overline{B}A$

⑥ 간략화, ⑦ 변형, 조작 : 없음

⑧ 회로도 : 그림 5-21로 나타냄

⑨ 검증 : 생략

3) 무정의 조건(don't care)

앞의 BCD 9 검출기의 설계는 실제로는 그렇게 하여서는 안 된다.

입력이 BCD라고 하였기 때문에 실제 입력되지 않을 6개의 코드가 존재하며, 회로 설계시에는 이들을 감안하여 설계하면 회로를 더욱 간략화 시킬 수 있다. 이러한 조건을 무정의 조건(don't care)이라 하며, 회로 설계시에는 무정의 조건이 있다면 반드시 찾아서 설계에 이용한다.

무정의 조건은 진리표 또는 카르노 맵에서 d 또는 x로 표시하며, 필요에 따라 0 또는 1로 취급한다.

BCD 9 검출기를 무정의 조건을 포함하여 일부분만 다시 설계하면 다음과 같다.

④ 진리표 : 표 5-2로 나타냄

표 5-2 BCD 9 검출기의 진리표

D	C	B	A	Y
0	0	0	0	0
0	0	0	1	0
0	0	1	0	0
0	0	1	1	0
0	1	0	0	0
0	1	0	1	0
0	1	1	0	0
0	1	1	1	0
1	0	0	0	0
1	0	0	1	1
1	0	1	0	d
1	0	1	1	d
1	1	0	0	d
1	1	0	1	d
1	1	1	0	d
1	1	1	1	d

⑤ 기본 논리식 : $Y = m_9$

$d = \Sigma m\,(10,\ 11,\ 12,\ 13,\ 14,\ 15)$

⑥ 간략화 : 그림 5-22의 카르노 맵으로 표현

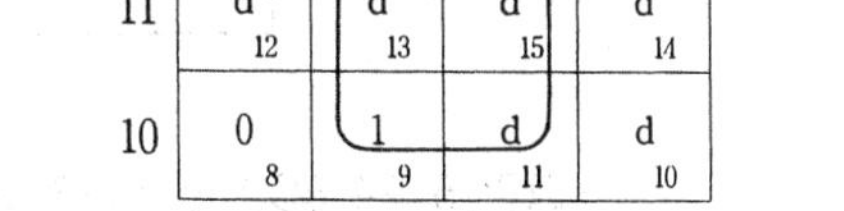

Y=DA

그림 5-22 BCD 9 검출기의 카르노 맵

⑦ 변형, 조작 : 없음

⑧ 회로도 : 그림 5-23으로 나타냄

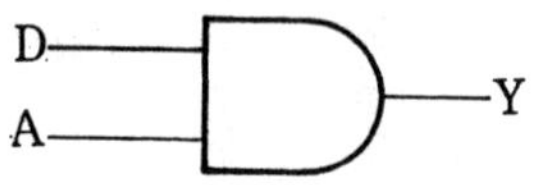

그림 5-23 BCD 9 검출기의 개선된 회로도

⑨ 검증 : 생략

4) BCD to Ex-3 코드 변환기

4비트의 BCD 입력이 인가될 때, 4비트의 Ex-3 코드로 변환하여 출력하는 디지털 회로를 설계하자.

① 제목 : BCD to Ex-3 코드 변환기

② 입출력 정의

- 입력 - D, C, B, A
- 출력 - W, X, Y, Z

③ 블록도 : 그림 5-24로 나타냄

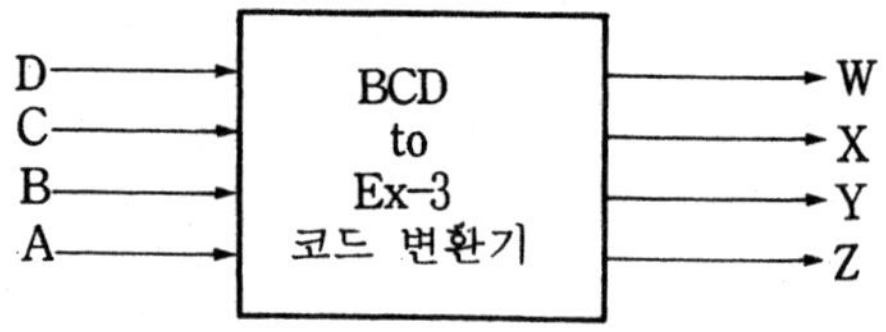

그림 5-24 BCD to Ex-3 코드 변환기의 블록도

④ 진리표 : 표 5-3으로 표현

표 5-3 BCD to Ex-3 코드 변환기의 진리표

D	C	B	A	W	X	Y	Z
0	0	0	0	0	0	1	1
0	0	0	1	0	1	0	0
0	0	1	0	0	1	0	1
0	0	1	1	0	1	1	0
0	1	0	0	0	1	1	1
0	1	0	1	1	0	0	0
0	1	1	0	1	0	0	1
0	1	1	1	1	0	1	0
1	0	0	0	1	0	1	1
1	0	0	1	1	1	0	0
1	0	1	0	d			
1	0	1	1	d			
1	1	0	0	d			
1	1	0	1	d			
1	1	1	0	d			
1	1	1	1	d			

⑤ 기본 논리식 : $W(D, C, B, A) = \Sigma m\ (5, 6, 7, 8, 9)$

$X(D, C, B, A) = \Sigma m\ (1, 2, 3, 4, 9)$

$Y(D, C, B, A) = \Sigma m\ (0, 3, 4, 7, 8)$

$Z(D, C, B, A) = \Sigma m\ (0, 2, 4, 6, 8)$

$d(D, C, B, A) = \Sigma m\ (10, 11, 12, 13, 14, 15)$

⑥ 간략화 : 그림 5-25로 간략화

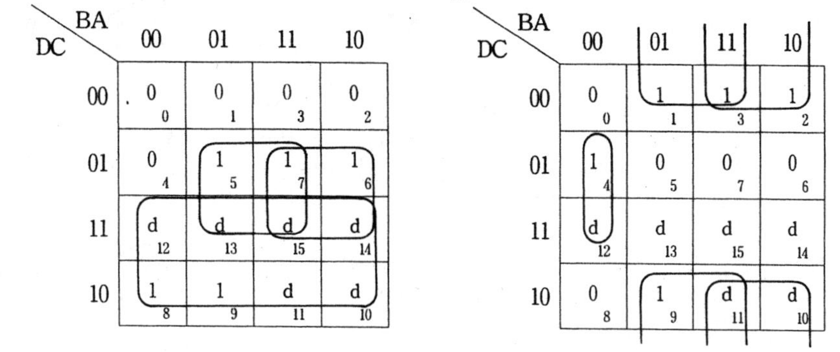

$W = D + CB + CA$

$X = \overline{C}B + \overline{C}A + C\overline{B}\,\overline{A}$

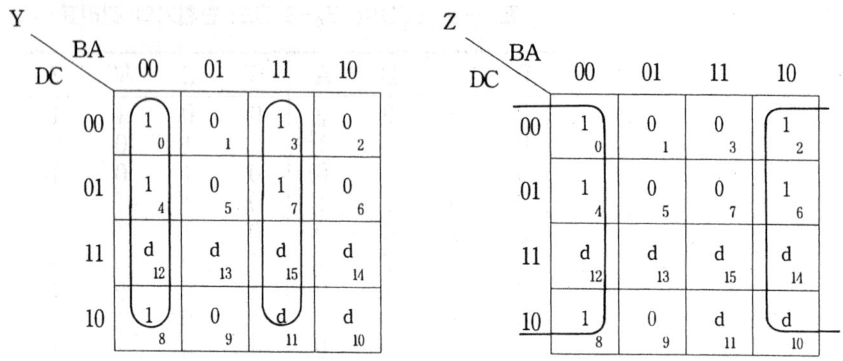

$$Y = \overline{B}\,\overline{A} + BA \qquad\qquad Z = \overline{A}$$

그림 5-25 BCD to Ex-3 코드 변환기 논리식의 간략화

⑦ 변형, 조작 : 간략화된 논리식은 그대로 회로도로 표현하여도 되지만 더 간단하게 회로를 설계하기 위하여 다음과 같이 변형, 조작한다.

$$W = D + C(B + A)$$

$$X = \overline{C}(B + A) + C\,\overline{(B + A)} = C \oplus (B + A)$$

$$Y = \overline{(B + A)} + BA = \overline{B \oplus A}$$

$$Z = \overline{A}$$

⑧ 회로도 : 그림 5-26으로 나타냄

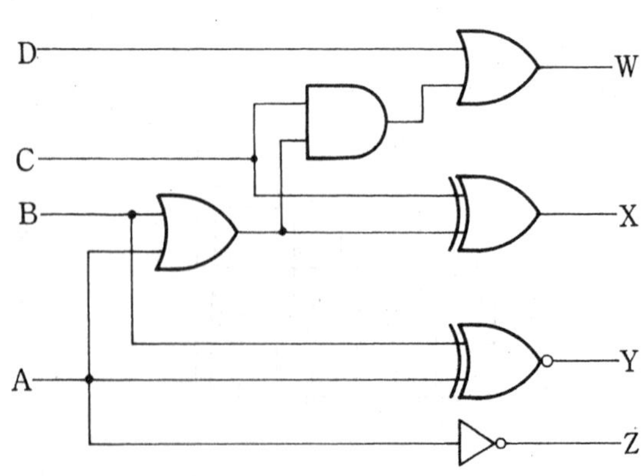

그림 5-26 BCD to Ex-3 코드 변환기의 회로도

⑨ 검증 : 생략

5) Ex-3 to BCD 코드 변환기

예제 6 Ex−3 코드를 BCD 코드로 변환하는 코드 변환기를 NAND 게이트만의 회로로 설계하시오.

▷▶ **풀 이**

Ex−3 코드를 BCD 코드로 변환하는 코드 변환기를 조합 논리 설계 단계에 따라 설계하면 다음과 같다.

① 제목 : Ex−3 to BCD 코드 변환기

② 입출력 정의

- 입력 − W, X, Y, Z
- 출력 − D, C, B, A

③ 블록도 : 그림 5−27로 나타냄

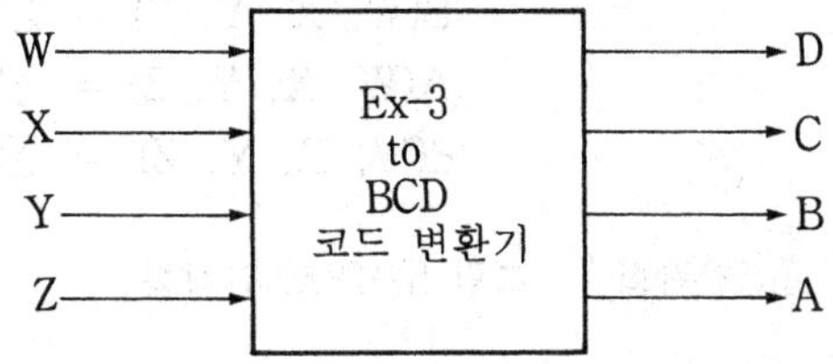

그림 5-27 Ex-3 to BCD 코드 변환기의 블록도

④ 진리표 : 표 5−4로 표현

표 5-4 Ex-3 to BCD 코드 변환기의 진리표

W	X	Y	Z	D	C	B	A
0	0	0	0				
0	0	0	1		d		
0	0	1	0				
0	0	1	1	0	0	0	0
0	1	0	0	0	0	0	1
0	1	0	1	0	0	1	0
0	1	1	0	0	0	1	1
0	1	1	1	0	1	0	0
1	0	0	0	0	1	0	1
1	0	0	1	0	1	1	0
1	0	1	0	0	1	1	1
1	0	1	1	1	0	0	0
1	1	0	0	1	0	0	1
1	1	0	1				
1	1	1	0		d		
1	1	1	1				

⑤ 기본 논리식 : D(W, X, Y, Z) = $\sum$m (11, 12)

C(W, X, Y, Z) = $\sum$m (7, 8, 9, 10)

B(W, X, Y, Z) = $\sum$m (5, 6, 9, 10)

A(W, X, Y, Z) = $\sum$m (4, 6, 8, 10, 12)

d(W, X, Y, Z) = $\sum$m (0, 1, 2, 13, 14, 15)

⑥ 간략화 : 그림 5-28로 간략화

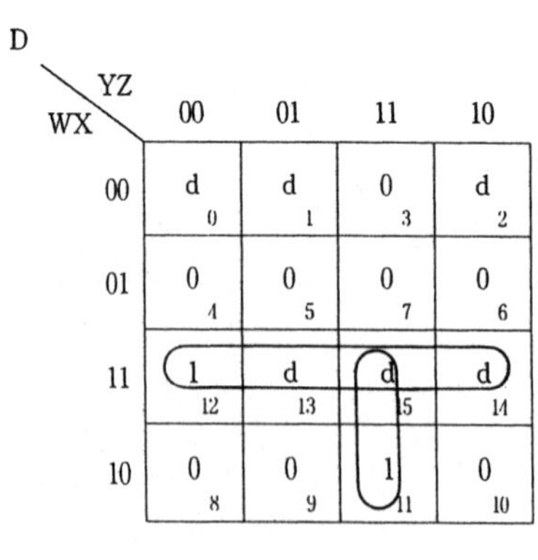

$D = WX + WYZ$

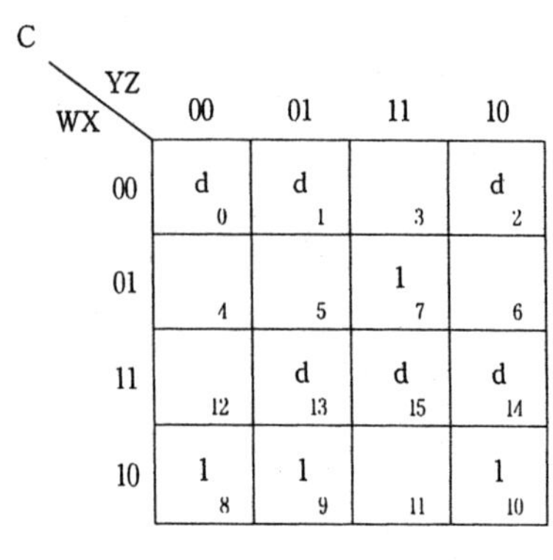

$C = \overline{X}\,\overline{Y} + \overline{X}\,\overline{Z} + XYZ$

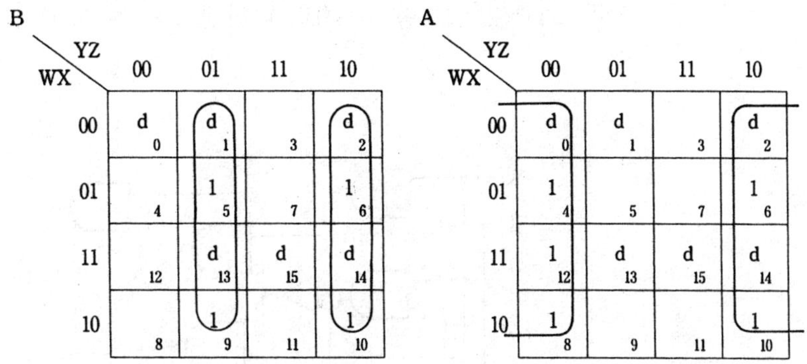

$B=\overline{Y}Z+Y\overline{Z}$ $\qquad$ $A=\overline{Z}$

그림 5-28 Ex-3 to BCD 코드 변환기 논리식의 간략화

⑦ 변형, 조작 : 간략화된 논리식을 NAND 게이트만의 회로가 되도록 변형 및 조작을 하면 다음과 같다.

$$D = WX+WYZ = \overline{\overline{WX+WYZ}}$$

$$= \overline{\overline{WX}\cdot\overline{WYZ}} = \overline{\overline{WX}\cdot\overline{W\,\overline{\overline{YZ}}}}$$

$$C = \overline{X}\,\overline{Y}+\overline{X}\,\overline{Z}+XYZ$$

$$= \overline{X}(\overline{Y}+\overline{Z})+XYZ$$

$$= \overline{X}(\overline{YZ})+XYZ$$

$$= \overline{\overline{\overline{X}(\overline{YZ})+XYZ}}$$

$$= \overline{\overline{\overline{X}(\overline{YZ})}\cdot\overline{XYZ}}$$

$$= \overline{\overline{\overline{X}\,\overline{YZ}}\cdot\overline{X\,\overline{\overline{YZ}}}}$$

$$B = \overline{Y}Z+Y\overline{Z}$$

$$= \overline{\overline{Y}\,\overline{Z}+YZ}$$

$$= \overline{\overline{Y}\,\overline{Z}}\cdot\overline{YZ}$$

$$= \overline{\overline{\overline{\overline{Y}\,\overline{Z}}\cdot\overline{YZ}}}$$

$$A=\overline{Z}$$

⑧ 회로도 : 그림 5-29로 나타냄

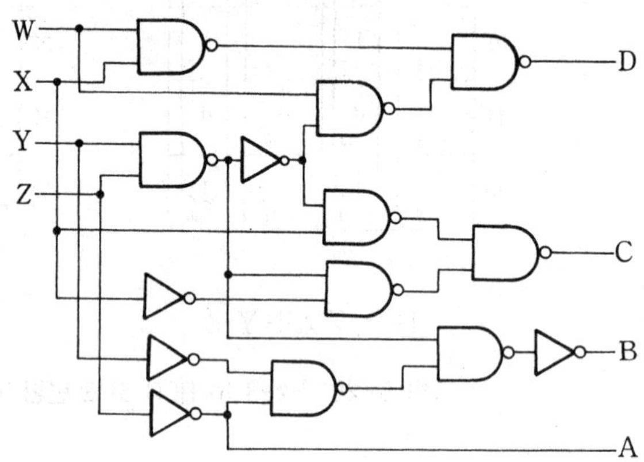

그림 5-29 Ex-3 to BCD 코드 변환기의 회로도

⑨ 검증 : 생략

6) 2진수-그레이 코드 변환기

2진수를 그레이 코드로 변환하는 변환기는 정상적인 조합 회로의 설계 단계를 거쳐서 설계하지 않아도 가능하다. 이유는 그레이 코드를 정의하는 단계에서 이미 정하여진 길이의 코드 체계로 정한 것이 아니라 n 비트의 2진수에 대하여 n 비트의 그레이 코드로 변환하는 규칙을 정의하였기 때문이다. 따라서 코드 변환기의 설계도 지정된 길이의 코드에 대하여 진리표로부터 유도되는 논리식으로 설계하지 않아도 같은 결과를 얻을 수 있다.

3장에서 다루었던 2진수를 그레이 코드로 변환하는 규칙을 다시 살펴보면 다음과 같다.

① 2진수의 MSB부터 시작하여 LSB까지 변환한다.
② MSB는 그대로 쓴다.
③ 두 번째 비트부터는 2진수의 앞의 비트와 현재 비트를 비교하여 같으면 0, 다르면 1이 된다.
④ LSB까지 반복하여 같은 길이만큼 만들어 낸다.

변환 규칙을 적용하며 회로 설계의 과정을 따라 설계하면 코드 변환기의 설계는 다음과 같이 이루어진다.

① 제목 : 2진수 - 그레이 코드 변환기

② 입출력 정의

- 입력 - b_{n-1}, …, b_3, b_2, b_1, b_0
- 출력 - g_{n-1}, …, g_3, g_2, g_1, g_0

③ 블록도 : 그림 5-30으로 나타냄

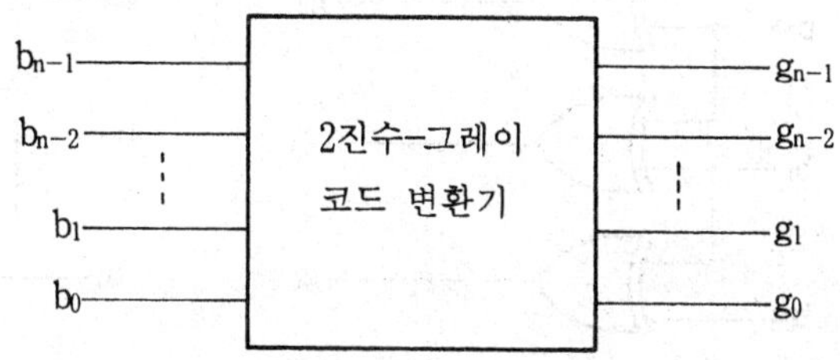

그림 5-30 2진수-그레이 코드 변환기의 블록도

⑤ 논리식 : 코드의 변환 규칙으로부터 논리식을 유도하여 정리하면 다음과 같다.

$$g_{n-1} = b_{n-1}$$
$$g_{n-2} = b_{n-1} \oplus b_{n-2}$$
$$g_{n-3} = b_{n-2} \oplus b_{n-3}$$
$$\vdots$$
$$g_3 = b_4 \oplus b_3$$
$$g_2 = b_3 \oplus b_2$$
$$g_1 = b_2 \oplus b_1$$
$$g_0 = b_1 \oplus b_0$$

⑧ 회로도 : n 비트와 4비트에 대하여 그림 5-31로 나타냄

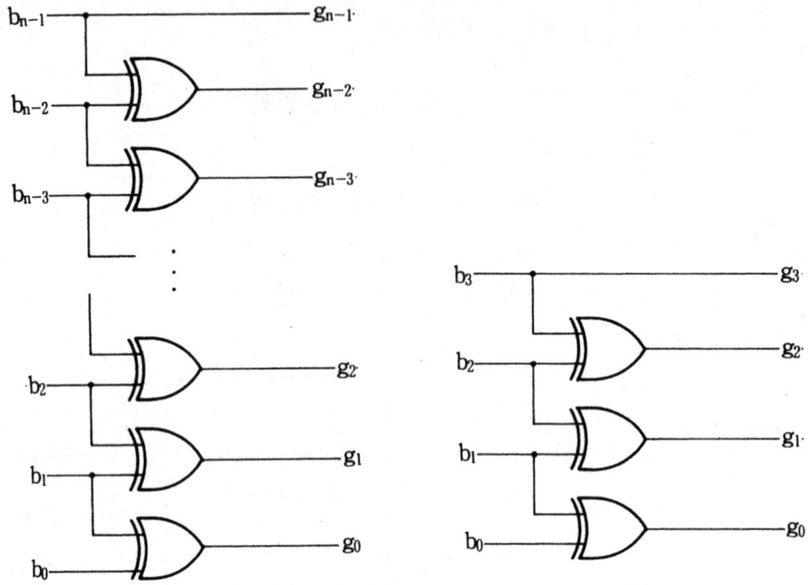

(a) n 비트 (b) 4비트

그림 5-31 2진수-그레이 코드 변환기 회로도

7) 그레이-2진수 변환기

예제 7 4비트 그레이 코드를 2진수로 변환하는 코드 변환기를 조합 논리 설계 절차에 따라 설계하시오.

▷▶ 풀 이

조합 논리 설계 절차에 따라 설계하면 다음과 같다.

① 제목 : 그레이-2진수 코드 변환기

② 입출력 정의

- 입력 – g_3, g_2, g_1, g_0
- 출력 – b_3, b_2, b_1, b_0

③ 블록도 : 그림 5-32로 나타냄

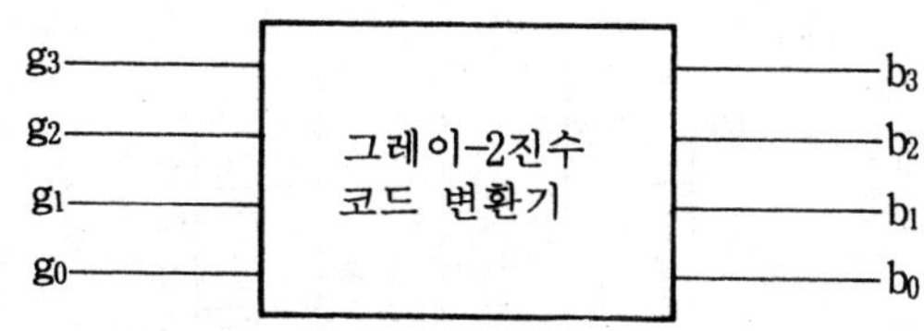

그림 5-32 4비트 그레이-2진수 코드 변환기의 블록도

④ 진리표 : 표 5-5로 나타냄. 단, 표 5-5는 진리표 작성의 편의를 위하여 입력 신호의 2진 순서가 아닌, 대응하는 10진 순서로 작성하였다. 따라서 출력의 논리식을 작성할 경우에는 10진값이 아닌 입력 신호의 2진값을 사용해야 한다.

표 5-5 4비트 그레이-2진수 코드 변환기의 진리표

10진수	g_3	g_2	g_1	g_0	b_3	b_2	b_1	b_0
0	0	0	0	0	0	0	0	0
1	0	0	0	1	0	0	0	1
2	0	0	1	1	0	0	1	0
3	0	0	1	0	0	0	1	1
4	0	1	1	0	0	1	0	0
5	0	1	1	1	0	1	0	1
6	0	1	0	1	0	1	1	0
7	0	1	0	0	0	1	1	1
8	1	1	0	0	1	0	0	0
9	1	1	0	1	1	0	0	1
10	1	1	1	1	1	0	1	0
11	1	1	1	0	1	0	1	1
12	1	0	1	0	1	1	0	0
13	1	0	1	1	1	1	0	1
14	1	0	0	1	1	1	1	0
15	1	0	0	0	1	1	1	1

⑤ 기본 논리식 : $b_3(g_3, g_2, g_1, g_0) = \Sigma m\ (8, 9, 10, 11, 12, 13, 14, 15)$

$b_2(g_3, g_2, g_1, g_0) = \Sigma m\ (4, 5, 6, 7, 8, 9, 10, 11)$

$b_1(g_3, g_2, g_1, g_0) = \Sigma m\ (2, 3, 4, 5, 8, 9, 14, 15)$

$b_0(g_3, g_2, g_1, g_0) = \Sigma m\ (1, 2, 4, 7, 8, 11, 13, 14)$

⑥ 간략화 : 그림 5-33으로 간략화

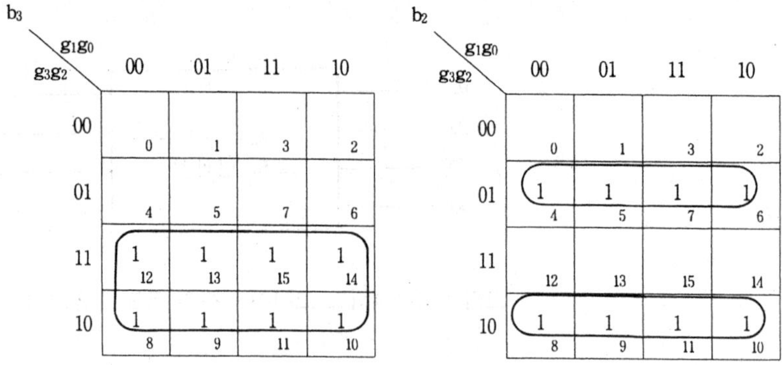

$$b_3 = g_3 \qquad\qquad b_2 = \overline{g_3}g_2 + g_3\overline{g_2}$$

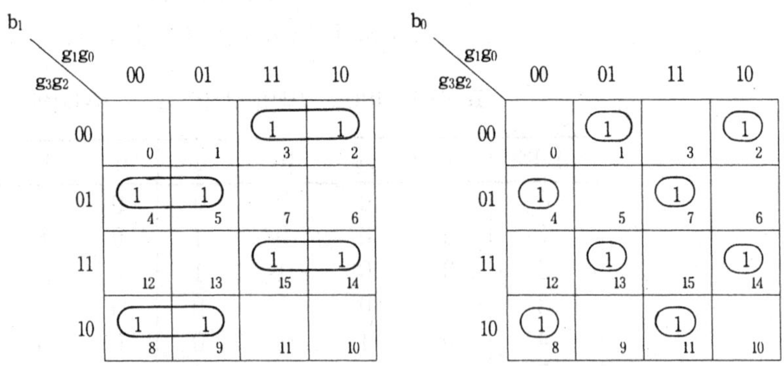

$$b_1 = \overline{g_3}\,\overline{g_2}\,g_1 + \overline{g_3}\,g_2\,\overline{g_1} + g_3\,\overline{g_2}\,\overline{g_1} + g_3\,g_2\,g_1$$

$$b_0 = \overline{g_3}\,\overline{g_2}\,\overline{g_1}\,g_0 + \overline{g_3}\,\overline{g_2}\,g_1\,\overline{g_0} + \overline{g_3}\,g_2\,\overline{g_1}\,\overline{g_0} + \overline{g_3}\,g_2\,g_1\,g_0 + g_3\,\overline{g_2}\,\overline{g_1}\,\overline{g_0} + g_3\,\overline{g_2}\,g_1\,g_0 + g_3\,g_2\,\overline{g_1}\,g_0 + g_3\,g_2\,g_1\,\overline{g_0}$$

그림 5-33 4비트 그레이-2진수 코드 변환기 논리식의 간략화

⑦ 변형, 조작 : 간략화된 논리식을 XOR 게이트만의 회로가 되도록 변형 및 조작을 하면 다음과 같다.

$$b_3 = g_3$$

$$b_2 = \overline{g_3}\,g_2 + g_3\,\overline{g_2} = g_3 \oplus g_2 = b_3 \oplus g_2$$

$$b_1 = \overline{g_3}\,\overline{g_2}\,g_1 + \overline{g_3}\,g_2\,\overline{g_1} + g_3\,\overline{g_2}\,\overline{g_1} + g_3\,g_2\,g_1$$

$$= (\overline{g_3}\,\overline{g_2} + g_3\,g_2)g_1 + (\overline{g_3}\,g_2 + g_3\,\overline{g_2})\overline{g_1}$$

$$= (\overline{g_3 \oplus g_2})g_1 + (g_3 \oplus g_2)\overline{g_1} = (g_3 \oplus g_2) \oplus g_1$$

$$= b_2 \oplus g_1$$

$$b_0 = \overline{g_3}\,\overline{g_2}\,\overline{g_1}\,g_0 + \overline{g_3}\,\overline{g_2}\,g_1\,\overline{g_0} + \overline{g_3}\,g_2\,\overline{g_1}\,\overline{g_0} + \overline{g_3}\,g_2\,g_1\,g_0$$

$$+ g_3\,\overline{g_2}\,\overline{g_1}\,\overline{g_0} + g_3\,\overline{g_2}\,g_1\,g_0 + g_3\,g_2\,\overline{g_1}\,g_0 + g_3\,g_2\,g_1\,\overline{g_0}$$

$$= (\overline{g_3}\,\overline{g_2} + g_3\,g_2)\overline{g_1}\,g_0 + (\overline{g_3}\,\overline{g_2} + g_3\,g_2)g_1\,\overline{g_0}$$

$$+ (\overline{g_3}\,g_2 + g_3\,\overline{g_2})\overline{g_1}\,\overline{g_0} + (\overline{g_3}\,g_2 + g_3\,\overline{g_2})g_1\,g_0$$

$$= \overline{(g_3 \oplus g_2)}\,\overline{g_1}\,g_0 + \overline{(g_3 \oplus g_2)}\,g_1\,\overline{g_0}$$

$$+ (g_3 \oplus g_2)\,\overline{g_1}\,\overline{g_0} + (g_3 \oplus g_2)\,g_1\,g_0$$

$$= (\overline{(g_3 \oplus g_2)}\,\overline{g_1} + (g_3 \oplus g_2)\,g_1)g_0$$

$$+ (\overline{(g_3 \oplus g_2)}\,g_1 + (g_3 \oplus g_2)\,\overline{g_1})\overline{g_0}$$

$$= (\overline{(g_3 \oplus g_2) \oplus g_1})\,g_0 + ((g_3 \oplus g_2) \oplus g_1)\,\overline{g_0}$$

$$= ((g_3 \oplus g_2) \oplus g_1) \oplus g_0 = ((b_3 \oplus g_2) \oplus g_1) \oplus g_0$$

$$= (b_2 \oplus g_1) \oplus g_0$$

$$= b_1 \oplus g_0$$

⑧ 회로도 : 그림 5-34로 나타냄

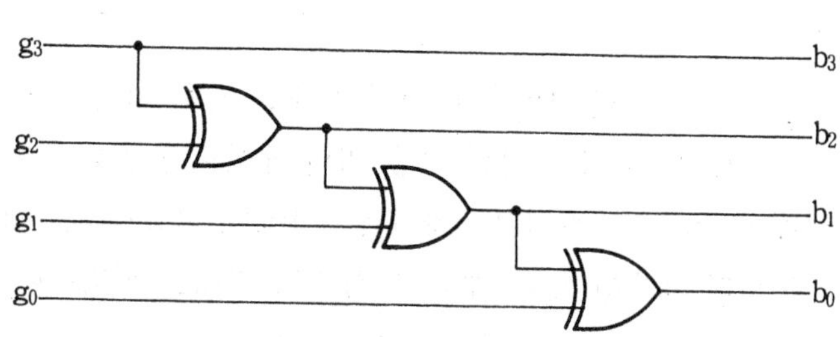

그림 5-34 4비트 그레이-2진수 코드 변환기의 회로도

⑨ 검증 : 생략

8) 패리티 체커

패리티 체커의 조합 논리 회로는 조합 논리 회로의 설계 단계에 따라서도 설계할 수 있지만, 2진수와 그레이 코드 변환기보다 더 간단하게 설계될 수 있다. 또한 패리티 제너레이터 역시 패리티 체커와 입력의 개수가 달라질 뿐 똑같은 방법으로 설계된다.

패리티는 홀수(기수, odd) 패리티와 짝수(우수, even) 패리티 두 가지가 있음은 이미 알고 있는 사실이다. 먼저 짝수 패리티에 대하여 검토하고, 홀수 패리티를 사용하는 경우에 대하여 고찰한다.

짝수 패리티 제너레이터는 입력 중 1의 개수가 홀수일 때 패리티 비트의 값이 1이 되도록 하여 패리티 비트 자신을 포함하여 전체 비트에 1의 개수가 짝수가 되도록 패리티 비트를 발생시킨다. 따라서 입력 중 1의 개수가 홀수일 때, 출력이 1이 되는 다중 입력 XOR 논리를 사용하면 그 출력은 그대로 짝수 패리티 비트가 된다. 4비트 데이터에 대한 패리티 제너레이터와 패리티 체커의 블록도를 그림 5-35에 보인다. 패리티 체커는 데이터와 패리티 비트를 입력으로 받아 오류가 있으면 출력을 1로 하는 블록도이다.

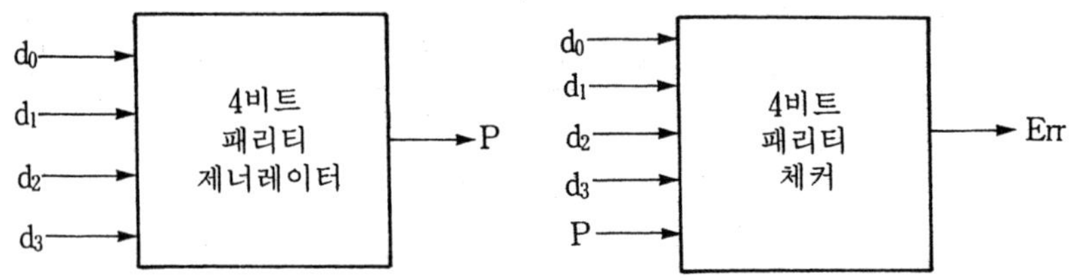

(a) 패리티 제너레이터 (b) 패리티 체커

그림 5-35 4비트 데이터의 패리티 제너레이터와 패리티 체커의 블록도

그림 5-36은 4비트 데이터에 대한 짝수 패리티 제너레이터 회로이다. 실제 게이트가 3입력 이상의 다중 입력 게이트가 존재하지 않기 때문에 2입력 XOR 게이트로 설계하였다. 데이터가 4비트 이상인 경우에도 단지 XOR 게이트의 입력의 개수만 늘려 주는 확장으로 그대로 처리된다.

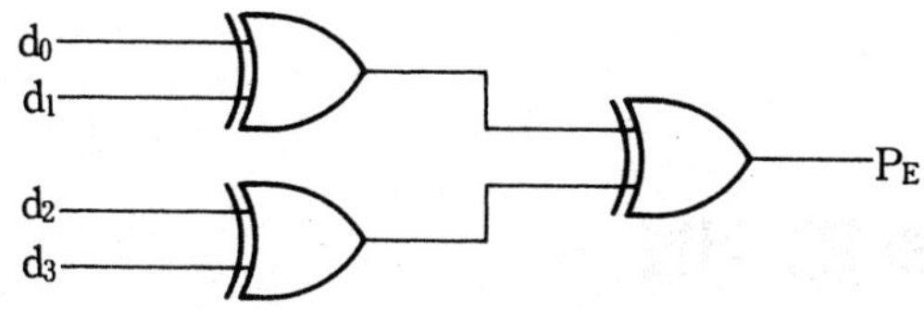

그림 5-36 4비트 데이터의 짝수 패리티 제너레이터 회로도

홀수 패리티 제너레이터는 패리티 자신을 포함하여 전체 1의 개수가 홀수가 되도록 만들면 되므로 다중 입력 XOR 논리에 인버터만 추가하면 된다. 즉, 홀수의 1의 입력에 대하여 출력이 1이 되므로, 이를 부정을 취하면 전체 1의 개수가 홀수로 되는 것이다. 그림 5-37은 4비트 데이터의 홀수 패리티 제너레이터 회로를 나타낸다.

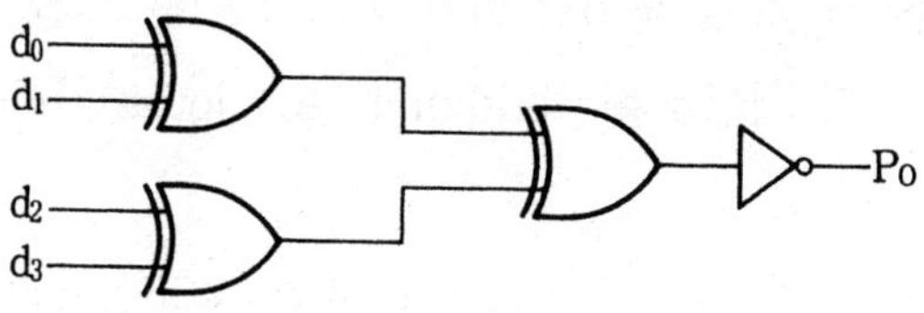

그림 5-37 4비트 데이터의 홀수 패리티 제너레이터 회로도

4비트 데이터와 1비트 패리티를 나타내는 수신된 데이터에 대하여 패리티를 검사하는 짝수 패리티 체커는 그림 5-38의 회로도로 이루어진다. 출력이 1인 경우는 오류가 있음을 의미한다.

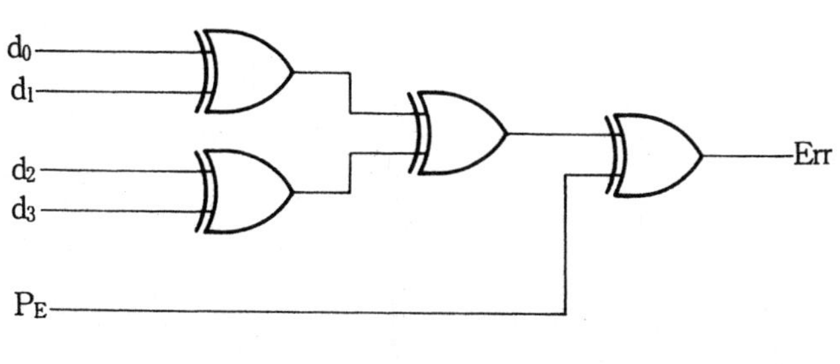

그림 5-38 짝수 패리티 체커의 회로도

홀수 패리티 체커는 짝수 패리티 체커의 출력 단에 인버터 한 개만 달아 주면 된다.

5-4 논리 브리징 기법

1) 다중 입력 XOR 논리

디지털 회로를 설계할 때, 표 5–6의 진리표와 같은 경우에는 카르노 맵으로 간략화하고자 하여도 그림 5–39의 카르노 맵과 같이 만들어지며, AND, OR, NOT 논리를 사용하는 한 간략화는 불가능하다. 그러나 이를 불 대수를 이용하여 등가의 변형을 하고 XOR 논리를 적용하여 바꾸면 XOR 논리로 바뀜을 앞의 예제 7에서 보았다(예제 7 풀이의 ⑦ 변형 및 조작에서의 마지막 논리식 참조). 바로 이 점을 이용하면 간략화에서 별 이점을 얻지 못하는 논리식에 대하여 XOR 논리와 다른 논리식의 합성으로 간략화할 수 있으며, 이를 논리 브리징 기법(logic bridging techniques)이라 한다.

표 5-6 4입력 XOR 논리의 진리표

A	B	C	D	X=A⊕B⊕C⊕D
0	0	0	0	0
0	0	0	1	1
0	0	1	0	1
0	0	1	1	0
0	1	0	0	1
0	1	0	1	0
0	1	1	0	0
0	1	1	1	1
1	0	0	0	1
1	0	0	1	0
1	0	1	0	0
1	0	1	1	1
1	1	0	0	0
1	1	0	1	1
1	1	1	0	1
1	1	1	1	0

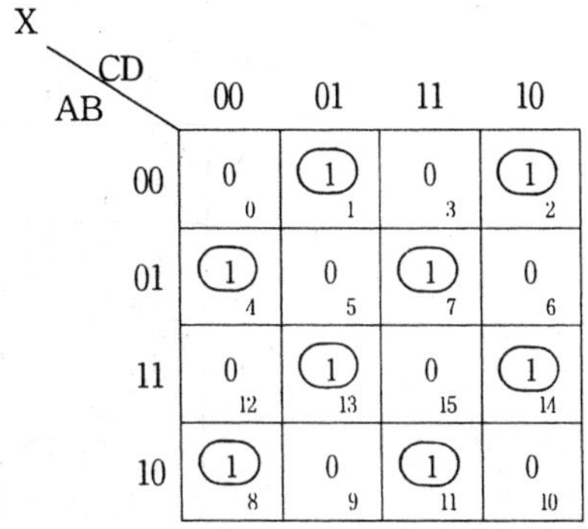

그림 5-39 표 5-6의 카르노 맵

XOR 논리의 부정 또는 Ex-NOR 논리는 표 5-7의 진리표로 나타내어지며, 이의 카르노 맵은 그림 5-40으로 표현된다. 그러나 진리표에서도 볼 수 있듯이 XOR의 부정은 입력 중 하나에 대하여 부정을 취한 것과 같아진다.

표 5-7 4입력 XOR와 Ex-NOR의 진리표

A	B	C	D	$\overline{A}$	$X=A\oplus B\oplus C\oplus D$	$Y=\overline{X}$	$Z=\overline{A}\oplus B\oplus C\oplus D$
0	0	0	0	1	0	1	1
0	0	0	1	1	1	0	0
0	0	1	0	1	1	0	0
0	0	1	1	1	0	1	1
0	1	0	0	1	1	0	0
0	1	0	1	1	0	1	1
0	1	1	0	1	0	1	1
0	1	1	1	1	1	0	0
1	0	0	0	0	1	0	0
1	0	0	1	0	0	1	1
1	0	1	0	0	0	1	1
1	0	1	1	0	1	0	0
1	1	0	0	0	0	1	1
1	1	0	1	0	1	0	0
1	1	1	0	0	1	0	0
1	1	1	1	0	0	1	1

Y

AB \ CD	00	01	11	10
00	(1) 0	0 1	(1) 3	0 2
01	0 4	(1) 5	0 7	(1) 6
11	(1) 12	0 13	(1) 15	0 14
10	0 8	(1) 9	0 11	(1) 10

$$Y = \overline{A \oplus B \oplus C \oplus D} = \overline{A} \oplus B \oplus C \oplus D$$

그림 5-40 Ex-NOR 카르노 맵

XOR 논리를 이용하는 논리 브리징 기법에는 AND 브리징과 OR 브리징이 존재하며, 이들은 각각 XOR 함수의 출력 중 일부를 0으로 하기 위하여 AND 마스크를 사용하는 경우와 XOR 함수의 출력 외의 1의 출력을 갖도록 OR 마스크를 씌우는 것으로 달라진다.

2) AND 브리징 기법

간략화하여야 하는 논리식이 다음과 같이 주어지고, 이를 카르노 맵으로 표현하면 그림 5-41이 되어, 간략화가 되지 않는 논리식으로 표현된다.

F

AB \ CD	00	01	11	10
00	0 0	(1) 1	0 3	(1) 2
01	(1) 4	0 5	(1) 7	0 6
11	0 12	0 13	0 15	(1) 14
10	0 8	0 9	(1) 11	0 10

$$F = \overline{A}\,\overline{B}\,\overline{C}\,D + \overline{A}\,\overline{B}\,C\,\overline{D} + \overline{A}\,B\,\overline{C}\,\overline{D} + \overline{A}BCD + A\,\overline{B}\,C\,D + A\,B\,C\,\overline{D}$$

그림 5-41 함수 f(A, B, C, D) = Σm(1, 2, 4, 7, 11, 14)의 간략화

그림 5-41의 카르노 맵은 AND 브리징하면 그림 5-42의 카르노 맵처럼 두 개의 카르노 맵의 합성으로 나타낼 수 있다. 이 합성된 논리식을 회로도로 나타내면 그림 5-43의 회로가 되며, 4변수 AND 항 6개로 이루어진 표준형 SOP 논리식을 게이트 회로로 실현하는 것보다 훨씬 간단한 회로가 구성된다.

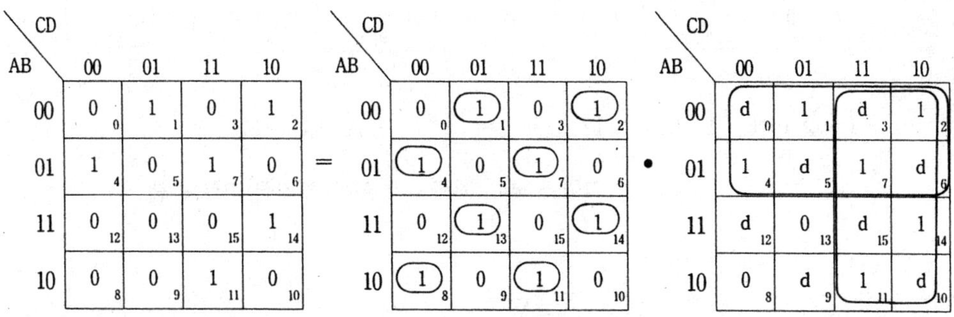

$f = \sum m(1, 2, 4, 7, 11, 14) = (A \oplus B \oplus C \oplus D) \cdot (\overline{A} + C)$

그림 5-42 F의 AND 브리징 카르노 맵

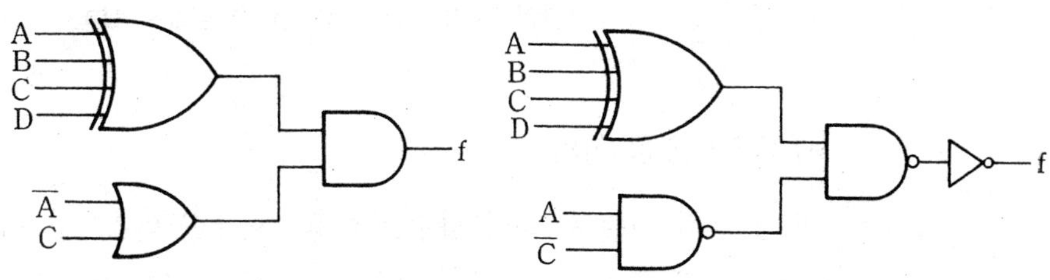

(a) (b)

그림 5-43 F의 AND 브리징 회로도

예제 8 f(A, B, C, D) = Σm (0, 1, 6, 7, 12, 13)의 논리 회로도를 AND 브리징 기법을 이용하여 설계하시오

▷▶ **풀 이**

함수 F를 AND 브리징으로 분해하는 카르노 맵을 그림 5-44로 나타낼 수 있으며, 이의 논리식을 게이트 회로도로 그리면 그림 5-45가 된다.

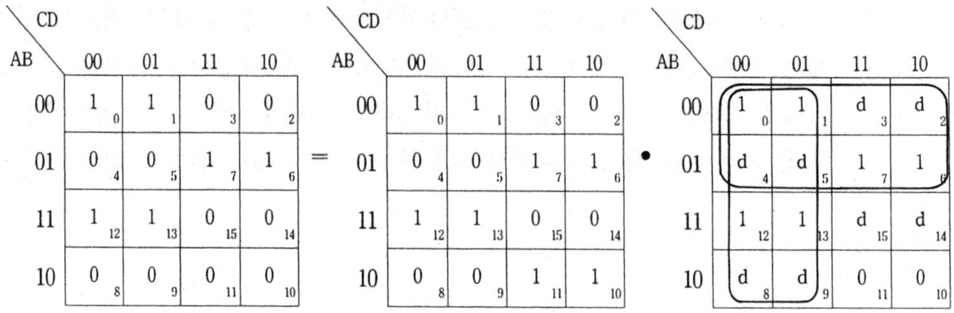

$f = \sum m(0, 1, 6, 7, 12, 13) = (\overline{A} \oplus B \oplus C) \bullet (\overline{A} + \overline{C})$

그림 5-44 예제 8의 AND 브리징 카르노 맵

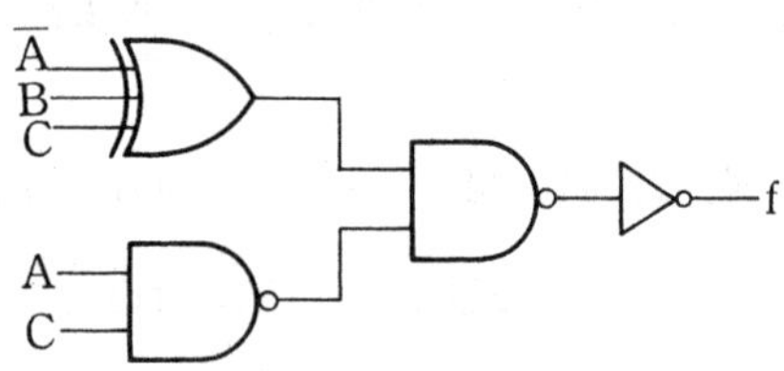

그림 5-45 예제 8의 AND 브리징 회로도

3) OR 브리징 기법

OR 브리징 기법은 XOR 함수를 이용하되 OR 마스크를 씌워 원래의 함수를 수행하는 논리로 AND 브리징 기법과 유사하다. OR 브리징을 이용하는 경우는 XOR 함수의 출력 이외에도 1의 출력이 존재할 때이다.

예제 9 $f(A, B, C, D) = \sum m(1, 2, 4, 7, 8, 10, 11, 13, 14, 15)$의 함수를 OR 브리징 기법으로 설계하시오.

▷ **풀 이**

주어진 함수를 OR 브리징으로 분해한 카르노 맵을 그림 5-46에 나타내며, 이를 게이트 회로도로 설계한 것이 그림 5-47이다.

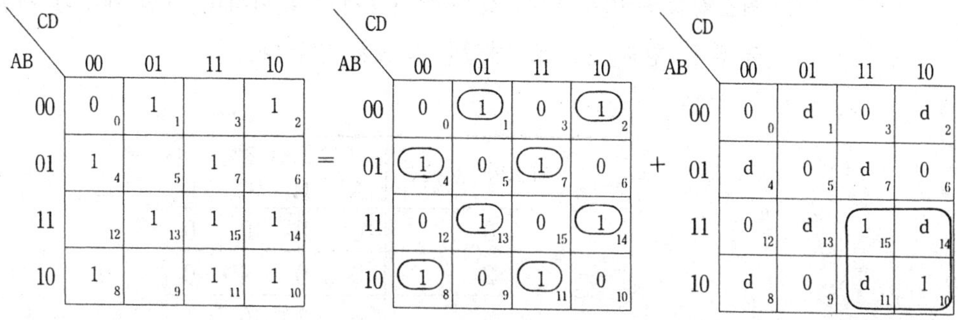

$f=\sum m(1,\ 2,\ 4,\ 7,\ 8,\ 10,\ 11,\ 13,\ 14,\ 15)\ =\ (A\oplus B\oplus C\oplus D)\ +\ AC$

그림 5-46 예제 9의 OR 브리징 카르노 맵

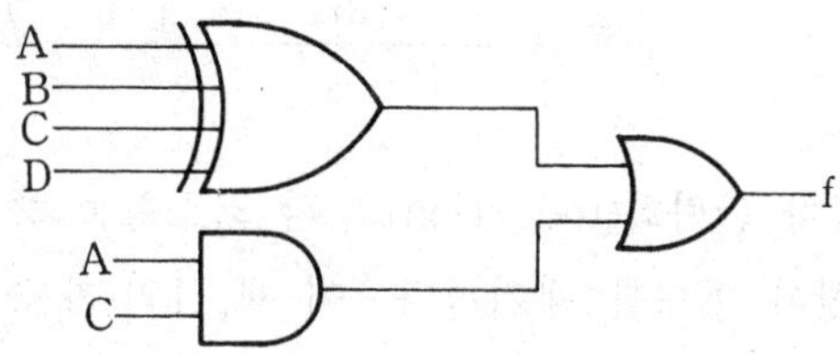

그림 5-47 예제 9의 OR 브리징 회로도

5-5 콰인-매클러스키법

콰인-매클러스키법은 타뷸라법(Tabular method)이라고도 하는 간략화 방법이다. 입력을 나타내는 불 변수가 많아져도 간략화 설계가 가능하며, 단지 변수가 많아지면 그만큼 단계가 늘어나게 된다. 다만 SOP 형식의 논리 간략화에만 이용할 수 있다.

본 절에서는 다음의 함수를 콰인-매클러스키법을 이용하여 간략화하는 방법을 소개한다.

$$f(A,\ B,\ C,\ D)\ =\ \Sigma m\ (0,\ 2,\ 5,\ 6,\ 7,\ 10,\ 13,\ 14,\ 15)$$

① 최소항들을 변수 대신 상수를 사용하여 표시하며, 1의 개수가 적은 항부터 많은 항의 순으로 배열한 도표를 만든다.

최소항 번호	2 진 값 A	B	C	D
0	0	0	0	0
2	0	0	1	0
5	0	1	0	1
6	0	1	1	0
10	1	0	1	0
7	0	1	1	1
13	1	1	0	1
14	1	1	1	0
15	1	1	1	1

② 1차 간략화(reduction) : 각 최소항들 중 한 개의 비트만 서로 다른 항을 찾아 변수를 제거한다. 이 때, 1의 개수로 그룹을 나누면 인접한 그룹에서만 변수 제거가 가능하다. 제거된 변수 대신에 그 자리에는 －를 표시하여 변수 제거를 나타내며, 각 항들은 처리되었음을 표시한다(∨).

예를 들어 다음과 같이 되는 것이다.

$$\overline{A}B\overline{C}D + \overline{A}BCD = \overline{A}BD(\overline{C} + C) = \overline{A}BD \rightarrow 01-1$$

③ 2차 간략화 : －를 포함하여 1차 간략화에서와 마찬가지 방법으로 인접한 그룹에서 단지 한 개의 변수 값만이 다른 두 개의 항을 찾아 변수를 제거하고 －를 부여한다.

④ n차 간략화 : 더 이상 간략화되지 않을 때까지 변수를 제거하는 간략화 과정을 반복한다.

최소항 번호	A	B	C	D		1차 간략화		2차 간략화
0	0	0	0	0	∨	0 0 − 0 (0, 2)		
2	0	0	1	0	∨	0 − 1 0 (2, 6)	∨	−−10 ((2, 6), (10,14))
5	0	1	0	1	∨	− 0 1 0 (2,10)	∨	((2,10), (6,14))
6	0	1	1	0	∨	0 1 − 1 (5, 7)	∨	−1−1 ((5, 7), (13,15))
10	1	0	1	0	∨	− 1 0 1 (5,13)	∨	((5,13), (7,15))
7	0	1	1	1	∨	0 1 1 − (6, 7)	∨	−11− ((6, 7), (14,15))
13	1	1	0	1	∨	− 1 1 0 (6,14)	∨	
14	1	1	1	0	∨	1 − 1 0 (10,14)	∨	
15	1	1	1	1	∨	− 1 1 1 (7,15)	∨	
						1 1 − 1 (13,15)	∨	
						1 1 1 − (14,15)	∨	

⑤ 간략화가 끝난 후, 최후의 항들을 표시하고, 그 항들에 포함되는 최소항을 표시한다.

⑥ 최후에 남은 항들 중 모든 최소항을 포함하는 조합을 선택한다.

	A	B	C	D	0	2	5	6	7	10	13	14	15
∨	0	0	−	0	○	○							
∨	−	−	1	0		○		○		○		○	
∨	−	1	−	1			○		○		○		○
	−	1	1	−				○	○			○	○
					∨	∨	∨	∨	∨	∨	∨	∨	∨

간략화된 최후의 조합 00-0, --10, -1-1

⑦ 선택된 항들을 상수 대신 변수로 표기하고, −로 붙여진 변수는 생략하여 논리식을 완성한다.

$$f(A, B, C, D) = \overline{A}\,\overline{B}\,\overline{D} + C\overline{D} + BD$$

이상으로 간략화가 이루어졌으며, 이의 검증을 위하여 카르노 맵으로 간략화 하면 그림 5-48이 된다.

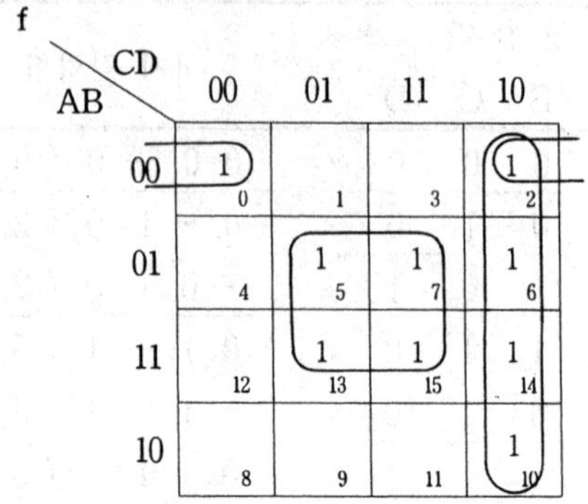

$$f = \overline{A}\,\overline{B}\,\overline{D} + C\overline{D} + BD$$

그림 5-48 콰인-매클러스키법의 검증을 위한 카르노 맵

연 습 문 제

1. 카르노 맵을 이용하여 간략화 하는 방법을 설명하시오.

2. $f(A, B, C) = \Sigma m(2, 4, 6)$의 함수를 카르노 맵을 이용하여 SOP 형식의 논리식으로 간략화하시오.

3. $f(A, B, C, D) = \Sigma m(1, 2, 3, 6, 8, 9, 12, 13)$의 함수를 카르노 맵을 이용하여 SOP 형식의 논리식으로 간략화하시오.

4. 문제 3을 부정의 논리 전개 방법으로 카르노 맵을 이용하여 SOP 형식의 논리식으로 간략화하시오.

5. 문제 3을 카르노 맵을 이용하여 POS 형식의 논리식으로 간략화하시오.

6. $f(A, B, C, D) = \Pi M(1, 2, 3, 4, 5, 10, 11, 12, 13)$의 함수를 POS 형식의 논리식으로 간략화하시오.

7. 조합 논리 회로의 설계 단계를 설명하시오.

8. BCD 0100 검출기를 설계하시오.

9. BCD−2421 코드 변환기를 설계하시오.

10. 2421−BCD 코드 변환기를 설계하시오.

11. BCD−7421 코드 변환기를 설계하시오.

12. Ex−3 코드에 짝수 패리티를 부과하는 패리티 제너레이터를 설계하시오.

13. 4비트 2진수−그레이 코드 변환기를 조합 논리 설계 단계를 따라 설계하시오.

6 CHAPTER 연산 회로

디지털 컴퓨터 등의 논리 회로 시스템은 기본적으로 산술 논리 연산 장치를 갖고 있으며, 실제 데이터의 가공 처리는 대부분 이 연산 장치를 통하여 이루어진다. 연산 장치는 가산기 회로를 가장 기본적인 기능으로 한다. 2장에서 다룬 바와 같이 가산 동작만으로 감산, 승산, 제산 등의 4칙 연산을 수행할 수 있으며, 이를 토대로 2진수 1비트에 대한 반가산기, 전가산기, 반감산기, 전감산기, 가감산기 등의 기본 모듈을 설계하고, 기본 모듈을 이용하여 병렬가산기, BCD 가산기, 3초과 가산기 등의 회로를 설계하며, 승산, 제산의 수행 방법을 분석하며, MSI(Medium Scale Integrated circuit) 산술 논리 연산 장치(ALU : Arithmetical and Logical Unit)에 대하여 알아본다.

6-1 가산기(Adder)

가산기는 모든 연산의 중심이 됨은 이미 앞에서 설명한 바와 같다. 실제로 디지털 논리 회로 시스템에서 필요로 하는 가산기는 n 비트의 2진수를 연산할 수 있어야 한다. 그러나 조합 논리 회로로 n 비트의 가산기를 설계하기 위해서는 $(2 \times n)$비트의 입력 변수를 갖는 조합 논리 회로의 설계 과정이 필요하다. 그러나 이러한 설계 방법은 너무 복잡한 과정이 필요하며 동시에 확장성이 없는 회로가 되므로, 좋은 설계라고 할 수 없다. 이 경우에는 2진수 1비트의 가산을 할 수 있는 기본 모듈을 설계하고, 이후에는 이 모듈을 이용하여 확장하는 것이 타당하다. 따라서 본 절에서 다루는 가산기는 2진수 1비트의 가산을 할 수 있는 기본 모듈을 설계하도록 한다.

1비트 가산기

2진수 1비트의 두 수를 가산하는 경우에 가산하고자 하는 두 수를 각각 A, B라 한다면, A, B는 2진 변수가 되어 0 또는 1의 값을 가질 수 있고, 발생할 수 있는 경우의 수는 다음과 같이 4가지가 된다. 여기에서 처음의 세 가지 경우에는 1비트 두 수를 더하여 1비트의 결과를 얻어내므로 1비트 입력 두 개와 1비트 출력 한 개가 있으면 된다. 그러나 마지막 경우에는 다음 단으로의 자리올림(carry)이 발생하여 결과가 2비트의 값으로 나타나게 되므로 출력이 2비트가 되거나 자리올림을 나타내는 출력이 별도로 있어야 한다.

피가수	0	0	1	1
가 수	+0	+1	+0	+1
결 과	0	1	1	10

여기서 설계하고자 하는 가산기는 1비트 가산기 모듈이므로 결과도 1비트가 되는 것이 타당하다. 그러나 이 모듈은 입력 두 수만을 가산할 뿐 전단으로부터의 자리올림에 대하여는 가산할 방법이 없으므로 n비트의 수를 가산하기에는 문제가 있다. 이러한 가산기는 단순히 1비트의 두 수만을 가산하는 가산기이므로 전단의 자리올림이 발생할 경우 다시 가산하는 과정이 필요하게 된다. 그래서 이러한 가산기를 반가산기(HA : Half Adder)라고 부르고, 전단의 자리올림까지도 함께 가산할 수 있는 가산기를 전가산기(FA : Full Adder)라고 부른다.

[1] 반가산기(HA : Half Adder)

1) 반가산기 논리

두 개의 1비트 수를 더하여 합(sum)과 자리올림(carry)을 만들어 내는 논리 회로인 반가산기는 그림 6-1(a)의 논리 기호로 정의할 수 있다. 1비트의 두 수를 가산할 때, 피가수를 A, 가수를 B라 하고, 1비트의 합을 S(Sum), 1비트의 자리올림을 C(Carry)라 하면, 1비트 반가산기는 그림 6-1(a)와 같이 2개의 입력과 2개의 출력을 갖게 된다. 입력 A, B와 출력 S, C의 관계는 그림 6-1 (b)의 진리표로 나타낼 수 있다.

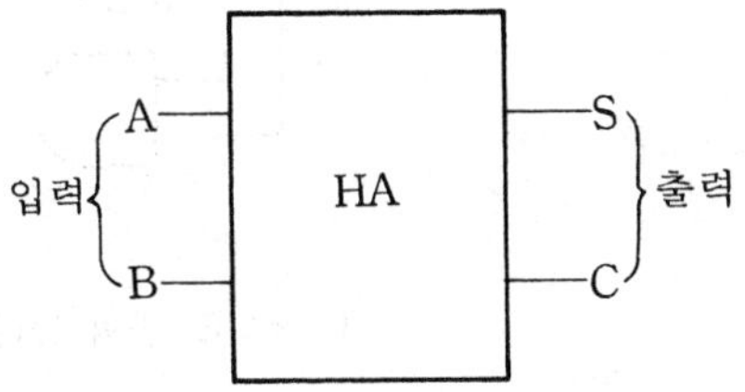

(a) 논리 기호

피가수	가수	합	자리올림
A	B	S	C
0	0	0	0
0	1	1	0
1	0	1	0
1	1	0	1

(b) 진리표

그림 6-1 반가산기의 논리 기호와 진리표

2) 반가산기 논리식

논리 회로를 설계하기 위하여 진리표상의 출력에 대한 논리식을 구하면 식 (6-1)과 식 (6-3)이 된다.

$$S = \overline{A}B + A\overline{B} \quad (6-1)$$

$$= A \oplus B \quad (6-2)$$

$$C = AB \quad (6-3)$$

식 (6-2)는 식 (6-1)과 등가의 논리식으로 XOR 논리를 나타낸다.

3) 반가산기 회로

앞의 논리식들을 게이트 회로로 나타내면 그림 6-2와 같다.

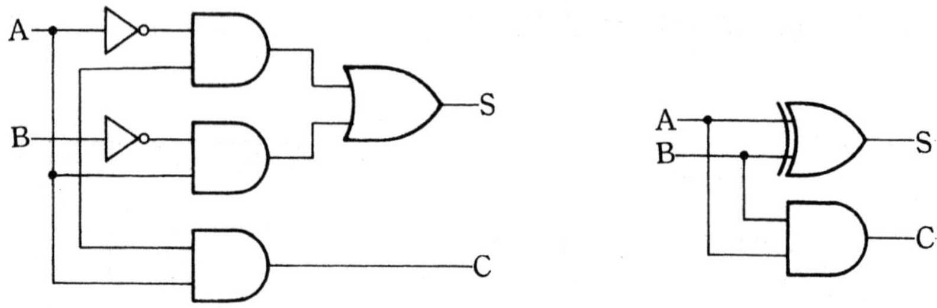

(a) 식 (6−1)의 논리 회로도 (b) 식 (6−2)의 논리 회로도

그림 6-2 반가산기의 논리 회로도

4) 반가산기 논리식의 여러 변형

앞의 식들과 그림 6−2는 반가산기를 나타내는 가장 기본적인 논리식이고 회로도이며, 등가의 회로도는 여러 가지 형태로 설계할 수 있다.

$$S = \overline{\overline{\overline{A}B} \cdot \overline{A\overline{B}}} \qquad (6-4)$$

$$= \overline{\overline{A}\,\overline{B} + AB} \qquad (6-5)$$

$$= \overline{\overline{A+B} + AB} \qquad (6-6)$$

$$= \overline{\overline{A \cdot \overline{AB}} \cdot \overline{B \cdot \overline{AB}}} \qquad (6-7)$$

$$= (A+B) \cdot (\overline{A} + \overline{B}) \qquad (6-8)$$

$$= \overline{\overline{A+B} + \overline{\overline{A} + \overline{B}}} \qquad (6-9)$$

$$C = AB = \overline{\overline{AB}} = \overline{\overline{A} + \overline{B}} \qquad (6-10)$$

식 (6−4)는 기본식을 NAND 논리만의 식으로 표현한 것이며, 식 (6−5)는 부정의 논리 전개 방법, 식 (6−6)은 식 (6−5)를 드 모르간 정리를 적용하여 변형한 것이며, 식 (6−7)은 최소의 NAND 게이트로 설계하기 위하여 변형한 논리식이다. 식 (6−8)은 합의 곱(POS : Product Of Sum) 형태로 전개된 논리식이고, 이를 다시 NOR만의 논리로 전개한 것이 식 (6−9)이다.

5) 반가산기 회로의 여러 변형

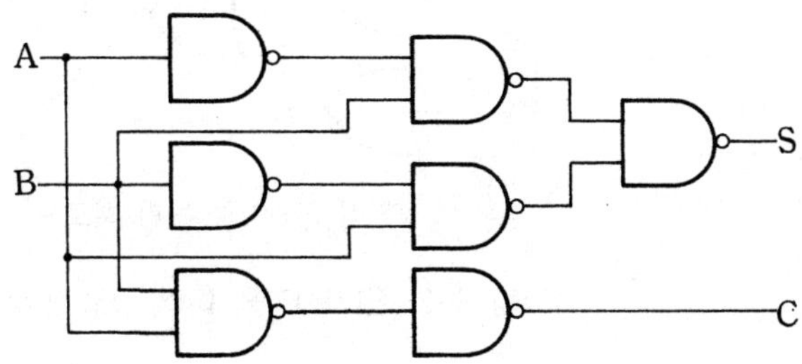

(a) 식 (6-4)의 논리 회로도

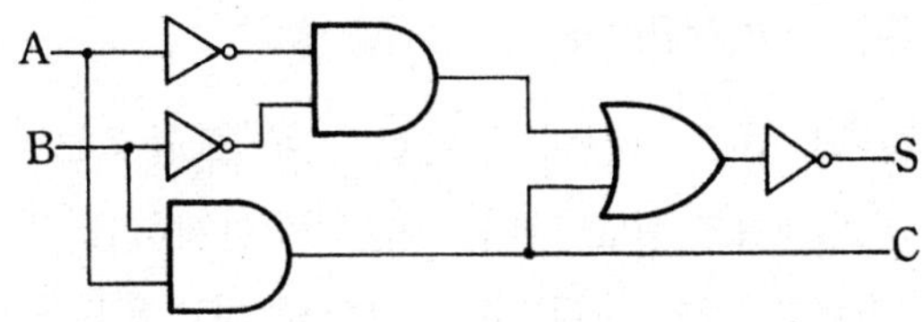

(b) 식 (6-5)의 논리 회로도

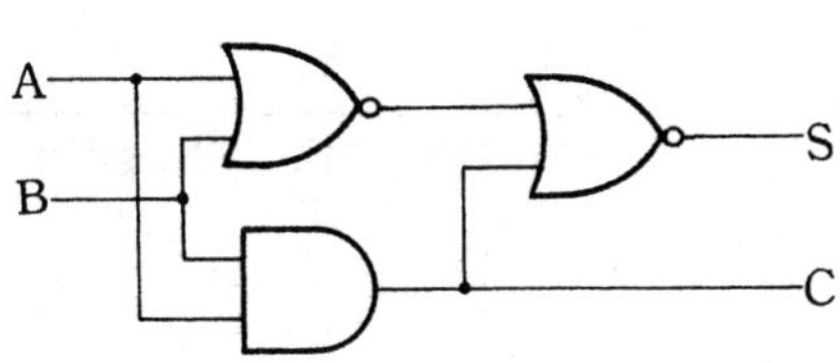

(c) 식 (6-6)의 논리 회로도

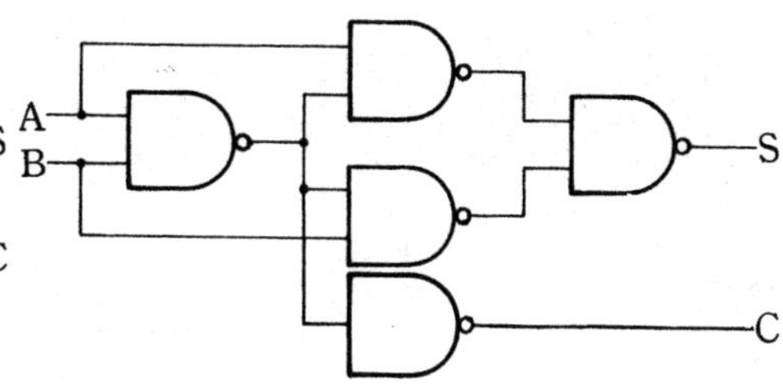

(d) 식 (6-7)의 논리 회로도

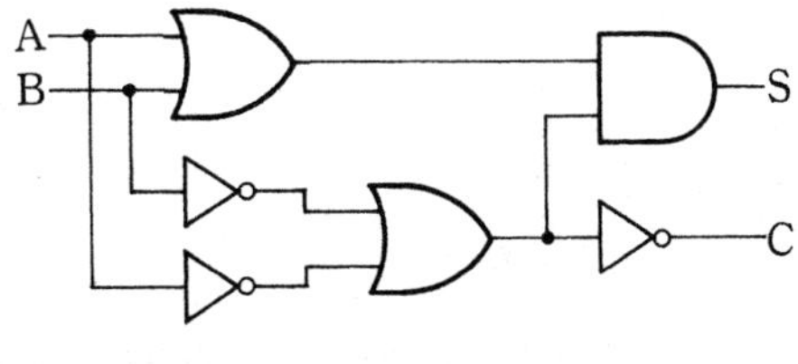

(e) 식 (6-8)의 논리 회로도

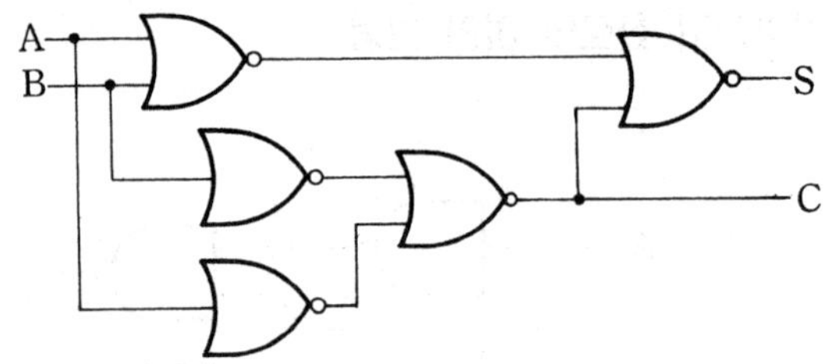

(f) 식 (6−9)의 논리 회로도

그림 6-3 반가산기의 여러 가지 논리 회로도

〔2〕 전가산기(FA : Full Adder)

1) 전가산기 논리

n 비트의 수를 가산하기 위한 기본 모듈로는 전단의 자리올림을 가산할 수 있는 전가산기가 필요하며, 이것을 설계하는 방법으로는 2가지를 생각할 수 있다. 첫째로, 2진수 두 수와 전단의 자리올림을 입력으로 하는 3입력 논리 회로를 설계하는 방법과, 반가산기를 기본 모듈로 하여 2개의 반가산기 모듈을 이용하는 방법이다. 그러나 2가지 방법은 궁극적으로 동일한 회로가 만들어질 수 있다.

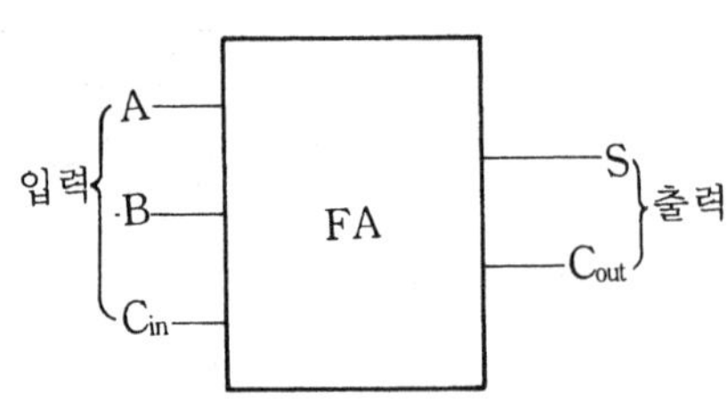

(a) 논리 기호

피가수	가수	자리올림	합	자리올림
A	B	C_{in}	S	C_{out}
0	0	0	0	0
0	0	1	1	0
0	1	0	1	0
0	1	1	0	1
1	0	0	1	0
1	0	1	0	1
1	1	0	0	1
1	1	1	1	1

(b) 진리표

그림 6-4 전가산기의 논리 기호와 진리표

두 개의 수와 전단의 자리올림을 입력으로 하는 논리 회로는 그림 6-4(a)와 같은 논리 기호로 나타낼 수 있으며, 입력과 출력의 관계는 그림 6-4(b)의 진리표와 같다. 여기에서 두 개의 2진수 입력을 A, B라 하고, 전단의 자리올림을 C_{in}, 합 출력을 S, 다음 단으로의 자리올림 출력을 C_{out}이라는 변수로 사용한다.

2) 전가산기 논리식

전가산기의 논리식을 구하기 위하여 그림 6-5의 카르노 맵을 그리고, 간략화된 논리식을 구하면 식 (6-11), 식 (6-12)와 같다.

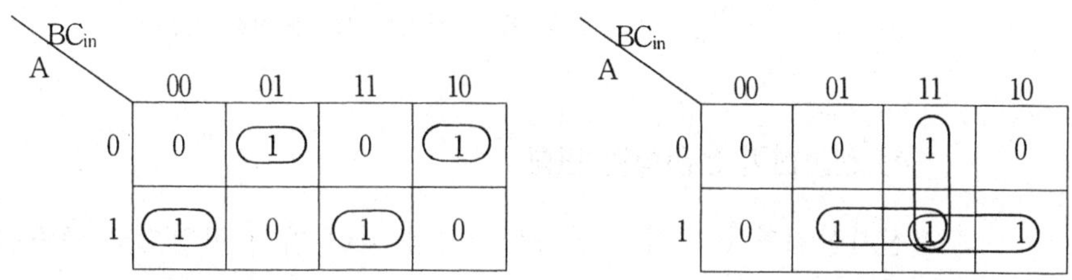

(a) 출력 S의 카르노 맵 (b) 출력 C_{out}의 카르노 맵

그림 6-5 전가산기 출력의 카르노 맵

$$S = \overline{A}\,\overline{B}C_{in} + \overline{A}B\overline{C}_{in} + A\overline{B}\,\overline{C}_{in} + ABC_{in} \qquad (6-11)$$

$$C_{out} = AB + AC_{in} + BC_{in} \qquad (6-12)$$

3) 전가산기 회로

식 (6-11)과 식 (6-12)의 간략화된 논리식을 회로도로 나타내면 그림 6-6과 같다.

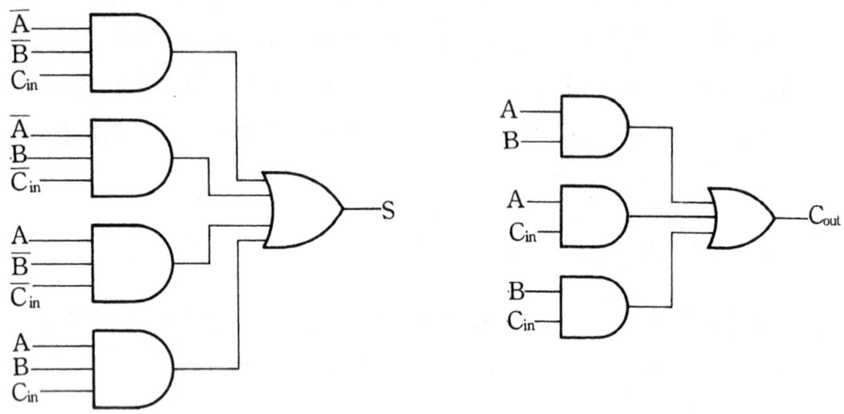

그림 6-6 전가산기의 논리회로도

4) 전가산기 논리식의 변형

전가산기의 논리식도 반가산기처럼 여러 가지 방법으로 나타낼 수 있다. 그러나 반가산기에서와 같이 가장 간략화된 형태인 XOR 논리를 사용한다면 식 (6−11)과 식 (6−12)는 다음처럼 유도될 수 있다.

$$
\begin{aligned}
S &= \bar{A}\bar{B}C_{in} + \bar{A}B\bar{C}_{in} + A\bar{B}\bar{C}_{in} + ABC_{in} \\
&= (\bar{A}B + A\bar{B})\bar{C}_{in} + (\bar{A}\bar{B} + AB)C_{in} \\
&= (A \oplus B)\bar{C}_{in} + \overline{(A \oplus B)}C_{in} \\
&= (A \oplus B) \oplus C_{in} \qquad (6-13)
\end{aligned}
$$

$$
\begin{aligned}
C_{out} &= AB + AC_{in} + BC_{in} \\
&= ABC(C_{in} + \bar{C}_{in}) + AC_{in}(B + \bar{B}) + BC_{in}(A + \bar{A}) \\
&= \bar{A}BC_{in} + A\bar{B}C_{in} + AB\bar{C}_{in} + ABC_{in} \\
&= (\bar{A}B + A\bar{B})C_{in} + AB \\
&= (A \oplus B)C_{in} + AB \qquad (6-14)
\end{aligned}
$$

5) 전가산기 회로의 변형

앞의 식 (6-13)과 식 (6-14)를 논리 회로도로 나타내면 그림 6-7과 같이 된다.

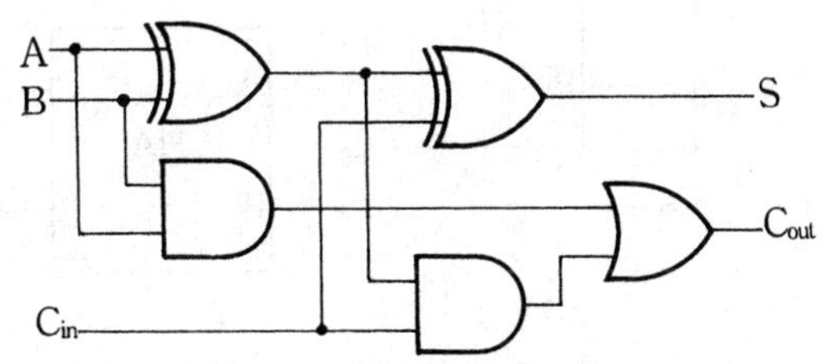

그림 6-7 XOR 논리를 이용한 전가산기 논리 회로도

6) 반가산기 모듈을 이용한 전가산기 설계

전가산기에서 두 수의 가산 동작을 분석하여 보면, 다음과 같이 두 번의 가산 동작이 이루어짐을 알 수 있다. 첫 번째 가산에서는 피가수와 가수 두 수를 더하며, 이 때, 결과 합은 최종 값이 아닌 중간 결과가 되고, 자리올림 출력이 발생한다면 다음 단에 더하여 주어야 하므로 최종 자리올림 출력이 된다. 두 번째 가산에서는 앞의 중간 결과 합에 전단으로부터의 자리올림 입력을 더하는 과정이 되며, 여기서의 결과 합은 최종 값이 된다. 이 때, 자리올림이 발생한다면 마찬가지로 다음 단으로의 최종 자리올림 출력이 된다.

피가수	A	0	0	1	1
가 수	+B	+1	1	1	1
중간 결과(합)	S_{temp}	1	1	0	0
자리올림 입력	$+C_{in}$	+0	1	0	1
최종 결과(합)	S	1	0	0	1
자리올림 출력	C_{out}	0	1	1	1

이 과정을 앞서 설계된 반가산기 모듈을 사용하여 설계하면, 그림 6−8과 같이 반가산기 두 개와 OR 게이트 한 개로 설계할 수 있다.

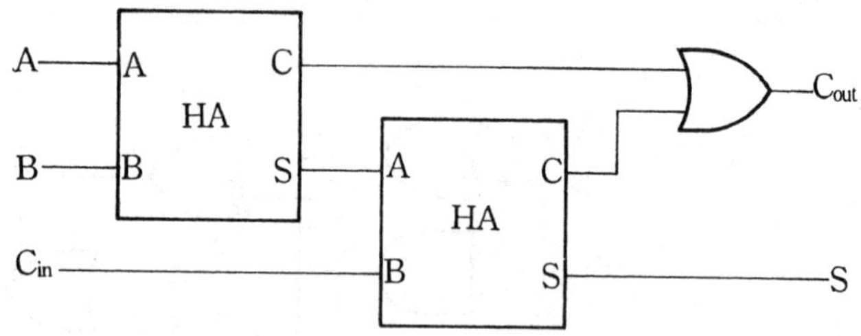

그림 6-8 반가산기 모듈을 이용한 전가산기 설계

그림 6−8에서 반가산기의 모듈을 앞서 설계된 반가산기 기본 회로로 대체하면 이 회로는 논리 설계로 완성한 그림 6−7의 회로와 완전히 일치함을 확인할 수 있다.

7) 전가산기의 IC 소자

TTL의 전가산기 IC 소자로는 7480, 74183 등이 있다.

6-2 감산기(Subtracter)

감산기도 가산기처럼 전단의 자리빌림을 처리하는가, 그렇지 않은가에 따라 반감산기(HS : Half Subtracter)와 전감산기(FS : Full Subtracter)로 나눌 수 있다.

[1] 반감산기(HS : Half Subtracter)

1) 반감산기 논리

1비트의 피감수에서 감수를 빼는 연산 동작은 다음처럼 분석된다.

피 감 수	0	0	1	1
감　　수	− 0	− 1	− 0	− 1
결　　과	0	1	1	0
자리빌림	0	1	0	0

피감수 0에서 감수 1을 빼는 경우에는 그대로 감산을 할 수 없으므로 윗자리에서 수를 빌려 놓고 감산이 이루어져야 한다. 이 윗자리로부터 수를 빌려오는 것을 자리빌림(borrow)이라고 한다.

피감수를 A, 감수를 B, 결과를 D(Difference), 그리고 자리빌림을 B_{out}이라 한다면, 반감산기는 그림 6−9(a)의 논리 기호로 정의할 수 있고, 입출력 신호의 관계는 그림 6−9(b)의 진리표로 나타내어진다.

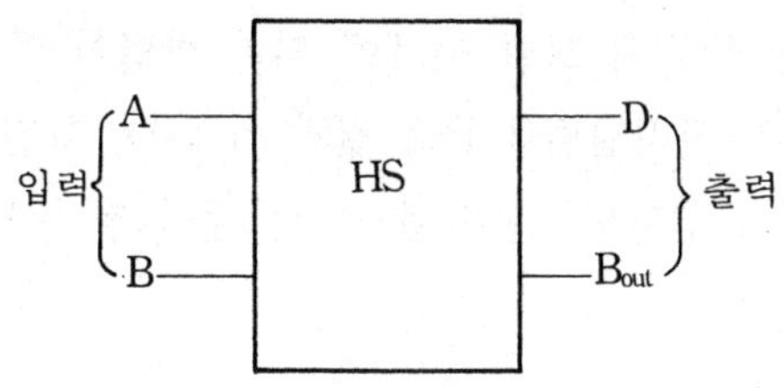

(a) 논리 기호

피감수	감수	차	자리빌림
A	B	D	B_{out}
0	0	0	0
0	1	1	1
1	0	1	0
1	1	0	0

(b) 진리표

그림 6-9 반감산기의 논리 기호와 진리표

2) 반감산기 논리식과 회로도

그림 6−9(b)의 진리표로부터 출력 D와 B_{out}의 논리식을 구하면 식 (6−15)와 식 (6−16)이 된다. 이들 논리식을 논리 회로도로 구현하면 그림 6−10이 된다. 이 회로는 반가산기의 회로와 거의 유사하며 NOT 게이트가 추가된 점만이 다르다.

$$D = \overline{A}B + A\overline{B} = A \oplus B \qquad (6-15)$$

$$B_{out} = \overline{A}B \qquad (6-16)$$

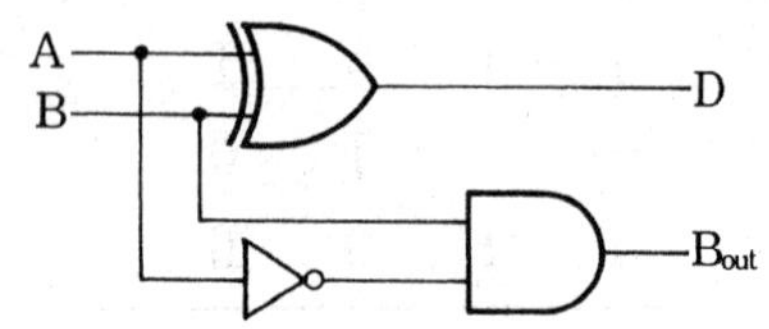

그림 6-10 반감산기의 논리 회로도

[2] 전감산기

1) 전감산기 논리

반감산기는 전단에서 자리빌림이 발생하였어도 그것을 처리할 수 없으므로 전단의 자리빌림을 감산할 수 있는 전감산기가 필요하며, 이의 설계는 전가산기와 마찬가지로 논리 설계에 의한 방법과 모듈 설계에 의한 방법이 있다. 피감수를 A, 감수를 B, 전단으로부터의 자리빌림을 B_{in}, 결과 차를 D, 그리고 다음 단으로의 자리빌림 출력을 B_{out}이라 한다면, 그림 6-11과 같이 전감산기의 논리 기호와 진리표로 나타낼 수 있다.

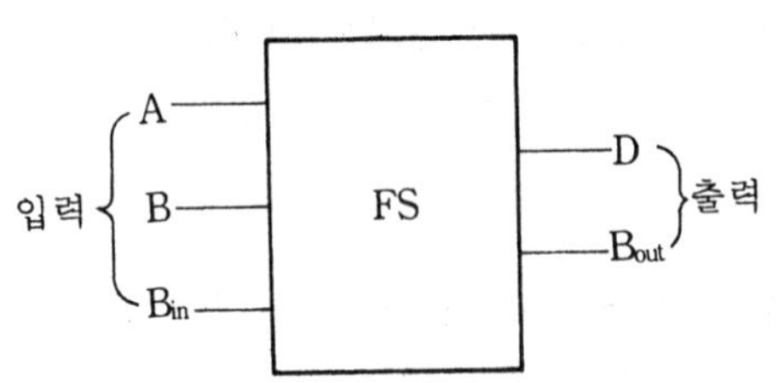

(a) 논리 기호

피감수	감수	자리빌림	차	자리빌림
A	B	B_{in}	D	B_{out}
0	0	0	0	0
0	0	1	1	1
0	1	0	1	1
0	1	1	0	1
1	0	0	1	0
1	0	1	0	0
1	1	0	0	0
1	1	1	1	1

(b) 진리표

그림 6-11 전감산기의 논리 기호와 진리표

2) 전감산기 논리식

전감산기의 출력 논리식을 구하기 위하여 카르노 맵을 사용하면 그림 6-12로 표현되며, 이를 간략화된 논리식으로 구하면 다음과 같다.

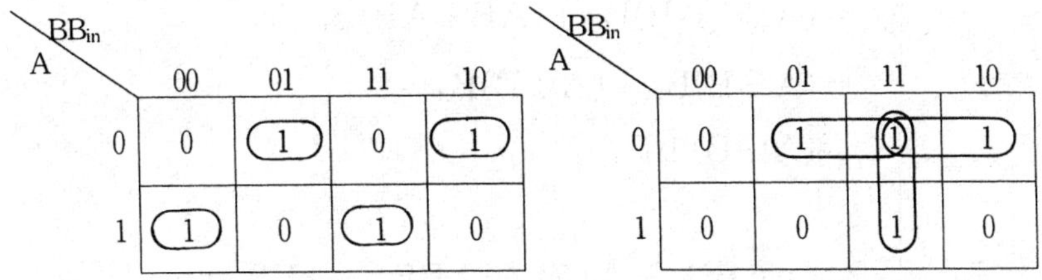

(a) 출력 D의 카르노 맵 (b) 출력 B_{out}의 카르노 맵

그림 6-12 전감산기 출력의 카르노 맵

$$D = \bar{A}\bar{B}B_{in} + \bar{A}B\bar{B}_{in} + A\bar{B}\bar{B}_{in} + ABB_{in} \quad (6-17)$$

$$B_{out} = \bar{A}B + \bar{A}B_{in} + BB_{in} \quad (6-18)$$

3) 전감산기의 회로

식 (6-17)과 (6-18)을 논리 회로도로 표현하면 그림 6-13과 같이 된다.

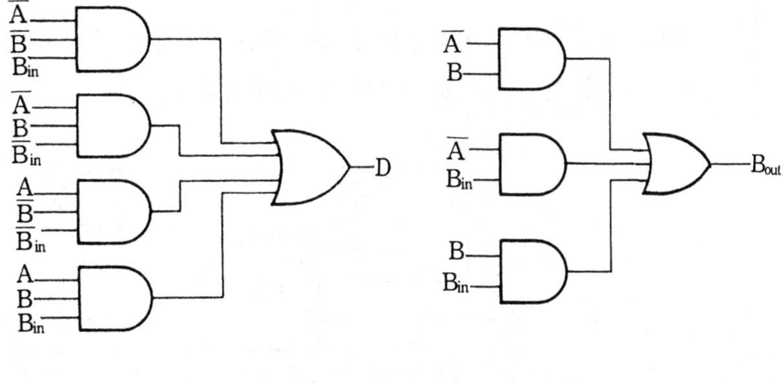

그림 6-13 전감산기의 논리 회로도

이것을 다시 XOR 논리를 사용하여 설계하면 식 (6−19)와 (6−20)이 얻어지며, 이를 회로도로 나타내면 그림 6−14가 된다.

$$\begin{aligned} D &= \bar{A}\bar{B}B_{in} + \bar{A}B\bar{B}_{in} + A\bar{B}\bar{B}_{in} + ABB_{in} \\ &= (\bar{A}B + A\bar{B})\bar{B}_{in} + (\bar{A}\bar{B} + AB)B_{in} \\ &= (A \oplus B)\bar{B}_{in} + \overline{(A \oplus B)}B_{in} \\ &= (A \oplus B) \oplus B_{in} \qquad (6-19) \end{aligned}$$

$$\begin{aligned} B_{out} &= \bar{A}\bar{B}B_{in} + \bar{A}B\bar{B}_{in} + \bar{A}BB_{in} + ABB_{in} \\ &= \bar{A}B(\bar{B}_{in} + B_{in}) + (\bar{A}\bar{B} + AB)B_{in} \\ &= \bar{A}B + \overline{(A \oplus B)}B_{in} \qquad (6-20) \end{aligned}$$

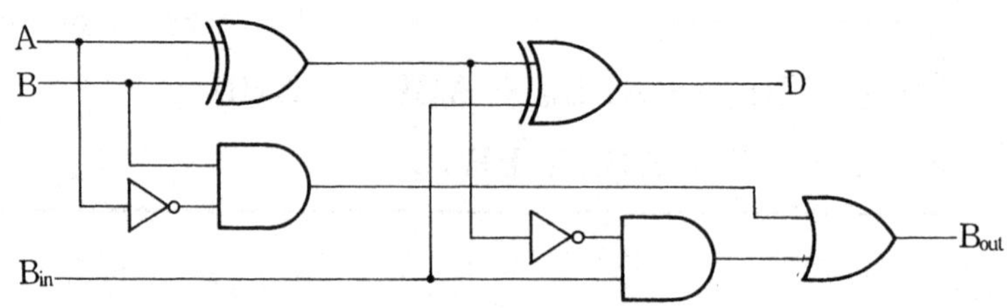

그림 6-14 XOR 논리를 이용한 전감산기의 논리 회로도

4) 반감산기 모듈을 이용한 전감산기 설계

반감산기 모듈을 이용하여 전감산기를 설계하면 그림 6−15와 같이 두 개의 반감산기와 한 개의 OR 게이트로 이루어진다.

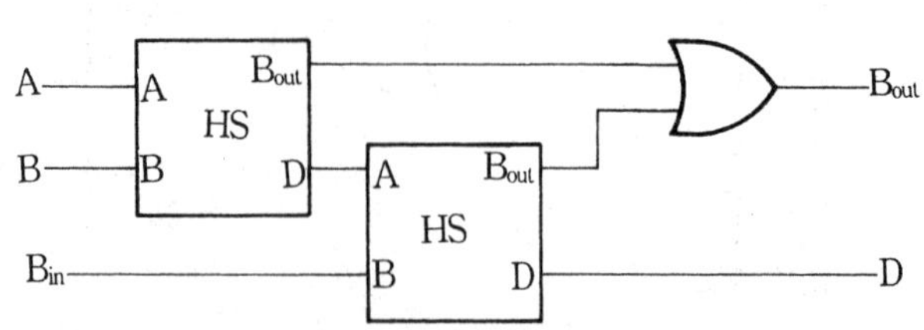

그림 6-15 반감산기 모듈을 이용하여 설계한 전감산기

6-3 가감산기

1) 반가감산기 논리

앞에서 설계한 가산기와 감산기 회로는 서로 독립적이며, 각각 가산, 감산의 동작을 수행할 뿐이다. 따라서 가산기와 감산기 회로가 별도로 존재하며, 필요시 각각 사용되어야 한다. 이를 하나의 회로로 설계한다면, 회로가 간단해질 수 있다. 반가산기와 반감산기의 회로를 자세히 보면 그림 6-16과 같이 인버터 하나의 차이만 있음을 알 수 있다.

(a) 반가산기 (b) 반감산기

그림 6-16 반가산기와 반감산기 회로

2) 프로그래머블 인버터

2입력 XOR 논리는 이의 해결 방안이 될 수 있다. 두 입력이 서로 다를 때에만 출력이 1이 되는 점을 이용하여 하나의 입력을 제어 단자로 사용하면, 그림 6-17(b)와 같이 프로그래머블 인버터로 사용할 수 있다. 제어 단자가 0일 때에는 입력이 그대로 출력에 전달되는 버퍼로 동작하고, 제어 입력이 1일 때에는 입력이 부정되어 출력에 전달되는 인버터로 동작한다.

제어 입력	입력	출력	
C_{on}	A	Y	
0	0	0	버퍼
0	1	1	
1	0	1	인버터
1	1	0	

(a) XOR 논리의 진리표

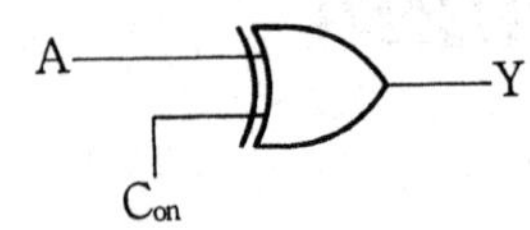

(b) 프로그래머블 인버터

그림 6-17 프로그래머블 인버터의 진리표와 게이트

3) 반가감산기 회로

반가산기와 반감산기 회로에 프로그래머블 인버터를 이용하면 두 회로를 하나의 회로로 설계할 수 있으며, 제어 단자가 0일 때에는 가산기로, 1일 때에는 감산기로 동작한다. 반가감산기 회로와 논리 기호를 그림 6-18에 나타낸다.

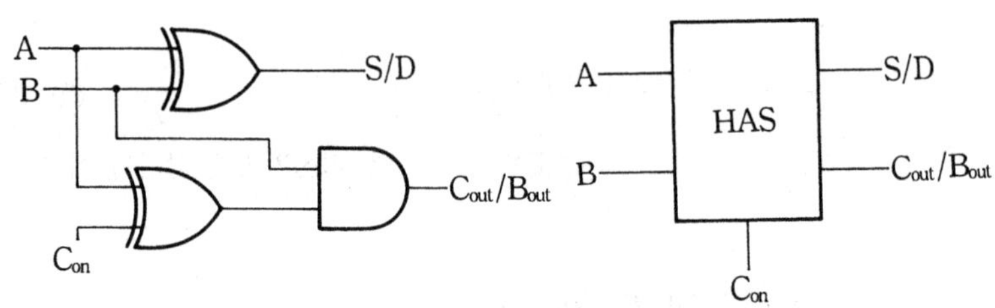

(a) 반가감산기 회로　　(b) 논리 기호

그림 6-18 반가감산기 논리

4) 전가감산기 논리

같은 방법으로 전가산기와 전감산기 회로를 프로그래머블 인버터를 이용하여 하나의 회로로 만들면 그림 6-19와 같이 표현된다.

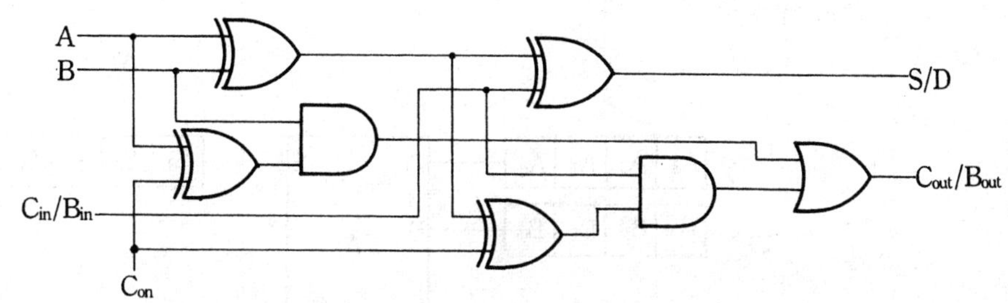

(a) 전가감산기 회로

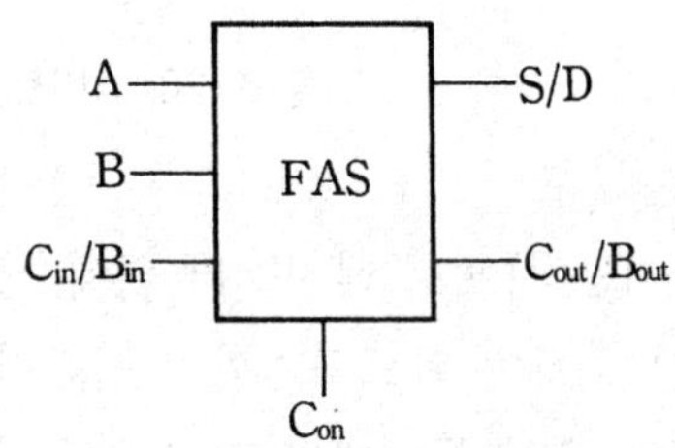

(b) 논리 기호

그림 6-19 전가감산기 논리

6-4 *n* 비트 가산기

디지털 회로 시스템 또는 컴퓨터에서의 연산장치에서 실제 가산 동작은 대부분 n 비트의 수를 가산하는 경우이다. n 비트 가산기를 설계하는 방법은 1비트의 기본 모듈을 이용하여 n 비트로 확장할 수 있으며, n 비트로의 확장 방법에는 1비트 가산기를 반복하여 사용하는 직렬 가산기와 1비트 가산기를 n 개 연결하여 사용하는 병렬 가산기를 설계할 수 있다.

(1) 직렬 가산기

n 비트 직렬 가산기는 1비트 가산기 모듈을 한 개만 사용하여 설계할 수 있으나, 세 개의 n 비트 시프트 레지스터와 자리올림을 저장하는 1비트 기억 장

치(플립플롭)가 필요하다. 4비트의 수를 가산하는 직렬 가산기는 그림 6－20과 같이 구성할 수 있다.

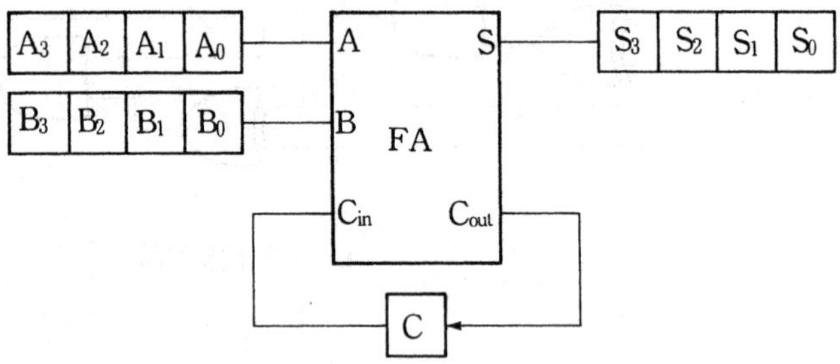

그림 6-20 4비트 직렬 가산기

직렬 가산기는 시프트 레지스터 외에 시프트 동작 제어 등의 부가 회로가 필요하며, 가산 동작이 완료되기까지 시간이 많이 소요된다. 따라서 n비트의 가산기를 직렬로 구성하는 예는 거의 없으며, n비트 병렬 가산기에서 $2n$비트의 수를 가산할 경우에 상위와 하위의 n비트로 나누어 각각의 n비트는 병렬로, 상위와 하위는 직렬로 가산하는 방법을 사용한다. 실제 직렬 가산기의 설계는 11장의 순서 논리 회로 설계에서 다시 다루도록 한다.

직렬 가산기의 IC 소자로는 직렬 가산/감산기로 동작하는 74385가 있다.

〔2〕 병렬 가산기

n비트의 병렬 가산기는 1비트 가산기 모듈을 n개 사용하여 동시에 가산하는 회로이다. 4비트의 두 수를 가산하는 4비트 병렬 가산기는 그림 6－21처럼 구성할 수 있다. 입력과 출력은 각각 4비트가 되며, 각 단의 자리올림 출력은 다음 단의 자리올림 입력으로 연결된다. A_3과 B_3이 가산되어 발생하는 자리올림 출력은 4비트 병렬 가산기의 최종 자리올림 출력이 된다.

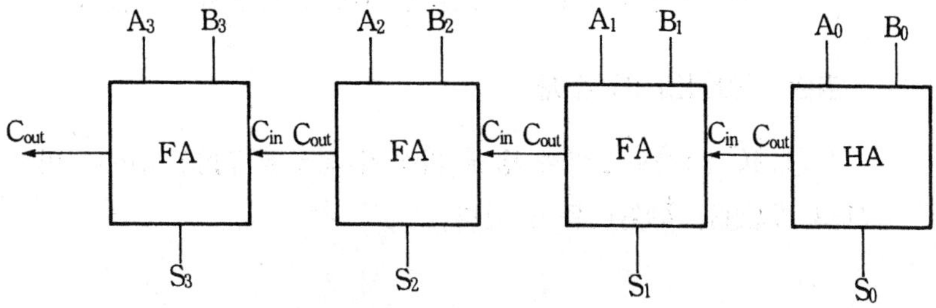

그림 6-21 전가산기와 반가산기를 이용한 4비트 병렬 가산기

그림 6−21의 4비트 병렬 가산기는 전단의 자리올림이 없는 단지 4비트의 수를 가산하는 경우에는 문제가 없으나, 여러 개의 4비트 수로 나누어지는 경우 등의 전단으로부터의 자리올림을 처리할 수 없으므로 그림 6−22처럼 기본 모듈을 모두 전가산기로 바꾸어 놓으면 완벽한 4비트 병렬 가산기가 된다.

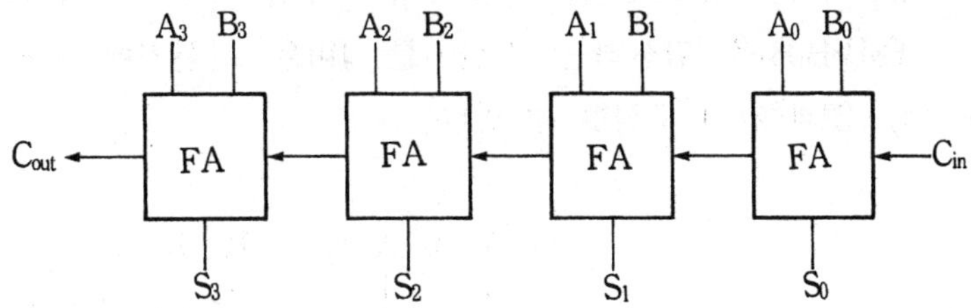

(a) 4비트 병렬 가산기 회로

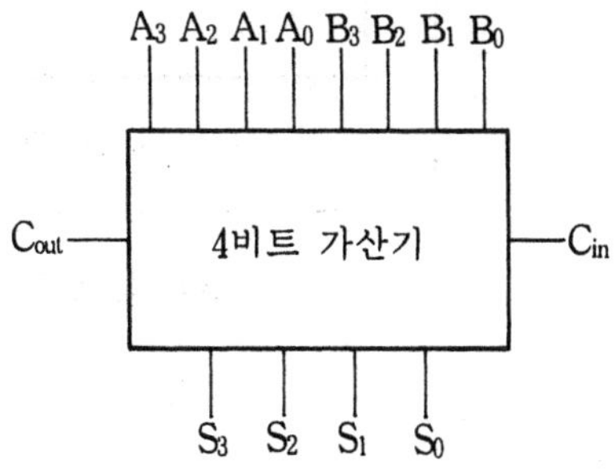

(b) 논리 기호

그림 6-22 4비트 병렬 가산기

4비트의 병렬 가산기가 설계되면 4비트 이상의 큰 수를 가산하는 경우에도 4비트 병렬 가산기 모듈을 병렬 연결하여 확장할 수 있다.

병렬 가산기의 IC 소자

TTL IC 소자로 2비트 병렬 가산기 회로로 7482, 4비트 병렬 가산기 회로로 7483, 74283, 74681 등이 있다.

6-5 병렬 가감산기

〔1〕 병렬 감산기

1비트의 감산기 모듈을 이용하면 병렬 감산기를 설계할 수 있으며, 또한 병렬 가산기를 이용하여도 보수를 이용한 가산으로 감산을 수행할 수 있다. 2장에서 다룬 1의 보수 및 2의 보수를 이용하면 4비트 수 $A_3A_2A_1A_0$에서 $B_3B_2B_1B_0$을 감산하는 감산기를 4비트 가산기에 보수기를 추가하여 그림 6-23과 같이 구성할 수 있다.

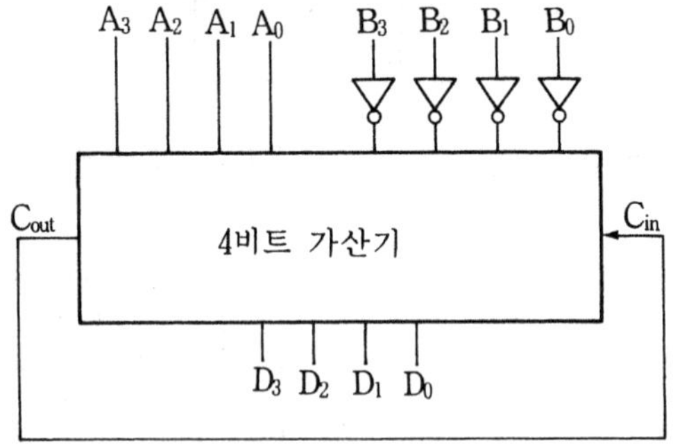

(a) 1의 보수 연산

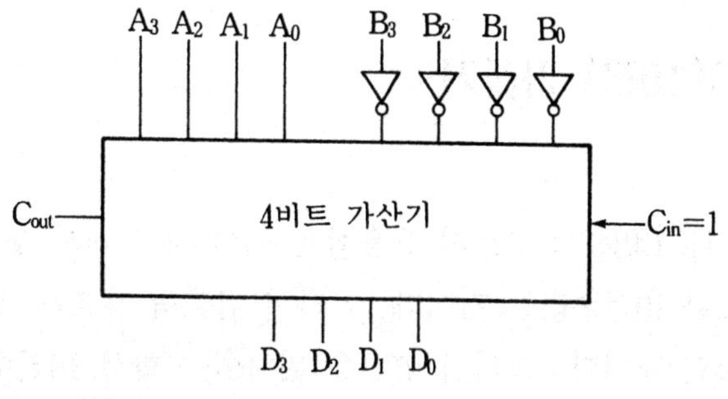

(b) 2의 보수 연산

그림 6-23 가산기와 보수기를 이용한 4비트 병렬 감산기

〔2〕 병렬 가감산기

그림 6-23의 회로는 감산 동작만을 수행하므로 가산을 위하여는 별도의 병렬 가산기를 필요로 한다. 1비트의 가감산기 모듈을 이용하면 가산과 감산을 선택적으로 수행하는 병렬 가감산기를 설계할 수 있다. 그러나 4비트 병렬 가감산기를 설계하는 가장 좋은 방법은 가산기를 이용하여 가산을 하고, 2의 보수를 이용하여 가산기로 감산을 수행하는 방법일 것이다. 그림 6-24는 프로그래머블 인버터를 이용하여 C_{on} 단자의 값에 따라 0이면 가산을 수행하고, 1이면 1의 보수를 구하고 자리올림 입력에 1을 넣어 가산하는, 결과적으로 2의 보수를 이용하는 가감산 회로이다.

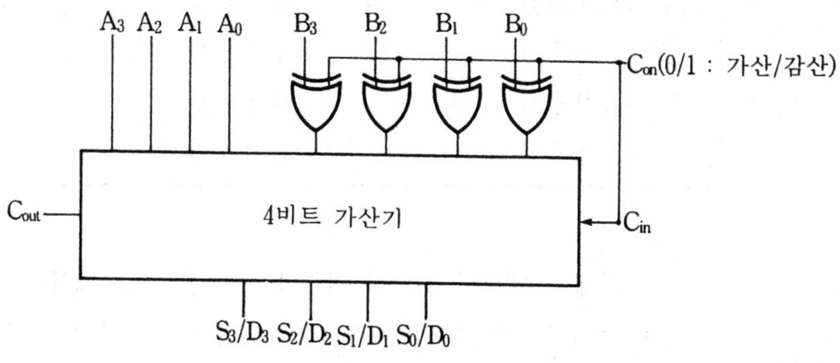

그림 6-24 4비트 병렬 가감산기

6-6 BCD(10진) 가산기

BCD(8421) 코드의 유용함은 이미 다룬 바와 같이 진법 변환의 과정이 불필요한 10진수라는 것이다. 따라서 입출력 자료는 BCD를 많이 이용함은 당연한 일일 것이다. 그러나 연산을 위하여는 항상 10진수를 2진수로 변환하고, 연산 결과를 다시 BCD 코드로 변환하는 일이 필요하게 된다. 이를 간단히 처리하기 위하여 BCD 코드로 표현된 수를 그대로 연산하여 BCD 코드의 결과를 얻어내는 방법을 생각할 수 있다. BCD 가산기를 설계하기 위한 방법으로 4비트 2진 병렬 가산기를 이용할 수 있다. 이미 알고 있듯이 BCD의 0부터 9까지의 수는 2진수와 일치하므로 병렬 가산기의 입력은 그대로 사용하면 되고, 2진 가산 결과 출력은 맞는 경우와 그렇지 않은 경우가 존재하므로 결과 출력에 대하여 보정(decimal adjust)하는 회로를 부가하면 될 것이다.

10진 보정은 두 가지의 경우에 필요하다. 첫 번째는 BCD에서 사용하지 않는 코드가 발생되는 경우이고, 두 번째는 자리올림이 발생된 경우이다. 다음의 예는 이를 나타낸다.

1) BCD 가산 동작의 분석

결과가 맞는 경우		결과가 BCD 코드가 아닌 경우		자리올림이 발생한 경우	
2	0 0 1 0	7	0 1 1 1	9	1 0 0 1
+ 4	+0 1 0 0	+ 5	+0 1 0 1	+ 8	+1 0 0 0
6	0 1 1 0	12	1 1 0 0	17	1 0 0 0 1
	+0 0 0 0		+0 1 1 0		+ 0 1 1 0
	0 1 1 0		1 0 0 1 0		1 0 1 1 1

예에서 분석한 결과를 보면 2진 가산 결과 BCD 코드가 아닌 경우와 자리올림이 발생한 경우에는 결과에 6(0110)을 더하여 주면 되고, 그렇지 않은 경우에는 0(0000)을 더하면 보정이 이루어진다. 여기에서 6을 더하는 이유는 BCD

코드에서 사용하지 않는 코드가 6개이며, 9(1001) 다음에 자리올림을 발생시키기 위함이다. 자리올림이 발생하였을 때 6을 더하는 이유는 2진 가산의 결과로 자리올림이 발생하였기 때문에, 사용하지 않는 코드 6개도 이미 연산에 포함되어 가산이 이루어졌기 때문이다.

2) BCD 가산기의 논리

보정 회로를 부가하기 위하여는 BCD에서 사용하지 않는 코드를 검출하는 회로가 필요하게 된다. 이를 논리 함수로 전개하면 그림 6-25의 카르노 맵으로 표현된다. 그림 6-25의 카르노 맵을 간략화하여 논리식으로 표현하면 식 (6-21)이 된다.

DC \ BA	00	01	11	10
00	0	0	0	0
01	0	0	0	0
11	1	1	1	1
10	0	0	1	1

그림 6-25 10진 보정 논리 함수의 카르노 맵

$$f(D, C, B, A) = DC + DB \qquad (6-21)$$

3) BCD 가산기 회로

BCD 가산기 회로는 2개의 2진 4비트 병렬 가산기를 이용하고, 결과 보정을 위한 회로가 부가된다. 보정 검출 회로는 BCD 코드가 아닌 경우와 자리올림이 발생될 때이므로 OR 논리가 만들어진다. 더하고자 하는 두 수를 각각 $A_3A_2A_1A_0$, $B_3B_2B_1B_0$라 하면 이들은 4비트 입력이고, 2진 가산 결과를 DCBA, 10진 보정 결과를 $S_3S_2S_1S_0$라 하면 그림 6-26처럼 회로를 구성할 수 있다.

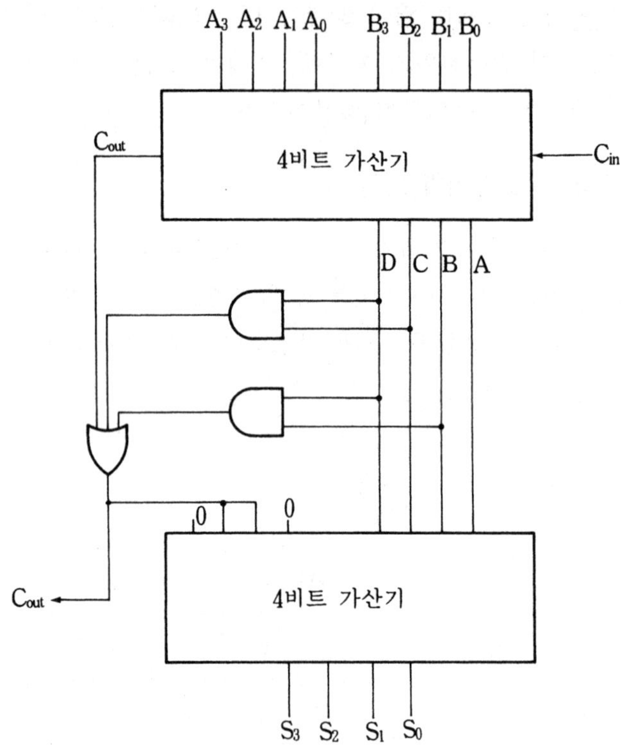

그림 6-26 BCD 가산기 회로

BCD 가산기를 4비트 모듈이 아닌 1비트 모듈을 사용한다면 실제 회로는 좀 더 간단하게 만들어질 수도 있다.

6-7 3초과 가산기

3초과(Ex−3) 코드는 10진수를 나타내는 코드 중에서도 특별한 코드이다. 8421 코드에 대하여 항상 3이 큰 비자릿값(unweighted) 코드이며, 자기 보수(self-complement) 코드이다. 감산을 보수를 이용하여 가산으로 수행할 수 있음은 앞에서 이미 설계한 바 있으나, BCD 등의 10진수 연산에서는 보수를 구하는 것 자체가 또 다른 감산을 내포하고 있기 때문에 실제적으로 적용하기 어려운 점이 존재한다. 자기 보수 코드인 3초과 코드는 10진수의 보수를 2진수의 보수처럼 각 비트의 부정을 취하기만 함으로써 쉽게 구할 수 있는 특징을 갖고 있으며, 이 점을 이용하기 위하여 3초과 코드 상태에서도 연산을 수행하도록 가산기를 설계하면 편리한 점이 있다.

1) 3초과 가산 동작의 분석

3초과 가산기를 설계하기 위하여 3초과 코드에서의 가산 동작을 분석하여 본다면 다음 예와 같다. 3초과 코드 표는 3장의 표를 참조한다.

예1)

```
  3   0 1 1 0 (3의 3초과 수)
 +5  +1 0 0 0 (5의 3초과 수)
 ----------------------------
  8   1 1 1 0 (8의 6초과 수)
     -0 0 1 1 (3을 빼어 보상)
 ----------------------------
      1 0 1 1 (8의 3초과 수)
```

예2)

```
  6               1 0 0 1 (6의 3초과 수)
 +7              +1 0 1 0 (7의 3초과 수)
 ------------------------------------------
 13          1    0 0 1 1 (3의 0초과 수)
      +0 0 1 1   +0 0 1 1 (3을 더하여 보상)
      -------------------------------------
       0 1 0 0    0 1 1 0 (3의 3초과 수)
```

앞의 예에서 처음 가산 동작은 2진수로 보고 그대로 가산을 하면 되지만 결과는 3초과 코드가 아니다. 이를 3초과 코드로 보정하기 위하여 6초과 수인 경우에는 3을 빼 주고, 0초과 수인 경우에는 3을 더하여 준다. 3초과 가산기 회로를 설계하기 위한 연산의 규칙을 살펴보면 다음과 같다.

① 4비트 2진 가산기를 사용하여 가산한다.

② 가산 결과 자리올림이 없으면, 3을 감산한다.

③ 가산 결과 자리올림이 있으면, 3을 가산한다.

2) 3초과 가산기 회로

실제 회로 설계에 있어서는 감산을 처리하는 부분이 제일 문제가 된다. 이는 2진수 2의 보수를 이용하도록 하며, 자리올림 출력에 인버터 한 개를 달아 해결한다. 따라서 3을 감산하는 경우 실제로는 0011(3)에 대한 1의 보수인 1100(12)을 더하며 동시에 자리올림 입력에 1을 더하여 2의 보수 연산을 수행한다. 그림 6-27은 3초과 가산기 회로를 나타낸다. 첫 번째 병렬 가산기에서 $A_3A_2A_1A_0$과 $B_3B_2B_1B_0$은 두 수의 3초과 입력을 나타내고, 두 번째 병렬 가산기에서 3초과 코드로의 보정 작업이 이루어져 최종 출력 $S_3S_2S_1S_0$은 3초과 가산 결과가 된다.

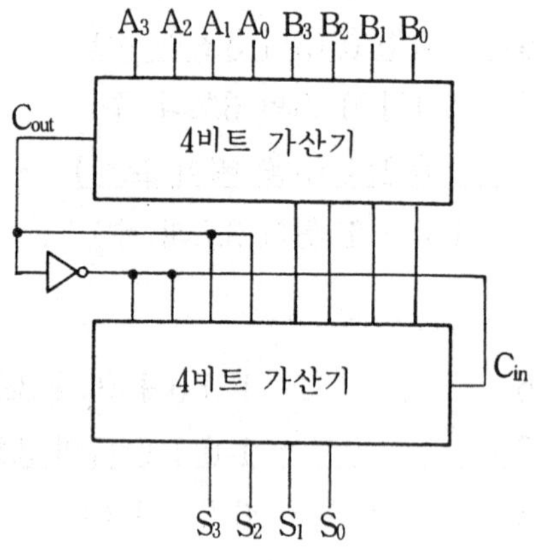

그림 6-27 3초과 가산기 회로

3) 3초과 가감산기

3초과 코드는 8421 코드에 비하여 9의 보수를 쉽게 구할 수 있는 자기 보수 코드이므로 10진수의 감산기 회로를 구성한다면 그 이점을 이용할 수 있다. 그림 6-28은 3초과 가감산기 회로로 C_{on} 단자의 입력 값에 따라 0이면 가산기로, 1이면 감산기로 동작한다. 주의하여야 할 것은 실제 가산은 2진수로 이루어진다는 점이다. 최종 결과는 보정된 3초과 코드이며 음수일 경우에는 9의 보수로 표현되어 있음을 상기하여야 한다.

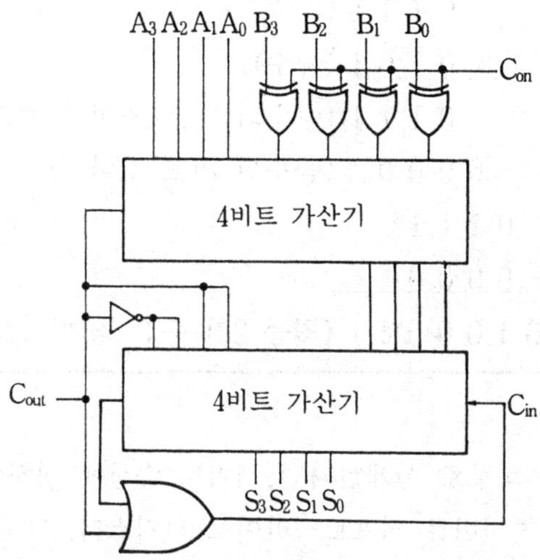

그림 6-28 3초과 가감산기 회로

6-8 승산기, 제산기

대부분의 디지털 회로 시스템에서는 ALU 내에 가산기만 존재하며 이를 이용하여 모든 연산을 수행할 수 있다. 8비트 마이크로 프로세서에서는 외부의 프로그램으로 승산과 제산을 수행하였으며, 16비트 이상의 프로세서에서는 마이크로 프로그램※으로 이를 해결하고 있다. 즉, 외부의 프로그램으로 해결하는 경우에는 승산, 제산의 명령이 존재하지 않으며, 마이크로 프로그램인 경우에는 승산, 제산의 명령이 존재하는 것이다. 그러나 승산과 제산을 외부의 프로그램으로 처리하는 경우라 할지라도, 단순한 반복 가산 또는 반복 감산으로 처리하면 자료의 크기에 따라 실행 시간이 달라지게 되므로, 데이터의 비트 수에 따라 처리하는 방법으로 일관성을 갖는 알고리듬을 사용한다.

승산기 논리

4비트 수의 승산인 경우, 승수의 각 비트가 0이면 0000을 가산하고, 1이면 피승수를 가산하는 방법을 4회 수행하면 된다. 다만 승수의 비트 위치에 따라 피승수를 가산하는 위치가 달라진다. 이를 예를 들어 설명하면 다음과 같다.

```
  7        0 1 1 1 (피승수)
 ×5      × 0 1 0 1 (승수)
 35        0 1 1 1 (승수의 비트 위치에 따라 가산)
         0 0 0 0   (승수의 비트 값이 0)
       0 1 1 1
     + 0 0 0 0
    0 1 0 0 0 1 1 (최종 2진 승산 결과)
```

승산기를 회로로 설계한다면, 4비트 승산에 대하여 8비트 가산기를 필요로 하며, 승수는 4비트 시프트－라이트 레지스터, 피승수는 7비트 시프트－레프트 레지스터를 이용하면 된다. 그러나 이러한 가산기를 이용한 승산기, 제산기의 회로는 그 효율이 높지 않기 때문에 가산기 회로를 이용하여 프로그램으로 처리하는 것이 타당하며, 고속 연산을 필요로 하는 경우에는 보통 정수 연산용 MAC(Multiplier with ACcumulator)을 설계하여 사용한다. 정수 연산이 가능하다면, 실수는 두 개의 정수 연산으로, 복소수는 4개의 정수 연산으로 가능하여진다. 제산기는 승산기와 마찬가지 방법으로 설계가 가능하다. 다만 제수의 비트 값에 따라 감산을 하기만 하면 된다. 승산기의 IC 소자로는 TTL의 74284와 74285를 한 조로 하는 4비트 승산기가 있으며, 피승수를 시프트하여 가산 또는 감산할 수 있는 74384가 있다.

마이크로 프로그램

마이크로 프로그램(Micro Program)이란 CPU 내에서 ROM 프로그램에 의한 명령 실행의 제어 방식을 말한다. CPU의 제어 장치에서 특정 명령어를 해독하여 수행한다는 것은 그 명령어가 실행될 때 필요한 내부 연산을 순서대로 실행시키는 것이다. 이 때, 순서를 갖는 내부 연산들의 실행 제어는 조합 논리 회로로 구성하거나, 제어 장치 내의 ROM 프로그램으로 제어하게 된다. 조합 논리 회로의 구성에 비하여 ROM의 프로그램은 손쉽게 변화시킬 수 있는 등의 유연성을 갖는다.

6-9 산술 논리 연산 장치

산술 논리 연산 장치(ALU)는 가산기를 기본으로 하여 논리 연산을 수행할 수 있도록 부가 회로를 갖춘 논리 회로이다. 프로세서 등에 내장되어 있는 것이 보통이나, MSI(Medium Scale Integrated circuit)로 만들어진 회로도 있다. TTL IC로는 4비트 ALU로 74181과 74281, 74381, 74382, 74384 등이 있다. 본 절에서는 74181에 대하여 간단히 소개한다.

TTL IC 74181은 24핀 DIP형 IC로 4비트 두 수의 입력과 4비트 결과 출력, 자리올림 입력과 출력, 그리고 모드 선택 단자 1개와 기능 선택 단자 4개를 갖고 있다. 모드 선택과 기능 선택 그리고 자리올림 입력 값에 따라 ALU의 기능은 논리 연산 16가지와 산술 연산 32가지, 총 48개의 연산 기능을 수행한다. 그림 6-29는 4비트 ALU의 논리 기호이다.

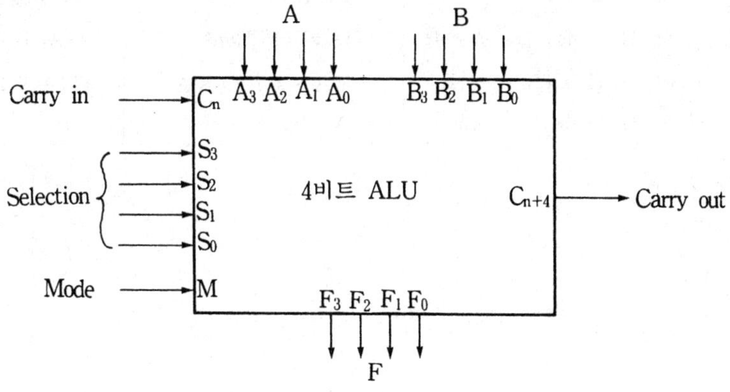

그림 6-29 4비트 ALU의 논리 기호

4비트 ALU IC 소자 74181

74181은 입출력 신호에 대하여 액티브 하이(High)와 액티브 로(Low) 두 가지를 다 제공하는데 이는 기본 데이터 입출력 단자가 인버터를 갖는 액티브 로 신호이기 때문이다. 이의 논리 및 산술 연산 동작을 표 6-1에 나타내었다.

표 6-1 4비트 ALU 74181의 연산 동작

SELECTION	ACTIVE HIGH DATA		
	M=H LOGICAL FUNCTION	M=L ARITHMETICAL OPERATION	
S_3 S_2 S_1 S_0		$\overline{C}_n$ = H (no carry)	$\overline{C}_n$ = L (with carry)
L L L L	f = $\overline{A}$	f = A	f = A PLUS 1
L L L H	f = $\overline{A+B}$	f = A+B	f = (A+B) PLUS 1
L L H L	f = $\overline{A}B$	f = $A+\overline{B}$	f = $(A+\overline{B})$ PLUS 1
L L H H	f = 0	f = MINUS 1(2'S COMPL)	f = ZERO
L H L L	f = $\overline{AB}$	f = A PLUS $A\overline{B}$	f = A PLUS $A\overline{B}$ PLUS 1
L H L H	f = $\overline{B}$	f = (A+B) PLUS $\overline{AB}$	f = (A+B) PLUS $A\overline{B}$ PLUS 1
L H H L	f = A⊕B	f = A MINUS B MINUS 1	f = A MINUS B
L H H H	f = $A\overline{B}$	f = $A\overline{B}$ MINUS 1	f = $A\overline{B}$
H L L L	f = $\overline{A}+B$	f = A PLUS AB	f = A PLUS AB PLUS 1
H L L H	f = $\overline{A \oplus B}$	f = A PLUS B	f = A PLUS B PLUS 1
H L H L	f = B	f = $(A+\overline{B})$PLUS AB	f = $(A+\overline{B})$ PLUS AB PLUS 1
H L H H	f = A B	f = AB MINUS 1	f = AB
H H L L	f = 1	f = A PLUS A	f = A PLUS A PLUS 1
H H L H	f = $A+\overline{B}$	f = (A+B) PLUS A	f = (A+B) PLUS A PLUS 1
H H H L	f = A+B	f = $(A+\overline{B})$PLUS A	f = $(A+\overline{B})$ PLUS A PLUS 1
H H H H	f = A	f = A MINUS 1	f = A

연 습 문 제

1. 전가산기를 NAND 게이트만의 논리로 설계하시오.

2. 전가산기를 NOR 게이트만의 논리로 설계하시오.

3. 반감산기 회로를 XOR 게이트를 사용하지 않는 방법으로 4종류의 회로로 설계하시오.

4. 가산/감산 제어 단자를 갖는 반가감산기 모듈을 이용하여 전가감산기를 설계하시오.

5. 전가감산기 모듈을 이용하여 4비트 병렬 가감산기 회로를 구성하시오.

7 CHAPTER 조합 논리 회로

조합 논리 회로는 회로의 출력이 입력의 조합에 의하여만 결정되는 회로로 기억 기능이 없는 디지털 회로이다.

두 개의 입력을 비교한다던가, 입력되는 코드를 또 다른 코드로 변환한다던가, 입력되는 코드를 해독하는가 하면, 여러 개의 입력 중 하나를 선택하고, 또는 하나의 입력을 여러 개의 출력 중 하나로 연결하는 등의 여러 가지 회로를 구성할 수 있다. 또한 조합 논리 회로는 디지털 회로의 기본 회로이므로 뒤에서 다루는 순서 논리 회로에 포함되기도 한다.

조합 논리 회로를 설계하는 과정은 4장과 5장에서 다루었으며, 본 장에서는 이를 토대로 많이 사용되는 조합 논리 회로들을 설계하고, 이들에 대한 IC 소자들을 소개한다.

7-1 비교기

비교기란 두 개의 입력을 서로 비교하여 그 결과를 알려 주는 회로로 단순하게 일치하는가, 그렇지 않은가를 나타내는 일치, 반일치 회로, 같거나 크다, 작다를 알려 주는 크기 비교기, n비트의 두 수를 비교하는 n비트 크기 비교기 등이 있다.

1) 일치, 반일치 회로

1비트 2진수의 두 수를 비교하여 일치하는가 아닌가를 나타내는 논리는 그림 7-1(a)의 진리표로 표현할 수 있다. 그러나 이 진리표 중 반일치는 XOR의 논리와 같으므로 XOR 게이트 하나면 된다(b). 일치 회로는 반일치 출력의 부정과 같으므로 그림 7-1(c)와 같이 표현할 수 있다.

A	B	일치	반일치
0	0	1	0
0	1	0	1
1	0	0	1
1	1	1	0

(a) 진리표

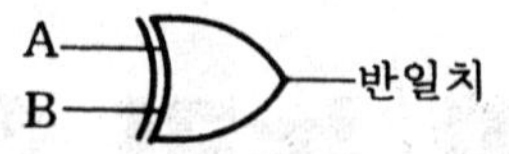

(b) 반일치 회로

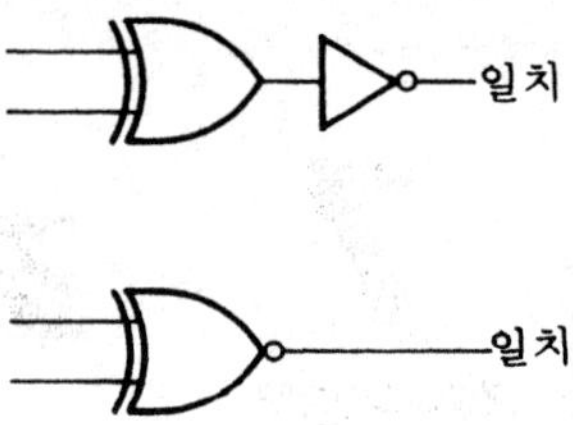

(c) 일치 회로

그림 7-1 일치 반일치 논리

2) n비트 일치/반일치 비교기

n비트 일치/반일치 비교기는 1비트 일치/반일치 비교기와 마찬가지로 별도의 회로로 설계할 필요없이 하나의 회로를 사용하여 일치하는가 그렇지 않은가의 결과를 알아내면 된다.

n비트의 일치 비교 논리는 각각의 비트가 모두 일치하면 전체 일치, 그렇지 않고 하나의 비트라도 다르다면 반일치 결과를 나타내면 된다. 따라서 n비트 반일치 비교기는 n개의 1비트 반일치 비교기 회로의 각 출력을 OR 게이트를 이용하여 연결하면 된다. 그림 7-2는 4비트 반일치 비교기 회로를 나타낸다.

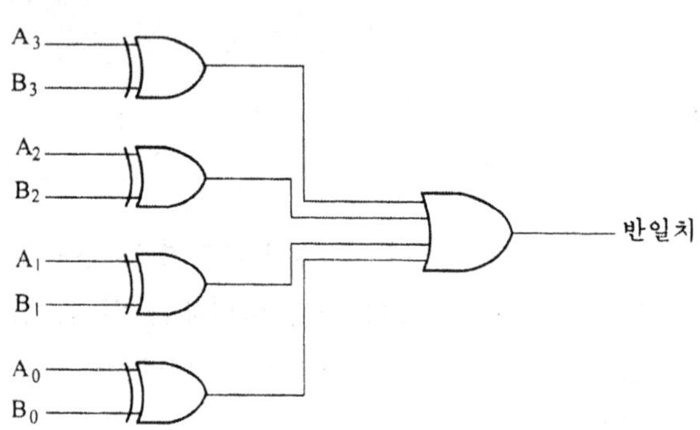

그림 7-2 4비트 반일치 비교기

n비트 일치 비교기 회로는 모든 비트가 일치하여야만 하므로 n개의 1비트 일치 비교기 회로 출력을 AND 게이트를 이용하여 연결하면 된다. 물론 n비트 반일치 비교기 회로에 인버터를 하나 연결하여도 된다. 그림 7-3은 4비트 일치 회로의 기본 논리(a)와 등가의 변환에 의한 논리(b)(c)를 나타낸다.

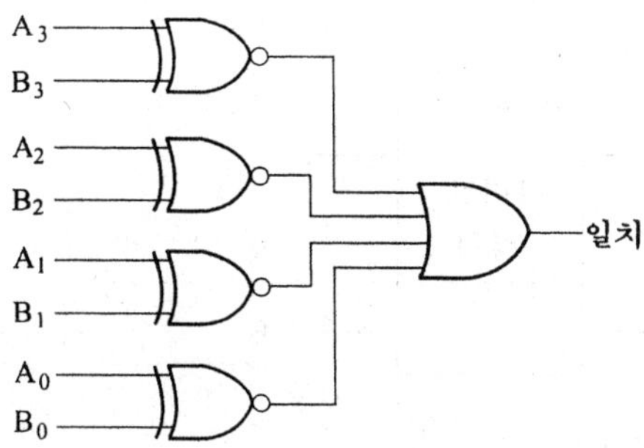

(a) 기본 논리

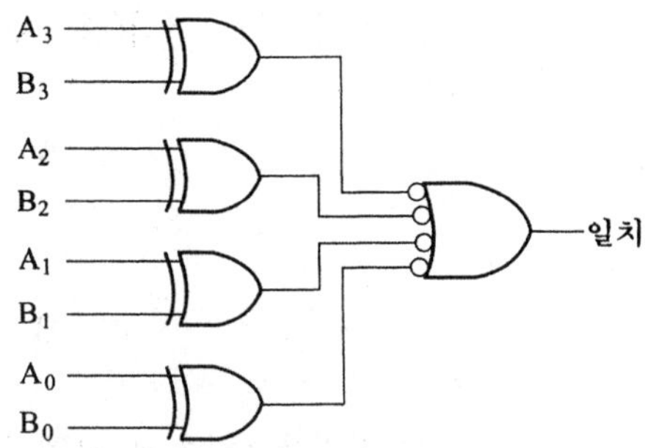

(b) 등가의 변환

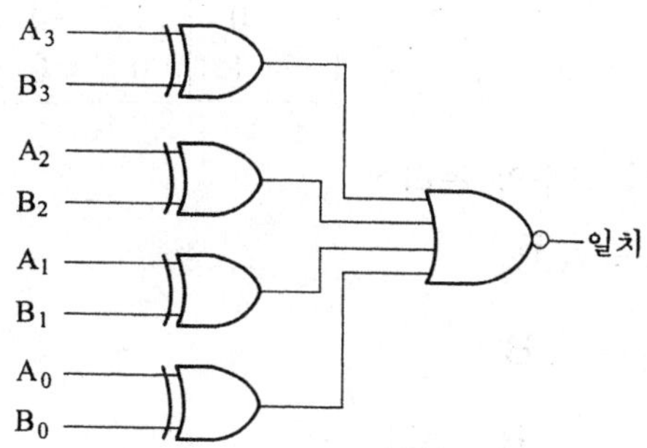

(c) 반일치의 부정

그림 7-3 4비트 일치 비교기

일치 반일치 비교기의 IC 소자로는 TTL의 74518, 74519, 74520, 74521, 74522, 74688, 74689 등이 8비트 비교기로 있다.

3) 1비트 크기 비교기

1비트 크기 비교기의 논리를 앞서 정의한 조합 논리 회로 설계 단계에 따라 설계한다면 다음과 같다.

① 제목 : 1비트 크기 비교기

② 입출력 정의

- 입력 : A, B

• 출력 : $f_1(>)$, $f_2(<)$, $f_3(=)$

③ 논리 기호 정의(블록도) :

④ 진리표 (입출력 관계 정의) :

A	B	f_1 (>)	f_2 (<)	f_3 (=)
0	0	0	0	1
0	1	0	1	0
1	0	1	0	0
1	1	0	0	1

⑤ 출력 함수의 논리식 :

$$f_1 = A\overline{B}$$

$$f_2 = \overline{A}B$$

$$f_3 = \overline{A}\,\overline{B} + AB$$

⑥ 간략화 : 없음

⑦ 변형 :

$$f_1 = A\overline{B}$$

$$f_2 = \overline{A}B$$

$$f_3 = \overline{A}\,\overline{B} + AB = \overline{A \oplus B} = \overline{A\overline{B} + \overline{A}B}$$

⑧ 회로도 :

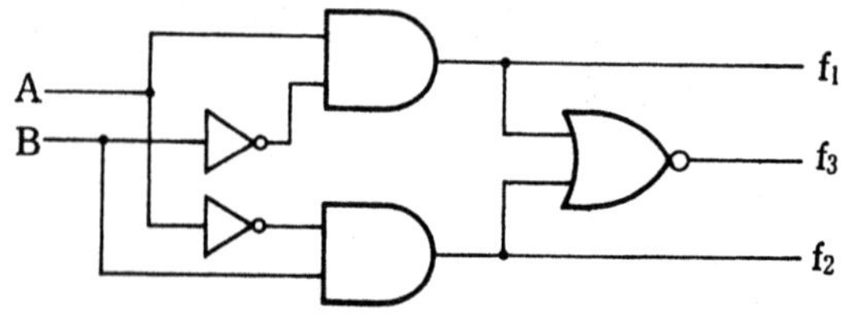

⑨ 검증 : 생략

4) *n* 비트 크기 비교기

n 비트 비교기는 가산기와 마찬가지로 $2\times n$ 개의 입력에 대하여 출력을 정의하여야 하므로 논리 전개가 매우 어렵게 된다. 따라서 1비트 기본 모듈을 설계하고 *n* 비트로 확장하는 설계 방법을 적용하여야 한다.

먼저 4비트의 두 수를 비교하는 경우를 분석하여 보자. 두 수의 MSB를 먼저 비교하여 크거나 작다면 다음 비트의 비교는 할 필요가 없게 되고, 같다면 다음 비트를 비교하게 된다. 따라서 확장을 위한 1비트 기본 모듈은 전 단계로부터의 비교 결과를 입력으로 받아들여야 하고, 이에 따라 새로운 비교 출력이 결정된다. 이러한 1비트 기본 모듈을 4개 연결하여 최종 비교 결과를 얻어내면 된다.

① 제목 : *n* 비트 확장을 위한 1 비트 비교기 모듈

② 입출력 정의

- 입력 : A, B, $f_{1(in)}$ (A>B), $f_{2(in)}$ (A<B), $f_{3(in)}$ (A=B)
- 출력 : $f_{1(out)}$ (A>B), $f_{2(out)}$ (A<B) $f_{3(out)}$ (A=B)

③ 논리 기호 정의 (블록도) :

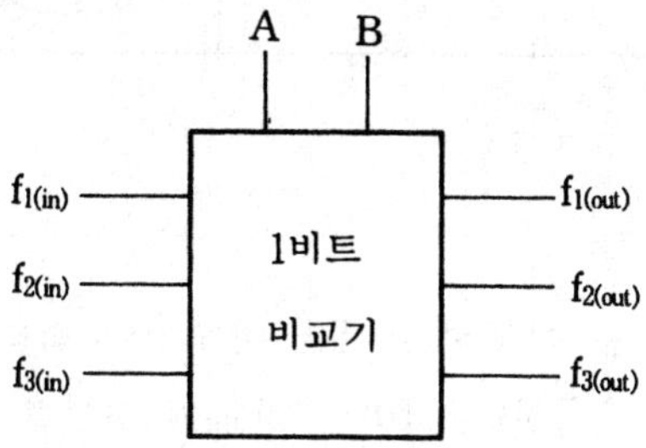

④ 진리표 :

$f_{1(in)}$	$f_{2(in)}$	$f_{3(in)}$	A	B	$f_{1(out)}$	$f_{2(out)}$	$f_{3(out)}$
1	0	0	×	×	1	0	0
0	1	0	×	×	0	1	0
0	0	1	0	0	0	0	1
0	0	1	0	1	0	1	0
0	0	1	1	0	1	0	0
0	0	1	1	1	0	0	1

⑤⑥ 논리식, 간략화 :

$$f_{1(out)} = f_{1(in)} + f_{3(in)} \cdot A\overline{B}$$

$$f_{2(out)} = f_{2(in)} + f_{3(in)} \cdot \overline{A}B$$

$$f_{3(out)} = f_{3(in)} \cdot \overline{A}\,\overline{B} + f_{3(in)} \cdot AB$$

⑦ 변형 :

$$f_{3(out)} = f_{3(in)} \cdot (\overline{A}\,\overline{B} + AB)$$

$$= f_{3(in)} \cdot \overline{(A\overline{B} + \overline{A}B)}$$

⑧ 회로도 :

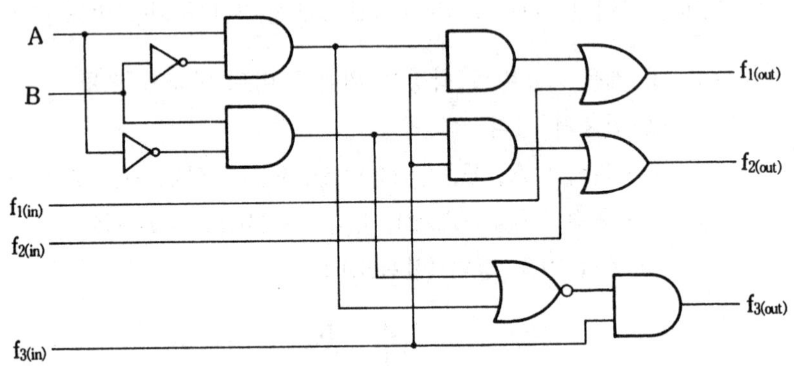

⑨ 검증 : 생략

1비트 비교기 모듈을 이용한 n비트 비교기의 회로는 앞서 설계한 1비트 모듈을 n개 연결하여 구성한다. 4비트 비교기 회로를 그림 7-4에 나타내었다. 그림에서 초기치($f_{1(in)} = 0$, $f_{2(in)} = 0$, $f_{3(in)} = 1$)는 MSB의 비교를 위하여 두 수를 같다고 가정하는 것이다.

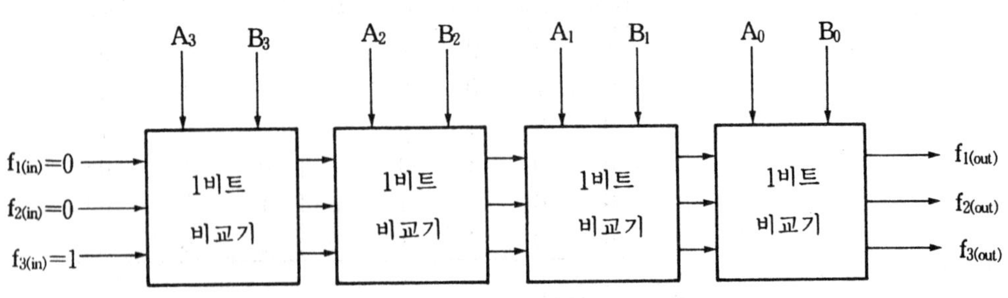

그림 7-4 4비트 비교기 논리

n 비트 비교기는 회로 설계의 효율성을 높이기 위하여 기본 모듈을 1비트가 아닌 2비트 이상의 회로로 설계하여도 된다. 2비트 비교기 모듈을 사용할 경우는 총 7개의 입력 변수에 대한 논리 설계가 되고, n 비트로의 확장 시는 $n/2$개의 모듈을 사용하여 연결하면 된다.

5) 크기 비교기의 IC 소자

크기 비교기의 IC 소자로는 4비트 비교기로 7485, 8비트 비교기로 74682, 74683, 74684, 74685, 74686, 74687 등이 있다.

7-2 인코더

인코더(encoder)란 말 그대로 부호화기이다. 입력을 특정의 부호로 변환하는 회로로 2진 코드 또는 BCD 코드로의 변환을 수행하는 조합 논리 회로이다.

1) 8진-2진 인코더

8진-2진 인코더는 8 to 3 인코더라고도 하며, 8진 입력 또는 8개의 상태를 나타내는 8개의 입력을 3비트의 2진수로 변환하는 회로로 입력에 대한 출력의 진리표는 표 7-1과 같다.

표 7-1 8진-2진 인코더의 진리표

d_0	d_1	d_2	d_3	d_4	d_5	d_6	d_7	x	y	z
1	0	0	0	0	0	0	0	0	0	0
0	1	0	0	0	0	0	0	0	0	1
0	0	1	0	0	0	0	0	0	1	0
0	0	0	1	0	0	0	0	0	1	1
0	0	0	0	1	0	0	0	1	0	0
0	0	0	0	0	1	0	0	1	0	1
0	0	0	0	0	0	1	0	1	1	0
0	0	0	0	0	0	0	1	1	1	1

표 7-1의 진리표로부터 출력의 논리식을 구하면 식 (7-1), (7-2), (7-3)으로 구하여진다. 이들 논리식을 게이트 회로로 구현하면 그림 7-5가 되며, 이들은 OR 게이트만으로 구성된다.

$$x = d_4 + d_5 + d_6 + d_7 \quad (7-1)$$

$$y = d_2 + d_3 + d_6 + d_7 \quad (7-2)$$

$$z = d_1 + d_3 + d_5 + d_7 \quad (7-3)$$

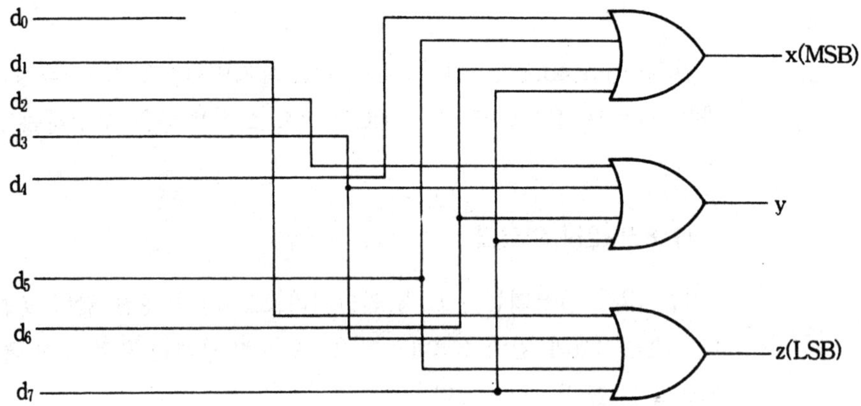

그림 7-5 8진-2진 인코더의 회로

2) 10진-BCD 인코더

예제 1 10진-BCD 인코더 회로를 설계하시오.

풀 이

조합 논리 회로의 설계 순서에 따라 10진-BCD 인코더를 설계하면 다음과 같다.

① 제목 : 10진-BCD 인코더

② 입출력 정의

• 입력 : d_0, d_1, d_2, d_3, d_4, d_5, d_6, d_7, d_8, d_9

• 출력 : D, C, B, A

③ 논리 기호 정의 (블록도) :

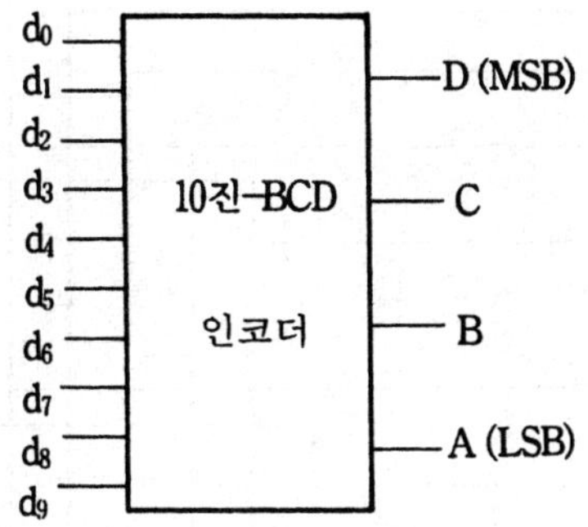

④ 진리표 :

d_0	d_1	d_2	d_3	d_4	d_5	d_6	d_7	d_8	d_9	D	C	B	A
1	0	0	0	0	0	0	0	0	0	0	0	0	0
0	1	0	0	0	0	0	0	0	0	0	0	0	1
0	0	1	0	0	0	0	0	0	0	0	0	1	0
0	0	0	1	0	0	0	0	0	0	0	0	1	1
0	0	0	0	1	0	0	0	0	0	0	1	0	0
0	0	0	0	0	1	0	0	0	0	0	1	0	1
0	0	0	0	0	0	1	0	0	0	0	1	1	0
0	0	0	0	0	0	0	1	0	0	0	1	1	1
0	0	0	0	0	0	0	0	1	0	1	0	0	0
0	0	0	0	0	0	0	0	0	1	1	0	0	1

⑤⑥ 논리식, 간략화 :

$$D = d_8 + d_9$$

$$C = d_4 + d_5 + d_6 + d_7$$

$$B = d_2 + d_3 + d_6 + d_7$$

$$A = d_1 + d_3 + d_5 + d_7 + d_9$$

⑧ 회로도 :

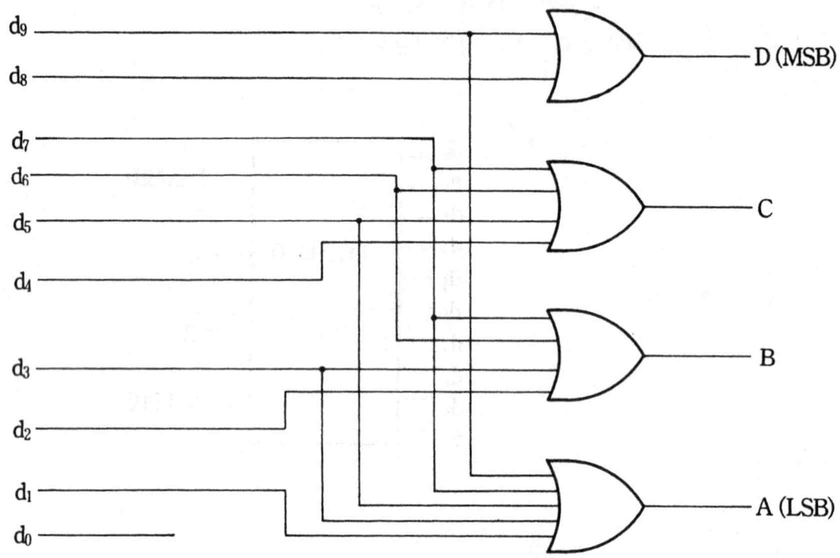

⑨ 검증 : 생략

3) 인코더의 IC 소자

인코더의 IC 소자로는 동시 입력에 대하여 우선 순위를 갖도록 하는 프라이어리티 인코더로 8진-3비트 인코더 74148, 74348, 10진-4비트 인코더 74147 등이 있다.

7-3 디코더

디코더(decoder)란 코드화되어 있는 것을 해독하는 해독기로, 인코더의 역의 동작을 수행하는 논리이다. 2진수 n 비트가 있다면 만들어지는 상태의 수는 2^n 이 되며, n 비트의 입력 코드를 해독하여 2^n 개의 출력 중 하나로 내보내는 회로가 디코더인 것이다. 디코더는 특정 코드의 해독뿐만 아니라 메모리의 어드레스 디코딩(address decoding) 등에도 사용된다.

1) 2×4 디코더

2진수 2비트의 입력을 4개의 상태 중 하나로 선택하여 출력하는 회로를 2×4 디코더라고 한다. 이는 디코더의 가장 기본이 되는 회로이다. 2×4 디코더의 논리를 논리 기호로 나타내면 그림 7-6(a)로 표시되며, 이의 논리를 진리표로 나타내면 (b)가 된다.

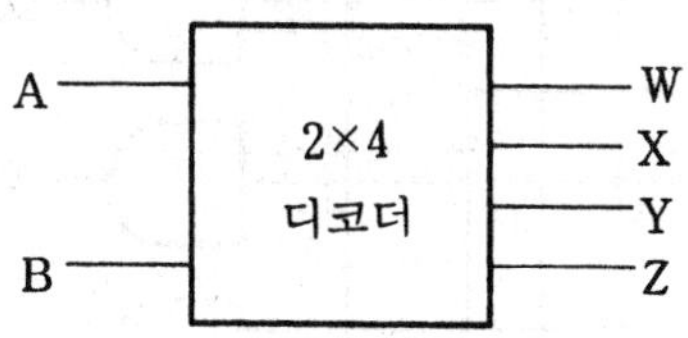

(a) 논리 기호

A	B	W	X	Y	Z
0	0	1	0	0	0
0	1	0	1	0	0
1	0	0	0	1	0
1	1	0	0	0	1

(b) 진리표

그림 7-6 2×4 디코더의 논리

2×4 디코더 회로를 설계하기 위하여 진리표로부터 출력의 논리식을 구하면 다음과 같다.

$$W = \overline{A}\,\overline{B}$$
$$X = \overline{A}\,B$$
$$Y = A\,\overline{B}$$
$$Z = A\,B$$

앞에서 구한 논리식을 게이트 회로로 구현하면 그림 7-7이 된다.

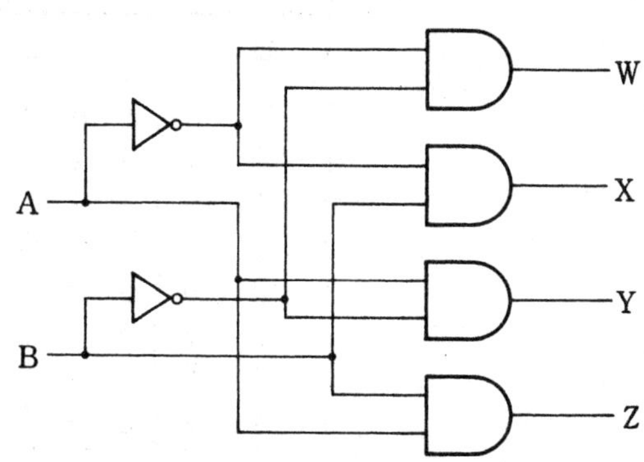

그림 7-7 2×4 디코더 회로

그림 7-7의 회로에 디코더의 동작을 허가하는 인에이블(enable) 단자 En을 추가하면 그림 7-8의 회로가 되며, En 단자의 값이 0이면 입력에 관계없이 모든 출력이 0이 되고, En의 값이 1이면 입력 논리에 따라 출력이 선택된다.

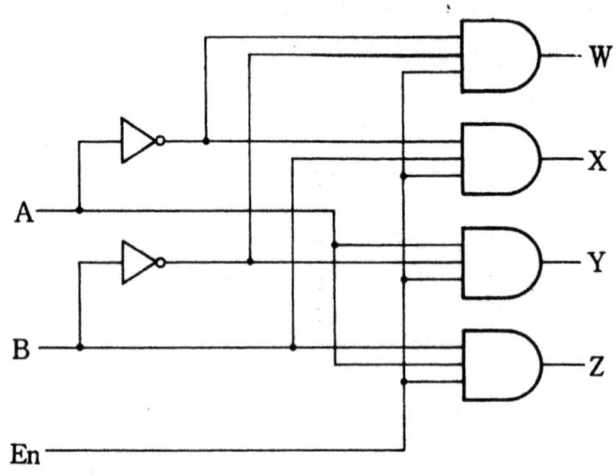

그림 7-8 인에이블 단자를 갖는 2×4 디코더 회로

2) 3×8 디코더

3×8 디코더는 2진수 3비트의 값을 8개의 출력으로 해독하는 회로이다. 이의 회로를 설계하기 위하여 진리표를 작성하면 표 7-2가 되고, 다음과 같은 논리식을 구하여 게이트 회로로 구현하면 그림 7-9가 된다.

표 7-2 3×8 디코더의 진리표

A	B	C	d_0	d_1	d_2	d_3	d_4	d_5	d_6	d_7
0	0	0	1	0	0	0	0	0	0	0
0	0	1	0	1	0	0	0	0	0	0
0	1	0	0	0	1	0	0	0	0	0
0	1	1	0	0	0	1	0	0	0	0
1	0	0	0	0	0	0	1	0	0	0
1	0	1	0	0	0	0	0	1	0	0
1	1	0	0	0	0	0	0	0	1	0
1	1	1	0	0	0	0	0	0	0	1

$$d_0 = \overline{A}\,\overline{B}\,\overline{C}$$

$$d_1 = \overline{A}\,\overline{B}\,C$$

$$d_2 = \overline{A}\,B\,\overline{C}$$

$$d_3 = \overline{A}\,B\,C$$

$$d_4 = A\,\overline{B}\,\overline{C}$$

$$d_5 = A\,\overline{B}\,C$$

$$d_6 = A\,B\,\overline{C}$$

$$d_7 = A\,B\,C$$

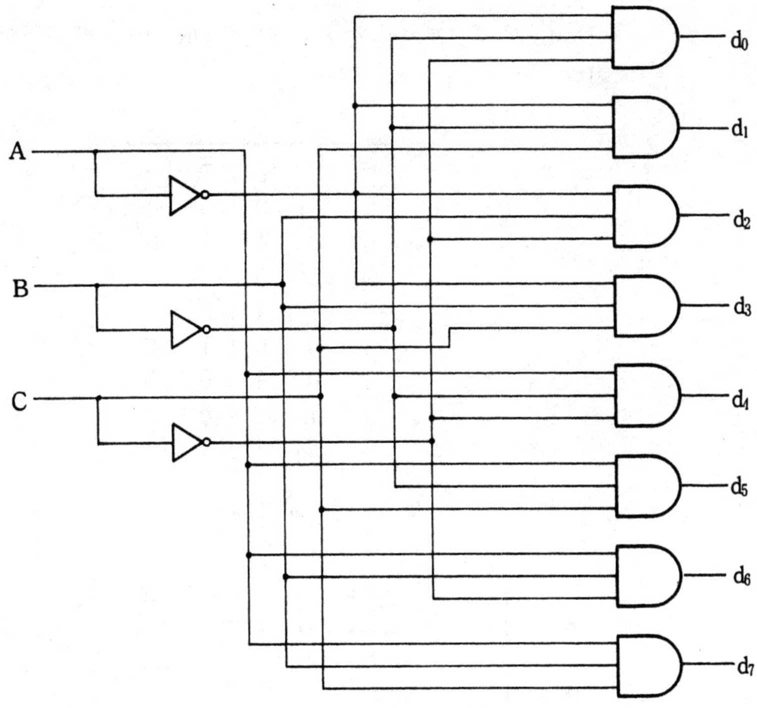

그림 7-9 3×8 디코더의 회로도

3) 디코더와 조합 논리 회로

예제 2 3×8 디코더와 OR 게이트를 이용하여 전가산기 회로를 설계하시오.

▷▶ 풀 이

디코더는 입력 변수의 모든 경우에 대한 AND 논리로 구성되어 있으므로, 출력에 OR 논리만 추가한다면 같은 수의 입력 변수에 대한 모든 조합 논리 회로를 대신할 수 있다. 전가산기는 그림 7-10(a)의 진리표와 같이 두 수와 전 단의 자리올림 입력으로 3변수의 조합 논리이므로, 진리표로부터 전가산기의 논리식을 유도하여 보면, 다음과 같이 된다.

$$S = \Sigma m(1, 2, 4, 7)$$
$$C_{out} = \Sigma m(3, 5, 6, 7)$$

이는 (b)의 회로도처럼 3×8 디코더에 OR 게이트만 추가하면 완성할 수 있다.

A	B	C_{in}	S	C_{out}
0	0	0	0	0
0	0	1	1	0
0	1	0	1	0
0	1	1	0	1
1	0	0	1	0
1	0	1	0	1
1	1	0	0	1
1	1	1	1	1

(a) 진리표

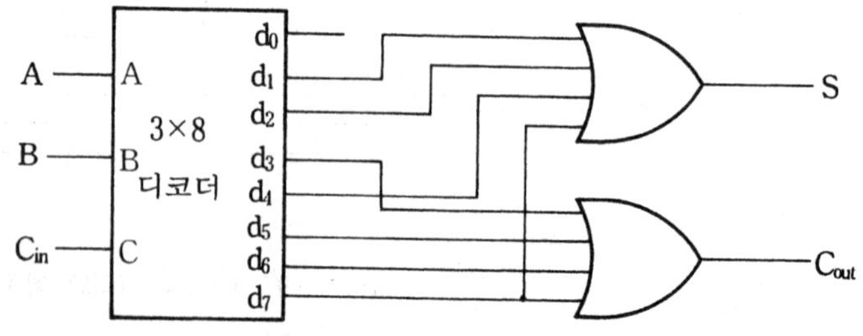

(b) 회로도

그림 7-10 3×8 디코더를 이용한 전가산기 설계

4) BCD-10진 디코더

예제 3 BCD 8421 코드를 해독하는 디코더를 2입력 게이트만을 사용하여 설계하시오.

▷ 풀 이

BCD는 4비트의 2진수로 이루어져 있으나 2진 코드와 비교하여 사용하지 않는 코드가 6개 존재함을 이용하여 보다 간단하게 설계할 수 있다.

① 제목 : BCD-10진 디코더

② 입출력 정의

- 입력 : D, C, B, A
- 출력 : d_0, d_1, d_2, d_3, d_4, d_5, d_6, d_7, d_8, d_9

③ 논리 기호 정의 (블록도) :

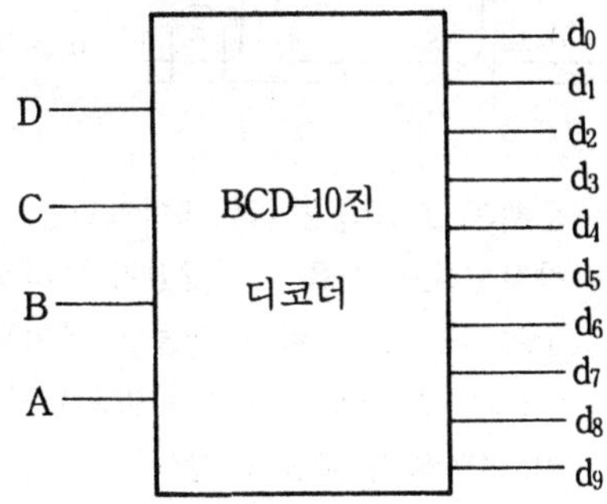

④ 진리표 :

D	C	B	A	d_0	d_1	d_2	d_3	d_4	d_5	d_6	d_7	d_8	d_9
0	0	0	0	1	0	0	0	0	0	0	0	0	0
0	0	0	1	0	1	0	0	0	0	0	0	0	0
0	0	1	0	0	0	1	0	0	0	0	0	0	0
0	0	1	1	0	0	0	1	0	0	0	0	0	0
0	1	0	0	0	0	0	0	1	0	0	0	0	0
0	1	0	1	0	0	0	0	0	1	0	0	0	0
0	1	1	0	0	0	0	0	0	0	1	0	0	0
0	1	1	1	0	0	0	0	0	0	0	1	0	0
1	0	0	0	0	0	0	0	0	0	0	0	1	0
1	0	0	1	0	0	0	0	0	0	0	0	0	1

⑤ 논리식 :

$d_0=m_0$, $d_1=m_1$, $d_2=m_2$, $d_3=m_3$, $d_4=m_4$,

$d_5=m_5$, $d_6=m_6$, $d_7=m_7$, $d_8=m_8$, $d_9=m_9$

don't care $=\Sigma m(10, 11, 12, 13, 14, 15)$

⑥ 간략화 : 각 출력의 카르노 맵은 서로 중복되는 항이 존재하지 않으므로 하나의 카르노 맵에 모두 표시하여도 된다. 이러한 카르노 맵을 다중 출력 카르노 맵이라 한다.

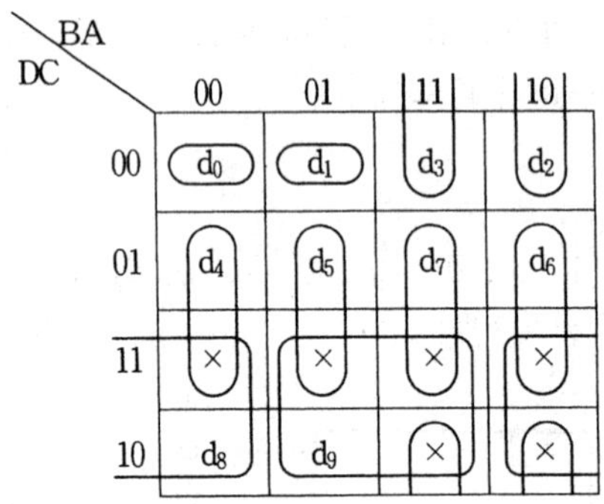

$d_0=\overline{D}\,\overline{C}\,\overline{B}\,\overline{A}$, $d_1=\overline{D}\,\overline{C}\,\overline{B}\,A$,

$d_2=\overline{C}\,B\,\overline{A}$, $d_3=\overline{C}\,B\,A$,

$d_4=C\,\overline{B}\,\overline{A}$, $d_5=C\,\overline{B}\,A$,

$d_6=C\,B\,\overline{A}$, $d_7=CBA$,

$d_8=D\,\overline{A}$, $d_9=D\,A$

⑦ 변형 : 문제의 조건이 2입력 게이트만을 사용하는 것이므로 ⑥의 간략화된 논리식을 다시 2입력 논리로 변형하여야 한다. 이 때, 중복되는 항을 많이 만들면 게이트 수가 줄어든다. 또한 게이트의 종류에는 제한이 없으므로 불 대수의 정리를 이용하여 변형하면 다음과 같다.

$d_0=\overline{D}\,\overline{C}\,\overline{B}\,\overline{A}=(\overline{D}\,\overline{C})\cdot(\overline{B}\,\overline{A})=(\overline{D+C})\cdot(\overline{B+A})$

$d_1=\overline{D}\,\overline{C}\,\overline{B}\,A=(\overline{D+C})\cdot(\overline{B}\,A)$

$d_2=\overline{C}\,B\,\overline{A}=(\overline{C}B)\cdot\overline{A}$

$d_3=\overline{C}\,B\,A=(\overline{C}B)\cdot A$

$d_4=C\,\overline{B}\,\overline{A}=C\cdot(\overline{B+A})$

$d_5=C\,\overline{B}\,A=C\cdot(\overline{B}\,A)$

$d_6=C\,B\,\overline{A}=(CB)\cdot\overline{A}$

$d_7=C\,B\,A=(CB)\cdot A$

$d_8=D\,\overline{A}$

$d_9=DA$

⑧ 회로도 :

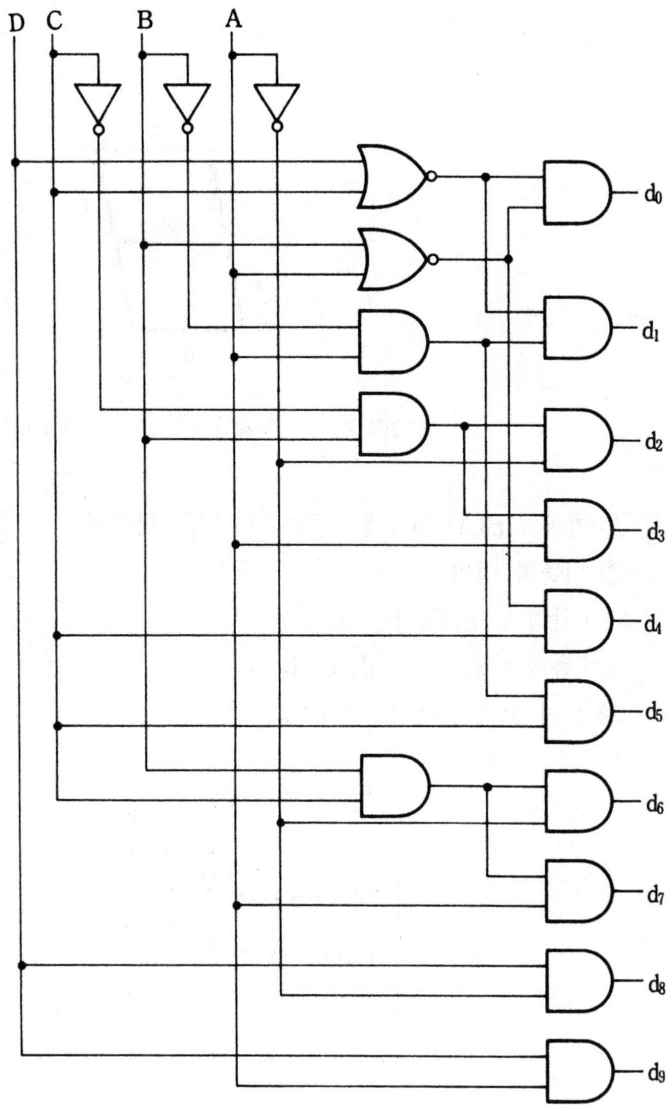

5) BCD-7세그먼트 디코더

7-세그먼트 LED의 코드는 3장 코드의 3-6절에서 다루었다. 그림 7-11에 7-세그먼트 LED의 구성과 제어 단자를 나타내었다. 여기에서는 BCD를 해독하여 7-세그먼트 LED의 코드로 출력하여 결과적으로 7-세그먼트 LED를

구동하는 회로를 설계한다. 해독과 LED의 구동을 겸하기 때문에 이 회로는 디코더/드라이버라고 부른다. 회로의 설계는 조합 논리 회로의 설계 단계에 맞추어 진행한다.

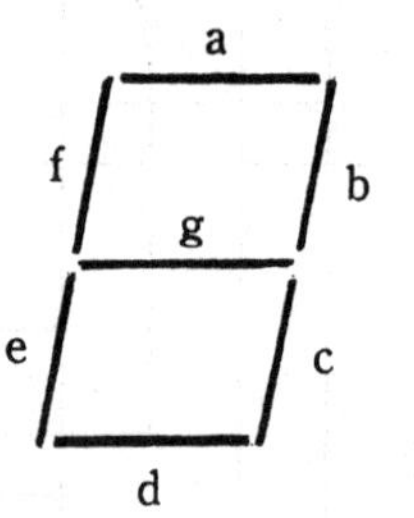

그림 7-11 7-세그먼트 LED의 구성과 단자명

① 제목 : BCD to 7세그먼트 디코더/드라이버

② 입출력 정의

- 입력 : D, C, B, A
- 출력 : g, f, e, d, c, b, a

③ 논리 기호 정의 (블록도) :

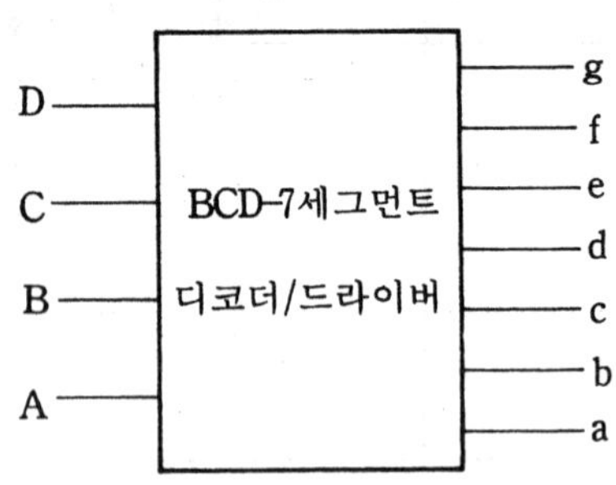

④ 진리표 :

D	C	B	A	g	f	e	d	c	b	a
0	0	0	0	0	1	1	1	1	1	1
0	0	0	1	0	0	0	0	1	1	0
0	0	1	0	1	0	1	1	0	1	1
0	0	1	1	1	0	0	1	1	1	1
0	1	0	0	1	1	0	0	1	1	0
0	1	0	1	1	1	0	1	1	0	1
0	1	1	0	1	1	1	1	1	0	1
0	1	1	1	0	0	0	0	1	1	1
1	0	0	0	1	1	1	1	1	1	1
1	0	0	1	1	1	0	1	1	1	1
1	0	1	0	don't care						
1	0	1	1							
1	1	0	0							
1	1	0	1							
1	1	1	0							
1	1	1	1							

⑤ 논리식 :

$g = \Sigma m\ (2, 3, 4, 5, 6, 8, 9)$

$f = \Sigma m\ (0, 4, 5, 6, 8, 9)$

$e = \Sigma m\ (0, 2, 6, 8)$

$d = \Sigma m\ (0, 2, 3, 5, 6, 8, 9)$

$c = \Sigma m\ (0, 1, 3, 4, 5, 6, 7, 8, 9)$

$b = \Sigma m\ (0, 1, 2, 3, 4, 7, 8, 9)$

$a = \Sigma m\ (0, 2, 3, 5, 6, 7, 8, 9)$

$x = \Sigma m\ (10, 11, 12, 13, 14, 15)$

⑥ 간략화 :

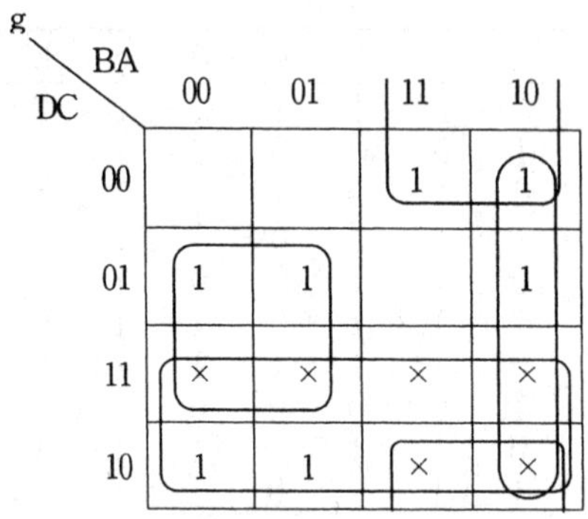

$g = D + C\overline{B} + \overline{C}B + B\overline{A}$

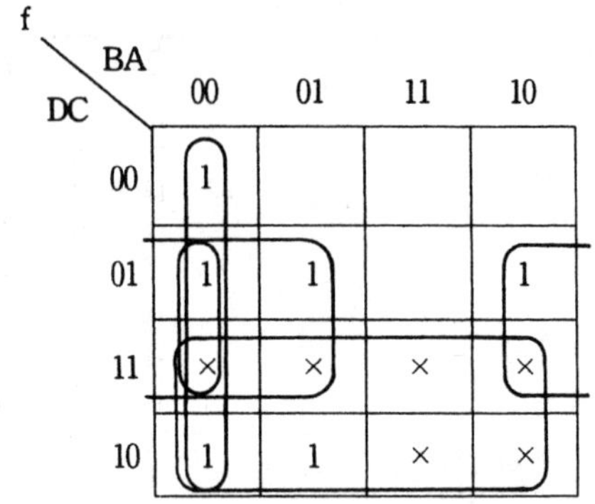

$f = D + \overline{B}\,\overline{A} + C\overline{B} + C\overline{A}$

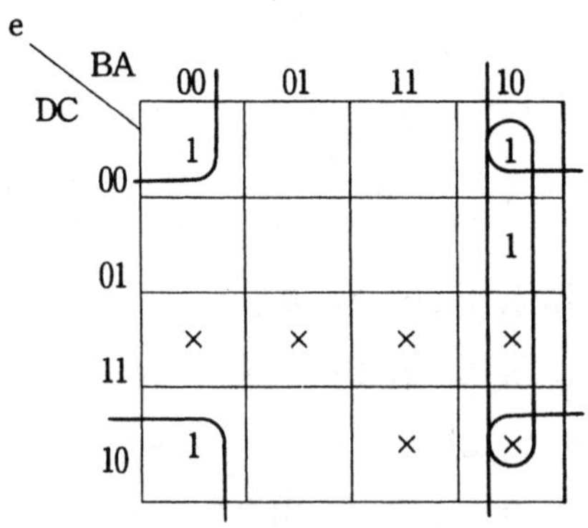

$e = \overline{C}\,\overline{A} + B\overline{A}$

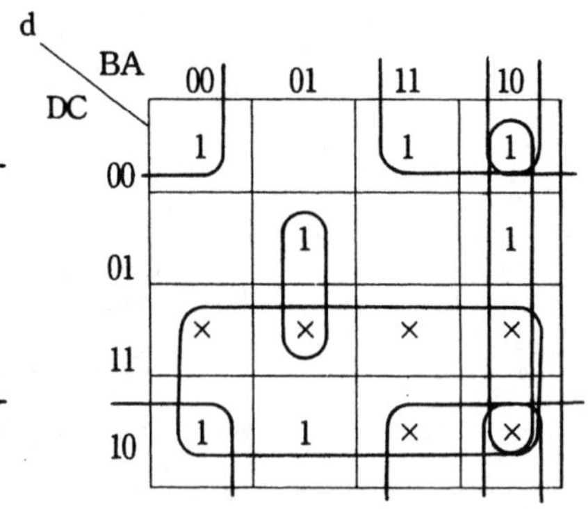

$d = D + \overline{C}\,\overline{A} + \overline{C}B + B\overline{A} + C\overline{B}A$

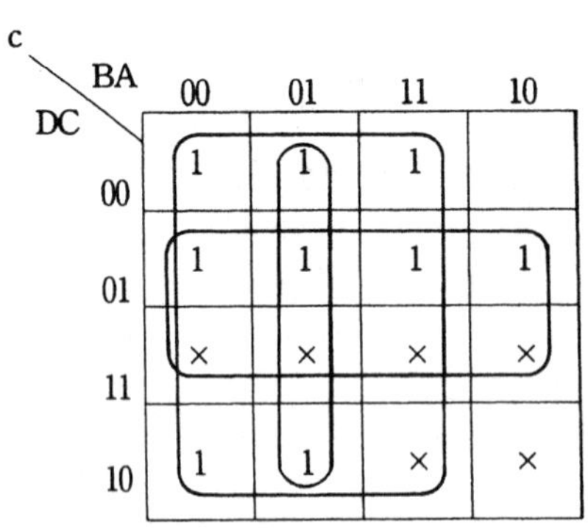

$c = C + \overline{B} + A$

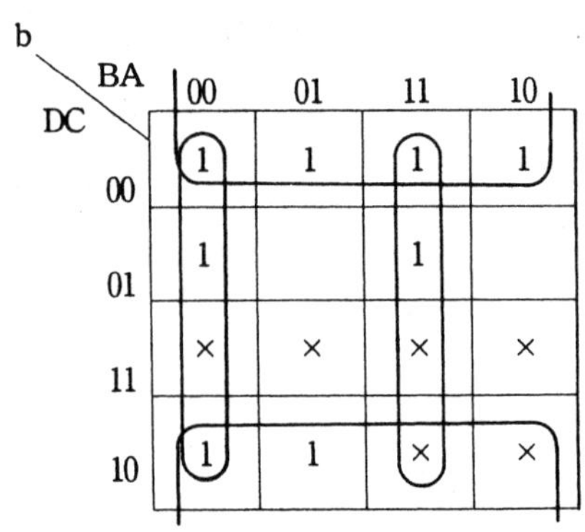

$b = \overline{C} + \overline{B}\,\overline{A} + BA$

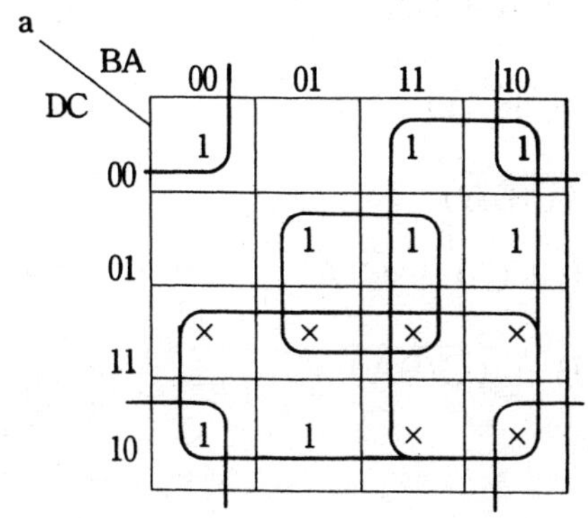

$a = D + B + CA + \overline{C}\,\overline{A}$

⑦ 변형 :

$$g = D + C\overline{B} + \overline{C}B + B\overline{A}$$

$$= D + (C \oplus B) + B\overline{A}$$

$$f = D + \overline{B}\,\overline{A} + C\overline{B} + C\overline{A}$$

$$= D + (\overline{B+A}) + C(\overline{B \cdot A})$$

$$e = \overline{C}\,\overline{A} + B\overline{A}$$

$$= (\overline{C+A}) + B\overline{A}$$

$$d = D + \overline{C}\,\overline{A} + \overline{C}B + B\overline{A} + C\overline{B}A$$

$$= D + \overline{C}(B + \overline{A}) + C\overline{B}A + B\overline{A}$$

$$= D + \overline{C}(\overline{\overline{B + \overline{A}}}) + C(\overline{B}A) + B\overline{A}$$

$$= D + \overline{C}(\overline{\overline{B}A}) + C(\overline{B}A) + B\overline{A}$$

$$= D + \overline{C \oplus (\overline{B}A)} + B\overline{A}$$

$$c = C + \overline{B} + A$$

$$= C + (\overline{\overline{\overline{B} + A}})$$

$$= C + (\overline{B \cdot \overline{A}})$$

$$b = \overline{C} + \overline{B}\,\overline{A} + BA$$
$$= \overline{C} + \overline{(B \oplus A)}$$
$$= \overline{C \cdot (B \oplus A)}$$
$$a = D + B + CA + \overline{C}\,\overline{A}$$
$$= D + B + \overline{(C \oplus A)}$$

⑧ 회로도 :

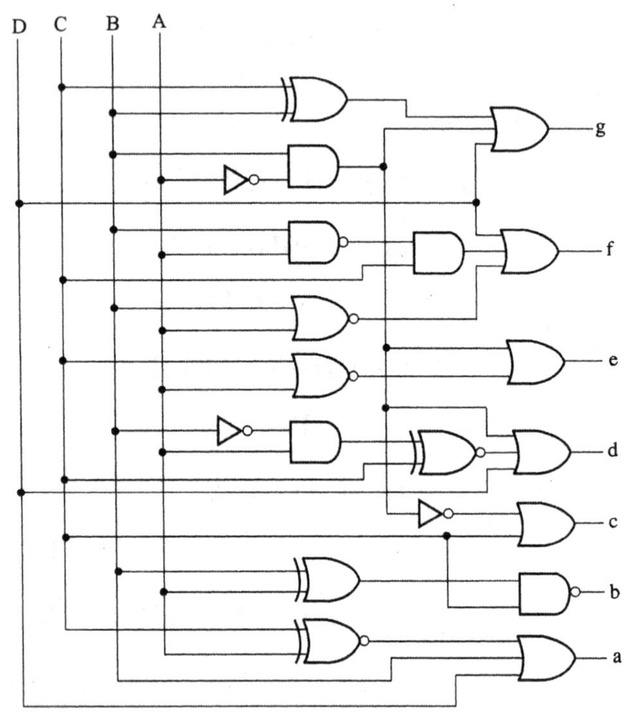

6) 디코더의 IC 소자

디코더의 IC 소자는 그 종류가 매우 많아서 2×4 디코더로 74139, 74239 등이 있으며, 3×8 디코더로 74131, 74137, 74138, 74237, 74238 등이 있다. 4×16 디코더로는 74154, 4514, 4515가 있으며, BCD−10진 디코더로 7441, 7442, 7445, 74141, 74445, 74537, 4028 등이 있고, 3초과−10진 디코더로 7443이 있다. BCD−7세그먼트 디코더/드라이버로는 7446, 7447, 7448, 7449, 74246, 74247, 74248, 74249, 74347, 74447, 4511 등이 있다.

디코더 등의 실용 회로에서는 액티브 - 로(Active - low) 신호를 많이 사용하는데, 이는 최종 출력 게이트에 인버터를 달아주는 것으로 설계된다. 액티브 - 로 신호는 전력 소모를 줄이며, 동작 시간을 빠르게 하고, 오픈 - 컬렉터 회로화 하기가 쉽다.

7-4 멀티플렉서

멀티플렉서(multiplexer : MUX)는 다중화기라고도 하며, 데이터 선택(data selector) 회로라고도 한다. 이는 여러 개의 입력 중 하나를 선택하여 출력에 전달하여 주는 역할을 하기 때문이다. 멀티플렉서의 논리 기호는 그림 7-12와 같이 표현할 수 있다. (a)는 4×1 멀티플렉서를 나타내고, (b)는 8×1 멀티플렉서, (c)는 2^n×1 멀티플렉서를 나타낸다. 이들은 각각 2개, 4개, n개의 제어 단자를 갖는다.

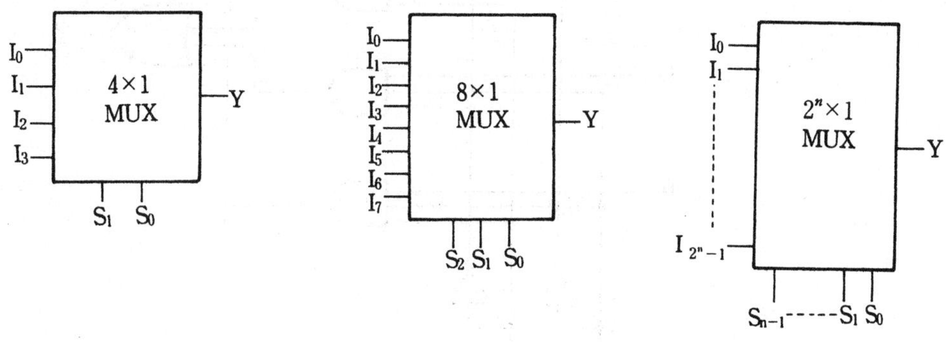

(a) 4×1 멀티플렉서 (b) 8×1 멀티플렉서 (c) 2^n×1 멀티플렉서

그림 7-12 멀티플렉서

1) 4×1 멀티플렉서

4×1 멀티플렉서의 논리는 표 7-3의 진리표로 나타낼 수 있다. 4개의 입력 중 하나를 선택하려면 2개의 선택 단자가 있어야 하며, 이를 S_1, S_0라고 하면 출력의 논리식은 식 (7-4)로 표현된다.

표 7-3 4×1 멀티플렉서의 진리표

선택 입력		출력
S_1	S_0	Y
0	0	I_0
0	1	I_1
1	0	I_2
1	1	I_3

$$Y = \overline{S}_1\overline{S}_0I_0 + \overline{S}_1S_0I_1 + S_1\overline{S}_0I_2 + S_1S_0I_3 \qquad (7-4)$$

식 (7–4)의 논리식을 게이트 회로로 구현하면 그림 7–13이 된다.

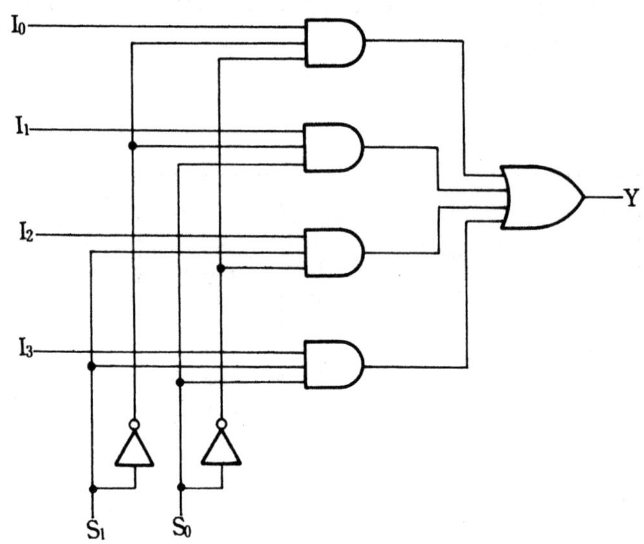

그림 7-13 4×1 멀티플렉서의 회로도

2) 8×1 멀티플렉서

8×1 멀티플렉서의 논리식을 표현하면 식 (7–5)가 되고 이는 그림 7–12(b)의 논리 기호로 표현된다.

$$Y = \overline{S}_2\overline{S}_1\overline{S}_0 I_0 + \overline{S}_2\overline{S}_1 S_0 I_1 + \overline{S}_2 S_1 \overline{S}_0 I_2 + \overline{S}_2 S_1 S_0 I_3 + S_2\overline{S}_1\overline{S}_0 I_4 + S_2\overline{S}_1 S_0 I_5 + S_2 S_1 \overline{S}_0 I_6 + S_2 S_1 S_0 I_7 \quad (7-5)$$

3) 멀티플렉서와 조합 논리 회로

예제 4 4×1 멀티플렉서를 이용하여 전가산기를 설계하시오.

▷▶ 풀 이

그림 7-13에서 보듯이 멀티플렉서의 회로는 선택 입력에 대하여 모든 경우의 AND 논리를 OR하여 출력을 한 개 만들고 있다. 따라서 출력 함수 하나에 멀티플렉서 하나씩 필요하며, 입력 변수가 3개이면 4×1, 4개이면 8×1의 멀티플렉서가 필요하다. 인버터를 제외한 다른 논리 게이트의 추가를 허용한다면 4변수 함수를 4×1 멀티플렉서로 설계하는 것도 가능하다. 전가산기의 논리식은 다음과 같이 된다.

$$S = \overline{A}\,\overline{B}C_{in} + \overline{A}B\overline{C}_{in} + A\overline{B}\,\overline{C}_{in} + ABC_{in}$$

$$C_{out} = \overline{A}BC_{in} + A\overline{B}C_{in} + AB\overline{C}_{in} + ABC_{in}$$

이를 식 (7-4)와 비교하여 보면 S 출력의 멀티플렉서는 I_0은 C_{in}, I_1은 $\overline{C}_{in}$, I_2는 $\overline{C}_{in}$, I_3은 C_{in}가 된다. 마찬가지로 C_{out}의 멀티플렉서는 I_0은 0, I_1은 C_{in}, I_2는 C_{in}, I_3은 1이 된다. 이를 논리 회로로 그리면 그림 7-14와 같다.

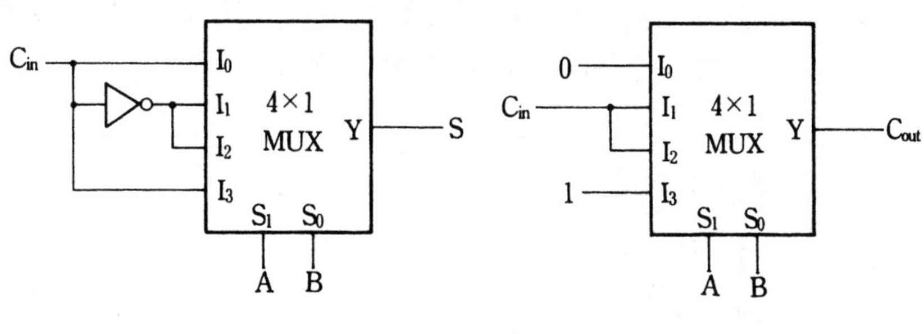

그림 7-14 멀티플렉서를 이용한 전가산기 설계

4) 멀티플렉서의 IC 소자

멀티플렉서의 IC 소자로는 2×1 MUX로 74157, 74158, 74257, 74258 등이 있고, 4×1 MUX로 74153, 74253, 74353, 8×1 MUX로 74151, 74152, 74251, 74351, 74352, 74354, 74356, 16×1 MUX로 74150 등이 있으며, CMOS IC로 아날로그 신호용 멀티플렉서/디멀티플렉서 4051, 4052, 4053, 4066, 4067, 4316, 4351, 4352, 4353 등이 있다.

7-5 디멀티플렉서

디멀티플렉서(demultiplexer : DEMUX)는 멀티플렉서의 역동작을 하는 회로로 데이터 분배기로서 동작한다. 디멀티플렉서의 논리 기호는 그림 7-15(a)와 같이 표시하며, 그의 진리표는 (b)로 나타내어진다.

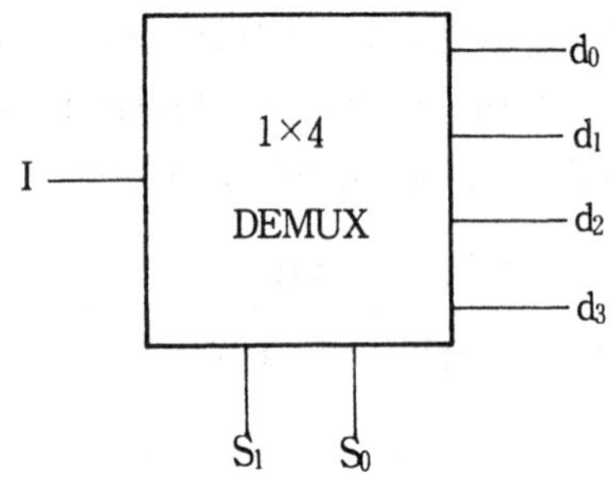

(a) 논리 기호

S_1	S_0	d_0	d_1	d_2	d_3
0	0	I	0	0	0
0	1	0	I	0	0
1	0	0	0	I	0
1	1	0	0	0	I

(b) 진리표

그림 7-15 1×4 디멀티플렉서의 논리

진리표로부터 출력의 논리식을 구하면 식 (7-6)~(7-9)가 된다. 이를 게이트 회로로 구현하면 그림 7-16이 된다.

$$d_0 = \overline{S}_1\overline{S}_0 I \quad (7-6)$$

$$d_1 = \overline{S}_1 S_0 I \quad (7-7)$$

$$d_2 = S_1\overline{S}_0 I \quad (7-8)$$

$$d_3 = S_1 S_0 I \quad (7-9)$$

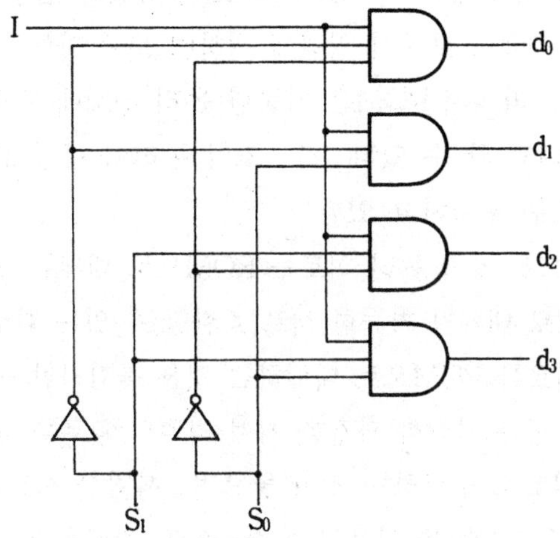

그림 7-16 1×4 디멀티플렉서의 회로

그림 7-16의 회로를 앞의 그림 7-8의 인에이블 단자를 갖는 2×4 디코더의 회로와 비교하여 보면, 디코더의 En 단자를 디멀티플렉서의 I 단자로 생각하면 완전히 일치함을 확인할 수 있다. 이러한 이유로 실제 IC 소자에서는 디코더와 디멀티플렉서의 회로는 구분하지 않는다.

디멀티플렉서의 IC 소자

디멀티플렉서의 IC 소자는 독립적으로 존재하기보다는 디코더로 함께 쓰이며, TTL의 74138, 74139, 74154, 74155, 74156, 74159, 74239, 74538, 74539 등과 CMOS의 4514 등이 있다.

7-6 ROM과 조합 논리 회로

ROM은 메모리이다. 그러나 ROM은 조합 논리 회로를 대체할 수 있는 논리를 내부에 갖고 있으므로 복잡한 조합 논리의 설계는 ROM으로 대체하기도 한다. 메모리로서의 ROM은 12장에서 다시 다루기로 하고, 본 절에서는 ROM으로 조합 논리를 대신하는 논리를 설명한다.

ROM은 어드레스 입력 단에 디코더를 갖고 있으며, 출력 단은 스위칭 소자의 연결 유무에 의한 OR 논리로 구성된다(12장 그림 12-3 참고). 디코더는 그림 7-7에서 보듯이 입력에 대하여 모든 가능한 조합의 AND 논리로 구성되어 있다. 따라서 ROM은 가능한 논리 전체에 대하여 AND 논리와 OR 논리로 구성된다고 할 수 있다. 즉, 조합 논리의 구성 요소인 NOT와 AND, OR 논리를 모두 포함하고 있다.

그러므로 조합 논리 회로는 ROM으로 대체할 수 있으며, ROM 또한 조합 논리 회로로 대체가 가능한 서로 호환할 수 있는 회로들이 된다. 그러나 모든 조합 논리 회로를 ROM으로 대체하는 것은 불합리할 수도 있다. 일반적으로 조합 논리의 구성은 간략화 과정을 거쳐 최적의 회로를 설계하므로 간단한 회로는 조합 논리 회로로 구현하는 것이 좋으며, 복잡한 회로는 ROM으로 설계한다.

실제로 ROM을 사용하는 경우에는 진리표의 입력 변수를 어드레스로 하고, 출력 데이터는 각 어드레스에 존재하는 데이터로 프로그램함으로써, 결국 ROM의 사용은 조합 회로라기보다는 ROM 룩업 테이블(look-up table)을 사용하는 것이 된다.

코드 변환기의 경우 4변수 입력, 4함수 출력이라면 조합 논리 설계가 간단하며, ASCII 코드를 EBCDIC 코드로 변환하는 코드 변환기라면 ROM으로 설계하는 것이 좋을 것이다. 16비트의 완성형과 조합형 한글 코드의 변환이라면 16개의 입력 변수와 16개의 출력 함수를 갖게 되므로, 조합 논리 회로로 설계한다는 것은 불가능에 가까운 일일 것이다.

본 절에서는 간단한 4비트 코드 변환기를 ROM으로 실현하는 경우를 다루어 본다.

ROM에 의한 코드 변환기 설계

5장에서 조합 논리로 설계한 회로인 8421 BCD 코드를 3초과 코드로 변환하는 코드 변환기를 ROM으로 대체하여 실현하는 예를 보인다. 8421 코드와 3초과 코드의 변환표는 표 7-4의 진리표로 표현된다.

ROM을 이용한 설계에서는 진리표에서의 입력 변수를 ROM의 어드레스로 하며, 출력 함수들은 데이터 버스로 한다. 입력 값에 해당하는 어드레스에는 출력 값에 해당하는 데이터를 프로그램한다. 즉, 0000번지에는 0011의 데이터를 기록하고, 0001번지에는 0100의 데이터를 기록하는 것이다. ROM은 어드레스로 4비트를 가져야 하므로 16워드의 공간이 있어야 하며, 각 어드레스에 의하여 선택된 공간에는 4비트 크기의 워드를 가져야 한다.

표 7-4 8421 to Ex-3 코드 변환기의 진리표

8421				Ex-3			
D	C	B	A	W	X	Y	Z
0	0	0	0	0	0	1	1
0	0	0	1	0	1	0	0
0	0	1	0	0	1	0	1
0	0	1	1	0	1	1	0
0	1	0	0	0	1	1	1
0	1	0	1	1	0	0	0
0	1	1	0	1	0	0	1
0	1	1	1	1	0	1	0
1	0	0	0	1	0	1	1
1	0	0	1	1	1	0	0

그림 7-17에는 ROM에 의한 코드 변환기의 개념을 논리도로 표현하고 있다.

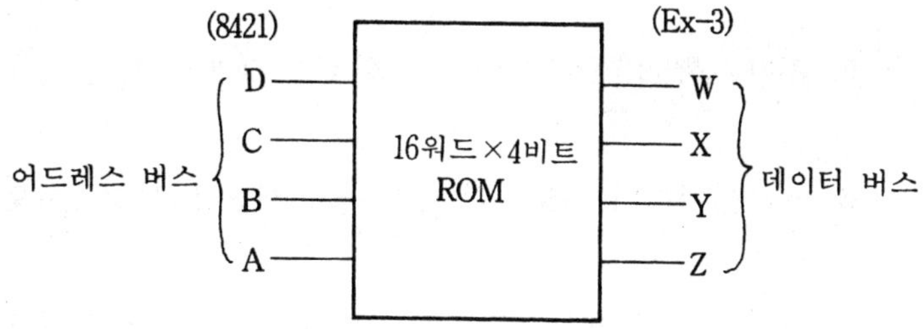

그림 7-17 16워드×4비트 ROM에 의한 코드 변환기

그러나 실제로 8421 코드를 Ex-3 코드로 변환하는 코드 변환기를 ROM으로 실현하는 것은 몇 가지 문제점을 내포하고 있다. 첫째, 어드레스 1010번지부터 1111번지까지가 사용하지 않는 공간으로 낭비되고 있다. 둘째, IC 소자로 제공되는 ROM의 크기는 이보다 훨씬 더 크다는 점이다. 따라서 입출력 변수가 작은 간단한 회로는 조합 논리 회로로 설계하고, 입출력 변수가 많은 복잡한 회로는 ROM으로 설계하는 것이 타당하며, 이미 메모리를 사용하고 있는 디지털 회로 시스템에서라면 그 중 일부를 사용하는 것이 좋다고 할 수 있다.

연 습 문 제

1. 2비트 2진수의 일치/반일치 비교기 회로를 설계하시오.

2. 2비트 크기 비교기 회로를 설계하시오.

3. n 비트 크기 비교기 설계를 위한 2비트 비교기 모듈을 설계하시오.

4. 두 개의 2진수 입력 X, Y에 대한 1비트 크기 비교기에서 $(X > Y)$임을 나타내는 출력을 f_1, $(X < Y)$를 나타내는 출력을 f_2라고 한다면, $(X = Y)$임을 나타내는 출력 f_3은 $f_3 = \overline{f_1 + f_2}$가 됨을 증명하시오.

5. 16진−2진(16 to 4) 인코더 회로를 설계하시오.

6. 프라이어리티 인코더란 무엇인가 개념을 설명하시오.

7. 인에이블 단자를 갖는 3 to 8 디코더의 논리식을 유도하고, 회로를 설계하시오.

8. 인에이블 단자를 갖는 2 to 4 디코더 2개를 이용하여 3 to 8 디코더를 구성하시오.

9. 디코더와 OR 게이트를 이용하여 다음의 다중 함수를 수행하는 조합 논리 회로를 구현하시오.

$f_1(A, B, C, D) = \Sigma m\,(1, 3, 5, 6, 9, 10, 12, 15)$

$f_2(A, B, C, D) = \Sigma m\,(6, 7, 10, 11, 13, 14, 15)$

10. 디코더와 OR 게이트만 있으면, 조합 논리 회로가 설계될 수 있는 이유를 설명하시오.

11. 디코더의 출력을 인코더에 연결할 때, 최초의 디코더의 입력과 인코더의 출력이 같아짐을 확인하시오.

12. 논리 0의 출력에서 ON이 되는 BCD to 7세그먼트 디코더를 설계하시오.

13. 8 × 1 MUX의 논리식을 유도하고, 회로도를 그리시오.

14. 4 × 1 MUX에 인에이블 단자를 갖도록 회로를 변형하시오.

15. 인에이블 단자를 갖는 4 × 1 MUX 2개와 OR 게이트를 이용하여 8 × 1 MUX를 구성하시오.

16. 4 × 1 MUX만으로 16 × 1 MUX를 구성하시오.

17. 8 × 1 MUX를 이용하여 조합 논리 함수 $f(A, B, C, D) = \Sigma m(1, 2, 3, 4, 5, 8, 9, 15)$를 구현하시오.

18. MUX로 조합 논리 회로가 구성될 수 있는 이유를 설명하시오.

19. ROM으로 조합 논리 회로가 구성될 수 있는 이유를 설명하시오.

8 CHAPTER 플립플롭

7장까지 다룬 회로들은 조합 논리 회로(combinational logic circuit or combinational network)라고 부르는 디지털 논리 회로로 회로에 기억 기능이 없이 단순히 입력에 따라 결정되는 출력만을 갖는다. 디지털 회로의 또 다른 형태인 순서 논리 회로(sequential logic circuit or sequential network)는 조합 논리 회로에 기억 기능을 갖는 소자가 추가되어 출력이 입력뿐만 아니라 기억되어 있는 전 상태에 의하여 결정되는 회로이다.

순서 논리 회로에는 여러 비트의 데이터를 기억하는 레지스터(register), 데이터를 전송하는 레지스터, 계수기, 특별한 순서 논리에 따라 동작하는 회로 등이 있으며, 이들은 9장, 10장과 11장에서 다루게 된다.

순서 논리 회로에 쓰이는 기억 소자는 게이트에 의한 조합 논리 회로로 만들어지며 플립플롭(flip-flop)이라 부르는 쌍안정 멀티바이브레이터(multi-vibrator)이다. 멀티바이브레이터에는 이 밖에도 클록 펄스 발진 회로로 쓰이는 비안정 멀티바이브레이터, 일정 시간 원하는 상태를 유지하다 다른 상태로 변화되는 단안정 멀티바이브레이터가 있다. 플립플롭은 0과 1을 기억할 수 있는 두 개의 안정된 상태를 가지며 입력에 따라 기억되는 상태가 달라지는 여러 종류가 있다. 본 장에서는 이러한 멀티바이브레이터와 플립플롭에 대하여 알아본다.

8-1 멀티바이브레이터

멀티바이브레이터란 디지털 회로에서 쓰이는 발진기로 비정현파인 구형파를 발생시키는 회로이다. 이들은 트랜지스터 회로 또는 게이트 회로로 구성될 수 있으며, 그의 안정된 상태에 따라 세 종류로 나뉜다. 멀티바이브레이터가 가질 수 있는 상태는 두 가지로 세트(set)와 리셋(reset)이라고 부르며, 일반적으로 세트는 1로, 리셋은 0으로 2진수와 대응시켜 사용한다.

1) 비안정 멀티바이브레이터

안정된 상태가 하나도 없이 두 개의 상태를 반복하여 갖는 회로를 비안정(astable) 멀티바이브레이터라고 부른다. 비안정 멀티바이브레이터는 디지털 회로가 동작하는 데 필요한 시간적 기준을 마련해 주는 클록 펄스로 많이 사용된다. 가장 간단한 비안정 멀티바이브레이터 회로는 그림 8-1과 같이 두 개의 인버터와 저항, 콘덴서로 만들 수 있다.

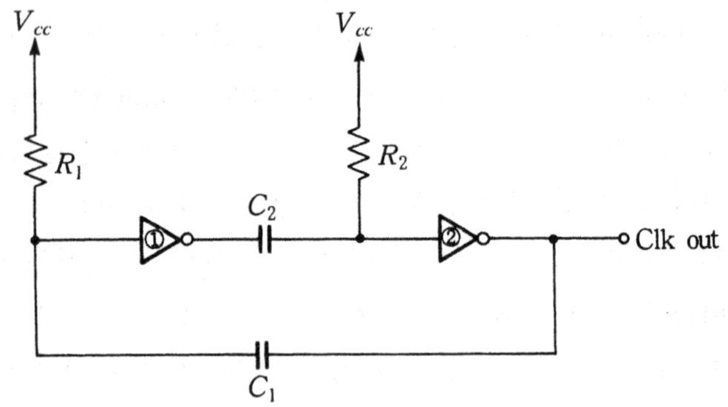

그림 8-1 비안정 멀티바이브레이터 회로

그림 8-1의 회로는 R과 C의 값에 따라 리셋 상태의 시간과 세트 상태의 시간을 결정하게 되며, 반복되는 두 상태에 대한 주파수는 식 (8-1)과 (8-2)로 구하여진다.

$$f=\frac{1}{T_1+T_2}=\frac{1}{0.7R_1C_1+0.7R_2C_2} \tag{8-1}$$

$$=\frac{1.4}{R_1C_1+R_2C_2} \tag{8-2}$$

만일 같은 용량의 저항과 콘덴서들을 사용한다면 0과 1의 시간이 같은 구형파 신호를 발생시키며, 발진되는 클록의 주파수는 식 (8-3)으로 구할 수 있다.

$$f=\frac{1}{2T}=\frac{1}{2(0.7)RC}=\frac{1}{1.4RC}=\frac{0.7}{RC} \qquad (8-3)$$

그림 8-1의 멀티바이브레이터 회로의 입력과 출력의 파형은 그림 8-2와 같다.

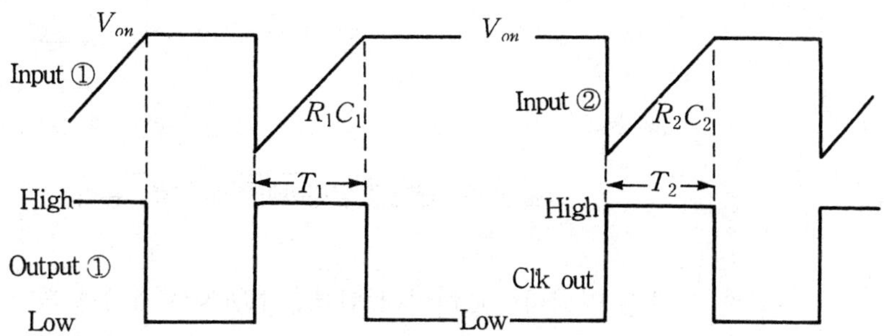

그림 8-2 비안정 멀티바이브레이터 회로의 파형

또 다른 비안정 멀티바이브레이터 회로로는 555 타이머를 많이 사용하며, CMOS의 4047은 비안정과 단안정의 회로로 쓰이고, 더욱 정밀한 파형과 높은 주파수를 만들어 내기 위하여는 수정(crystal) 발진기를 사용하는 회로가 많이 쓰인다. 수정 발진기를 사용하는 회로용의 IC 소자로는 74320, 74321이 있다.

2) 단안정 멀티바이브레이터

단안정(monostable) 멀티바이브레이터 회로는 싱글-샷(single shot) 또는 원샷(one shot) 회로라고도 부르며, 세트와 리셋의 두 개의 상태 중 한 개의 상태에서만 안정한 회로이다. 이 회로는 일정한 시간 동안 불안정한 상태를 유지하다가 안정된 상태로 가는 회로로, 특정 시간 간격을 만들어 내는 데 주로 사용된다.

단안정 멀티바이브레이터 논리는 그림 8-3과 같이 표시할 수 있다. 트리거 입력을 가지며 출력으로는 정상 출력(Q)과 부정 출력($\overline{Q}$)의 두 개를 갖는다. 트리거 입력에 대한 정상 출력의 동작 파형은 그림 8-3(b)와 같다.

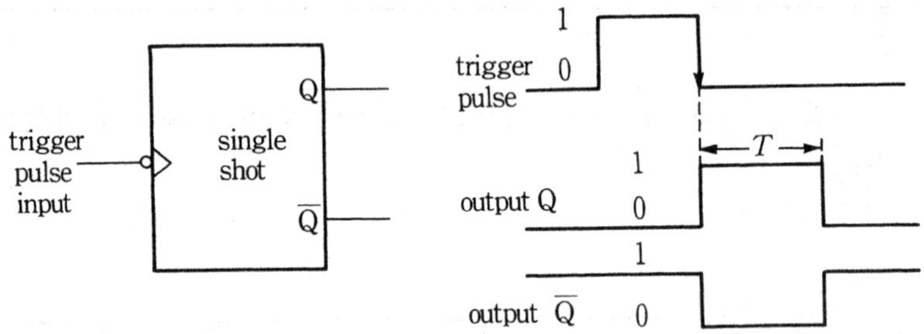

(a) 논리 기호 (b) 입력과 출력의 파형

그림 8-3 단안정 멀티바이브레이터의 논리

간단한 단안정 멀티바이브레이터 회로는 NAND 게이트 두 개와 저항, 콘덴서를 이용하여 구현할 수 있으며 이의 회로는 그림 8-4(a)에 나타내며, 그의 출력 파형은 그림 8-4(b)와 같다. 여기에서 불안정한 상태 T는 저항과 콘덴서의 값에 따라 결정되고, 그 값은 식 (8-4)로 주어진다.

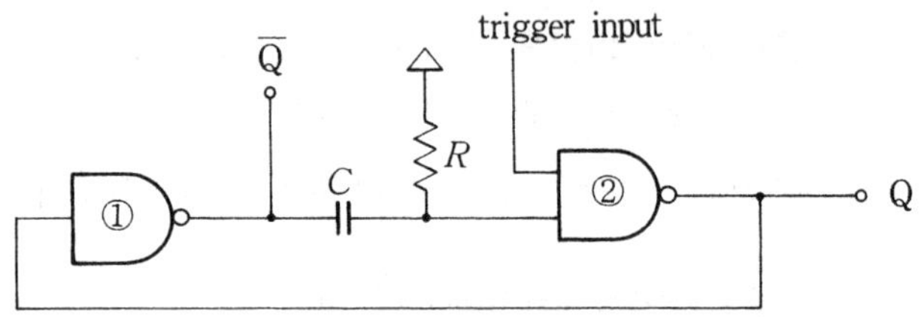

(a) 논리 회로

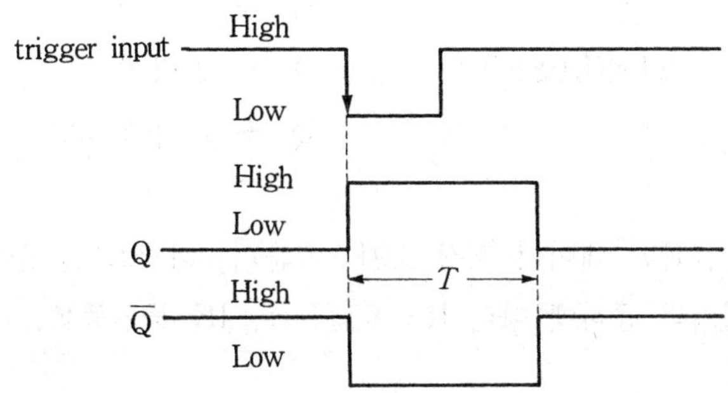

(b) 입력과 출력 파형

그림 8-4 NAND 게이트를 이용한 단안정 멀티바이브레이터

$$T = 0.7RC \qquad (8-4)$$

단안정 멀티바이브레이터의 또 다른 응용으로는 접점을 갖는 스위치의 접점 바운스(contact bounce) 또는 채터링(chattering)의 방지에 쓰인다. IC 소자로는 TTL과 CMOS의 74121, 74122, 74123, 74221, 74422, 74423, 4047, 4528, 4538 등이 있으며, 555 타이머를 사용할 수도 있다.

3) 쌍안정 멀티바이브레이터

쌍안정(bistable) 멀티바이브레이터 회로는 세트와 리셋, 두 개의 안정된 상태를 갖는 회로로 플립플롭이라 부르는 디지털 회로의 기억 소자이다. 플립플롭은 정상 상태 출력 Q와 부정 상태 출력 $\overline{Q}$ 로 표시되는 두 가지의 출력을 갖는다. 출력은 안정된 현재 상태를 출력하게 되며, 새로운 입력이나 클록 입력이 인가되지 않는 한 현재 상태를 유지한다. 플립플롭의 클록 입력은 클록 신호에 맞추어 동작하는 동기식에 사용되며, 클록 입력이 없는 비동기식 플립플롭도 있으며, 이러한 회로는 래치라고도 부른다.

플립플롭의 세트와 리셋은 현재 기억되어 있는 상태 또는 출력되는 상태를 의미하며, 출력 단자와의 관계는 다음과 같이 정의된다.

세트(SET) : Q = 논리 1

$\overline{Q}$ = 논리 0

리셋(RESET) : Q = 논리 0

$\overline{Q}$ = 논리 1

플립플롭은 데이터 저장 소자, 카운터, 레지스터, 순서 논리 회로 등에 쓰이며, 입력과 동작에 따라 RS 플립플롭, JK 플립플롭, D 플립플롭 등이 있다.

8-2 RS 플립플롭

RS 플립플롭은 두 개의 NOR 또는 NAND 게이트로 구성할 수 있으며, 명칭의 RS는 리셋(Reset)과 세트(Set)를 나타낸다. 입력은 R과 S로 표시되며 플립플롭의 상태를 결정하는 입력 단자이다. $R = 1$, $S = 0$이라면 플립플롭의 상태는 리셋이 되어 출력 $Q = 0$($\overline{Q} = 1$)이 된다. $R = 0$, $S = 1$이라면 플립플롭의 상태는 세트가 되어 출력 $Q = 1$($\overline{Q} = 0$)이 된다. 만일 R과 S가 동시에 0이라면 플립플롭의 상태는 변화되지 않으나, 동시에 1일 경우는 리셋과 세트를 함께 할 수 없는 관계로 허가되지 않는다.

1) RS 래치

그림 8-5(a)는 NOR 게이트로 구성된 RS 래치의 회로도이며, (b)는 입력에 따른 출력의 상태 값을 나타낸다. 진리표에서 Q_{t+1}는 새로운 입력에 의한 출

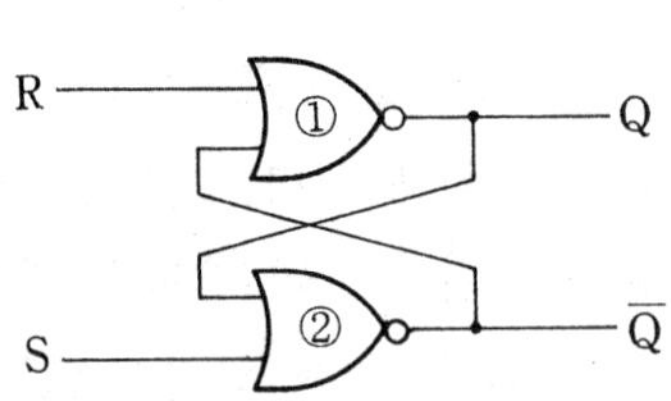

(a) 회로도

R	S	Q_{t+1}	$\overline{Q}_{t+1}$
0	0	Q_t (무변)	$\overline{Q}_t$
0	1	1 (세트)	0
1	0	0 (리셋)	1
1	1	− (불허)	−

(b) 진리표

그림 8-5 NOR 게이트로 구성된 RS 래치

력을 표시하고, Q_t는 현재 상태를 표시한다. RS 래치는 동작의 기준 시간이 없이 입력이 변화되기만 하면 출력을 변화시키므로 비동기식 RS 플립플롭이라고도 부른다.

NAND 게이트로 구성된 RS 래치는 NAND 게이트의 특성으로 입력 R과 S가 액티브 - 로 신호로 동작한다. 이의 회로와 진리표를 그림 8-6에 나타낸다.

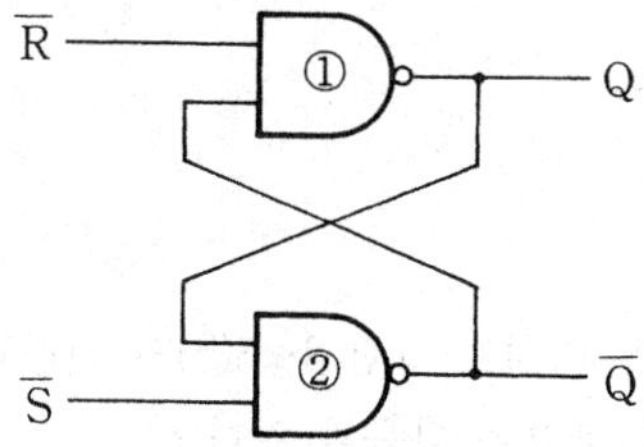

(a) 회로도

$\overline{R}$	$\overline{S}$	Q_{t+1}
0	0	− (불허)
0	1	0 (리셋)
1	0	1 (세트)
1	1	Q_t (무변)

(b) 진리표

그림 8-6 NAND 게이트로 구성된 RS 래치

NAND 게이트에 의한 RS 래치의 동작을 NOR 게이트에 의한 회로의 동작과 일치시키기 위하여는 입력 단에 인버터를 하나씩 설치하면 된다. 그림 8-7은 NOR 게이트에 의한 RS 래치와 NAND 게이트에 의한 RS 래치의 논리 기호를 나타낸다.

(a) NOR 게이트에 의한 RS 래치 (b) NAND 게이트에 의한 RS 래치

그림 8-7 RS 래치의 논리 기호

예제 1 RS 래치의 입력이 그림과 같은 파형을 가질 때, 출력 상태를 결정하시오.

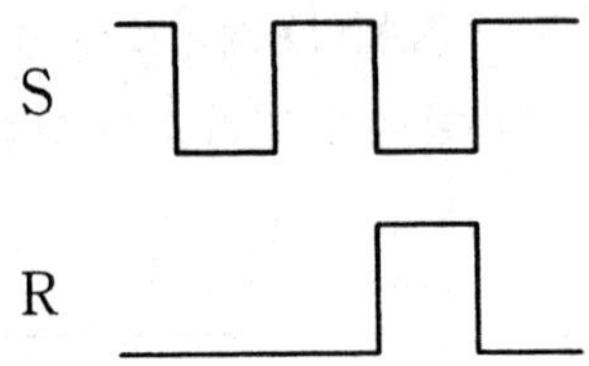

▷▶ **풀 이**

NOR 게이트로 구성된 RS 래치는 그림 8-5(b)의 진리표와 같이 동작하므로 입력 S와 R에 대한 출력 파형은 다음과 같다.

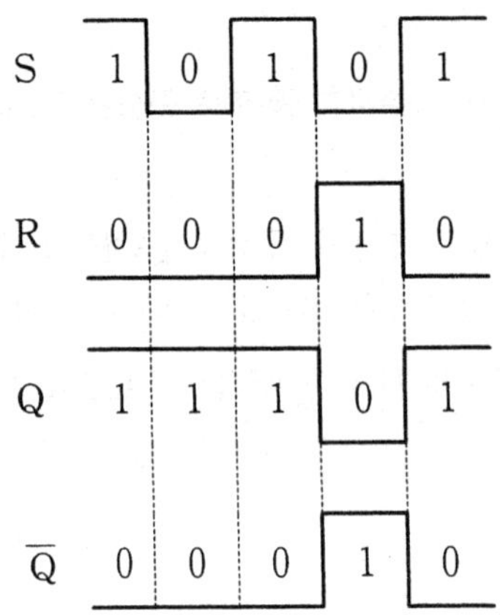

2) RS 플립플롭

앞에서 살펴본 RS 래치는 입력이 변화되기만 하면 게이트의 지연 시간 이후에는 입력 논리에 따라 출력이 결정되는 비동기식 회로이다. 경우에 따라서는 외부로부터 클록의 신호에 동기되어 동작하는 회로가 필요하며, 이는 그림 8-8과 같이 구성할 수 있다. 이를 RS 플립플롭이라고 하며, RS 래치를 비동기식이라고 부르는 데 대하여 동기식 RS 플립플롭이라고도 한다.

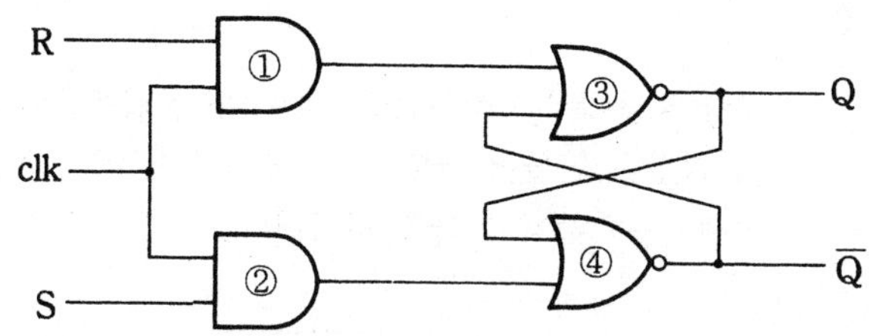

(a) 회로도

clk	R	S	Q_{t+1}
1	0	0	Q_t
1	0	1	1
1	1	0	0
1	1	1	−
0	×	×	Q_t

(b) 진리표

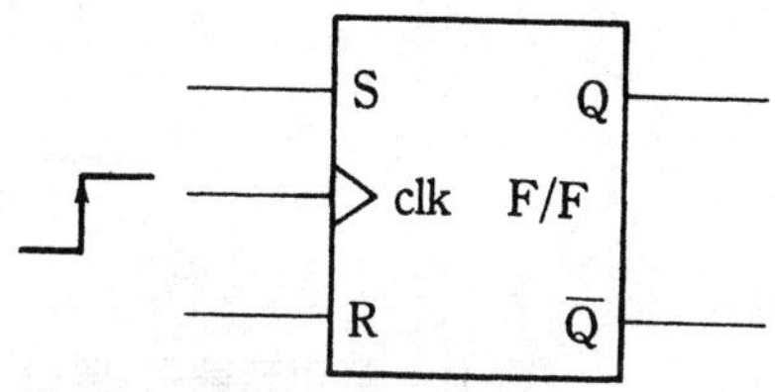

(c) 논리 기호

그림 8-8 RS 플립플롭

그림 8-8에서 ③, ④의 NOR 게이트는 비동기식 RS 플립플롭인 RS 래치의 회로 그대로이고, ①, ②의 AND 게이트가 클록 신호와 동기를 맞추는 역할을 한다. AND 게이트를 사용하면 clk가 논리 0에서 논리 1로 올라가는 상승 구간(leading or rising edge)에서 동작하며, ①, ②의 AND 게이트를 NOR 게이트로 바꾸면 하강 구간(trailing or falling edge)에서 동작하는 회로를 구성할 수 있다. (c)의 논리 기호에서 입력에 〉 표시는 에지(edge) 동작을 나타내며, 클록이라고 부르는 신호에 사용한다.

예제 2 그림 8-8과 같은 동기식 RS 플립플롭에 다음 그림과 같은 입력 신호를 인가하였을 때, 출력 파형을 그려 보시오.

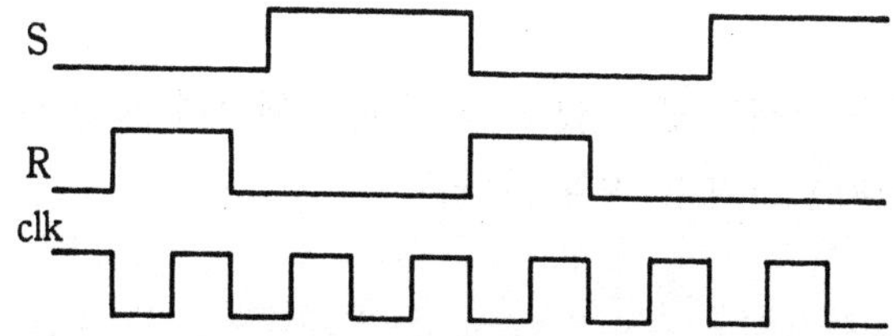

▷▶ 풀 이

하강 구간에서 동작하는 동기식 RS 플립플롭의 동작은 다음 그림과 같은 출력 파형을 만들어 낸다. 그림에서 N은 무변(No change)을 나타내고, R은 리셋, S는 세트 동작을 나타낸다.

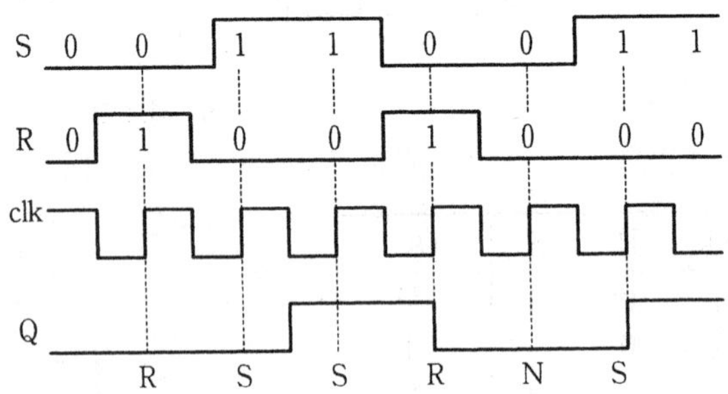

3) RS 플립플롭의 특성 방정식

플립플롭의 출력은 입력과 전 상태에 따라 결정되므로 플립플롭의 출력 논리식을 구할 수 있으며, 이를 플립플롭의 특성 방정식이라고 한다.

RS 플립플롭의 특성 방정식은 다음과 같이 구할 수 있다. 먼저 그림 8-8(b)의 진리표를 표 8-1과 같이 바꾸어 쓸 수 있다.

표 8-1 RS 플립플롭의 진리표

S	R	Q_t	Q_{t+1}
0	0	0	0
0	0	1	1
0	1	0	0
0	1	1	0
1	0	0	1
1	0	1	1
1	1	0	×
1	1	1	×

다음 상태의 출력 Q_{t+1}을 구하기 위하여 표 8-1의 진리표를 카르노 맵으로 나타내면 그림 8-9와 같다.

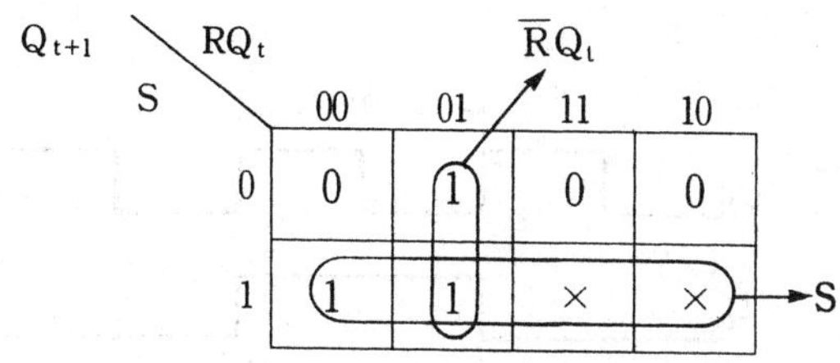

그림 8-9 RS 플립플롭 출력의 카르노 맵

그림 8−9의 카르노 맵으로부터 간략화된 논리식을 구하면 식 (8−5)가 된다.

$$Q_{t+1} = S + \overline{R}Q_t \qquad (8-5)$$

4) 토글 동작하는 RS 플립플롭

RS 플립플롭은 무변(No Change), 세트(Set), 리셋(Reset) 상태의 세 가지 경우로 동작한다. 그러나 보수(반전) 또는 토글(Toggle) 동작을 하는 플립플롭으로 변형하여 사용할 수 있다. 이 때, R과 S의 입력은 출력 단을 피드백시켜 사용하므로 클록 입력만으로 동작하게 된다. 그림 8−10은 토글 동작하는 RS 플립플롭의 논리를 나타내며, 그림 8−11은 클록 입력에 대한 출력 파형을 나타낸다. 입력 펄스의 주기에 대하여 출력 펄스의 주기는 두 배가 되며, 주파수는 1/2이 된다. 이는 클록 펄스의 분주 회로로 이용된다.

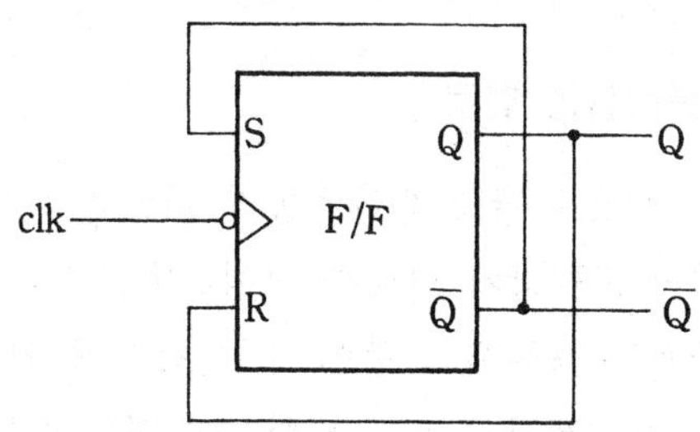

그림 8-10 토글 동작하는 동기식 RS 플립플롭

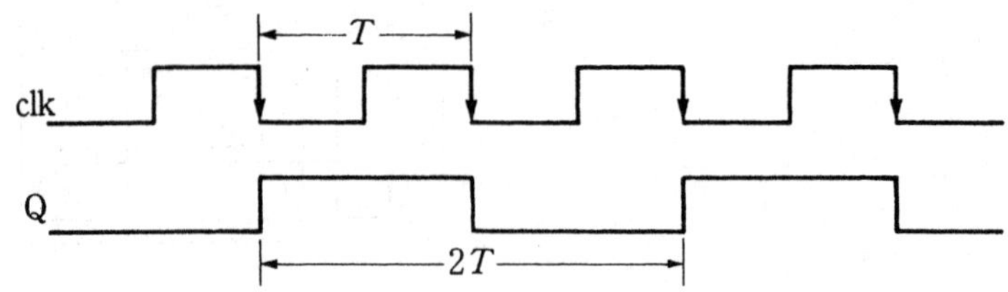

그림 8-11 토글 동작하는 RS 플립플롭의 입력과 출력의 파형

5) RS 플립플롭의 IC 소자

RS 플립플롭은 게이트 회로로 간단하게 구성할 수 있으며, 허가되지 않는 입력이 존재하므로 IC 소자로 많이 사용되지는 않으며, TTL의 74279와 CMOS의 4043, 4044 등이 존재한다.

8-3 JK 플립플롭

RS 플립플롭은 발생 가능한 입력에 대하여 정상적으로 동작하지 않는 부분이 존재하며, 이 허가되지 않는 입력에 대하여 토글 동작을 하도록 개선한 것이 JK 플립플롭이다. 입력 JK는 그대로 SR에 대응되어 J=K=0일 경우에는 변화되지 않고 전 상태를 유지하며, J=1, K=0인 경우에는 세트 상태, J=0, K=1인 경우에는 리셋 상태가 된다. J=K=1인 경우는 토글 동작이 이루어져 전 상태의 부정을 출력으로 한다.

1) JK 플립플롭 회로

그림 8-12(a)는 JK 플립플롭의 회로를 나타낸다. ①과 ②의 NOR 게이트는 전형적인 RS 래치 회로를 구성하며, ③과 ④의 AND 게이트는 상승 구간에서 동작하는 클록을 만들어 주는 동시에 외부로부터의 JK 입력과 플립플롭의 출력을 피드백시켜 주게 된다. 이 회로의 동작은 (b)의 진리표와 같으며, RS 플립플롭에서 S=R=1일 때 허가되지 않는 동작을 J와 K로 바꾸어, J=K=1일 때 토글 동작이 이루어지도록 한 점만이 RS 플립플롭과 다르다. JK

플립플롭은 회로에서 보듯이 동기식 플립플롭으로 구성되며, 이의 논리 기호는 (c)로 표시된다.

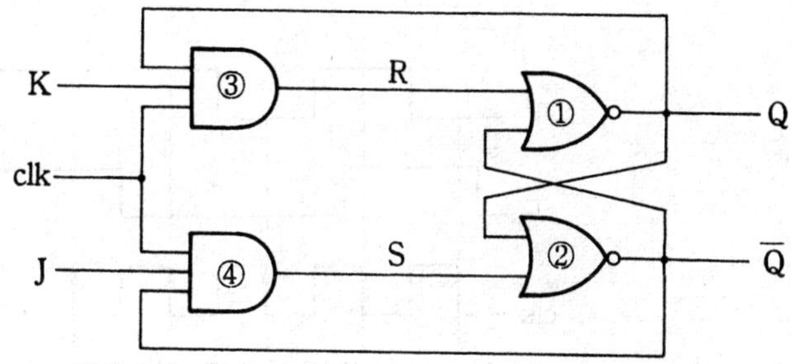

(a) 회로도

J	K	Q_{t+1}
0	0	Q_t(무 변)
0	1	0 (리 셋)
1	0	1 (세 트)
1	1	$\overline{Q_t}$(토 글)

(b) 진리표

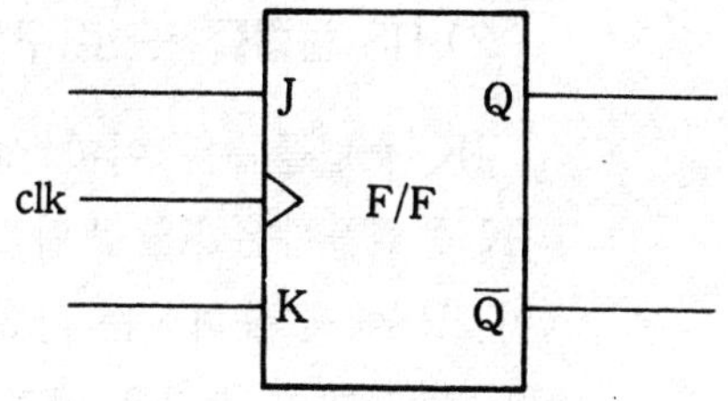

(c) 논리 기호

그림 8-12 JK 플립플롭

예제 3 그림 8-12의 JK 플립플롭에 다음 그림과 같은 입력 파형이 인가될 때, 출력을 결정하시오. 출력의 초기 상태는 0이라고 가정한다.

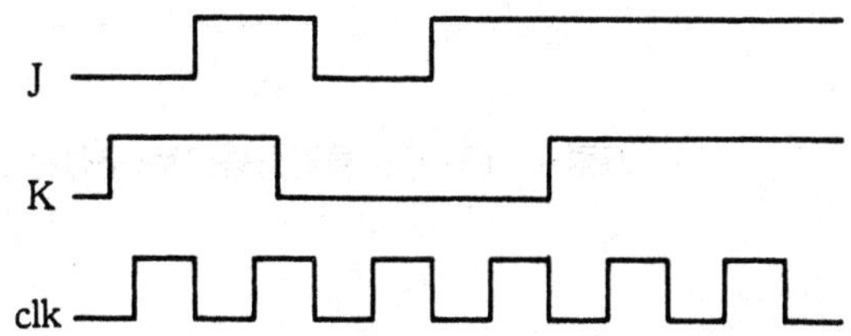

▷▶ 풀 이

문제의 JK 플립플롭은 상승 구간에서 동작하므로 클록의 상승 구간의 입력 조건에 따라 다음과 같이 출력이 결정된다. 그림에서 R은 리셋, T는 토글, S는 세트, N은 무변의 동작을 나타낸다.

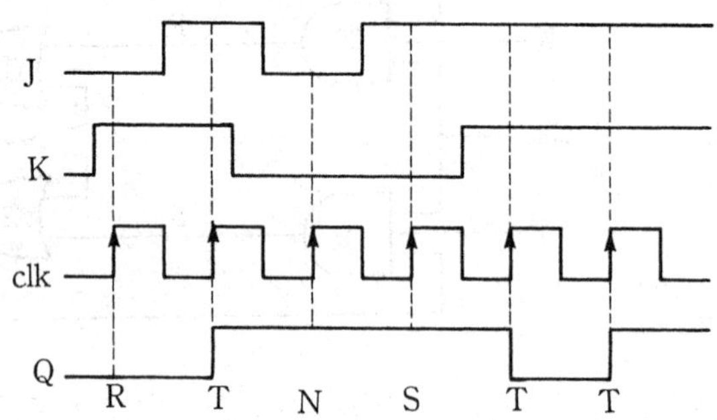

2) RS 플립플롭으로 구성된 JK 플립플롭

JK 플립플롭은 이미 설계된 RS 플립플롭을 이용하여도 구성할 수 있다. JK 플립플롭은 RS 플립플롭과 무변, 세트, 리셋의 세 종류의 상태가 일치하며, RS에서 불허되는 상태가 토글 상태로 바뀌어야 하므로 RS 플립플롭 모듈에 전 상태의 출력을 입력으로 되돌리기 위한 AND 게이트 두 개만 추가하면 그림 8-13처럼 간단하게 구성된다.

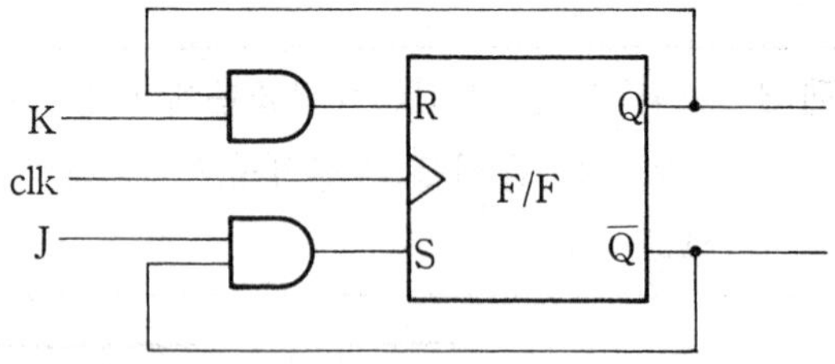

그림 8-13 RS 플립플롭으로 구성된 JK 플립플롭

3) JK 플립플롭의 특성 방정식

JK 플립플롭의 특성 방정식을 구하기 위하여 전 상태를 포함하는 진리표를 작성하면 표 8-2가 되고, 진리표로부터 카르노 맵을 그리면 그림 8-14가 된다. 카르노 맵으로부터 간략화된 논리식을 구하면 식 (8-6)을 얻을 수 있다.

표 8-2 JK 플립플롭의 진리표

J	K	Q_t	Q_{t+1}
0	0	0	0
0	0	1	1
0	1	0	0
0	1	1	0
1	0	0	1
1	0	1	1
1	1	0	1
1	1	1	0

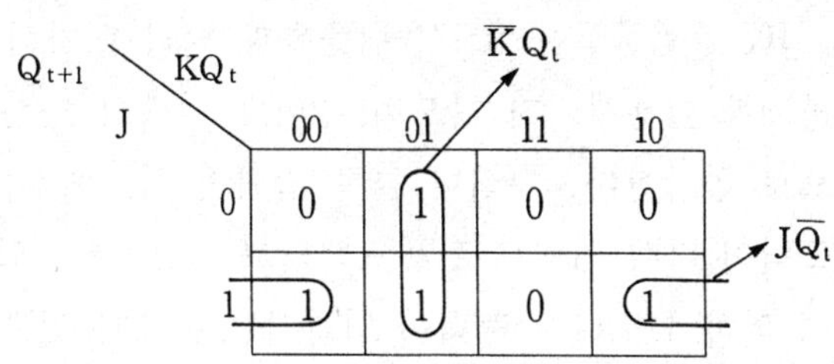

그림 8-14 JK 플립플롭 출력의 카르노 맵

$$Q_{t+1} = J\,\overline{Q_t} + \overline{K}Q_t \qquad (8-6)$$

4) 토글 동작하는 JK 플립플롭

JK 플립플롭을 토글 동작을 하는 플립플롭으로 사용하는 것은 RS 플립플롭의 경우보다 더 간단하다. JK 플립플롭의 정의에서 이미 토글 동작을 마련하였기 때문에 그림 8-15(a)와 같이 J와 K의 입력에 논리 1을 입력하고 클록을 인가한다면 그대로 토글 동작이 이루어진다. 그 출력 파형은 (b)와 같으며 클록 주기의 두 배가 되는 주기를 갖게 되므로 분주 회로로 사용할 수 있다.

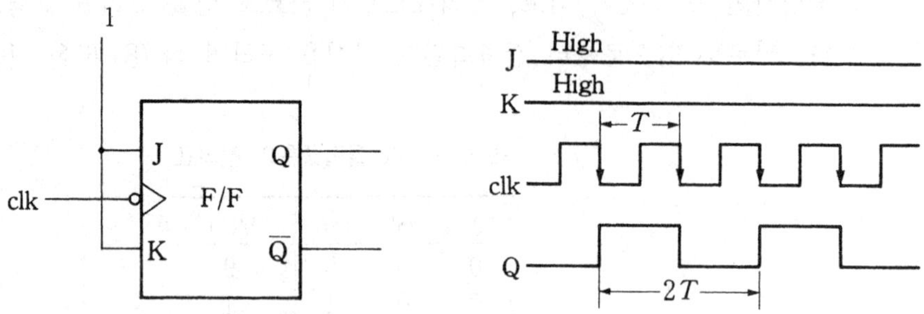

(a) 회로도 (b) 파형도

그림 8-15 토글 동작하는 JK 플립플롭

5) JK 플립플롭의 문제점

JK 플립플롭은 RS 플립플롭과 달리 허가되지 않는 입력이 존재하는 등의 문제를 발생시키지 않으며, 2비트 입력의 모든 가능한 경우에 대하여 정상적으로 동작한다. 그러나 클록 입력의 신호에 따라 출력의 상태가 변할 때, 그 출력이 다시 입력으로 피드백되고 있으므로, 입력을 변화시키고, 변화된 입력에 의하여 또다시 출력이 변화되는 문제가 있을 수 있다. 이것은 상승 또는 하강 구간에 동작하는 클록 입력이나 액티브되어 있는 레벨의 주기로 해결한다.

상승 또는 하강 구간에서 동작하는 플립플롭이라 할지라도 액티브 구간에 동시에 입력 신호가 바뀐다면 이는 경합 조건이 되어 출력을 불확실하게 만들 수 있다. 이는 뒤에서 다루는 마스터-슬레이브 플립플롭으로 해결한다.

6) JK 플립플롭의 IC 소자

JK 플립플롭은 RS 및 D 플립플롭으로 쓰일 수 있으며, 토글 동작 등의 기능으로 만능 플립플롭으로 사용되기 때문에 IC 소자로도 매우 많은 종류가 만들어져 있다. TTL과 CMOS의 7470, 7472(M-S), 7473, 7476(M-S), 7478, 74104, 74105, 74107, 74109, 74110, 74111, 74112, 74113, 74114, 74276, 74376, 4027, 14027(M-S) 등의 범용 IC 소자들이 존재한다.

8-4 D 플립플롭

플립플롭은 2진수 1비트를 저장할 수 있는 회로임은 이미 아는 바와 같다. 외부로부터 전송되어 오는 2진 데이터를 저장하기 위하여는 0의 입력은 0으로, 1의 입력은 1로 저장되고, 출력되어야 한다. 또 입력 신호는 1비트의 논리로 처리가 가능하므로 RS 플립플롭이나 JK 플립플롭처럼 두 개의 입력 단자를 갖지 않아도 된다. 이 하나의 입력 단자는 데이터를 그대로 저장하므로 D(Data)라고 부르고, D 입력을 갖는 플립플롭을 D 플립플롭이라고 부른다.

1) RS와 JK를 변형한 D 플립플롭

D 플립플롭의 요구 사항은 단지 외부로부터 입력되는 1비트의 D값에 따라 0 또는 1의 상태를 저장하면 되므로, RS와 JK의 두 개의 입력 값은 서로 반대가 되는 경우에만 사용하면 된다. 따라서 그림 8-16처럼 R 또는 K 단자에 인버터를 연결하여 두 개의 입력을 하나의 입력으로 바꾸면 된다.

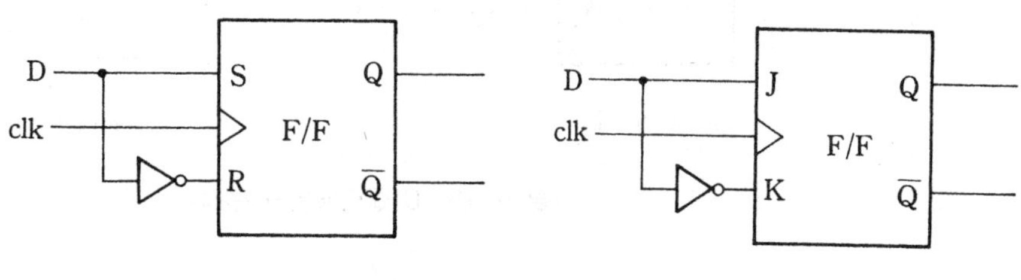

(a) RS로 구성한 D 플립플롭 (b) JK로 구성한 D 플립플롭

그림 8-16 RS와 JK를 변형하여 구성한 D 플립플롭

2) D 플립플롭 회로

D 플립플롭 회로는 RS와 JK로부터 변형하여 구성할 수 있지만, 독립된 플립플롭이므로 그림 8-17과 같은 게이트 회로로 구성할 수 있다. 이 회로는 NAND 게이트를 이용하여 구성된 회로로 클록 입력의 상승 구간에서 입력 값에 따라 리셋 또는 세트로 동작한다.

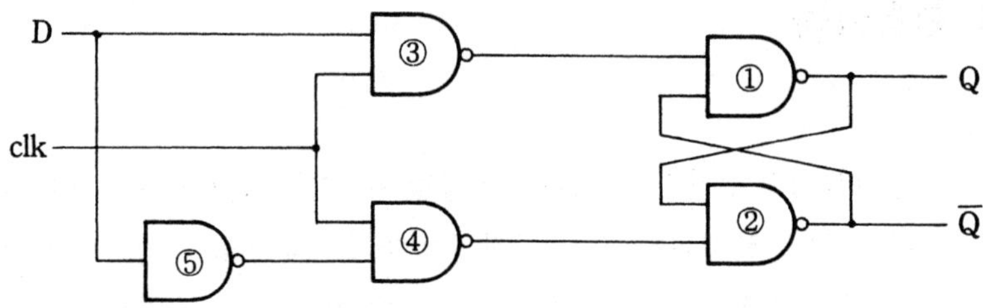

그림 8-17 NAND 게이트로 구성된 D 플립플롭 회로

그림 8-17에서 구성된 D 플립플롭을 논리 기호로 나타내면 그림 8-18(a)로 표현하며, 그에 대한 논리를 진리표(b)로 나타내고, 출력을 간략화하면 식 (8-7)의 특성 방정식을 얻을 수 있다.

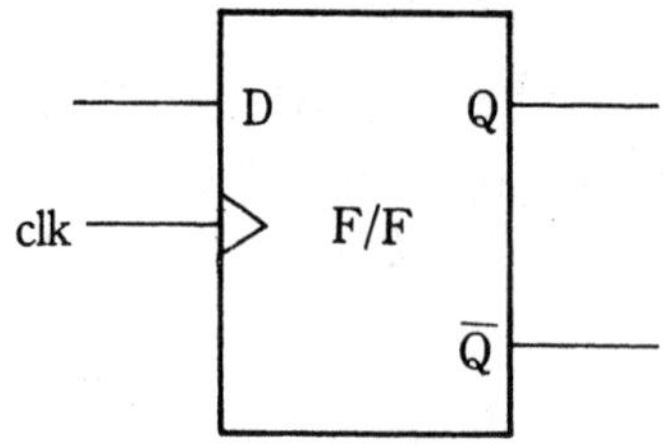

(a) 논리 기호

D	Q_t	Q_{t+1}
0	0	0
0	1	0
1	0	1
1	1	1

(b) 진리표

그림 8-18 D 플립플롭의 논리

$$Q_{t+1} = D \tag{8-7}$$

3) 토글 동작하는 D 플립플롭

D 플립플롭은 입력 값을 그대로 저장하는 기능을 갖지만, 토글 동작하는 회로로 사용할 수도 있다. 다음 상태는 전 상태의 반전 동작을 하여야 하므로 외부로부터의 입력은 클록만이 필요하다. D 입력은 전 상태의 반전된 값이 필요하므로 부정 출력 $\overline{Q}$를 D 입력에 피드백시켜 주면 된다. 그림 8-19(a)는 토글

동작하는 D 플립플롭 회로를 나타내며, (b)는 입력 펄스에 대한 출력 펄스의 파형을 나타내고, 앞서 설계한 토글 동작의 출력과 마찬가지로 분주 회로로 쓰인다.

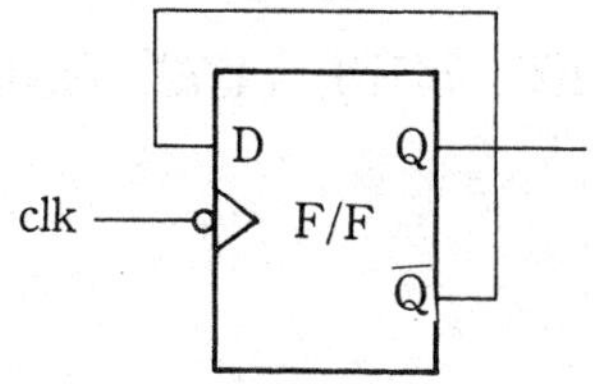

(a) 회로

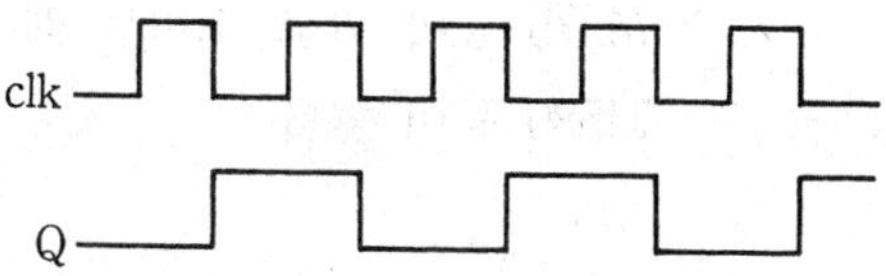

(b) 입력과 출력의 파형도

그림 8-19 토글 동작하는 D 플립플롭

4) D 래치

D 플립플롭은 상승 또는 하강 구간에서 동작하도록 클록 입력을 갖는다. 경우에 따라서는 하이 또는 로(Low) 레벨에서 동작하는 논리가 필요하며, 클록은 에지 동작을 나타내므로 〉 기호를 갖지 않는 입력을 사용한다. 이는 E(Enable) 또는 St(Strobe) 등의 기호로 표시하고, 이러한 논리를 D 래치라고 부른다. 특히 데이터 버스 등의 값을 저장하는 경우에는 여러 비트의 논리가 필요하여 여러 개의 D 래치를 사용하게 된다. 그림 8−20은 4비트 D 래치 회로를 나타낸다. D 입력과 출력은 각각 사용하고, 허가 입력 E는 4비트에 대하여 함께 동작하도록 외부에는 하나의 단자로 연결된다.

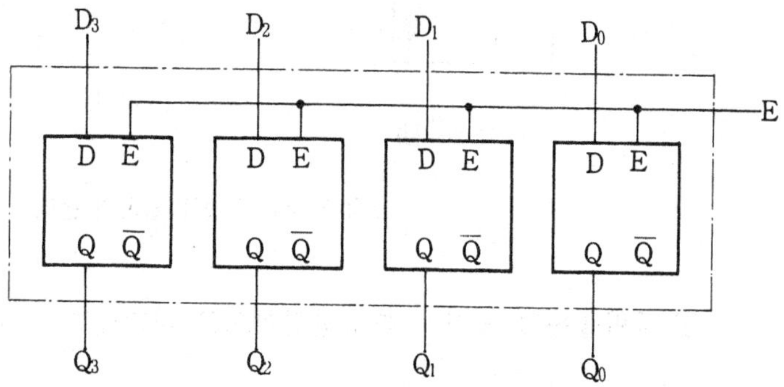

그림 8-20 4비트 D 래치 회로

5) D 플립플롭의 IC 소자

D 플립플롭의 IC 소자로는 7474, 74173, 74174, 74175, 74273, 74364, 74374, 74377, 74378, 74379, 74388, 74534, 74564, 74573, 74574, 74575, 74576, 74577, 4013 등이 있으며, D 래치로는 4비트로 7475, 7477, 74116, 74375 등이 있고, 8비트 래치로 74100, 74170, 74373, 74533, 74563, 74573, 74580 등이 있다.

8-5 T 플립플롭

T 플립플롭은 별도의 회로로 정의되는 플립플롭은 아니지만 분주 회로나 카운터 등에서 토글 동작만을 사용하는 경우가 많으므로 정의하여 사용하기도 한다. 다만 이는 별도의 회로가 아닌 RS나 JK, D 등의 플립플롭을 이용하여 동작적으로 정의한다.

T 플립플롭의 구성은 앞에서 이미 살펴본 각 플립플롭의 토글 동작을 하나의 논리기호로 정의하여 그림 8-21(a)와 같이 나타내며, 그 동작은 (b)와 같다. T 입력은 RS, JK, D 등 구성에 사용한 플립플롭의 토글 동작을 나타내어 0일 때는 전상태 유지, 1일 경우는 토클 동작을 의미한다.

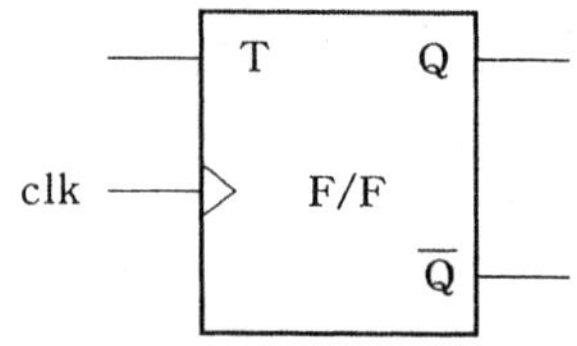

(a) 논리 기호

T	Q_t	Q_{t+1}
0	0	0
0	1	1
1	0	1
1	1	0

(b) 동작표

그림 8-21 T 플립플롭의 논리

T 플립플롭의 동작을 특성방정식으로 나타내면 식 (8-8)로 표현된다.

$$Q_{t+1} = T \oplus Q_t \quad (8-8)$$

8-6 마스터 슬레이브 플립플롭

1) 준비 시간과 유지 시간

클록 입력을 갖는 플립플롭들은 클록의 액티브 에지에서 입력 신호가 변화된다면 그 출력은 불확실한 상태에 빠지게 된다. 이는 그림 8-22와 같이 입력 신호가 액티브 에지로부터 t_S만큼 앞서서 안정되어 있고, t_H만큼 안정된 상태를 유지하도록 하면 된다. 여기서 t_S는 준비 시간(setup time), t_H는 유지 시간(hold time)이라고 부른다.

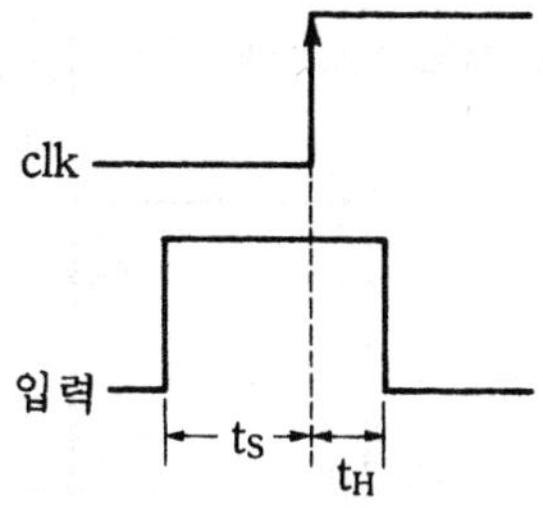

그림 8-22 준비 시간과 유지 시간

만일, 그림 8-23과 같이 외부로부터 입력되는 신호가 주어진 준비 시간과 유지 시간을 지키지 못하는 경우가 발생하면, 플립플롭의 출력은 불확실한 상태로 될 수 있다. 이를 경합 조건(racing condition)이라 부르며, 이를 해결하기 위하여 플립플롭의 입력과 출력의 기준 시간을 별도로 하여 그 동작 시간을 달리하는 방법으로 해결한다. 그 방법은 같은 플립플롭을 두 개 연결하여 입력단 플립플롭과 출력 단 플립플롭으로 독립시키는 것이다. 이러한 회로를 마스터 슬레이브(Master Slave) 플립플롭이라 한다.

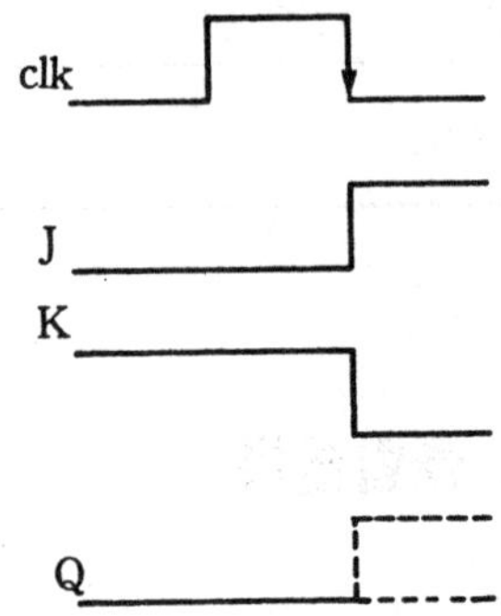

그림 8-23 입력 신호의 경합 조건

2) 마스터 슬레이브 플립플롭

마스터 슬레이브란 주인과 종으로서 동작함을 나타내며, 입력 단은 외부의 입력에 따라 변화되는 상태를 가지므로 마스터라 하고, 출력 단은 마스터의 상태를 그대로 이어받으므로 슬레이브라 한다. 그림 8-24는 마스터 슬레이브 플립플롭을 나타낸다. 입력 단의 플립플롭은 클록의 상승 구간에서 동작하며, 슬레이브 플립플롭은 하강 구간에서 동작하도록 구성된다.

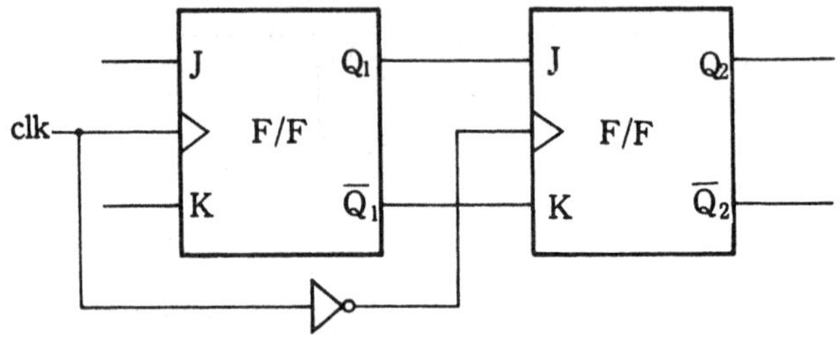

(a) 회로도

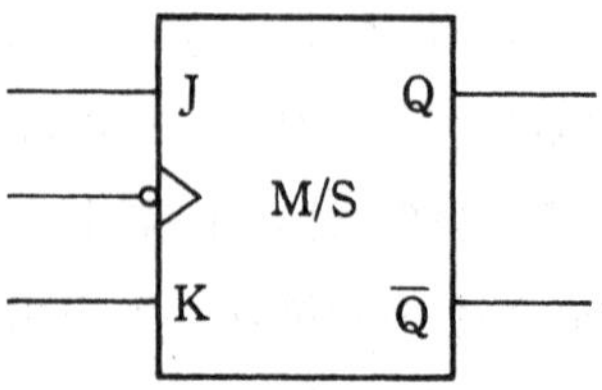

(b) 논리 기호

그림 8-24 마스터 슬레이브 JK 플립플롭의 논리

마스터 슬레이브 JK 플립플롭의 입력에 따른 출력의 파형을 그림 8-25에 나타내었다. 입력과 출력이 각기 다른 상승 구간과 하강 구간에서 동작하므로 입력에 대하여 출력은 클록의 반주기만큼의 시간차를 갖고 동작한다.

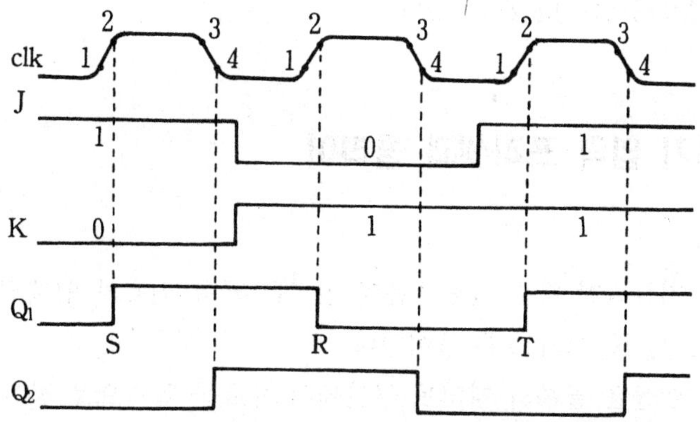

그림 8-25 마스터 슬레이브 JK 플립플롭의 입력과 출력 파형

3) 마스터와 슬레이브의 동작

그림 8-25에서 클록 신호의 전압 레벨에 따라 마스터와 슬레이브는 각각 다른 동작을 한다. 이를 요약하면 다음과 같다.

- 전압 레벨 1 : 마스터와 슬레이브 플립플롭은 서로 격리된다.
- 전압 레벨 2 : 외부로부터의 JK 입력이 마스터 플립플롭의 상태를 결정한다.
- 전압 레벨 3 : JK 입력은 더 이상 마스터 플립플롭의 상태에 영향을 미치지 않는다.
- 전압 레벨 4 : 마스터 플립플롭의 출력은 슬레이브 플립플롭의 JK에 입력되어 마스터와 슬레이브는 같은 값을 가지며, 슬레이브 플립플롭의 출력이 변화된다.

따라서 마스터 슬레이브 플립플롭의 출력의 논리는 하강 구간에서 동작하며, 그림 8-24(b)처럼 인버터를 갖는 클록 단자로 표시한다.

4) 마스터 슬레이브 JK 플립플롭의 IC 소자

실제 마스터 슬레이브의 IC 소자로는 JK 플립플롭만이 존재하며, RS 플립플롭 등은 회로 구성으로 만들 수 있다. TTL로는 7472, 7476 등이 있으며, CMOS로는 14027이 있다.

8-7 비동기 입력 프리셋과 클리어

지금까지 다룬 플립플롭의 입력은 클록 신호와 연계되어 동작하는 R, S 또는 J, K 그리고 D 등이었다.

이들은 클록의 액티브 구간에서 유효한 입력으로 받아들여져 플립플롭의 상태를 결정하는 동기 입력이라고 부른다. 그러나 동기 입력만으로 모든 플립플롭의 상태를 결정하려고 하면 불편한 점이 따른다. 특히 순서 논리 회로의 초기값을 저장하거나, 리셋 등의 요구가 있을 경우 동기 입력만으로는 논리에 맞는 입력과 함께 클록을 인가하여야만 하며, 이는 제어의 복잡함과 함께 빠른 동작을 기대하기 어려운 점이 있다. 이를 위하여 클록 신호와 무관하게 동작할 수 있는 세트, 리셋의 입력을 별도로 갖도록 하는 것이 일반적이다. 이들을 프리셋(PR or S_D), 클리어(CLR or C_D)라고 부르며 비동기 입력이 되도록 한다. 비동기 입력을 실현하는 기본 개념은 프리셋과 클리어 단자의 입력이 출력단의 게이트의 논리를 직접 세트 혹은 리셋시키도록 하는 것이다. 다만 비동기 입력은 둘 다 액티브가 되어서는 안 된다.

그림 8-26은 NAND 게이트로 구성된 D 플립플롭으로 비동기 입력 S_D와 C_D를 갖는 회로이다. 이 회로의 S_D와 C_D는 로(Low)일 때 액티브되는 신호로, S_D가 로(Low)가 되면 클록 입력이나 D 입력에 상관없이 출력은 세트 상태가 되고, C_D가 로가 되면 리셋 상태가 된다. S_D와 C_D가 모두 하이 상태로 있으면 클록 입력에 따라 D의 입력값이 출력으로 전달되는 동작을 한다.

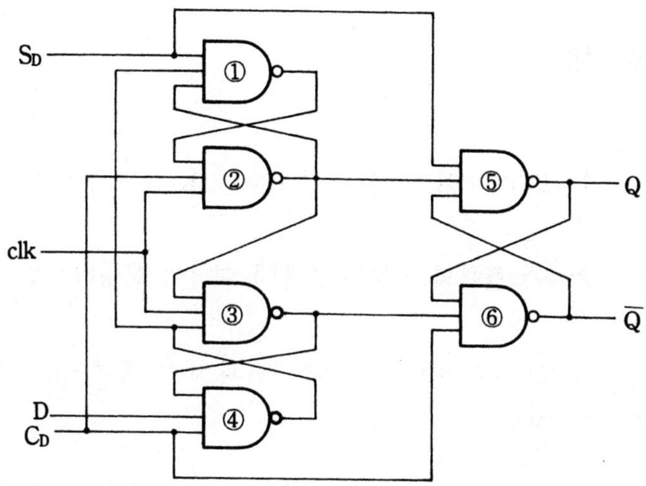

그림 8-26 비동기 입력을 갖는 D 플립플롭의 회로

그림 8-26의 D 플립플롭은 논리 기호로 표시하면 그림 8-27(a)로 나타내어지며, 그의 동작은 (b)의 진리표로 해석된다.

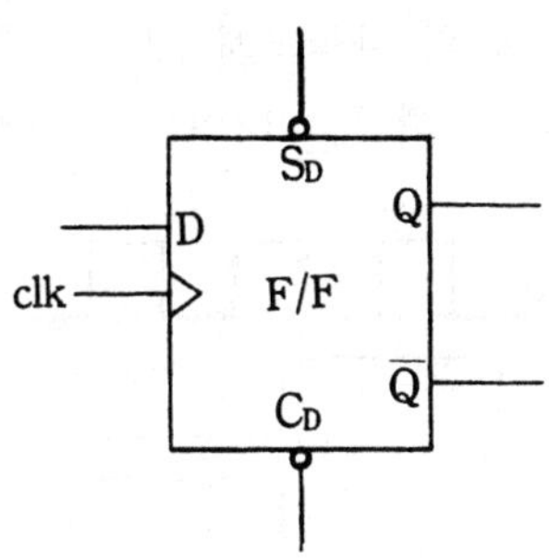

(a) 논리 기호

clk	D	S_D	C_D	Q_{t+1}
×	×	0	1	1 (프리셋)
×	×	1	0	0 (클리어)
↑	0	1	1	0 (동기 리셋)
↑	1	1	1	1 (동기 세트)

(b) 진리표

그림 8-27 비동기 입력을 갖는 D 플립플롭의 논리

연 습 문 제

1. 멀티바이브레이터의 종류와 기능에 대하여 설명하시오.

2. 플립플롭의 기능과 종류에 대하여 설명하시오.

3. RS 래치에 RS 입력이 다음과 같은 파형으로 인가될 때, 출력 파형을 그리시오.

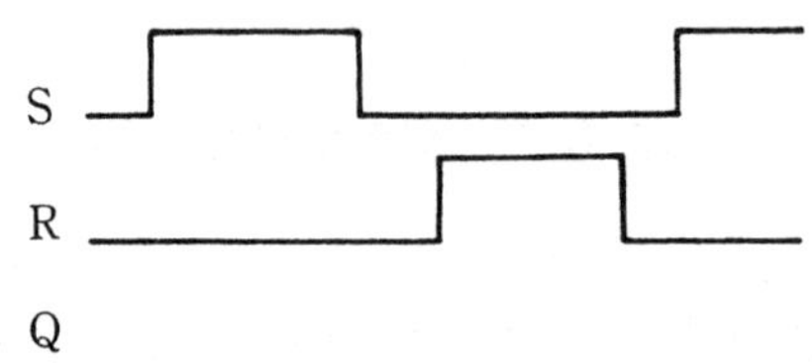

4. RS 플립플롭에 RS 입력이 다음의 파형으로 인가될 때, 출력 파형을 그려보시오. (단, 출력의 초기값은 0이며, clk의 상승 구간에서 동작한다).

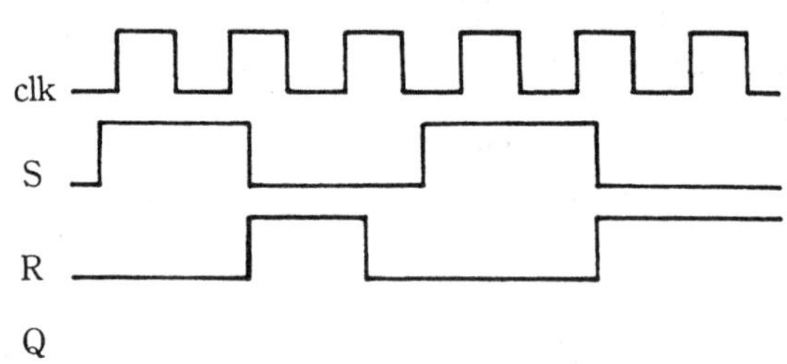

5. 토글 동작하는 RS 플립플롭을 NAND 게이트의 회로로 구성하시오.

6. 상승 구간에서 동작하는 JK 플립플롭에 다음과 같은 입력 파형을 인가할 때, 출력 파형을 그리시오.

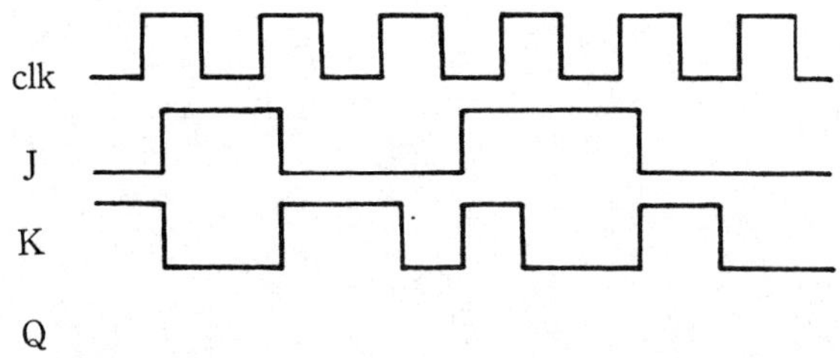

7. RS 플립플롭의 특성 방정식을 유도하시오.

8. JK 플립플롭의 특성 방정식을 유도하시오.

9. RS 플립플롭을 이용하여 JK 플립플롭을 구성하시오.

10. JK 플립플롭을 이용하여 8분주 회로를 구성하고, 출력 파형을 그리시오.

11. RS 플립플롭을 이용하여 8분주 회로를 구성하시오.

12. NAND 게이트로 구성된 RS 플립플롭 회로를 D 플립플롭으로 변형하시오.

13. RS 플립플롭을 이용하여 D 플립플롭을 구성하시오.

14. JK 플립플롭을 이용하여 D 플립플롭을 구성하시오.

15. D 플립플롭을 이용하여 8분주 회로를 구성하고, 출력 파형을 그리시오.

16. RS 플립플롭을 마스터 슬레이브 플립플롭으로 구성하고, 동작을 설명하시오.

17. 플립플롭의 비동기 입력 단자를 설명하시오.

9 CHAPTER 카운터

조합 논리 회로와 플립플롭을 이용하여 설계하는 순서 논리 회로의 가장 간단한 형태가 카운터이다. 카운터는 어떠한 입력을 계수하는 데 쓰이며, 이를 이용하면 일정한 주파수의 신호를 입력하여 원하는 시간 간격을 만들어 내는 타이머로 변형할 수도 있다.

카운터는 똑같은 입력이 인가될지라도 현재 계수한 값이 무엇인가에 따라 다음 상태가 결정되므로 플립플롭을 이용하여 상태를 기억시켜 두어야 하며, 다음 상태를 결정할 때 플립플롭을 어떻게 동작시킬 것인가에 따라 동기식(synchronous) 카운터와 비동기식(asynchronous) 카운터로 나눌 수 있다. 동기식은 모든 플립플롭이 동시에 동작하는 논리이고, 비동기식은 각각의 플립플롭의 동작이 반드시 일치하지 않아도 좋은, 필요한 시점에 각각 동작하는 방식이다.

카운터의 계수 동작은 계수의 방향에 따라서도 달라질 수 있으며, 낮은 값에서 높은 값으로 계수하는 상향 계수기(up counter)와 높은 값에서 낮은 값으로 계수하는 하향 계수기(down counter)로 나눌 수 있다. 또한 계수값과 실제 저장하고 있는 값이 일치하는가 아닌가에 따라서도 일치형과 비일치형으로 나눌 수 있다.

또, 계수의 범위가 어떻게 되는가에 따라 2진(binary) 카운터와 모듈러스(modulus) 카운터로 나눌 수 있다. 2진 카운터는 n개의 플립플롭을 이용하여 2^n개의 상태를 그대로 사용하는 2^n 카운터이며, 모듈러스 카운터는 2^n이 아닌 상태를 갖는 카운터이다.

카운터의 종류를 표 9-1에 분류하였다.

표 9-1 카운터의 분류

분 류	종 류	비 고
F/F의 동작 시점	동기식	모든 F/F이 동시에 동작(고속)
	비동기식	각 F/F마다 필요시에 동작(저속)
계수값과 상태	일치	입력 수와 상태 출력값 일치
	비일치	입력 수와 상태 출력값 비일치
계수 방향	업(up)	계수값이 작은 값에서 큰 값으로 상향 계수
	다운(down)	계수값이 큰 값에서 작은 값으로 하향 계수
계수 범위	2진	기본, n비트 카운터에서 0에서 2^n-1까지 계수
	모듈러스	특정 범위 계수 카운터

9-1 비동기식 2진 카운터

1) 2진 리플 카운트 업 카운터

비동기식 카운터의 기본 회로는 앞에서 이미 다루어진 분주 회로이다. 토글 동작하는 플립플롭을 n개 연결하였다면, 입력 펄스에 대하여 최종 출력은 2^n의 분주 펄스가 출력됨은 이미 알고 있는 사실이다. 이를 그림 9-1과 같이 각 플립플롭의 출력을 모두 출력으로 연결하면 비동기식 3비트 2진(binary) 일치형 카운트 업 카운터가 된다.

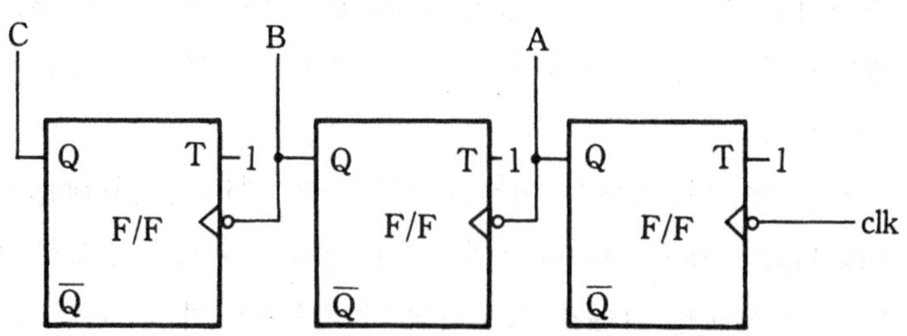

그림 9-1 3비트 2진 리플 카운터 회로

그림 9−1의 회로는 토글 동작하는 플립플롭이면 RS, JK, D 어느것이든 사용할 수 있으며, 앞 단의 출력이 다음 단의 클록 입력으로 인가되기만 하면 된다. 이 카운터 회로의 출력 파형은 그림 9−2(a)로 표현되며, 계수표(count table)로 나타내면 그림 9−2(b)가 된다.

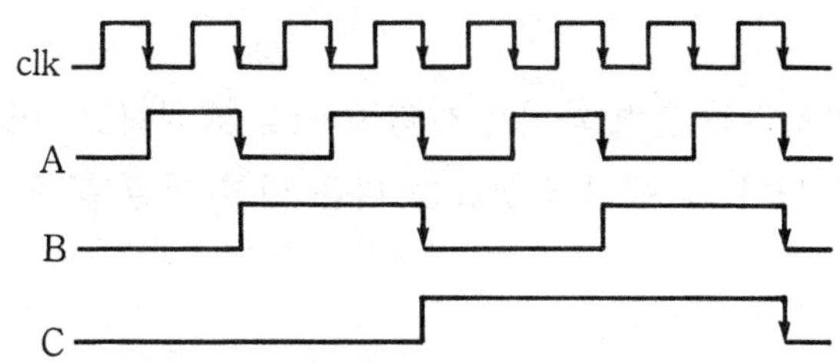

(a) 출력 파형

clk	C	B	A
0	0	0	0
1	0	0	1
2	0	1	0
3	0	1	1
4	1	0	0
5	1	0	1
6	1	1	0
7	1	1	1
8(0)	0	0	0

(b) 계수표

그림 9-2 3비트 2진 리플 카운터의 출력 파형과 계수표

이 카운터의 출력 파형을 관찰하여 보면, 최초로 외부의 클록에 의하여 A단의 플립플롭의 출력이 변화되고, A단의 출력이 하이에서 로로 바뀔 때 B단의 출력이 변화된다. 마찬가지로 B단의 출력으로 C단의 상태가 변하게 되므로 마치 물결이 진행하는 형상을 띠게 된다. 출력 파형만이 아니라 실제적으로 플립플롭의 동작이 물결 모양으로 진행하는 관계로, 이러한 카운터를 리플(ripple) 카운터라고도 하며, 직렬 카운터라고도 한다. 그러나 이러한 동작 방식으로 인하여 속도가 느린 단점을 갖는다.

3비트 2진 리플 카운터를 4비트로 확장하려면 그림 9−3처럼 토글 동작하는 플립플롭을 한 단 더 연결하면 간단히 설계된다.

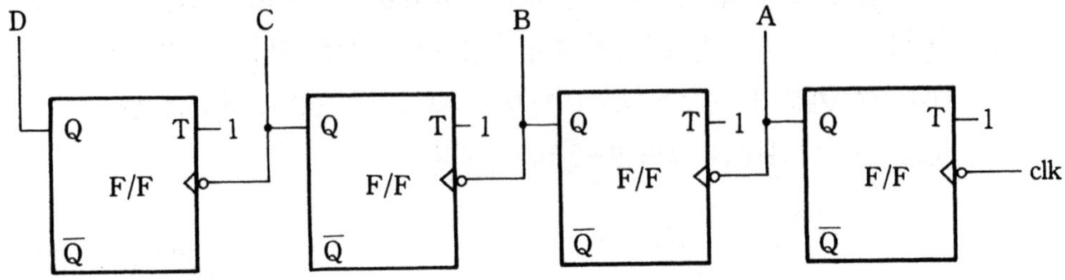

그림 9-3 4비트 2진 리플 카운터 회로

4비트 2진 리플 카운터의 출력 파형은 그림 9-4로 표현되고, 이를 계수표로 나타내면 표 9-2가 된다. 표에서 화살표는 다음 단의 토글 동작 시점을 나타낸다.

표 9-2 4비트 2진 리플 카운터의 계수표

clk	D	C	B	A
0	0	0	0	0
1	0	0	0	1
2	0	0	1	0
3	0	0	1	1
4	0	1	0	0
5	0	1	0	1
6	0	1	1	0
7	0	1	1	1
8	1	0	0	0
9	1	0	0	1
10	1	0	1	0
11	1	0	1	1
12	1	1	0	0
13	1	1	0	1
14	1	1	1	0
15	1	1	1	1
16(0)	0	0	0	0

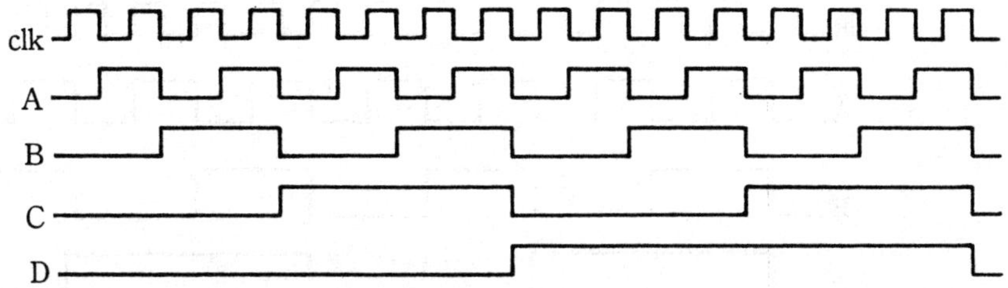

그림 9-4 4비트 2진 리플 카운터의 출력 파형

2) 2진 리플 카운트 다운 카운터

비동기식 2진 리플 카운터는 플립플롭의 클록 입력을 어떻게 연결하는가에 따라 계수의 방향이 결정된다. 앞에서 다룬 4비트 2진 카운트 업 리플 카운터는 간단하게 카운트 다운 카운터로 변형할 수 있다. 클록 입력이 하강 구간에서 동작하므로 그림 9-5처럼 전 단의 $\overline{Q}$ 출력을 다음 단의 클록 입력으로 인가한다면 카운트 다운 동작을 출력으로 얻어낼 수 있으며 이는 비일치형이 된다.

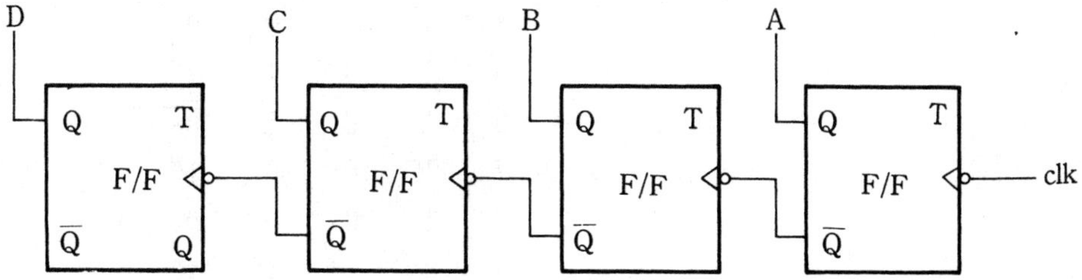

그림 9-5 4비트 2진 카운트 다운 리플 카운터

그림 9-5의 4비트 2진 카운트 다운 리플 카운터의 출력 파형은 그림 9-6으로 표현되며, 이의 계수표는 표 9-3이 된다.

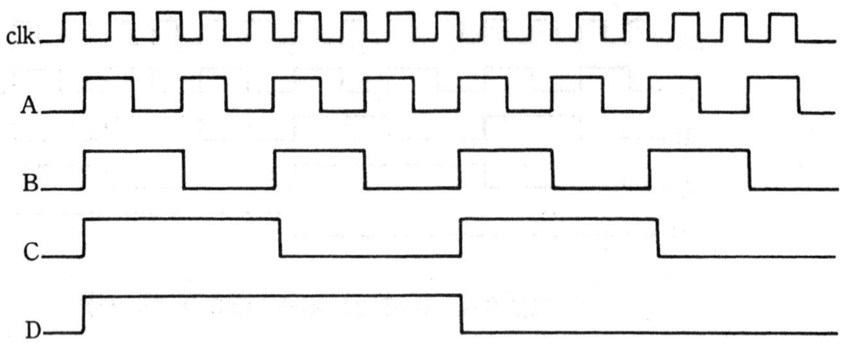

그림 9-6 4비트 2진 카운트 다운 리플 카운터의 파형

표 9-3 4비트 2진 카운트 다운 카운터의 계수표

clk	D	C	B	A
0	0	0	0	0
1	1	1	1	1
2	1	1	1	0
3	1	1	0	1
4	1	1	0	0
5	1	0	1	1
6	1	0	1	0
7	1	0	0	1
8	1	0	0	0
9	0	1	1	1
10	0	1	1	0
11	0	1	0	1
12	0	1	0	0
13	0	0	1	1
14	0	0	1	0
15	0	0	0	1
16(0)	0	0	0	0

3) RS, JK, D 플립플롭을 이용한 리플 카운터의 설계

RS, JK, D 등 어느것을 이용하여도 토글 동작하는 플립플롭 회로를 구성할 수 있으므로, 리플 카운터는 어느 플립플롭으로도 구성할 수 있다. 그림 9-7의 (a)는 RS 플립플롭으로 구성한 카운터이며, (b)는 JK 플립플롭으로, (c)는 D 플립플롭으로 구성한 카운터 회로를 보여 준다.

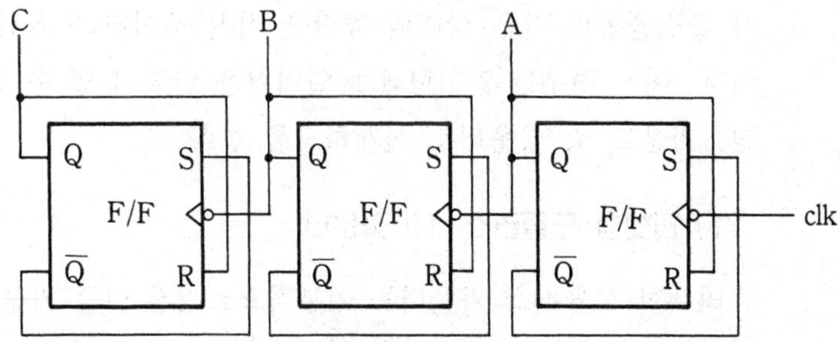

(a) RS 플립플롭

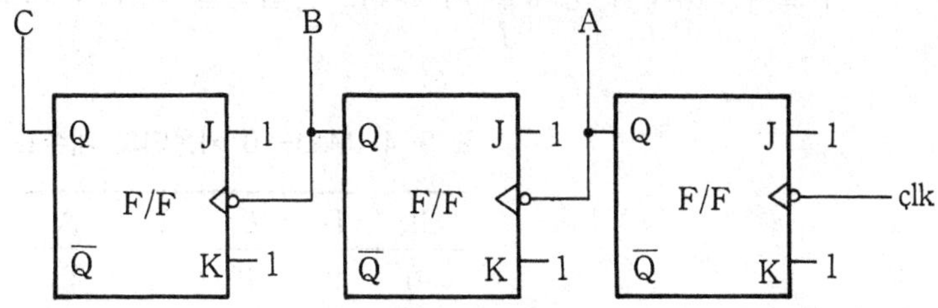

(b) JK 플립플롭

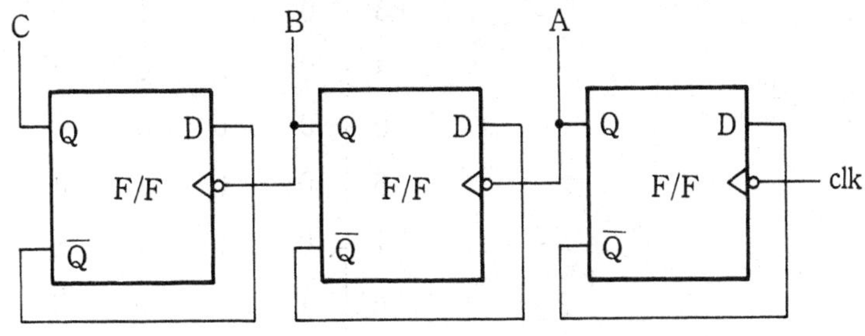

(c) D 플립플롭

그림 9-7 실제 플립플롭으로 구성한 리플 카운터 회로

9-2 비동기식 모듈러스 카운터

비동기식 모듈러스 카운터를 실현하는 방법은 두 가지가 있다. 첫째는 리플 카운터를 이용하여 필요한 시점에 리셋을 가하는 리셋형(reset)이며, 둘째는 각 플립플롭의 다음 상태의 동작을 직접 제어하는 직접 동작형(direct acting)이다. 어느 경우든 일치형과 비일치형을 만들어 낼 수 있으나 여기에서는 일치형, 카운트 업 카운터로 설계하도록 한다.

1) 리셋형 모듈러스-10 카운터

리셋형 모듈러스 카운터는 기본적으로 2진 리플 카운터를 사용하고, 필요한 시점에 플립플롭의 비동기 입력 단자를 이용하여 리셋한다. 모듈러스-10(modulus-10) 카운터는 일반적으로 10진 카운터, 또는 Mod-10 카운터라고도 부르며, 10개의 상태를 기억하는 플립플롭 회로가 필요하다.

표 9-4 Mod-10 카운터의 계수표

clk	D	C	B	A
0	0	0	0	0
1	0	0	0	1
2	0	0	1	0
3	0	0	1	1
4	0	1	0	0
5	0	1	0	1
6	0	1	1	0
7	0	1	1	1
8	1	0	0	0
9	1	0	0	1
10 ↓ 0	1 ↓ 0	0 ↓ 0	1 ↓ 0	0 ↓ 0

따라서 4비트 2진 리플 카운터를 기본으로 사용한다. 4비트 2진 리플 카운터는 0부터 15까지 16개의 상태를 계수하며, 리셋형 모듈러스-10 카운터는 계수값 10(2진수 1010)에서 비동기 리셋 단자를 이용하여 0으로 리셋(2진수 0000)한다.

일치형 카운트 업 Mod-10 카운터의 계수표는 표 9-4와 같다.

리셋형 Mod-10 카운터의 회로는 JK 플립플롭을 이용하여 그림 9-8처럼 구성할 수 있다. 플립플롭은 어느것을 사용하여도 무방하지만 JK가 다른 플립플롭에 비하여 기능이 많은 만능 플립플롭이기 때문이다. 회로에서 리셋을 위한 부분에 원샷(one shot or single shot or monostable multivibrator) 모듈을 사용하는 이유는 비동기 리셋 입력 신호를 안정되게 만들며, 클록 펄스의 주기보다 더 짧은 리셋 펄스 주기를 만들기 위함이다. 이 주기는 원샷 회로의 *RC* 시정수에 의하여 결정되는 시간이 된다.

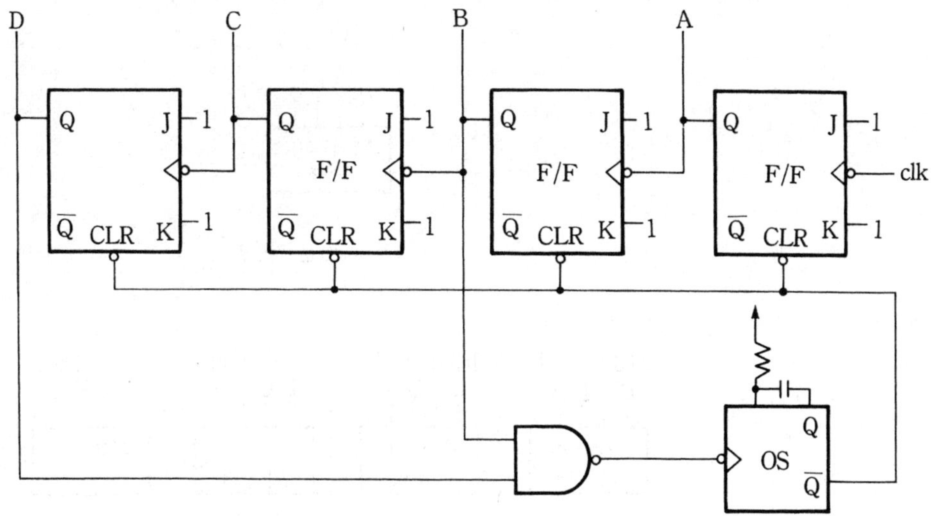

그림 9-8 리셋형 Mod-10 카운터 회로

앞에서 설계된 리셋형 Mod-10 카운터의 출력은 그림 9-9의 파형도로 표시되어진다.

Mod-10 카운터(또는 10진 카운터)의 회로는 10진 카운터의 기본 모듈로 삼아 여러 자리의 10진 카운터를 설계할 수 있다. 그림 9-10(a)는 10진 카운터의 기본 모듈을 나타내며, (b)는 이 모듈을 이용하여 0부터 9999까지 계수할 수 있는 4자리 10진 카운터의 구성을 나타낸다.

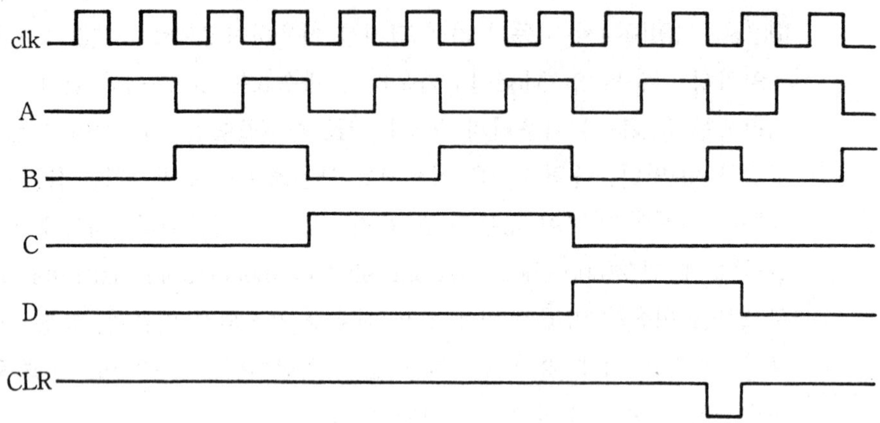

그림 9-9 리셋형 Mod-10 카운터의 파형

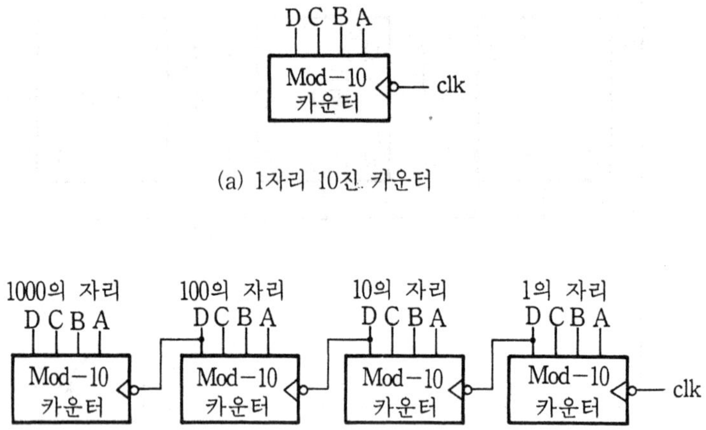

(a) 1자리 10진 카운터

(b) 4자리 10진 카운터

그림 9-10 10진 카운터

그러나 비동기 리셋형 모듈러스 카운터는 간단하게 설계할 수 있는 회로이지만 다음과 같은 세 가지의 문제점을 안고 있다.

1) 카운터에 리셋을 하기 직전의 원하지 않는 상태가 출력된다.
2) 회로에는 싱글샷 회로가 부가적으로 필요하며, 펄스 주기에 대하여 싱글샷의 주기 조정이 필요하다.
3) 기본적으로 리플 카운터를 사용하므로 속도가 느리다.

2) 리셋형 모듈러스-6 카운터

예제 1 D 플립플롭을 이용하여 리셋형 모듈러스-6 카운터를 설계하시오.

▷ 풀 이

Mod-6 카운터는 6개의 상태를 나타내야 하므로 3개의 플립플롭이 필요하며, 이의 계수표는 표 9-5와 같다. 리셋은 6(2진수 110)에서 이루어져야 하므로, 출력이 CB(또는 $CB\overline{A}$)일 때 원샷 회로를 트리거시키면 된다.

표 9-5 비동기식 리셋형 Mod-6 카운터의 계수표

clk	C	B	A
0	0	0	0
1	0	0	1
2	0	1	0
3	0	1	1
4	1	0	0
5	1	0	1
6 ↓ 0	1 ↓ 0	1 ↓ 0	0 ↓ 0

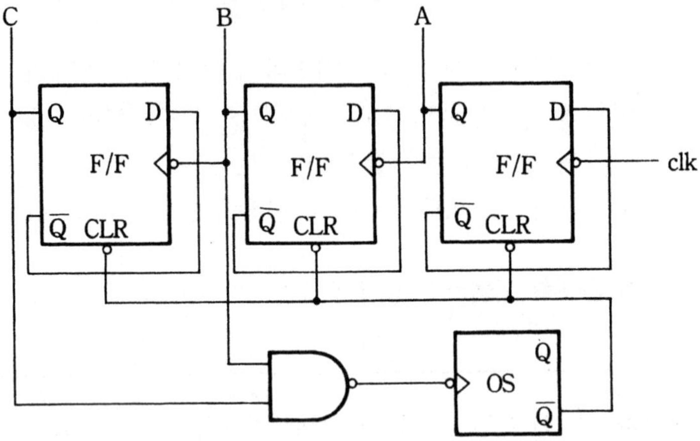

그림 9-11 D 플립플롭을 이용한 비동기 리셋형 Mod-6 카운터

3) 비동기 직접 동작형 모듈러스-10 카운터

비동기 직접 동작형(direct acting) 모듈러스 카운터는 리셋형 카운터의 단점을 해결하는 방법으로 원하지 않는 불안정한 상태 없이 동작한다. 또한 리셋 입력 단자를 이용하는 것이 아니라 플립플롭의 동기 입력만을 사용하므로 원샷 회로가 불필요하다. 속도는 리셋형보다는 개선되지만 비동기식이기 때문에 고속이라고 할 수는 없는 동작을 보인다.

직접 동작이란 플립플롭들의 다음 상태를 동기 입력만으로 직접 결정하는 방식을 말한다. 따라서 10진 카운터에서 10의 계수 상태(2진수 1010)의 출력이 없이 9(2진수 1001)에서 다음 동작의 상태는 바로 0(2진수 0000)으로 변화된다. 또한 이는 비동기식이기 때문에 동기 입력과 함께 클록 입력도 필요에 따라 선택할 수 있다.

표 9-6은 직접 동작형 Mod-10 카운터의 계수표와 각 플립플롭의 상태 변화를 위한 동작을 나타낸다.

표 9-6 비동기 직접 동작형 Mod-10 카운터의 계수표

clk	D		C		B		A	
0	0		0		0		0	T
1	0		0		0	T, S	1	T
2	0		0		1		0	T
3	0		0	T, S	1	T, R	1	T
4	0		1		0		0	T
5	0		1		0	T, S	1	T
6	0		1		1		0	T
7	0	T, S	1	T, R	1	T, R	1	T
8	1		0		0		0	T
9	1	T, R	0		0		1	T
10(0)	0		0		0		0	

계수표에서 A단 플립플롭의 변화를 보면 매클록 펄스에서 토글 동작만 이루어지면 원하는 다음 상태가 마련된다. 특히 Mod-짝수 카운터에서는 첫 번째 단에서의 동작은 토글 동작만을 필요로 한다. 그러나 Mod-홀수 카운터라면 이것이 달라지며, 첫 번째 단도 다음 단처럼 설계가 이루어져야만 한다. 따라서 A단 플립플롭의 클록은 외부 클록 펄스에 연결하고, 플립플롭의 입력은 토글 동작이 되도록 하면 된다. 만능의 JK 플립플롭을 사용한다면 JK는 모두 1의 입력을 갖도록 한다.

B단 플립플롭의 동작은 표에서와 같이 상태가 변화되는 시점이 4개가 존재하며, 이 시점에 맞는 클록 신호는 A의 출력이 1에서 0으로 변화되므로 A단의 출력 Q를 사용하면 된다. 그러나 Q가 1에서 0으로 변화되는 에지는 클록 입력 10(0)에서 한 번 더 발생하므로 이 때의 B의 동작을 다시 정의하여야 한다. 상태의 변화는 0에서 0이므로 N(무변 : No change) 또는 R(리셋 : Reset)이 되어야 한다.

이의 동작을 표 9-7과 같이 분석하여 볼 수 있으며, 이에 따라 B단 플립플롭의 JK 입력을 결정할 수 있다. 표에서 동그라미 쳐진 부분을 선택한다면 K는 1로 고정할 수 있으며, 단지 J값만을 변화시켜 원하는 동작을 하게 함으로써 B단 플립플롭의 다음 상태를 결정할 수 있다. 즉, T가 선택된 곳에서는 J는 1, T와 R이 선택된 곳에서는 J는 d(don't care), R이 선택된 곳에서는 J는 0이 되면 된다. 그러나 이렇게 변화시키기 위한 신호로는 clk와 A, B, C, D

만이 사용될 수 있으므로 이들 중 또는 이들의 조합으로 가능하여야 한다. 표 9-7의 선택 입력 J와 K를 보면 clk 2와 6에 대하여 clk 10만을 구분할 수 있는 신호는 D값이 된다. 또 그의 논리는 반전되어 있으므로 D단의 부정 출력을 B단 플립플롭의 J 입력에 연결하면 된다.

표 9-7 Mod-10 카운터의 B단 F/F의 동작

clk	상태 변화	입력 J K	선택 J K
2	Ⓣ	1 1	1 1
	S	1 0	
4	Ⓣ	1 1	d 1
	Ⓡ	0 1	
6	Ⓣ	1 1	1 1
	S	1 0	
8	Ⓣ	1 1	d 1
	Ⓡ	0 1	
10	N	0 0	0 1
	Ⓡ	0 1	

마찬가지 방법으로 표 9-6의 C단 플립플롭의 동작을 분석하면 상태가 바뀌는 점이 두 곳에서 존재하며, 이 때의 동작은 T 혹은 S와 T 혹은 R이 된다. 이 때, C단 플립플롭의 clk로 사용할 신호로는 B단 출력이 1에서 0으로 변화되고 있으므로 이를 클록의 에지로 사용하고, 토글 동작만을 사용하면 된다.

D단 플립플롭의 동작은 clk 8과 10에서 상태의 변화가 있으나, 그 시점에 맞는 클록 펄스의 발생이 A의 출력으로나 가능하며, 원하지 않는 세 곳의 동작도 처리되어야 한다. 이들 세 곳은 각각 clk 2, 4, 6에서 이루어지며, 이 때의 동작은 N 혹은 R이 되어야 한다. 이를 정리하면 표 9-8로 표현된다. 표에서 동그라미로 그려진 부분은 최종 선택된 입력값을 의미한다.

표 9-8에서 K는 1로 고정될 수 있음을 의미하며, J만이 clk 2, 4, 6에서 0으로, 8에서 1로, 10에서 d로 됨을 알 수 있다. 따라서 clk 8의 경우만을 구분할 수 있는 신호는 C와 B가 동시에 1로 되는 경우가 되며 C AND B의 논리로 J 입력을 연결하면 된다.

최종 완성된 비동기 직접 동작형 Mod-10 카운터의 회로도를 그림 9-12에 나타낸다. 그림에서 보듯이 직접 동작형 카운터의 각 플립플롭의 클록 입력을 보면 리플 카운터처럼 직렬 연결된 부분도 있고, 동시에 동작하는 병렬 연결도 있다. 이러한 이유로 해서 이 카운터는 직병렬 카운터라고도 부른다.

표 9-8 Mod-10 카운터의 D단 F/F의 동작

clk	상태 변화	입력 J K	선택 J K
2	N	0 0	0 1
	Ⓡ	0 1	
4	N	0 0	0 1
	Ⓡ	0 1	
6	N	0 0	0 1
	Ⓡ	0 1	
8	Ⓣ	1 1	1 1
	S	1 0	
10	Ⓣ	1 1	d 1
	Ⓡ	0 1	

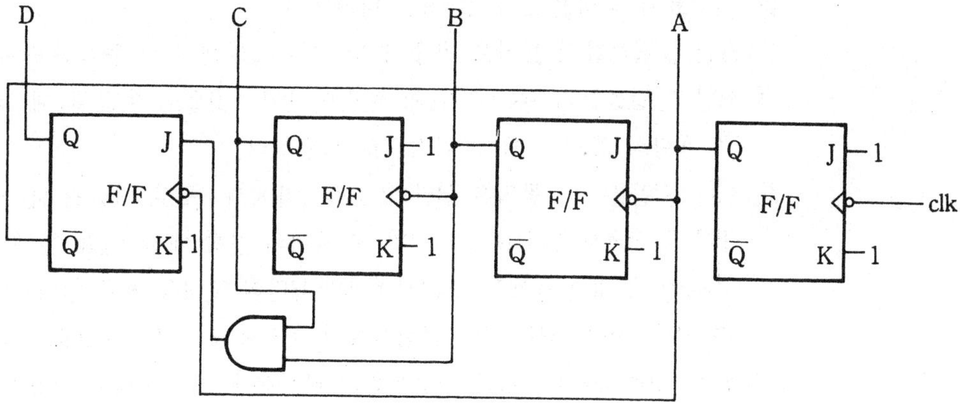

그림 9-12 비동기 직접 동작형 Mod-10 카운터의 회로

설계된 비동기 직접 동작형 Mod-10 카운터의 회로를 검증하기 위하여는 회로로부터 출력의 파형도 또는 타이밍도를 유도하면 된다. 그림 9-13은 앞에서 설계된 카운터의 파형도이며, clk 신호는 간단하게 임펄스형으로 나타낸다.

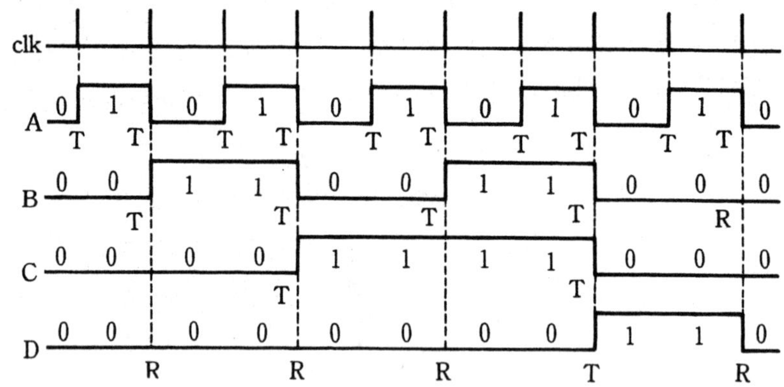

그림 9-13 비동기 직접 동작형 Mod-10 카운터의 파형

4) 비동기 직접 동작형 모듈러스-12 카운터

비동기 직접 동작형 Mod-12 카운터는 다음과 같이 설계될 수 있다.

① 플립플롭은 JK 4개를 사용한다.

② 계수표와 동작표는 표 9-9로 나타낸다.

③ A단 플립플롭의 동작은 짝수이므로 외부 clk에 토글 동작만을 수행한다.

④ B단 플립플롭의 동작은 A의 출력이 1에서 0으로 변화될 때 토글된다. 즉 A단의 출력을 클록 입력으로 사용한다.

⑤ C단 플립플롭의 동작은 B단의 출력이 1에서 0으로 변화될 때 clk 4에서 T나 S, 8에서 T나 R로 되지만 또 하나의 클록 에지가 clk 12에서 발생하므로 이에 대한 동작도 고려하여야만 B단의 출력을 클록 입력으로 사용할 수 있다. 이를 위한 C단 플립플롭의 동작표를 표 9-10으로 나타낸다.

⑥ 표 9-10에 의하여 C단 플립플롭의 클록은 B단의 출력을 사용하며, 입력 K는 1로 고정하고, J는 clk 12만을 다른 경우와 구분할 수 있는 논리로 D단 출력의 부정을 사용한다.

⑦ D단 플립플롭의 동작은 클록 입력을 B의 출력으로 한다. 그러나 원하지 않는 경우에도 클록 에지가 발생하므로 이 경우의 동작을 분석하면 표 9-11과 같다.

⑧ D단 플립플롭의 입력은 K는 1로 고정되고, J 입력은 clk 4에서 0으로, clk 8에서 1로 되어야만 하므로 이를 구분할 수 있는 신호는 C가 된다.

⑨ 완성된 비동기 직접 동작형 Mod-10 카운터의 회로는 그림 9-14가 된다.

⑩ 회로의 검증을 위한 출력의 파형은 그림 9-15가 된다.

표 9-9 Mod-12 카운터의 계수 동작표

clk	D	C	B	A
0	0	0	0	0
1	0	0	0) T, S	1
2	0	0	1	0
3	0	0) T, S	1) T, R	1
4	0	1	0	0
5	0	1	0) T, S	1
6	0	1	1	0
7	0) T, S	1) T, R	1) T, R	1
8	1	0	0	0
9	1	0	0) T, S	1
10	1	0	1	0
11	1) T, R	0	1) T, R	1
12(0)	0	0	0	0

표 9-10 Mod-12 카운터의 C단 F/F의 동작

clk	상태 변화	입력 J K	선택 J K
4	Ⓣ	1 1	1 1
	S	1 0	
8	Ⓣ	1 1	d 1
	Ⓡ	0 1	
12	N	0 0	0 1
	Ⓡ	0 1	

표 9-11 Mod-12 카운터의 D단 F/F의 동작

clk	상태 변화	입력 J K	선택 J K
4	N	0 0	0 1
	Ⓡ	0 1	
8	Ⓣ	1 1	1 1
	S	1 0	
12	Ⓣ	1 1	d 1
	Ⓡ	0 1	

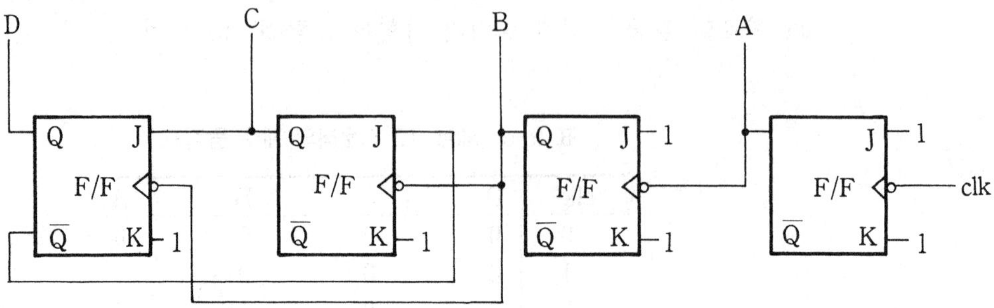

그림 9-14 비동기 직접 동작형 Mod-12 카운터 회로

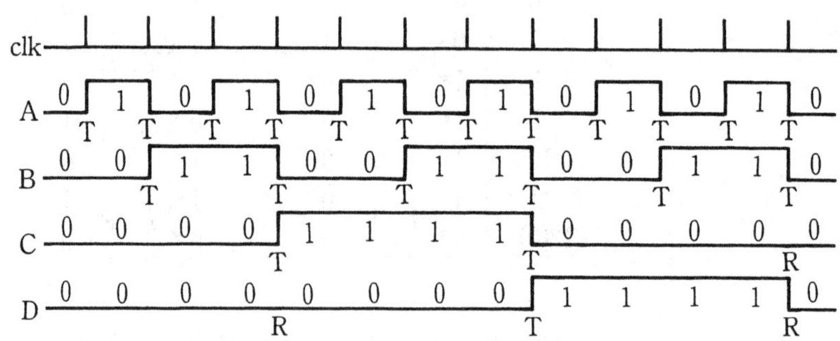

그림 9-15 비동기 직접 동작형 Mod-12 카운터의 파형

5) 비동기 직접 동작형 모듈러스-5 카운터

예제 2 비동기 직접 동작형 모듈러스-5 카운터를 설계하시오.

▷▶ 풀 이

비동기 직접 동작형 Mod-5 카운터는 다음과 같이 설계된다.

① JK 플립플롭 3개를 이용한다.

② 카운터의 계수표는 표 9-12와 같다.

③ Mod-홀수이기 때문에 A단의 플립플롭의 입력은 외부 클록에 대하여 토글 동작만으로는 안 된다. 이를 해결하기 위한 A단의 동작을 표 9-13에 분석하여 놓았다.

④ 표 9-13으로부터 K는 1로 고정하며, J는 clk 5에서 0이기만 하면 되므로 C단 플립플롭의 부정 출력을 연결한다.

⑤ B단의 동작은 계수표에서와 같이 두 지점에서 상태의 변화가 있으며, 이는 A단의 출력이 1에서 0으로 변화되는 시점과 일치하기 때문에 A단의 출력으로 토글시키면 된다. 즉 JK는 각 1로 고정한다.

⑥ C단의 동작은 계수표에서 두 지점에서 상태의 변화가 있지만, 그 시점에 적합한 클록 에지가 없으므로 외부 clk에 동작하여야 한다.

⑦ 외부 클록의 에지에 이루어질 C단의 상태를 표 9-14에 정리하였다.

⑧ 표 9-14로부터 K는 1로 고정하며, J는 clk 1, 2, 3에서 0, clk 4에서 1이 되어야 한다.

⑨ clk 4를 구분할 수 있는 신호는 B AND A가 되어 C단의 J 입력으로 연결한다.

⑩ 완성된 비동기 직접 동작형 Mod-5 카운터의 회로는 그림 9-16이 된다.

⑪ 검증을 위한 출력 파형은 그림 9-17이 된다.

표 9-12 비동기 직접 동작형 Mod-5 카운터의 계수표

clk	C	B	A
0	0	0	0
1	0	0	1 (T, S)
2	0	1 (T, S)	0 (T, R)
3	0	1	1 (T, S)
4	1 (T, S)	0 (T, R)	0 (T, R)
5(0)	0 (T, R)	0	0 (N, R)

표 9-13 Mod-5 카운터의 A단의 동작

clk	상태 변화	입력 J	입력 K	선택 J	선택 K
1	Ⓣ	1	1	1	1
	S	1	0		
2	Ⓣ	1	1	d	1
	Ⓡ	0	1		
3	Ⓣ	1	1	1	1
	S	1	0		
4	Ⓣ	1	1	d	1
	Ⓡ	0	1		
5(0)	N	0	0	0	1
	Ⓡ	0	1		

표 9-14 Mod-5 카운터의 C단의 동작

clk	상태 변화	입력 J K	선택 J K
1	N	0 0	0 1
	Ⓡ	0 1	
2	N	0 0	0 1
	Ⓡ	0 1	
3	N	0 0	0 1
	Ⓡ	0 1	
4	Ⓣ	1 1	1 1
	S	1 0	
5(0)	Ⓣ	1 1	d 1
	Ⓡ	0 1	

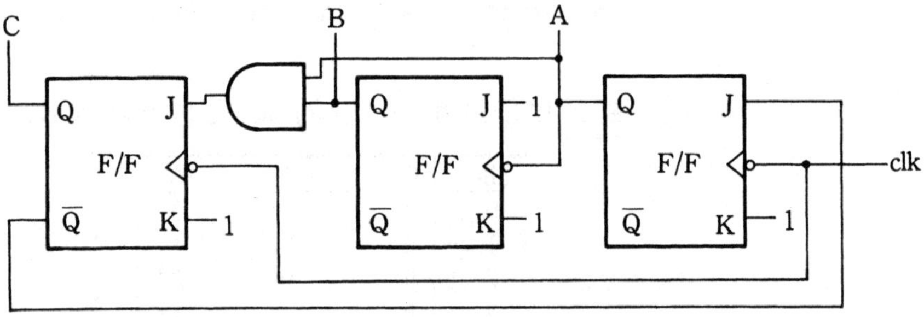

그림 9-16 비동기 직접 동작형 Mod-5 카운터 회로

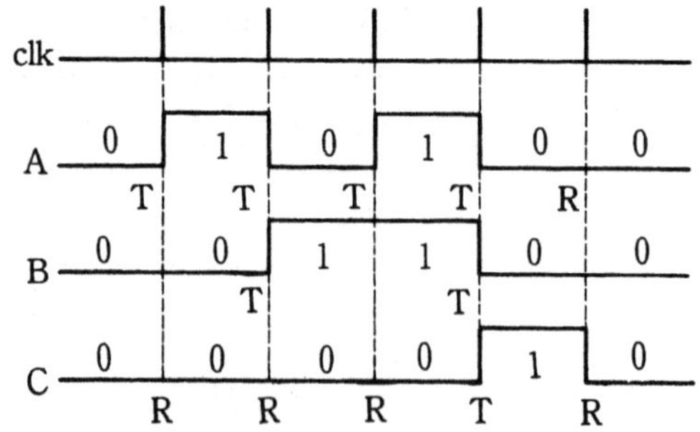

그림 9-17 비동기 직접 동작형 Mod-5 카운터의 파형

9-3 동기식 카운터

동기식 카운터는 카운터의 구성에 사용되는 모든 플립플롭을 동시에 동작시키는 방식이다. 따라서 하나의 클록 신호에 모든 플립플롭의 클록 입력을 연결하는 관계로 클록형(clocked) 카운터 또는 병렬 카운터라고도 부른다.

비동기식에 비하여 동작 속도가 빠른 장점을 갖지만 매클록 에지마다 모든 플립플롭을 동작시켜야만 하므로 설계가 복잡하여진다. 따라서 보다 조직적이며 논리적인 설계 방법이 필요하다. 다음은 동기식 카운터를 설계하는 과정을 요약한 것이다. 또한 동기식 카운터에는 n 비트 2진 카운터와 모듈러스 카운터의 구분이 의미가 없어지며 어느 경우든 똑같은 방법으로 설계가 이루어진다.

1) 동기식 카운터의 설계 단계

① 제목(분석)
② F/F의 종류와 개수 결정
③ 계수표 작성
④ 전이표 작성
⑤ F/F의 동작표와 여기표로부터 카운터의 여기표 작성
⑥ 동기식 카운터의 기본 회로 구성
⑦ 각 F/F의 입력 조합 논리 설계
⑧ 카운터 회로 완성
⑨ 검증 (파형도 또는 타이밍도)

2) 동기식 8진 카운터 설계

① 제목(분석) : 동기식 8진 카운터
② F/F의 종류와 개수 : JK F/F 3개
③ 계수표

clk	C	B	A
0	0	0	0
1	0	0	1
2	0	1	0
3	0	1	1
4	1	0	0
5	1	0	1
6	1	1	0
7	1	1	1
8(0)	0	0	0

④ 전이표

⑤−3 카운터의 여기표

현재 상태			다음 상태			F/F의 입력					
C	B	A	C	B	A	J_C	K_C	J_B	K_B	J_A	K_A
0	0	0	0	0	1	0	d	0	d	1	d
0	0	1	0	1	0	0	d	1	d	d	1
0	1	0	0	1	1	0	d	d	0	1	d
0	1	1	1	0	0	1	d	d	1	d	1
1	0	0	1	0	1	d	0	0	d	1	d
1	0	1	1	1	0	d	0	1	d	d	1
1	1	0	1	1	1	d	0	d	0	1	d
1	1	1	0	0	0	d	1	d	1	d	1

⑤−1 JK F/F의 동작표

J	K	Q_{t+1}
0	0	Q_t
0	1	0
1	0	1
1	1	$\overline{Q_t}$

⑤−2 JK F/F의 여기표

Q_t	Q_{t+1}	J	K
0	0	0	d
0	1	1	d
1	0	d	1
1	1	d	0

⑥ 동기식 카운터의 기본 회로 구성

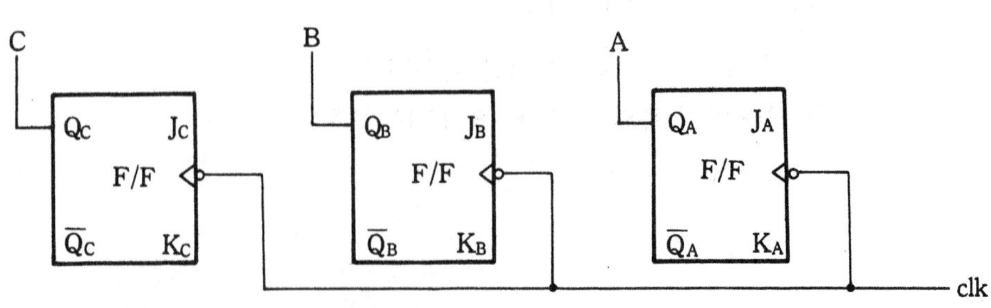

⑦ 각 F/F의 입력 조합 논리 설계

각 플립플롭의 입력은 JK에 대하여 아래첨자로 A, B, C를 표시하도록 하며, 이의 입력 논리는 전이표와 여기표로부터 간략화된 논리식을 구한다. 이를 카르노 맵으로 표시하면 다음과 같다.

J_C

C \ BA	00	01	11	10
0	0	0	1	0
1	d	d	d	d

K_C

C \ BA	00	01	11	10
0	d	d	d	d
1	0	0	1	0

J_B

C \ BA	00	01	11	10
0	0	1	d	d
1	0	1	d	d

K_B

C \ BA	00	01	11	10
0	d	d	1	0
1	d	d	1	0

J_A

C \ BA	00	01	11	10
0	1	d	d	1
1	1	d	d	1

K_A

C \ BA	00	01	11	10
0	d	1	1	d
1	d	1	1	d

$J_C = BA \qquad K_C = BA$

$J_B = A \qquad K_B = A$

$J_A = 1 \qquad K_A = 1$

⑧ 카운터 회로 완성

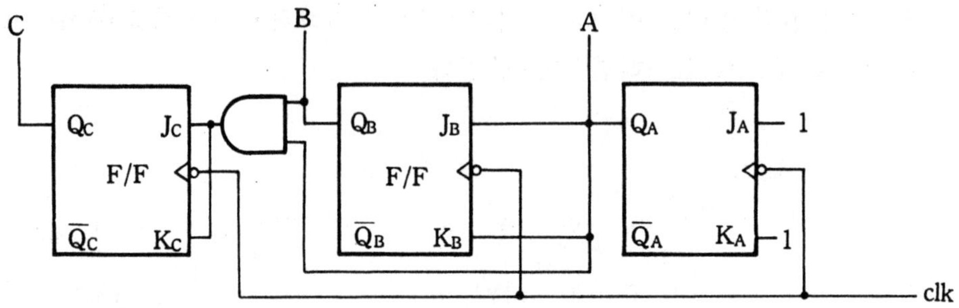

⑨ 검증 (파형도 또는 타이밍도)

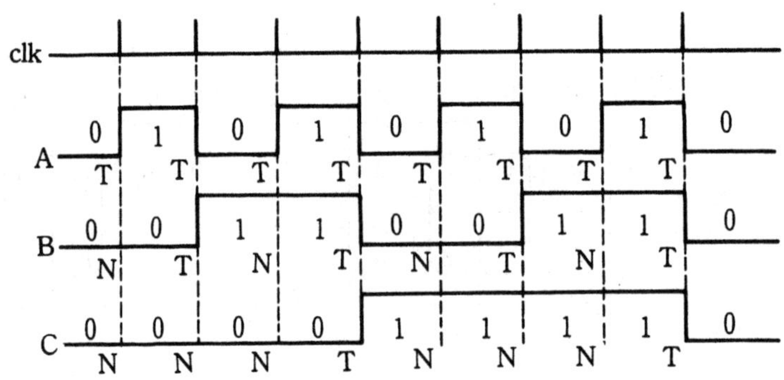

3) 동기식 10진 카운터 설계

① 제목(분석) : 동기식 10진 카운터

② F/F의 종류와 개수 : JK F/F 4개

③ 계수표, ④ 전이표, ⑤ 여기표는 표 9-15로 나타낸다.

표 9-15 동기식 10진 카운터의 계수표와 전이표, 여기표

clk	현재 상태				다음 상태				F/F의 입력							
	D	C	B	A	D	C	B	A	J_D	K_D	J_C	K_C	J_B	K_B	J_A	K_A
0	0	0	0	0	0	0	0	1	0	d	0	d	0	d	1	d
1	0	0	0	1	0	0	1	0	0	d	0	d	1	d	d	1
2	0	0	1	0	0	0	1	1	0	d	0	d	d	0	1	d
3	0	0	1	1	0	1	0	0	0	d	1	d	d	1	d	1
4	0	1	0	0	0	1	0	1	0	d	d	0	0	d	1	d
5	0	1	0	1	0	1	1	0	0	d	d	0	1	d	d	1
6	0	1	1	0	0	1	1	1	0	d	d	0	d	0	1	d
7	0	1	1	1	1	0	0	0	1	d	d	1	d	1	d	1
8	1	0	0	0	1	0	0	1	d	0	0	d	0	d	1	d
9	1	0	0	1	0	0	0	0	d	1	0	d	0	d	d	1

⑥ 동기식 카운터의 기본 회로 구성

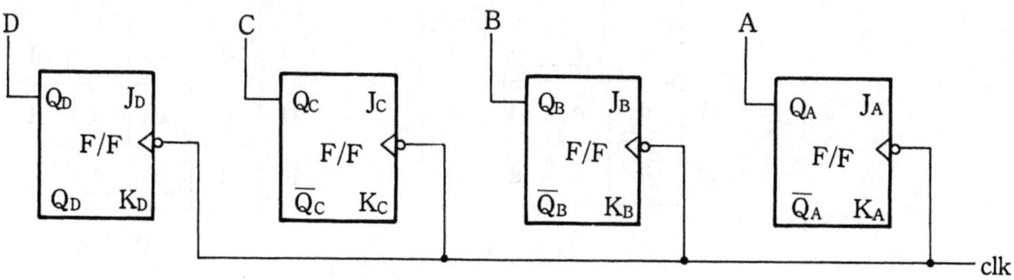

⑦ 각 F/F의 입력 조합 논리 설계

J_D

DC \ BA	00	01	11	10
00	0	0	0	0
01	0	0	1	0
11	d	d	d	d
10	d	d	d	d

$J_D = CBA$

K_D

DC \ BA	00	01	11	10
00	d	d	d	d
01	d	d	d	d
11	d	d	d	d
10	0	1	d	d

$K_D = A$

J_C

DC \ BA	00	01	11	10
00	0	0	1	0
01	d	d	d	d
11	d	d	d	d
10	0	0	d	d

$J_C = BA$

K_C

DC \ BA	00	01	11	10
00	d	d	d	d
01	0	0	1	0
11	d	d	d	d
10	d	d	d	d

$K_C = BA$

J_B

DC \ BA	00	01	11	10
00	0	1	d	d
01	0	1	d	d
11	d	d	d	d
10	0	0	d	d

$J_B = \overline{D}A$

K_B

DC \ BA	00	01	11	10
00	d	d	1	0
01	d	d	1	0
11	d	d	d	d
10	d	d	d	d

$K_B = A$

$J_A = 1$ $K_A = 1$

⑧ 카운터 회로 완성

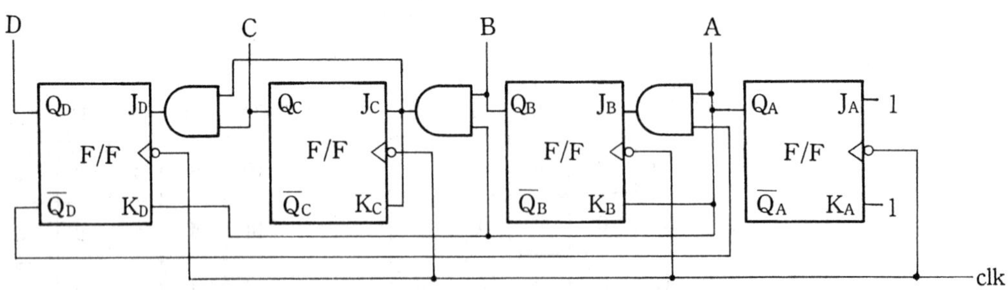

⑨ 검증 (파형도 또는 타이밍도)

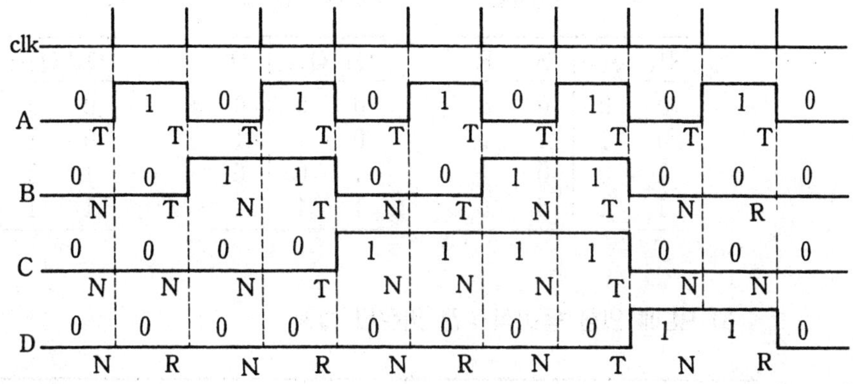

4) 각 플립플롭의 여기표

일반적으로 카운터의 설계에 많이 사용되는 플립플롭은 JK이지만 RS나 D, T 플립플롭 등을 이용할 수도 있다. 다만 JK 플립플롭에 비하여 그 동작이 제한적인 관계로 회로가 복잡하여진다.

표 9-16은 RS와 D, T 플립플롭의 동작표를 나타내며, 표 9-17은 이들의 여기표를 나타낸다.

표 9-16 RS, D, T 플립플롭의 동작표

(a) RS 플립플롭

S	R	Q_{t+1}
0	0	Q_t
0	1	0
1	0	1
1	1	−

(b) D 플립플롭

D	Q_{t+1}
0	0
1	1

(c) T 플립플롭

T	Q_t	Q_{t+1}
0	0	0
0	1	1
1	0	1
1	1	0

표 9-17 RS, D, T 플립플롭의 여기표

(a) RS 플립플롭

Q_t	Q_{t+1}	S	R
0	0	0	d
0	1	1	0
1	0	0	1
1	1	d	0

(b) D 플립플롭

Q_t	Q_{t+1}	D
0	0	0
0	1	1
1	0	0
1	1	1

(c) T 플립플롭

Q_t	Q_{t+1}	T
0	0	0
0	1	1
1	0	1
1	1	0

5) RS에 의한 동기식 5진 카운터 설계

예제 3 동기식 5진 카운터를 RS 플립플롭으로 설계하시오.

▷▶ **풀 이**

동기식 5진 카운터는 다음과 같이 설계된다.

① 제목(분석) : 동기식 5진 카운터

② F/F의 종류와 개수 : RS F/F 3개

③④⑤ 계수표, 전이표, 여기표

clk	다음 상태			다음 상태			F/F의 입력					
	C	B	A	C	B	A	S_C	R_C	S_B	R_B	S_A	R_A
0	0	0	0	0	0	1	0	d	0	d	1	0
1	0	0	1	0	1	0	0	d	1	0	0	1
2	0	1	0	0	1	1	0	d	d	0	1	0
3	0	1	1	1	0	0	1	0	0	1	0	1
4	1	0	0	0	0	0	0	1	0	d	0	d
5(0)	0	0	0		–				–			

⑦ 각 F/F의 입력 조합 논리 설계

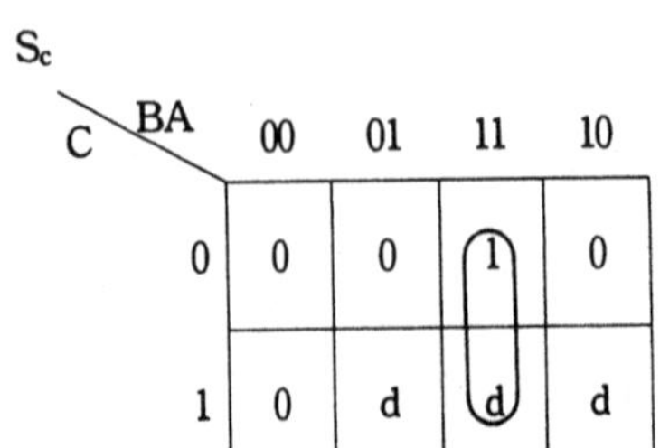

$S_C = BA$

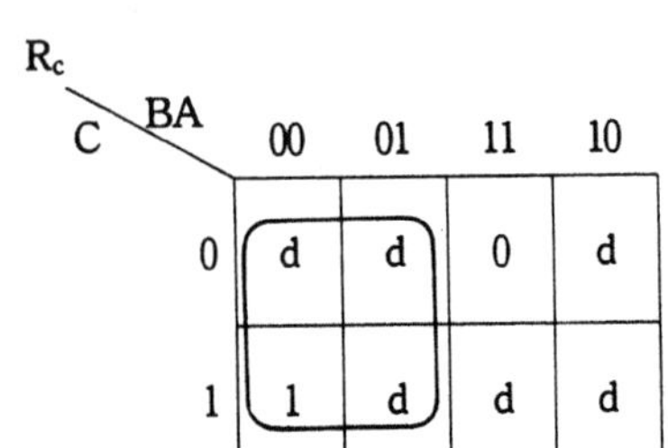

$R_C = \overline{B}$

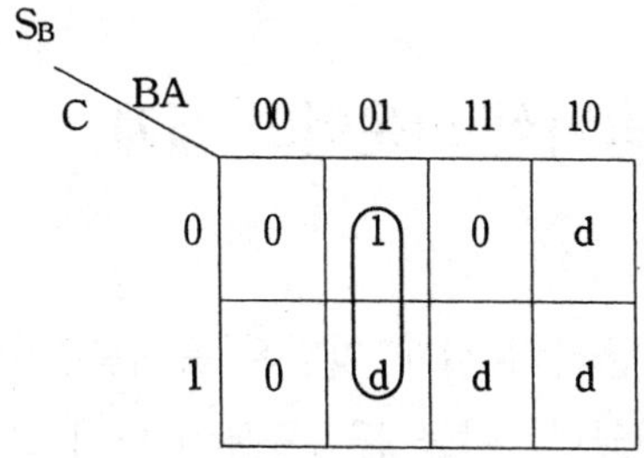

$S_B = \overline{B}A$

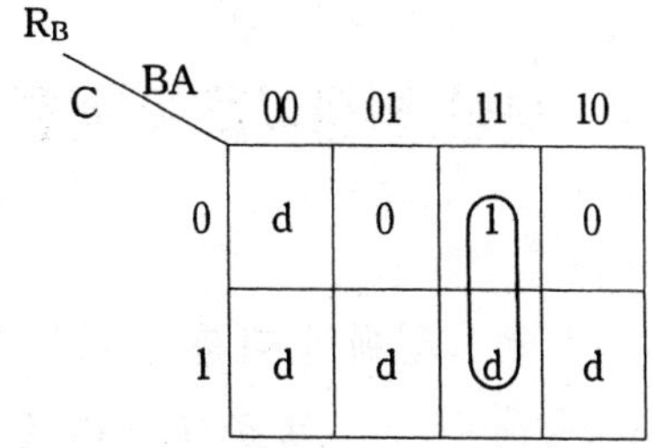

$R_B = BA$

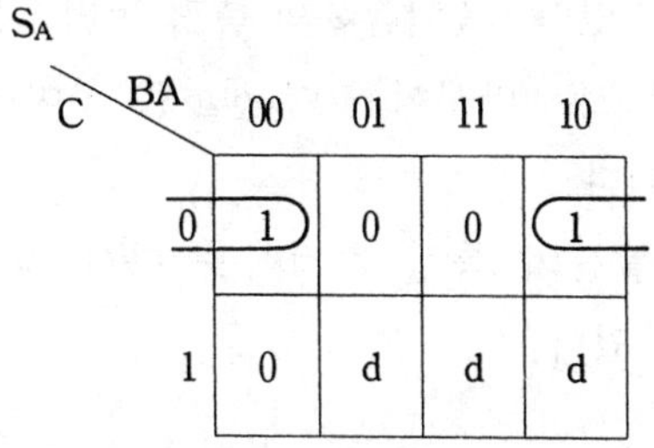

$S_A = \overline{C}\,\overline{A}$

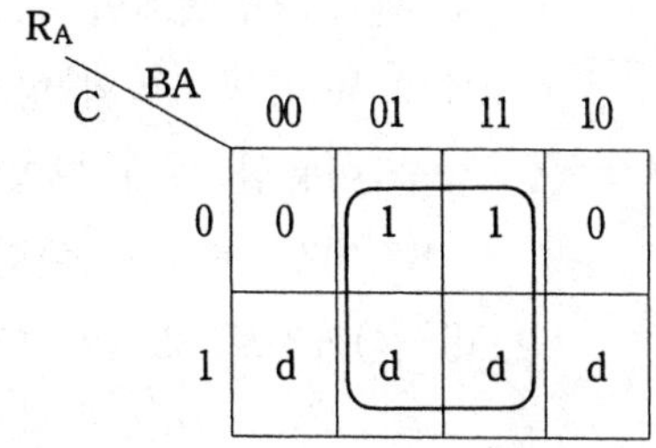

$R_A = A$

⑥⑧ 동기식 5진 카운터의 회로

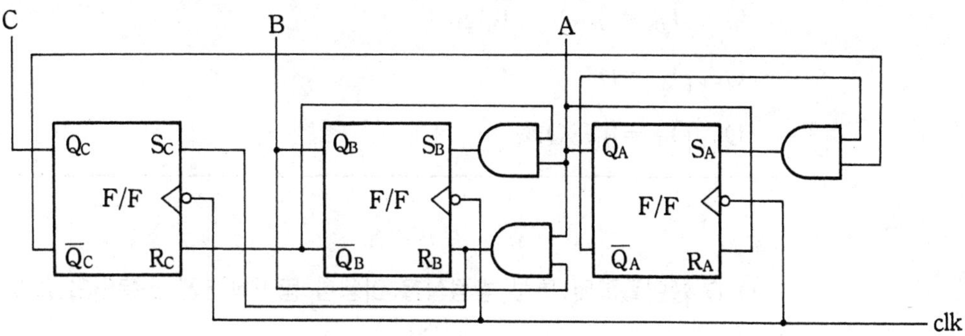

⑨ 검증 (파형도 또는 타이밍도)

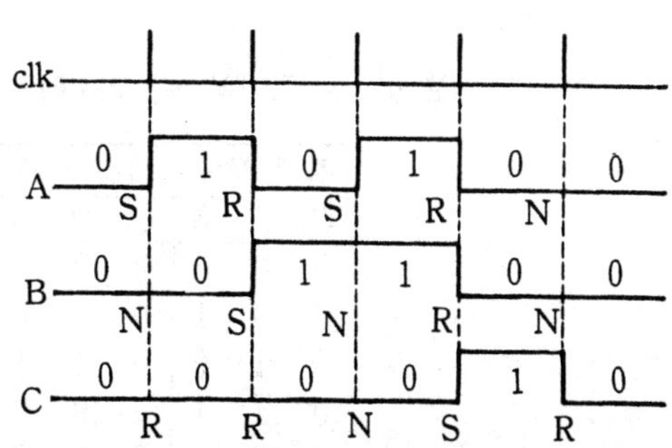

9-4 특성 방정식을 이용한 동기식 카운터의 설계

앞에서 다룬 동기식 카운터의 설계 기법은 플립플롭의 여기표를 이용한 입력 신호의 조합 논리 설계였다. 이는 플립플롭이 먼저 결정되고 플립플롭의 여기표에 따라 입력 신호를 만들어 내는 과정이지만, 이를 플립플롭의 출력 논리로 전개하여 설계할 수도 있다. 플립플롭의 출력 논리식을 구하면 이를 플립플롭의 특성 방정식의 형식으로 바꾸어 입력 신호를 찾아내는 방법이 특성 방정식을 이용한 설계 기법이다.

8장에서 유도한 플립플롭의 특성 방정식을 다시 정리하면 식 (9−1)부터 (9−4)까지로 표시할 수 있다.

$$Q_{t+1})_{RS} = S + \overline{R}Q_t \qquad (9-1)$$

$$Q_{t+1})_{JK} = J\,\overline{Q}_t + \overline{K}Q_t \qquad (9-2)$$

$$Q_{t+1})_{D} = D \qquad (9-3)$$

$$Q_{t+1})_{T} = T \oplus Q_t \qquad (9-4)$$

1) D 플립플롭의 특성 방정식을 이용한 동기식 5진 카운터의 설계

표 9−18은 동기식 5진 카운터의 전이표이다. 이의 출력 논리식을 구하면 그림 9−18의 카르노 맵으로 간략화되어 식 (9−5), (9−6), (9−7)로 나타내어진다.

표 9-18 동기식 5진 카운터의 전이표

현재 상태			다음 상태		
C	B	A	C	B	A
0	0	0	0	0	1
0	0	1	0	1	0
0	1	0	0	1	1
0	1	1	1	0	0
1	0	0	0	0	0

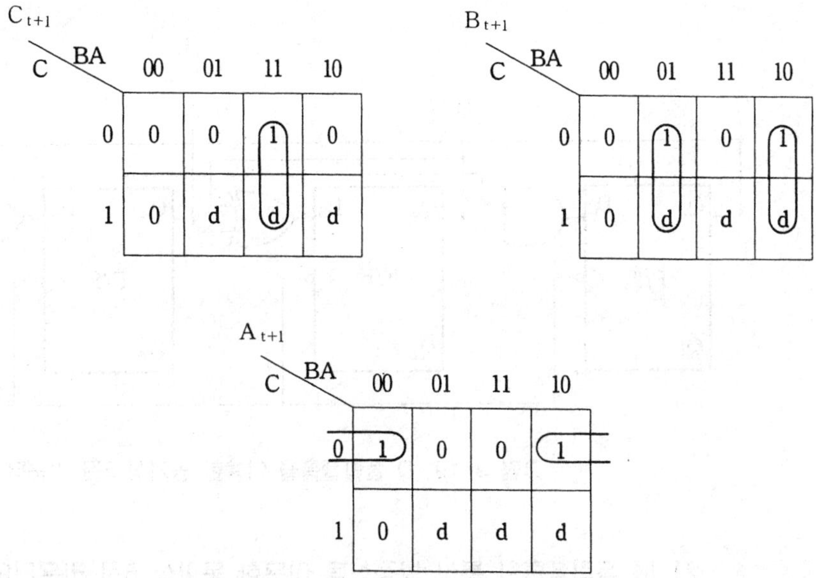

그림 9-18 표 9-18의 출력의 카르노 맵

$$C_{t+1} = BA \quad (9-5)$$

$$B_{t+1} = \overline{B}A + B\overline{A} = B \oplus A \quad (9-6)$$

$$A_{t+1} = \overline{C}\,\overline{A} = \overline{C + A} \quad (9-7)$$

간략화된 논리식은 플립플롭의 출력 논리식을 의미하므로 사용하고자 하는 플립플롭의 특성 방정식의 형태로 변형하여야 한다. 만약 D 플립플롭을 사용한다면 논리식들은 그대로 입력의 조합 논리가 되어야 하며, 이를 식 (9-8), (9-9), (9-10)으로 표현할 수 있으며, 회로로 나타내면 그림 9-19가 된다.

$$D_C = BA \quad (9-8)$$

$$D_B = B \oplus A \quad (9-9)$$

$$D_A = \overline{C + A} \quad (9-10)$$

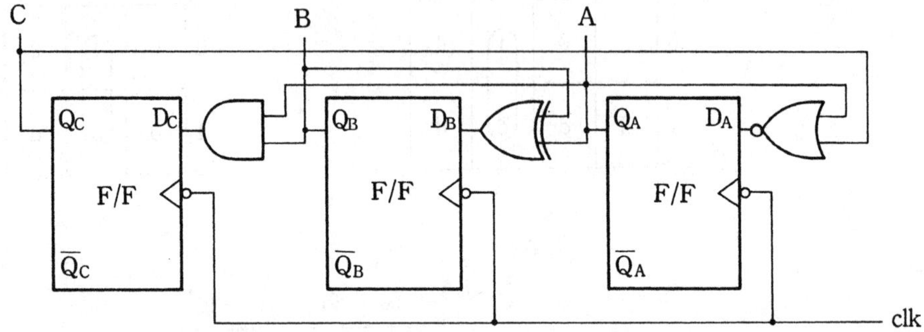

그림 9-19 D 플립플롭을 이용한 동기식 5진 카운터

2) JK 플립플롭의 특성 방정식을 이용한 동기식 5진 카운터의 설계

예제 5 표 9-18의 카운터를 JK 플립플롭을 이용하여 회로를 설계하되, 특성 방정식을 사용하시오.

▷▶ **풀 이**

식 (9-5), (9-6), (9-7)의 출력 논리식을 JK 플립플롭의 특성 방정식의 형태로 변형하면 식 (9-11), (9-13), (9-15)가 된다. 이들로부터 J, K에 대응하는 논리를 유도하면 식 (9-12), (9-14), (9-16)이 되고, 이를 회로로 그리면 그림 9-20이 된다.

$$C_{t+1} = BA \qquad (9-5)$$

$$= BA(C+\overline{C})$$

$$= BAC + BA\overline{C} \qquad (9-11)$$

이는 현재 상태 Q_t를 C로 대체한 $J\overline{C}+\overline{K}C$의 특성 방정식과 일치하여야 하므로 식 (9-12)와 같이 된다.

$$J_C = BA,\ K_C = \overline{BA} \qquad (9-12)$$

$$\begin{aligned} B_{t+1} &= \overline{B}A + B\overline{A} && (9-6) \\ &= A\overline{B} + \overline{A}B && (9-13) \\ &= J\overline{B} + \overline{K}B \end{aligned}$$

이므로, B 플립플롭의 입력 J_B, K_B는 식 (9−14)가 된다.

$$J_B = A,\ K_B = A \qquad (9-14)$$

$$\begin{aligned} A_{t+1} &= \overline{C}\,\overline{A} && (9-7) \\ &= \overline{C}\,\overline{A} + 0 \cdot A && (9-15) \\ &= J\overline{A} + \overline{K}A \end{aligned}$$

이므로, A 플립플롭의 입력 J_A, K_A는 식 (9−16)이 된다.

$$J_A = \overline{C},\ K_A = 1 \qquad (9-16)$$

참고 : 식 (9−5)의 C_{t+1}=BA에서 현재 상태인 C의 항이 없으므로 이를 위하여 식 (9−11)로 변형하여 J와 K의 값을 식 (9−12)처럼 할당하였으나, 이는 식 (9−17)로 변형하여도 등가이므로 J는 BA, K는 1로 하여도 된다.

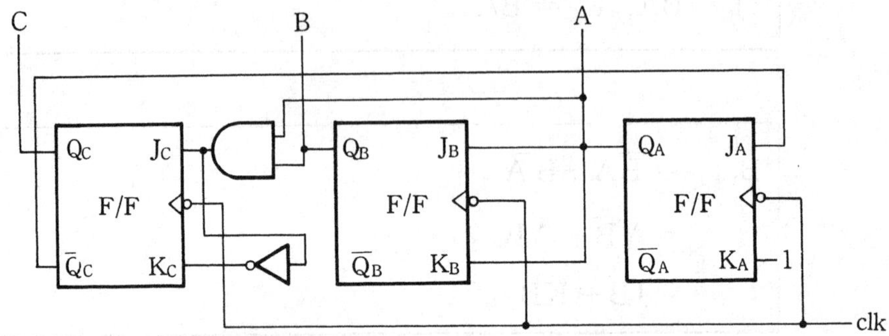

그림 9-20 JK F/F의 특성 방정식을 이용한 동기식 5진 카운터

$$C_{t+1} = BA\,\overline{C} + 0C \qquad (9-17)$$

9-5 기타 카운터

1) 시프트 카운터

시프트(shift) 카운터는 존슨(Johnson) 카운터라고도 하며, 3장의 표 3-4에서 소개된 존슨 코드(시프트 카운터 코드)를 발생시키는 카운터이다. 존슨 코

표 9-19 4비트 존슨 코드

10진수	D	C	B	A
0	0	0	0	0
1	1	0	0	0
2	1	1	0	0
3	1	1	1	0
4	1	1	1	1
5	0	1	1	1
6	0	0	1	1
7	0	0	0	1

드는 방향을 나타내는 코드로 많이 사용되며, 그 경우 코드 간의 차가 방향 차로 나타날 때, 코드 중 서로 다른 비트의 수가 코드 차가 되는 특수한 코드이다. 표 9-19는 4비트 존슨 코드를 나타내며 이는 카운터의 계수표가 된다.

4비트 존슨 카운터는 8진 카운터가 되며, 매클록에 현재 상태의 값이 우측으로 시프트되며, 가장 우측 비트의 보수가 가장 좌측으로 전달되는 동작을 한다. 이를 D 플립플롭을 이용하여 카운터 회로로 구성하면 그림 9-21(a)가 되고, 이의 출력 파형은 (b)가 된다.

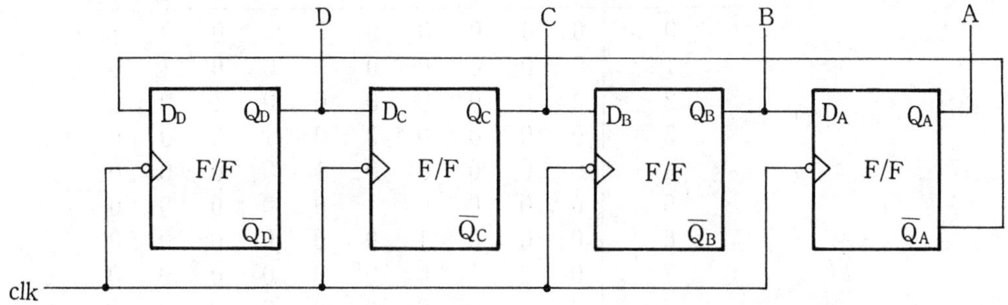

(a) 카운터 회로

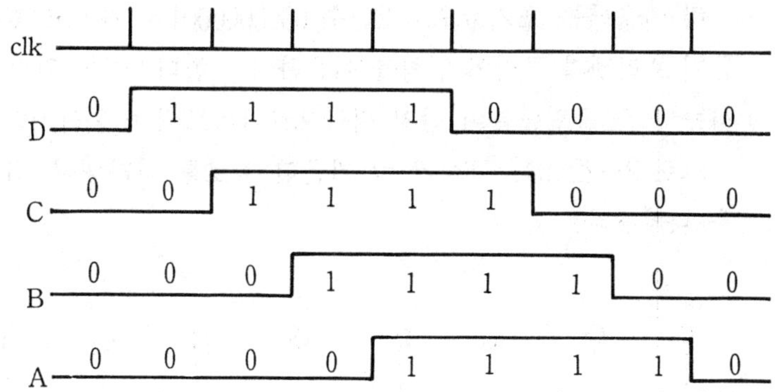

(b) 카운터의 파형도

그림 9-21 4비트 존슨 카운터

2) 링 카운터

링 카운터는 3장의 표 3-5로 정의된 10비트의 10진 코드이다. 자릿값이 9876543210인 코드로 10진수 어떤 값을 표현하더라도 10비트 중 반드시 한 개의 비트만이 1인 코드 체계이다. 이는 표 9-20으로 나타낼 수 있다.

표 9-20 링 카운터 코드

10진수	Q_9	Q_8	Q_7	Q_6	Q_5	Q_4	Q_3	Q_2	Q_1	Q_0
0	0	0	0	0	0	0	0	0	0	1
1	0	0	0	0	0	0	0	0	1	0
2	0	0	0	0	0	0	0	1	0	0
3	0	0	0	0	0	0	1	0	0	0
4	0	0	0	0	0	1	0	0	0	0
5	0	0	0	0	1	0	0	0	0	0
6	0	0	0	1	0	0	0	0	0	0
7	0	0	1	0	0	0	0	0	0	0
8	0	1	0	0	0	0	0	0	0	0
9	1	0	0	0	0	0	0	0	0	0

링 카운터는 초기값으로 2진수 0000000001을 가지고 있어야 하며, 이는 비동기 프리셋과 클리어 입력을 이용하여야 한다. 클록 입력에 의한 동기 동작에서는 모든 플립플롭이 단지 좌측으로 1비트씩 이동하기만 하면 된다.

그림 9-22(a)는 구성된 링 카운터 회로를 나타내며, (b)는 그의 출력 파형을 나타낸다.

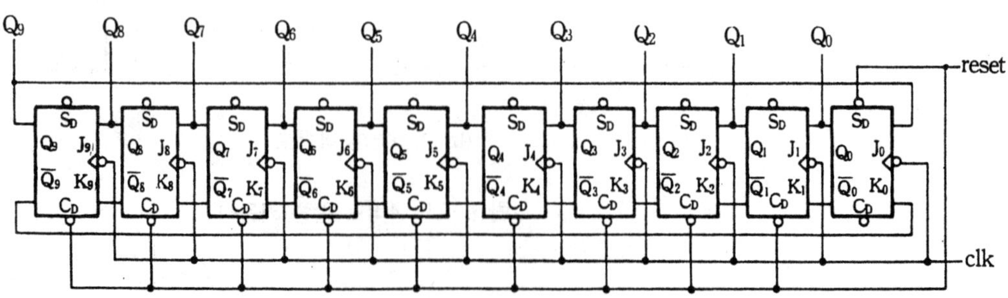

(a) 링 카운터 회로

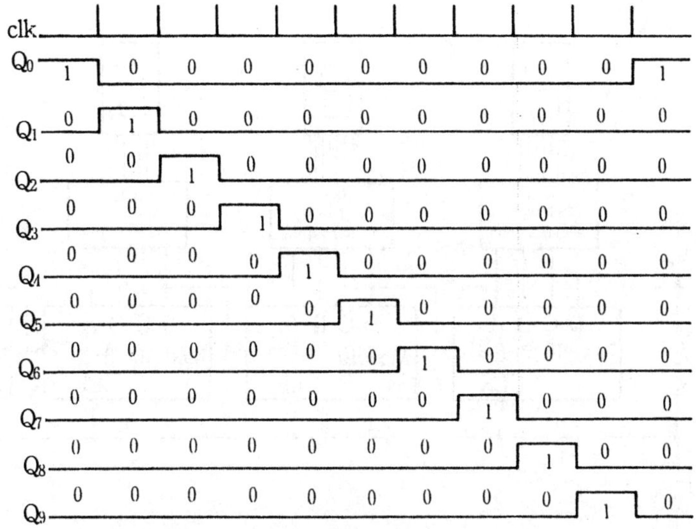

(b) 링 카운터의 파형

그림 9-22 링 카운터

9-6 카운터 응용

카운터의 응용으로는 계수 동작을 이용하는 카운터와 일정한 주파수의 입력을 이용하여 시간 간격을 만들어 내는 타이머가 있다.

1) 카운터

카운터는 말 그대로 외부로부터 입력되는 입력 펄스의 수를 헤아리는 회로로 앞에서 구성한 여러 카운터의 입력 클록 단자에 미지의 클록 펄스를 연결한다. 그림 9-23은 외부 입력을 푸시버튼 스위치로 하여 이를 계수하는 4자리 10진 카운터의 연결과 이의 값을 출력하는 7-세그먼트 LED로 디스플레이하는 회로를 나타낸다. 푸시버튼 스위치는 포토트랜지스터 등의 센서 입력으로 대신할 수도 있다.

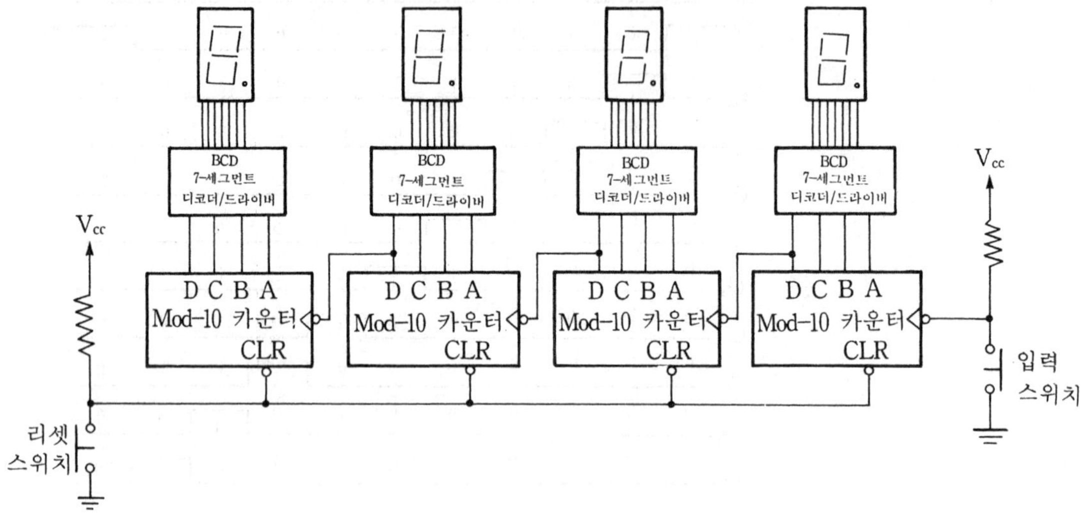

그림 9-23 10진 카운터의 응용

그림 9-24는 특정 값(12)의 계수에서 버저를 울리는 회로이다. 입력 스위치를 누를 때마다 계수하다가 푸시버튼 스위치가 12회 눌려지면 F/F_E를 세트하여 버저를 울리며, 리셋 스위치를 누르면 카운터와 F/F_E가 클리어되는 회로이다.

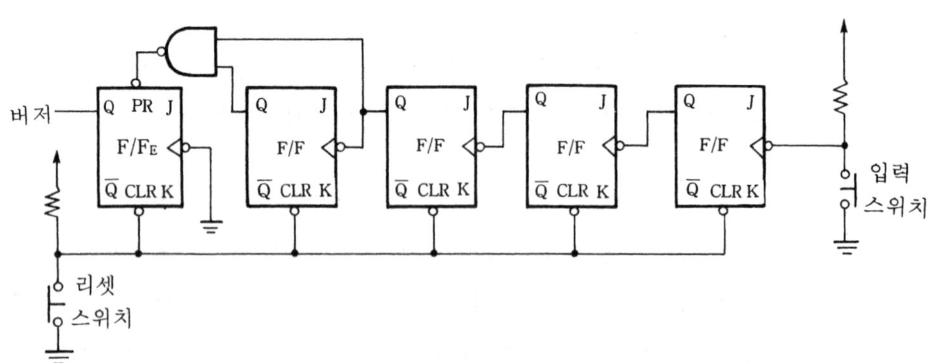

그림 9-24 카운터의 응용(특정 계수값 이용)

2) 타이머

타이머는 카운터에 입력되는 클록의 주파수를 알고 있는 경우, 특정 시간 간격을 만들어 내는 회로이다. 그림 9-25는 64진 카운터를 만들고, 입력 클록 펄스의 주파수를 1 Hz로 하여 1분의 시간 간격을 만들어 내는 타이머를 나타낸다.

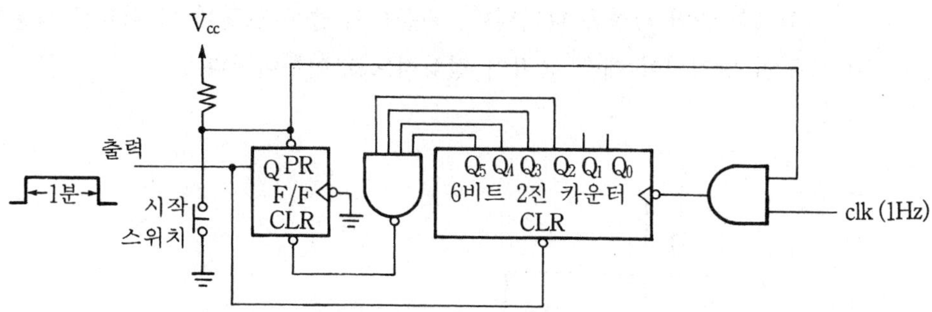

그림 9-25 타이머 회로

3) 채터링 방지 회로

그림 9-24의 입력 스위치는 실제로는 채터링(접점 바운스)이 발생하여 한 번 누를 때마다 정상적으로 1회씩의 클록 입력이 인가되지 못한다. 그림 9-26은 스위치의 동작을 나타낸다. (b)는 스위치의 동작에서 원하는 온-오프 파형을 나타내며, (c)는 실제 접점에서의 바운스 동작으로 나타나는 파형을 표시한다.

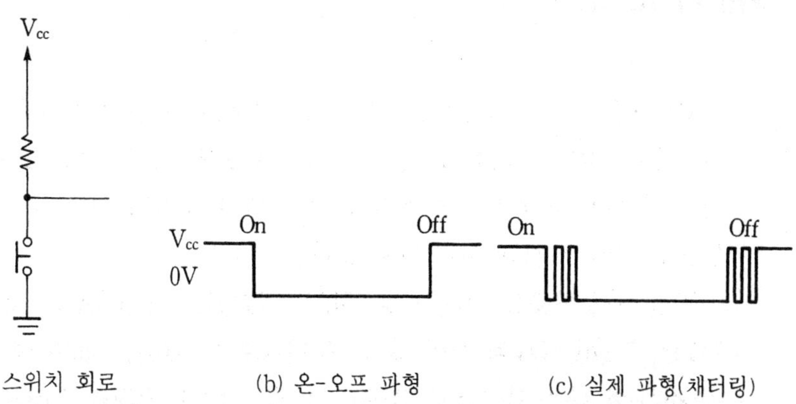

(a) 스위치 회로 (b) 온-오프 파형 (c) 실제 파형(채터링)

그림 9-26 스위치 동작

채터링 현상은 기계적 접점을 갖는 거의 모든 스위치에 발생하며, μs에서 ms 단위에 걸쳐 나타난다. 이를 방지하는 방법은 회로적으로 또는 소프트웨어적으로 여러 가지를 사용한다. 특히 플립플롭 회로는 이 경우에 많이 사용되는 방법으로 그림 9-27(a)의 회로를 사용한다. 회로는 비동기 세트와 리셋 단자를 이용하여 플립플롭의 출력을 세트 또는 리셋 상태를 갖게 하며, (b)는 이 회로의 출력 파형을 나타낸다. 카운터의 클록 입력에 이 회로를 사용하면 채터링이 방지되어 계수 동작이 정상적으로 이루어진다.

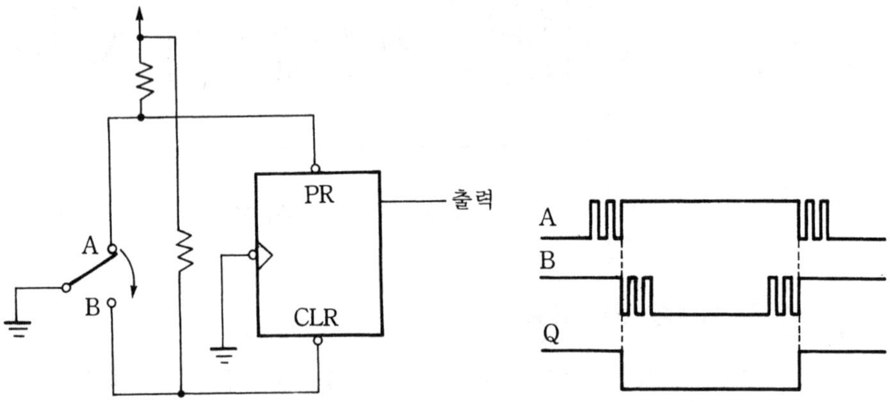

(a) 스위치 회로 (b) 출력 파형

그림 9-27 채터링 방지 스위치 회로

9-7 카운터 IC 소자

MSI IC 소자로 제공되는 카운터는 대부분 BCD 또는 4비트 2진 카운터이다. 비동기식과 동기식이 있으며, 저속과 고속 타입, 카운트-업 카운터와 업/다운 카운터, 비동기 프리셋과 클리어 단자 등의 변형과 주변 회로와의 조합 등으로 여러 가지 변형이 나와 있다.

10진 카운터로는 비동기로 7490, 74290, 74390(dual counter), 74490, 74142, 74176, 74196 등이 있고, 동기식으로 74162, 74692 등이 있으며, 동기식 10진 업/다운 카운터로 74190, 74192, 74168, 74560, 74568, 74668, 74696, 74698 등이 있다.

4비트 2진 카운터로 비동기식 7493, 74293, 74393, 74177, 74197 등이 있으며, 동기식 74160, 74161, 74163, 74690, 74691, 74693 등이 있고, 업/다운 카운터로 74169, 74191, 74193, 74561, 74569, 74669, 74697, 74699 등이 있다.

그 외에 2진+6진의 7492가 있으며, 74143과 74144는 BCD 카운터/래치/7세그먼트 디코더/드라이버로 카운트 값이 외부 저항도 필요 없이 7세그먼트로 바로 출력된다.

CMOS IC로는 4017 디케이드 카운터, 4020 14단 2진 리플 카운터, 4024 7단 2진 리플 카운터, 4040 12단 2진 리플 카운터, 40102 8비트 동기식 BCD 다운 카운터, 40103 8비트 동기식 2진 다운 카운터, 4510, 4516 프리셋터블 업/다운 카운터, 4518 듀얼 BCD 업 카운터, 4520 듀얼 2진 업 카운터 등이 있다. 14553은 000에서 999까지 카운트가 가능한 3자리 10진 카운터이며, 출력은 4비트의 출력 하나만으로 다중화되어 있다. 14018은 5비트 존슨 카운터로 구성되고, 이를 2부터 10까지의 수로 나누어 분할할 수 있는 카운터이다.

카운터 IC 소자 사용 예(7490)

TTL 7490은 비동기 2진+5진 카운터로 구성되어 5진 카운터 또는 10진 카운터로 사용할 수 있다. 이는 2진 카운터와 5진 카운터의 클록 입력을 별도로 외부에 연결하여 사용자의 결선에 따라 다르게 동작하도록 한 것이다. 내부 회로는 RS와 JK 플립플롭을 사용하여 그림 9-28처럼 구성되어 있다.

그림에서 좌측의 점선 부분이 2진 카운터이며, 우측의 점선 부분이 5진 카운터로 이들은 프리셋과 클리어만이 함께 연결되고, 클록과 그에 따른 카운트 동작은 독립적이다. 따라서 5진 카운터로 사용할 경우는 우측 부분만 사용하면 되고, 10진 카운터로 사용할 경우는 2진 카운터의 Q_A 출력을 5진 카운터의 클록 입력으로 연결하여 사용한다. $R9_{(1)}(MS_1)$과 $R9_{(2)}(MS_2)$는 초기값으로 9(2진수 1001)를 세트하는 프리셋(마스터 세트) 단자이고, $R0_{(1)}(MR_1)$과 $R0_{(2)}(MR_2)$는 초기값 0(2진수 0000)으로 리셋하는 클리어(마스터 리셋) 단자로 두 입력의 AND 논리로 되어 있다. 두 입력의 AND 논리가 제공되는 것은 별도의 부가회로 없이 다른 모듈러스 카운터로 사용할 수 있도록 하기 위함이다.

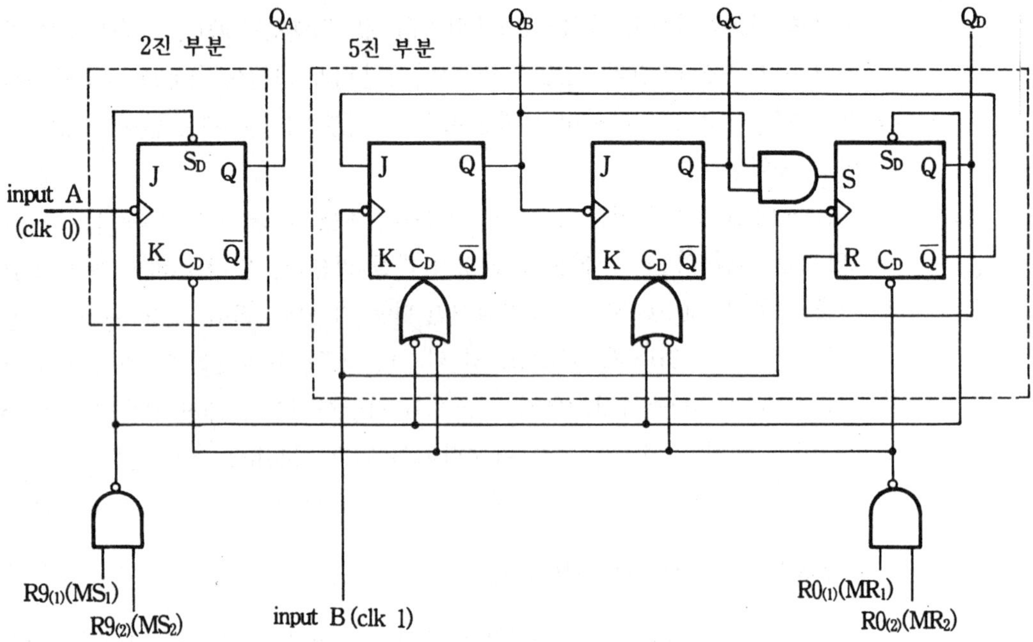

그림 9-28 비동기 10진 카운터 7490의 내부 회로

그림 9－29에는 7490의 핀 배치도를 나타내며, 이를 10진 카운터로 사용할 경우의 논리 연결도를 그림 9－30(a)에 나타내고, (b)에는 계수표를 나타낸다.

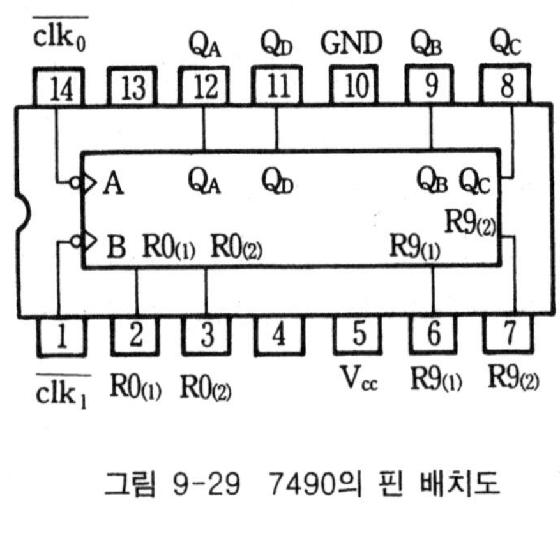

그림 9-29 7490의 핀 배치도

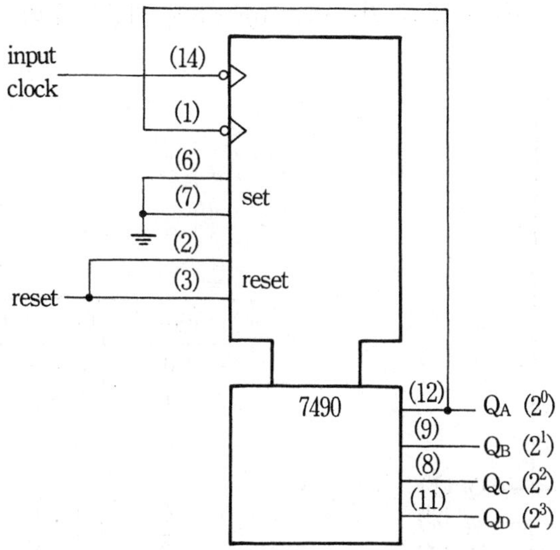

(a) 논리 연결도

clock	Q_D	Q_C	Q_B	Q_A
0	0	0	0	0
1	0	0	0	1
2	0	0	1	0
3	0	0	1	1
4	0	1	0	0
5	0	1	0	1
6	0	1	1	0
7	0	1	1	1
8	1	0	0	0
9	1	0	0	1
10(0)	0	0	0	0

(b) 계수표

그림 9-30 7490의 10진 카운터로의 이용

그림 9—31은 5진 카운터로 이용할 경우를 나타낸다.

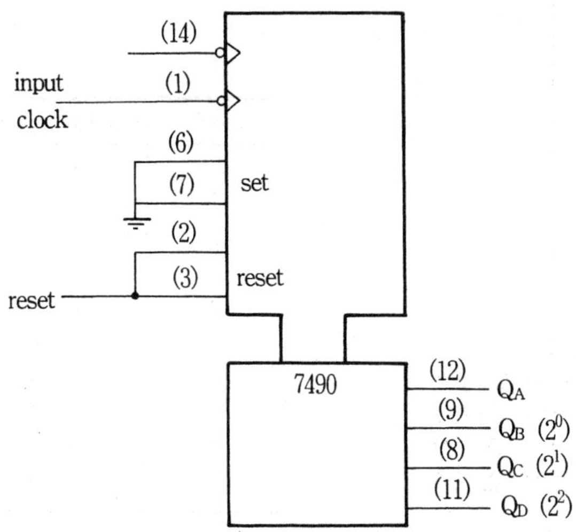

(a) 논리 연결도

clock	Q_D	Q_C	Q_B
0	0	0	0
1	0	0	1
2	0	1	0
3	0	1	1
4	1	0	0
5(0)	0	0	0

(b) 계수표

그림 9-31 7490의 5진 카운터로의 이용

7490은 6진 또는 8진 등의 모듈러스 카운터로도 사용할 수 있다. 이는 리셋형으로 모듈러스를 실현할 수 있으며, 리셋 단자가 두 입력의 AND 논리로 제공되기 때문이다. 그림 9-32(a)는 6진 카운터, (b)는 8진 카운터로의 사용을 보여 준다.

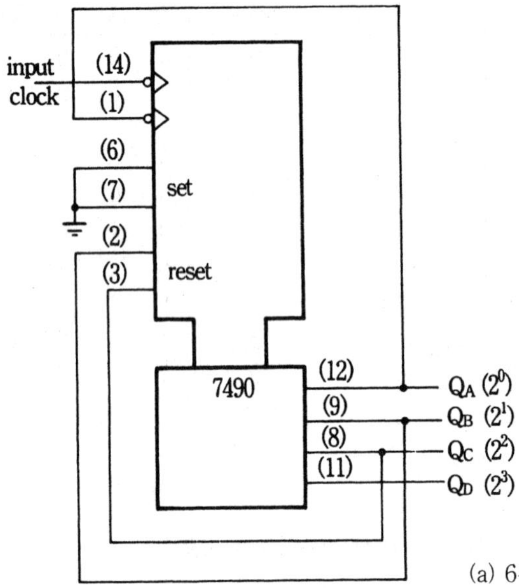

clock	Q_C	Q_B	Q_A
0	0	0	0
1	0	0	1
2	0	1	0
3	0	1	1
4	1	0	0
5	1	0	1
6	1	1	0
0	0	0	0

(a) 6진 카운터

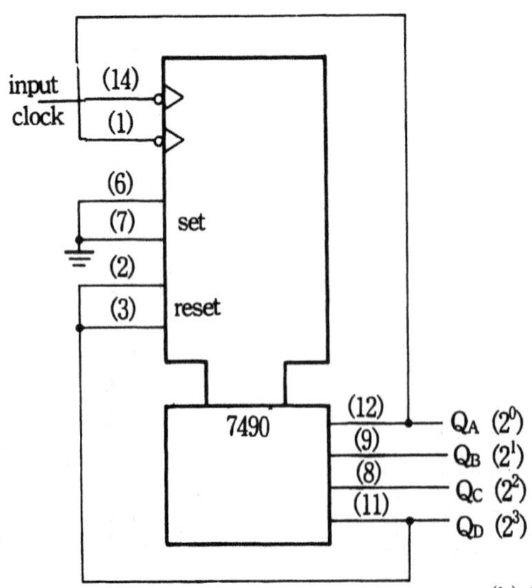

clock	Q_D	Q_C	Q_B	Q_A
0	0	0	0	0
1	0	0	0	1
2	0	0	1	0
3	0	0	1	1
4	0	1	0	0
5	0	1	0	1
6	0	1	1	0
7	0	1	1	1
8	1	0	0	0
0	0	0	0	0

(b) 8진 카운터

그림 9-32 7490의 6진, 8진 카운터로의 이용

연 습 문 제

1. 리셋 단자와 카운트 인에이블 단자를 갖는 3비트 2진 카운트 업 리플 카운터를 RS 플립플롭을 이용하여 설계하고, 출력 파형을 그리시오.

2. JK 플립플롭을 이용하여 4비트 2진 카운트 다운 리플 카운터를 설계하시오.

3. 비동기식 리셋형 12진 카운터를 D 플립플롭을 이용하여 설계하고, 출력 파형을 그리시오.

4. 비동기식 리셋형 7진 카운터를 RS 플립플롭을 이용하여 설계하고, 출력 파형을 그리시오.

5. 비동기식 직접 동작형 7진 카운터를 설계하시오.

6. 비동기식 직접 동작형 6진 카운터를 설계하시오.

7. D 플립플롭을 이용하여 동기식 6진 카운터를 설계하시오.

8. RS 플립플롭을 이용하여 동기식 8진 카운터를 설계하시오.

9. RS 플립플롭의 특성 방정식을 이용하여 동기식 13진 카운터를 설계하시오.

10. 연속하여 6개의 불량품이 발생하면 버저를 울리는 회로를 카운터로 설계하시오(단 양품과 불량품의 검출 결과는 펄스로 발생시킨다).

11. 60 Hz 펄스를 클록으로 이용하여 1초의 간격을 만들어 주는 타이머를 설계하시오.

12. TTL IC 7492의 내부 회로를 조사하고, 8진 카운터로 동작하도록 연결하시오.

13. 60 Hz 펄스를 클록으로 이용하는 실시간 디지털 시계를 설계하시오(7490과 7492 이용).

10 CHAPTER 레지스터

레지스터는 여러 비트의 데이터를 저장하는 기능을 갖는 플립플롭의 모임을 말한다. 단순히 여러 비트의 데이터를 저장하는 회로는 앞에서 이미 D 래치라는 이름의 회로를 다룬 바 있다. 일반적으로 래치는 제어 신호의 레벨에서 동작하는 회로이며, 레지스터는 제어 신호의 에지에서 동작하는 것을 말한다.

레지스터는 단순히 데이터를 저장할 뿐만 아니라, 병렬 데이터의 전송을 하며, 1비트씩의 직렬 데이터를 입력 또는 출력하기도 하며, 병렬 데이터를 입력받고 직렬로 출력하거나 직렬 데이터를 입력받아 병렬로 출력하기도 한다. 이들을 각각 병렬 데이터 전송 레지스터, 직렬 전송 레지스터, 직병렬 전송 레지스터라고 부른다.

레지스터는 여러 비트의 2진수를 저장하는 기능을 필요로 하므로, n비트의 데이터를 저장하기 위하여는 n개의 플립플롭으로 구성된다. 레지스터는 플립플롭과 제어를 위한 조합 논리 회로를 필요로 한다. 따라서 9장에서 다룬 카운터도 플립플롭과 게이트 회로로 구성되므로 카운터도 레지스터의 일종이라 할 수 있다. 그러나 레지스터는 입력되는 데이터가 그대로 저장되는 데 반하여, 카운터의 입력은 클록이며 특별한 순서 논리를 가지므로 일반적인 레지스터에서는 제외하고 카운터로 분류한다.

10-1 병렬 데이터 전송 레지스터

데이터를 저장한다는 것은 데이터를 입력하고 출력하는 기능을 필요로 하며, 이를 병렬 데이터 전송이라 한다. 대부분의 디지털 회로에서는 회로 내부 또는 가까운 거리에서는 병렬 데이터를 처리하므로 소규모의 기억 기능 또는 임시의 기억 기능을 해결하는 방법으로 병렬 전송 레지스터를 사용한다. 병렬 전송 레지스터는 필요한 비트 수만큼의 플립플롭을 사용하며, 입력 또는 출력을 제어하는 단자를 갖고 있다.

1) 동기 입력을 사용하는 병렬 데이터 전송

그림 10-1은 D 플립플롭을 이용하여 4비트의 데이터를 저장하는 4비트 레지스터의 구성을 나타낸다.

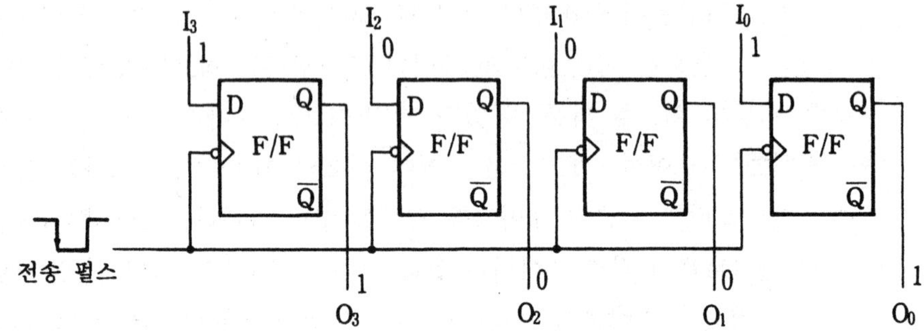

그림 10-1 D 입력을 이용한 병렬 데이터 전송 레지스터

예제 1 JK 플립플롭을 이용하여 4비트 병렬 데이터 전송 레지스터를 구성하시오.

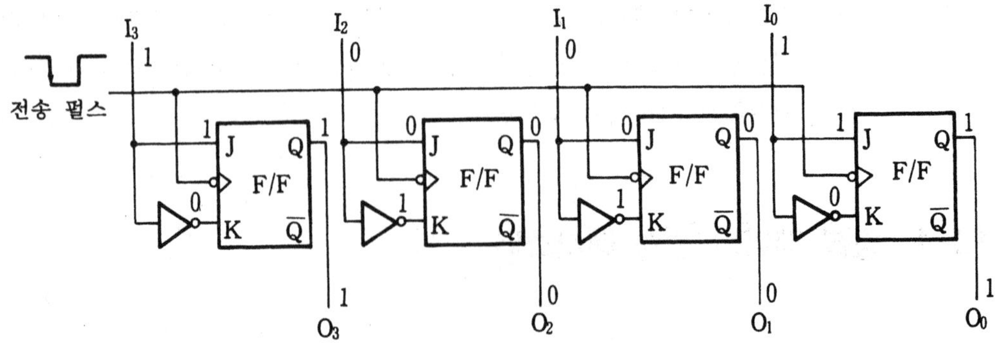

그림 10-2 JK 입력을 이용한 4비트 병렬 데이터 전송 레지스터

▷▶ 풀 이

JK 입력은 인버터를 하나씩 사용하여 D 입력처럼 동작하도록 만든다. 구성된 회로는 그림 10-2에 나타낸다.

2) 비동기 입력을 이용한 병렬 전송 레지스터

병렬 데이터의 전송은 비동기 입력을 이용하여도 가능하다. 여러 가지 회로를 구성할 수 있지만 그림 10-3은 전송 제어 신호를 가지며, 비동기 입력을 이용하여 병렬로 전송되는 데이터를 그대로 저장할 수 있는 레지스터를 나타낸다. 비동기 입력을 사용하기 때문에 클록 입력을 전송 제어 신호로 사용하지 못하고, 프리셋과 클리어 입력인 S_D와 C_D 단자에 NAND 게이트를 설치하여 그 입력의 하나를 제어 신호로 사용한다.

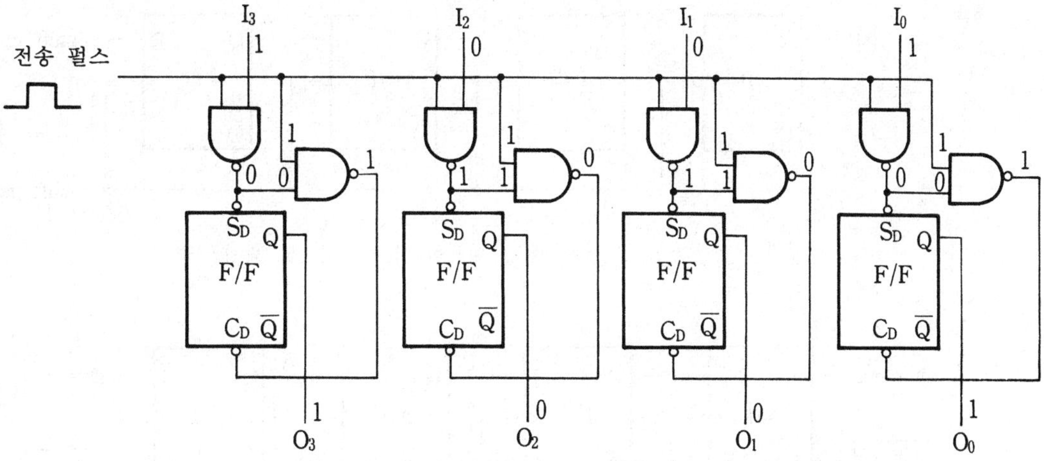

그림 10-3 비동기 입력을 이용한 병렬 데이터 전송 레지스터

10-2 직렬 데이터 전송 레지스터

내부적으로 1비트씩의 데이터를 사용할 경우, 혹은 먼 거리에 데이터를 전송하기 위하여는 비용의 절감을 위하여 고속의 동작이 필요 없는 직렬 전송(serial transfer) 방식을 사용한다. 이 때, 직렬 데이터 전송 레지스터가 필요하다.

직렬 전송 레지스터는 시프트 레지스터(shift register)라 부르며, 1비트씩 좌(left) 또는 우(right)로 자리이동(shift)한다. 따라서 4비트의 데이터를 직렬로 전송하려면 4개의 클록 펄스가 필요하다. 또, 직렬 전송은 간단히 구성될 수 있기 때문에 동기 입력을 사용하는 것이 일반적이다.

1) 시프트 레프트 레지스터(Shift Left Register)

시프트 레프트 레지스터는 우측에서 좌측으로 1비트씩 데이터의 이동이 이루어지는 레지스터이다. 가장 좌측의 데이터(MSB)는 레지스터 밖으로 출력(shift out)되며, 내부에서는 1비트씩 자리이동(shift left), 가장 좌측의 플립플롭은 외부로부터 입력(shift in)을 받아들일 수 있다. 그림 10-4는 D 플립플롭과 JK 플립플롭으로 구성된 4비트 시프트 레프트 레지스터를 나타낸다.

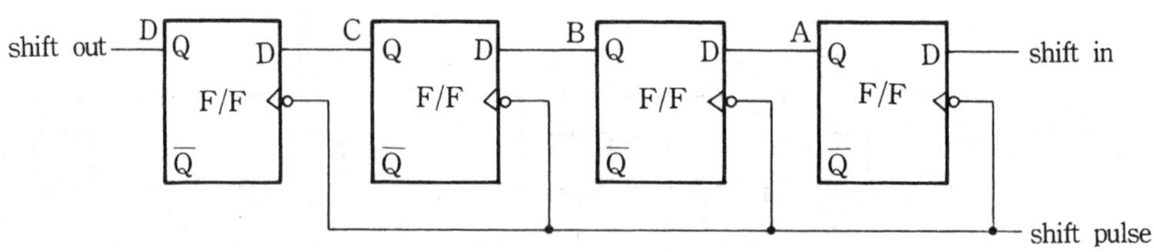

(a) D 플립플롭을 이용한 시프트 레프트 레지스터

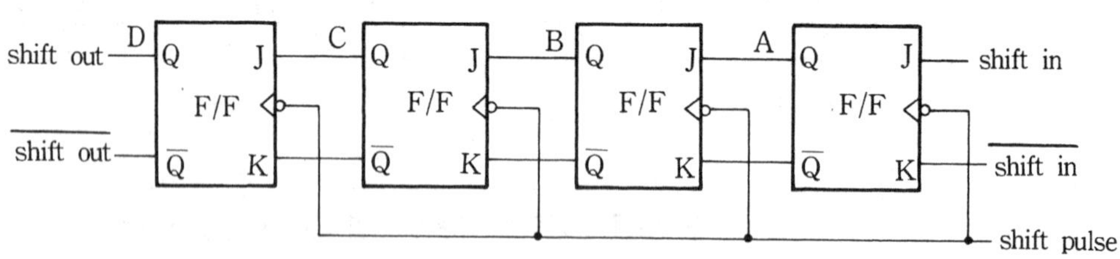

(b) JK 플립플롭을 이용한 시프트 레프트 레지스터

그림 10-4 4비트 시프트 레프트 레지스터

4비트 시프트 레프트 레지스터는 4개의 펄스에 의하여 데이터의 전송이 완료된다고 하였다. 초기 상태가 0000이었고 외부로부터 입력되는 shift in의 값이 1이라면, 표 10-1처럼 클록의 입력에 따라 시프트되는 동작을 보여 준다.

표 10-1 4비트 시프트 레지스터의 동작

shift pulse	shift out	D	C	B	A	shift in
0		0	0	0	0	1
1	0	0	0	0	1	1
2	0	0	0	1	1	1
3	0	0	1	1	1	1
4	0	1	1	1	1	

2) 시프트 라이트 레지스터(Shift Right Register)

시프트 라이트 레지스터는 오른쪽으로 자리이동이 이루어지는 레지스터로 LSB가 출력되고, MSB로 입력이 이루어진다. 이는 직렬 가산기의 논리에 필요한 레지스터이기도 하다.

그림 10−5는 D 플립플롭과 JK 플립플롭을 이용한 시프트 라이트 레지스터를 나타낸다.

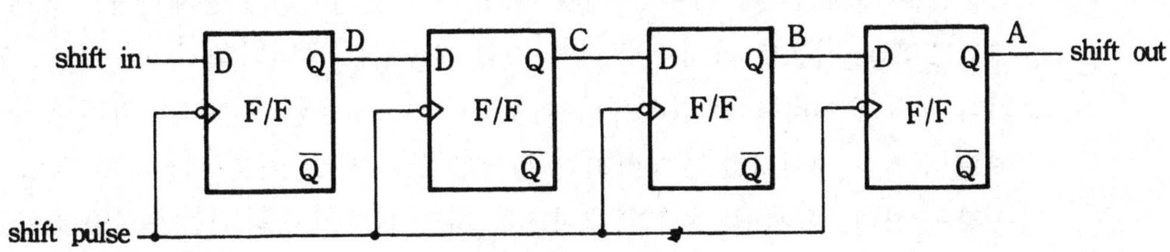

(a) D 플립플롭을 이용한 시프트 라이트 레지스터

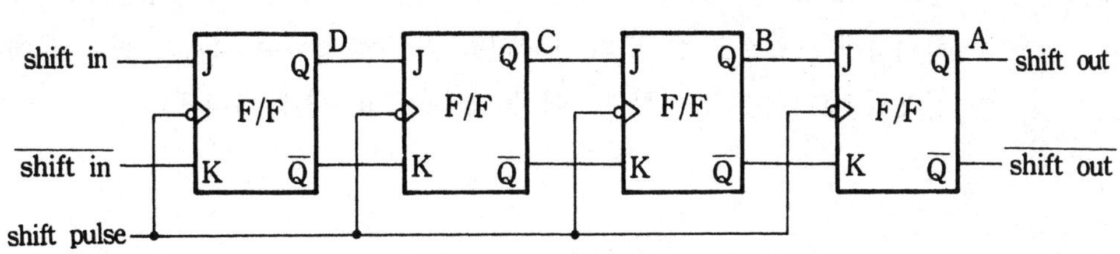

(b) JK 플립플롭을 이용한 시프트 라이트 레지스터

그림 10-5 4비트 시프트 라이트 레지스터

시프트 라이트 레지스터의 동작은 시프트 레지스터의 동작과 반대 방향인 점만 제외하면 동일한 동작을 보여 준다. 표 10−2는 초기 상태 1111에서 외부로부터 0101이 입력될 경우의 동작을 보여 준다. 4개의 펄스가 인가된 후에는 외부로부터의 입력인 1010(LSB부터 0101)이 저장된 상태가 된다.

표 10-2 시프트 레지스터의 동작

shift pulse	shift in	D	C	B	A	shift out
0	0	1	1	1	1	
1	1	0	1	1	1	1
2	0	1	0	1	1	1
3	1	0	1	0	1	1
4		1	0	1	0	1

3) 순환 레지스터(Rotation or Shift Around Register)

시프트 레지스터는 시프트-인과 시프트-아웃 데이터가 존재한다. 즉 시프트 레프트 혹은 시프트 라이트 동작시 직렬 전송되는 데이터를 수신(시프트-인)하거나 직렬 데이터를 출력(시프트-아웃)하는 데 사용할 수 있다. 그러나 출력시에도 초기의 데이터를 잃어버리는 문제가 있으므로, 이를 개선하여 직렬 출력 동작을 하며, 동시에 초기의 데이터를 저장하는 기능을 갖는 순환(rotation or shift around) 레지스터를 사용하기도 한다.

우측 순환 레지스터는 그림 10−6과 같이 구성된다. 시프트-아웃 동작은 정상적으로 할 수 있으며, 시프트-아웃되는 데이터는 다시 MSB로 시프트-인 시켜 4개의 펄스로 4비트의 데이터를 직렬 출력하며, 4개의 펄스 후에는 다시 원래의 데이터를 유지한다. 이 동작을 표 10−3에 나타낸다.

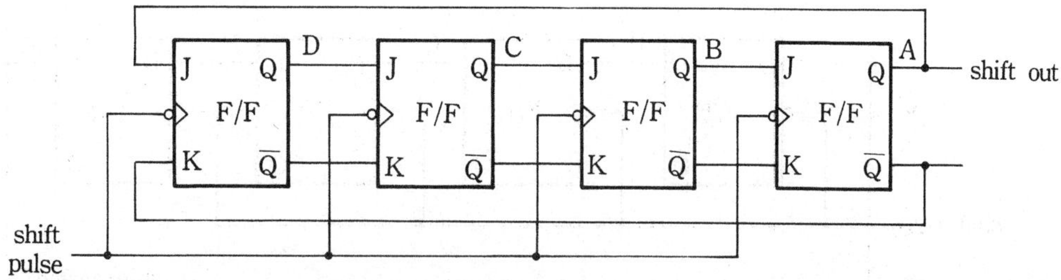

그림 10-6 우측 순환 레지스터

표 10-3 우측 순환 레지스터의 동작

shift pulse	D	C	B	A	shift out
0	1	1	0	1	1
1	1	1	1	0	0
2	0	1	1	1	1
3	1	0	1	1	1
4	1	1	0	1	

4) 시프트-인/순환 레지스터

시프트 레지스터는 시프트-인 입력 단을 조금 변형하면, 시프트-인 동작과 순환 동작을 선택적으로 할 수 있다. 어느 경우든 시프트-아웃은 정상적으로 할 수 있으며, 시프트-인 입력과 순환 입력을 선택하는 제어 단자를 갖게 된다. D 플립플롭으로 구성된 시프트-인/순환 레지스터를 그림 10－7에 보인다.

그림 10－7에서 시프트 셀렉트 단자가 0이면 시프트-인 동작이 선택되어 외부로부터의 직렬 입력 데이터가 입력되고, 시프트 셀렉트 단자가 1이면 시프트-아웃되는 A 출력이 순환형으로 다시 시프트-인 된다.

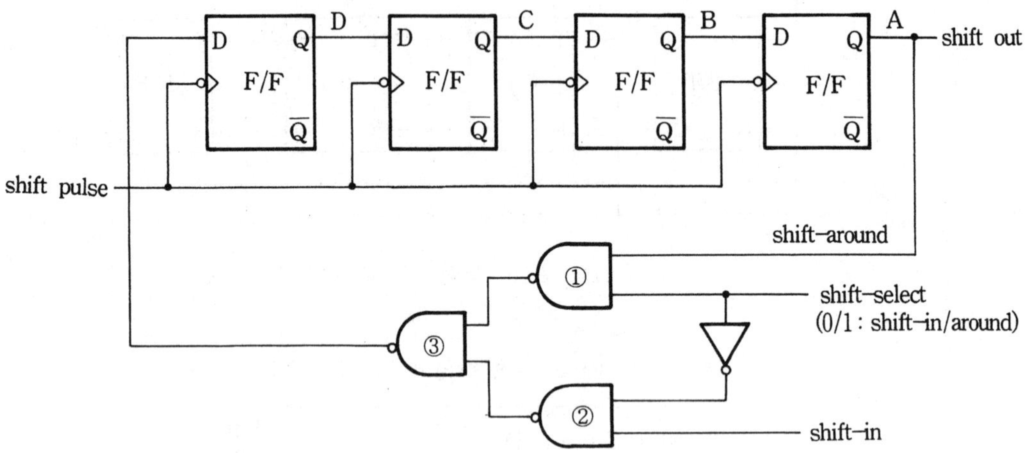

그림 10-7 시프트-인/순환형 레지스터

시프트 셀렉트 단자의 값에 따라 이루어지는 동작을 표 10-4로 나타낸다. 시프트 셀렉트 단자가 0이면 NAND 게이트 ①의 입력이 0이 되어 그 출력은 항상 1로 고정되므로 시프트-어라운드 입력은 인가되지 못한다. 동시에 NAND 게이트 ②의 입력은 1이 되어 외부로부터의 시프트-인 데이터의 보수가 출력된다. 따라서 외부의 직렬 입력 데이터가 NAND 게이트 ③을 거쳐서 시프트 레지스터의 입력이 된다. 또, 시프트 셀렉트 단자가 1이면 NAND 게이트 ②의 입력이 0이 되어 또다른 입력을 받아들이지 않는 상태가 되고, 동시에 NAND 게이트 ①의 입력을 받아들이는 상태가 되어 시프트-아웃되는 데이터가 다시 시프트-인이 되어 시프트-어라운드 동작을 하게 된다.

표 10-4 시프트 셀렉트에 따른 동작

shift select	shift operation
0	shift-in
1	shift-around

10-3 직병렬 데이터 전송 레지스터

데이터의 송수신 등에 사용되는 레지스터는 보다 복합적인 전송 기능을 필요로 한다. 송신부에서는 병렬의 데이터를 직렬로 바꾸어 주는 기능이 필요하며, 반대로 수신부에서는 직렬 데이터를 병렬로 바꾸는 기능이 필요하다. 이는 직병렬 데이터 전송 레지스터로 해결할 수 있다.

직병렬 데이터 전송 레지스터는 직렬 입력을 받아 직렬 또는 병렬로 출력하기도 하며, 병렬 입력을 받아 병렬 또는 직렬 출력을 할 수도 있다. 이 때 병렬 입력은 플립플롭의 비동기 입력 단자를 사용하고, 직렬 입력 또는 시프트 동작은 플립플롭의 동기 입력 단자를 사용한다.

1) 직병렬 데이터 전송 레지스터

그림 10-8은 직병렬 혼합 입출력이 가능한 직병렬 데이터 전송 레지스터를 나타낸다. 플립플롭은 어느것을 사용하여도 좋으나 그림에서는 D 플립플롭을 이용하였다.

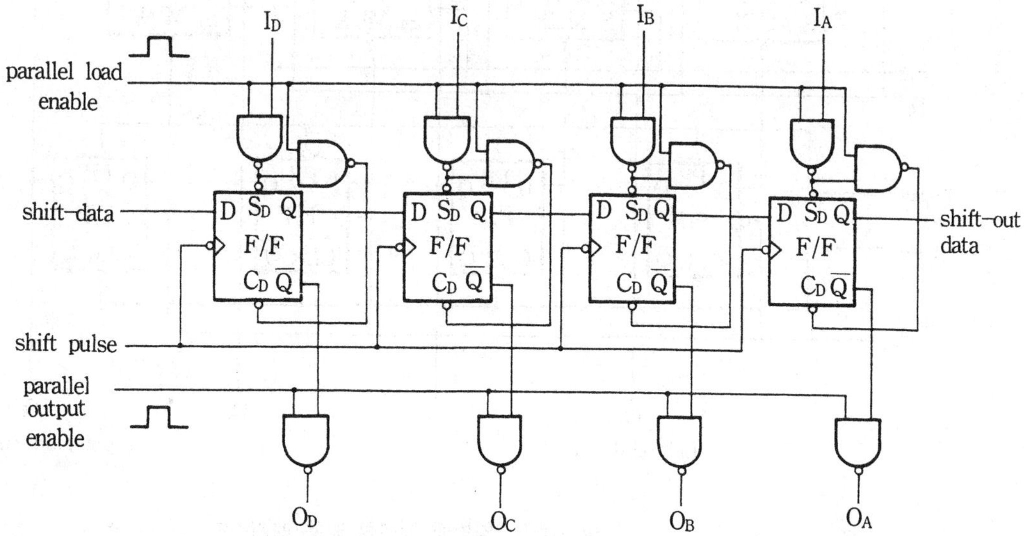

그림 10-8 D 플립플롭을 이용한 직병렬 레지스터

회로에서 병렬 입력을 직렬로 출력하기 위하여는 먼저 I_D, I_C, I_B, I_A 입력 단자에 병렬 데이터를 인가하고, 병렬 로드 허가(parallel load enable) 단자를 1로 하면 병렬 데이터가 레지스터에 저장된다. 그 후 시프트 펄스를 4개 인가하면 4비트의 직렬 데이터가 출력된다.

직렬 입력을 병렬 데이터로 출력하는 경우에는 시프트 펄스 4개를 인가하여 직렬 데이터를 저장하고 병렬 출력 허가(parallel output enable) 단자를 1로 하여 O_D, O_C, O_B, O_A 단자로 병렬 데이터를 출력한다. 물론 병렬 출력은 플립플롭의 출력 Q를 통하여 항상 출력할 수도 있다.

2) 양방향 직병렬 데이터 전송 레지스터

그림 10-8의 직병렬 레지스터는 직렬 동작에서 시프트되는 방향이 한 방향으로 고정된다. 멀티플렉서의 논리를 이용하면 양방향의 선택이 가능한 직병렬 레지스터를 구성할 수 있다.

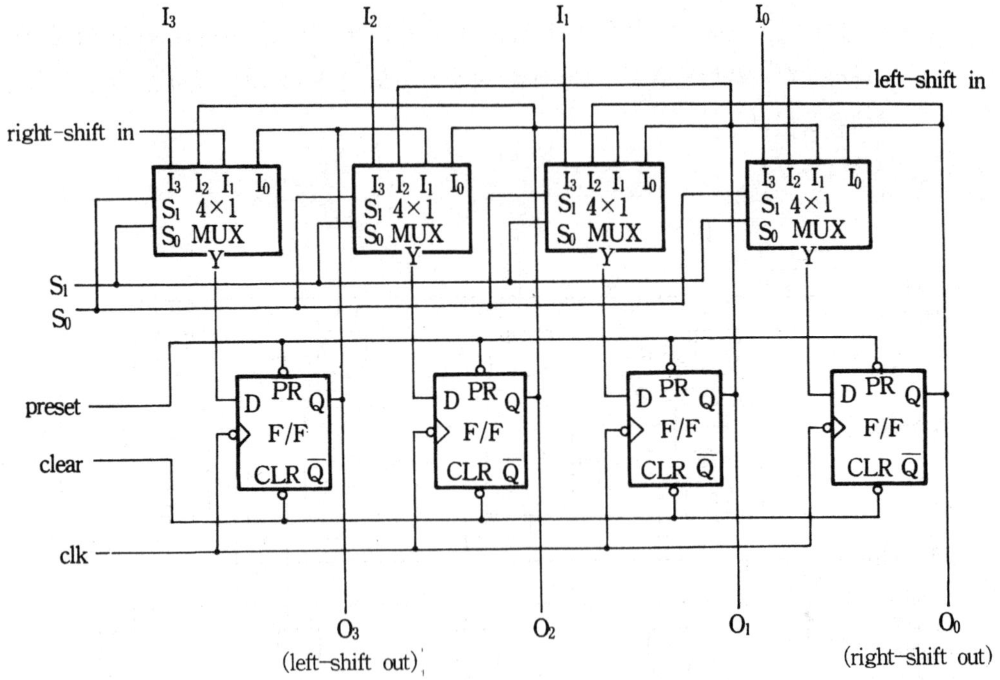

그림 10-9 양방향 직병렬 범용 레지스터

그림 10−9에는 4개의 D 플립플롭과 4×1 MUX를 이용하여 병렬 입력, 병렬 출력, 직렬 입력, 직렬 출력 단자를 가지며, 좌우 시프트 동작을 선택할 수 있는 범용 레지스터의 구성을 보여 준다. 이 레지스터는 또 비동기 입력을 이용하여 세트 또는 리셋의 초기화도 가능하다.

앞에서 설계된 양방향 직병렬 범용 레지스터를 모듈 논리로 표현하면 그림 10−10(a)로 표현 가능하며, 이의 동작을 (b)에 표로 정리하였다. 비동기 입력은 액티브−로 신호로 세트 또는 리셋으로 초기화하기 위한 단자이다. 병렬 입력과 좌우 시프트 동작은 동기 신호를 사용하여 클록 입력에 따라 작동한다. 동작의 선택은 셀렉트 단자인 S_1, S_0의 논리로 이루어진다.

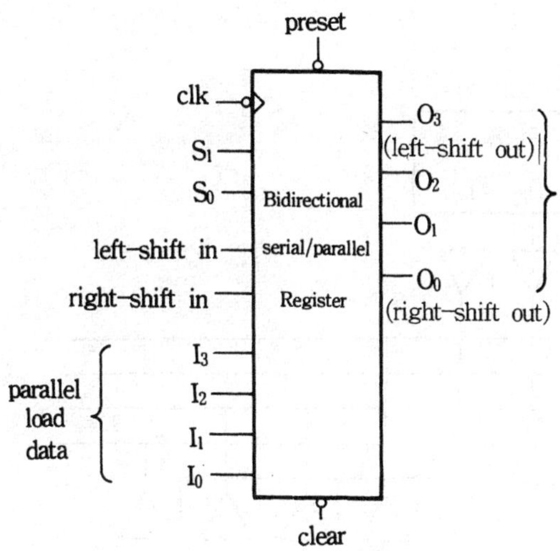

(a) 모듈 논리 기호

비동기		동기		동작
preset	clear	S_1	S_0	
0	1	×	×	초기화(1111)
1	0	×	×	초기화(0000)
1	1	0	0	데이터 홀드
1	1	0	1	시프트 라이트
1	1	1	0	시프트 레프트
1	1	1	1	병렬 입력

(b) 동작표

그림 10-10 양방향 직병렬 범용 레지스터의 논리와 동작

3) 데이터 버스(Data Bus)

레지스터를 여러 개 연결하여 사용하는 디지털 시스템에서는 병렬 입출력 데이터 단자들을 공통의 데이터 버스에 연결하여 사용한다. 이 때, 입력 단자들 간에는 팬-아웃 이외의 문제는 없으나 출력 단자들은 회로상 쇼트가 발생하므로 여러 개를 직접 연결할 수 없다. 이것을 해결하기 위하여는 선택된 레지스터의 출력이 버스에 인가될 때, 다른 레지스터의 연결은 해제하여야만 한다. 이 문제는 회로적으로 출력 단을 하이 임피던스(high impedance)로 하여 선택된 단자를 제외하고는 연결되어 있는 모든 단자들을 논리적 오픈(logical open) 상태로 두면 된다. 논리적 오픈 상태는 TTL 출력의 오픈 컬렉터(open collector), MOS 출력의 오픈 드레인(open drain), 또는 3-상태(tri-state) 출력으로 가능하다.

3-상태란 논리 0 혹은 1의 출력과 하이 임피던스의 3가지 출력 상태를 갖는다는 의미이며, 3-상태 버퍼를 출력 단에 달아 주거나 IC들의 출력 단을 3-상태로 함으로써 외부 게이트 없이 처리하기도 한다.

그림 10-11는 3개의 레지스터가 공통의 버스에 접속되어 있는 회로를 나타내며, 출력 단에 3-상태 버퍼를 연결하여 버스와의 절환을 가능하게 하여 선택된 레지스터만 접속한다.

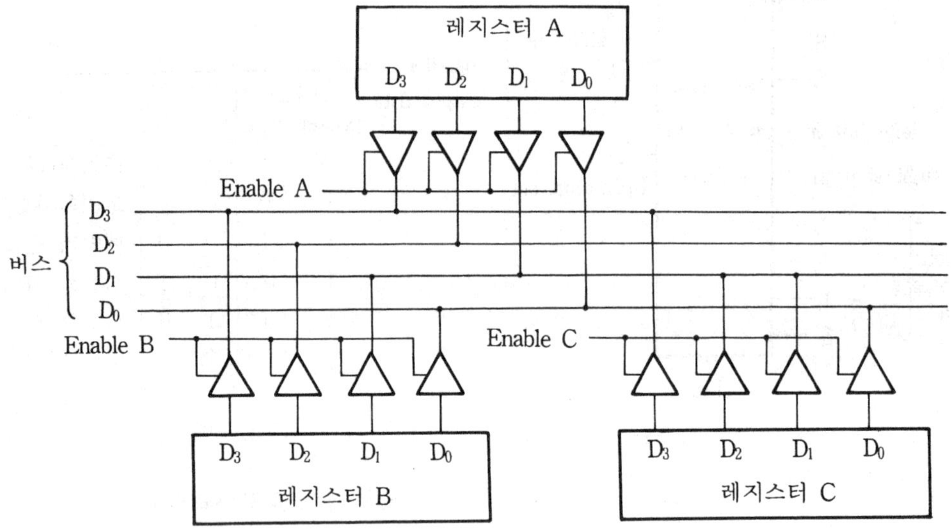

그림 10-11 3-상태 버퍼에 의한 데이터 버스 연결

3-상태 버퍼의 제어 신호인 인에이블 신호가 하이일 때 정상 출력을 갖는다면, 회로에서 레지스터 A의 출력을 버스에 연결하기 위하여는 인에이블 B(Enable B)와 인에이블 C(Enable C)는 로(Low)로 두고 인에이블 A(Enable A)만을 하이로 하여 레지스터 A의 출력만이 버스에 인가되도록 한다.

10-4 레지스터 IC 소자

레지스터의 IC 소자는 TTL과 CMOS로 여러 가지 형태의 것이 제공되고 있다. 병렬 입력 · 병렬 출력의 기능을 갖는 레지스터로 4비트의 74173(3-상태)이 있고, 4조 4비트 레지스터 파일 74170, 74670(3-상태), 4비트 2 입력 멀티플렉스 레지스터 74298, 74398, 74399가 있으며, 2비트 8워드 2조 레지스터 파일 74172(3-상태), 8비트 레지스터 74574(3-상태) 등이 있다.

직렬 입력 · 직렬 출력의 8비트 시프트 레지스터로는 7491이 있다.

병렬 입력 · 직렬 출력 기능의 시프트 레지스터로 4비트 프리셋 입력이 가능한 7494, 5비트 병렬 입력이 가능한 7496, 8비트 병렬 입력 시프트 레지스터 74165, 74166, 74597(input F/F) 등이 있고, 16비트 병렬-직렬 변환용 74674 등이 있다.

직렬 입력 · 병렬 출력 기능의 시프트 레지스터로 8비트 74164, 74502, 74503, 74595(3-상태 래치), 12비트 74504, 16비트 74673, CMOS로 4비트 4015(dual), 8비트 4094(3-상태 버퍼) 등이 있다.

병렬 입력과 출력이 가능한 시프트 레지스터로 4비트의 7495, 74178, 74179, 74195, 74295(3-상태), 74395(3-상태), 8비트의 74199, 74322 등이 있다.

병렬 입출력이 가능한 양방향 시프트 레지스터로 4비트의 74194, 40104(CMOS 3-상태)와 8비트 74190, 74299(3-상태), 74323(3-상태)이 있다.

그 밖에 4조의 16비트 FIFO 레지스터로 CMOS 40105와 4비트 데이터를 8비트 데이터로 변환하는 레지스터 74396 등이 있다.

1) IC 소자 사용 예 (74299)

병렬 입출력과 좌우 양방향 시프트 동작이 가능한 레지스터인 74299는 20핀 DIP형 TTL IC로 제공되고 있으며, 병렬 입출력 단자가 공통으로 되어 있다. 데이터 출력은 3-상태로 이루어져, 출력을 허가하지 않거나 입력 동작시에는 하이 임피던스 상태가 된다. 기능의 선택은 S_1, S_0 단자로 하며, 시프트-라이트, 시프트-레프트, 병렬 입력, 홀드 등의 동작을 한다. 비동기 클리어 단자가 있어서 병렬 데이터를 클리어시킬 수도 있다. 그림 10-12(a)에는 74299의 핀 배치도를, (b)에는 논리 연결도를 나타내며, 표 10-5는 이의 동작을 나타낸다.

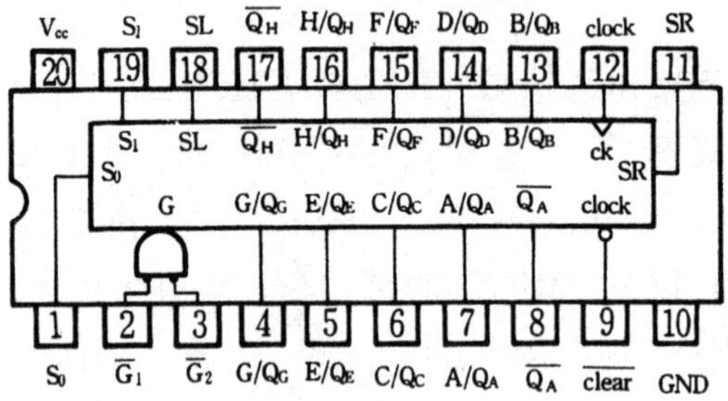

(a) 핀 배치도

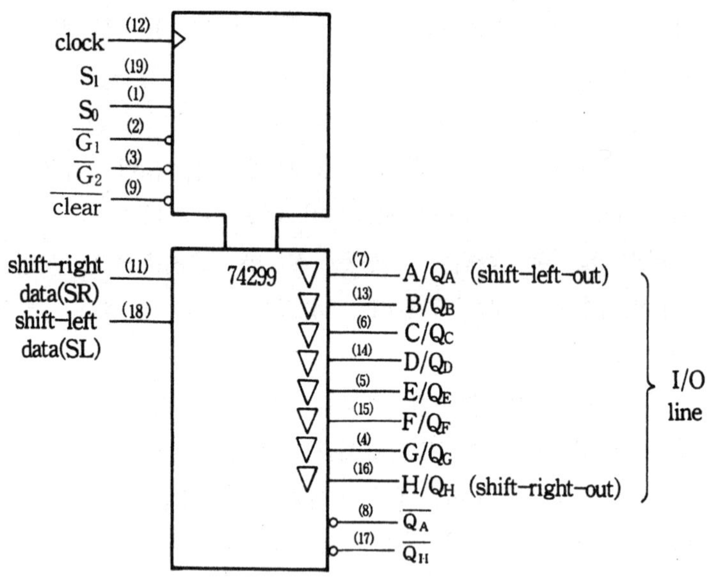

(b) 논리 연결도

그림 10-12 병렬 입출력 양방향 시프트 레지스터 74299

표 10-5 74299의 동작

<table>
<tr><th colspan="6">입 력</th><th>출력</th><th rowspan="3">동작</th></tr>
<tr><th rowspan="2">clear</th><th colspan="2">Mode Select</th><th rowspan="2">CK</th><th colspan="2">output control</th><th rowspan="2">Q</th></tr>
<tr><th>S_1</th><th>S_0</th><th>$\overline{G}_1$</th><th>$\overline{G}_2$</th></tr>
<tr><td>H</td><td>L</td><td>H</td><td rowspan="4">↑</td><td rowspan="5">–</td><td rowspan="5">–</td><td rowspan="2">–</td><td>시프트 라이트</td></tr>
<tr><td>H</td><td>H</td><td>L</td><td>시프트 레프트</td></tr>
<tr><td>H</td><td>H</td><td>H</td><td>z</td><td>병렬 로드</td></tr>
<tr><td>H</td><td>L</td><td>L</td><td rowspan="2">–</td><td>데이터 홀드</td></tr>
<tr><td>L</td><td>×</td><td>×</td><td>×</td><td>클리어</td></tr>
<tr><td colspan="4" rowspan="2">–</td><td>H</td><td>×</td><td rowspan="2">z</td><td rowspan="2">–</td></tr>
<tr><td>×</td><td>H</td></tr>
</table>

연 습 문 제

1. RS 플립플롭을 이용하여 4비트의 데이터를 저장하는 병렬-입력, 병렬-출력 레지스터를 설계하시오.

2. RS 플립플롭을 이용하여 직렬 입력 · 직렬 출력의 기능을 갖는 4비트 시프트-레프트 레지스터를 구성하시오.

3. JK 플립플롭을 이용하여 병렬-입력, 병렬-출력, 직렬-입력, 직렬-출력의 기능을 갖는 4비트 직병렬 레지스터를 구성하시오.

4. 3-상태 버퍼를 설명하시오.

5. 3-상태 버퍼를 이용하여 병렬-입력 단자와 병렬-출력 단자를 공통의 버스에 접속시키는 방법을 설명하시오.

6. 직병렬 레지스터 IC 소자인 TTL 7495의 내부 회로를 조사하고 그 동작을 설명하시오.

11 CHAPTER

순서 논리 회로

순서 논리 회로(sequential networks or sequential Logic)는 조합 논리 회로와 플립플롭을 이용하여 구성하며, 현재 입력만으로 출력이 결정되는 조합 논리 회로와는 달리, 현재 입력과 기억되어 있는 값에 의하여 출력이 결정되는 회로이다.

9장과 10장에서 다룬 카운터와 레지스터도 순서 논리 회로의 일종으로 많이 쓰이는 특별한 순서 논리이다. 본 장에서는 그 밖의 특정한 순서를 갖는 순서 논리 회로와 조합 논리로 설계되었던 회로의 순서 논리로의 설계, 조합 논리로 병렬 설계되었던 회로의 직렬 반복 순서 논리 설계, ROM을 이용한 순서 논리 회로 설계 등을 다룬다.

11-1 순서 논리 회로의 기본 개념

1) 무어 머신과 밀리 머신

일반적인 순서 논리 회로는 출력이 어떻게 결정되는가에 따라 무어(Moore) 머신(machine)과 밀리(Mealy) 머신으로 나눌 수 있다. 무어 머신은 현재 기억되어 있는 값에 의하여만 출력이 결정되는 논리로 대부분의 카운터와 레지스터가 있으며, 뒤에서 다룰 패리티 체커, 비교기 등이 이에 속한다. 밀리 머신은 현재 기억되어 있는 값과 새로 입력되는 값에 의하여 출력이 결정되는 회로로, 뒤에서 다룰 직렬 가산기, 패턴 디텍터(sequence pattern detector), 코드 변환기 등이 이에 속하며, 이들은 서로 호환이 되는 경우도 존재한다.

그림 11-1은 무어 머신과 밀리 머신의 논리를 나타낸다.

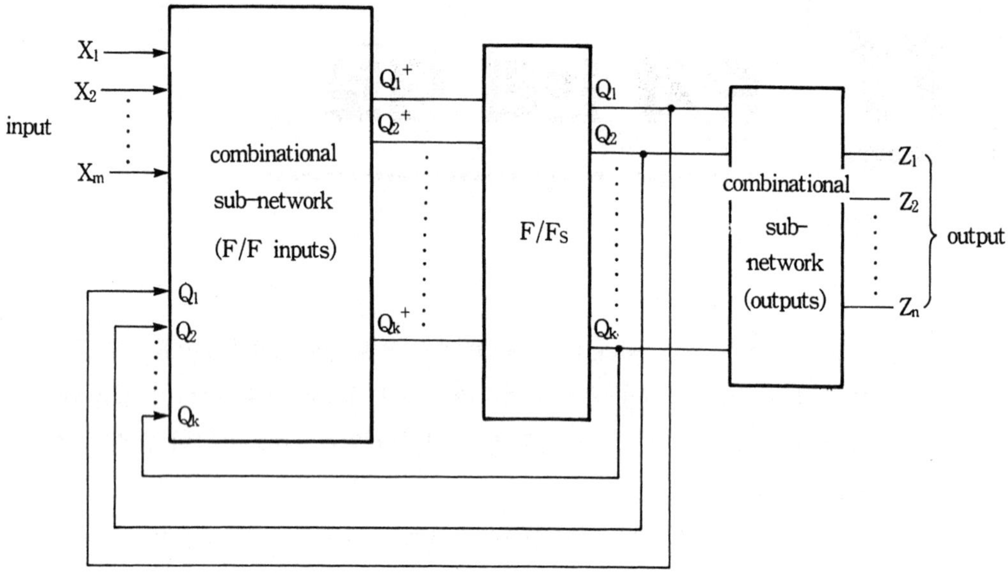

(a) 무어 머신 논리

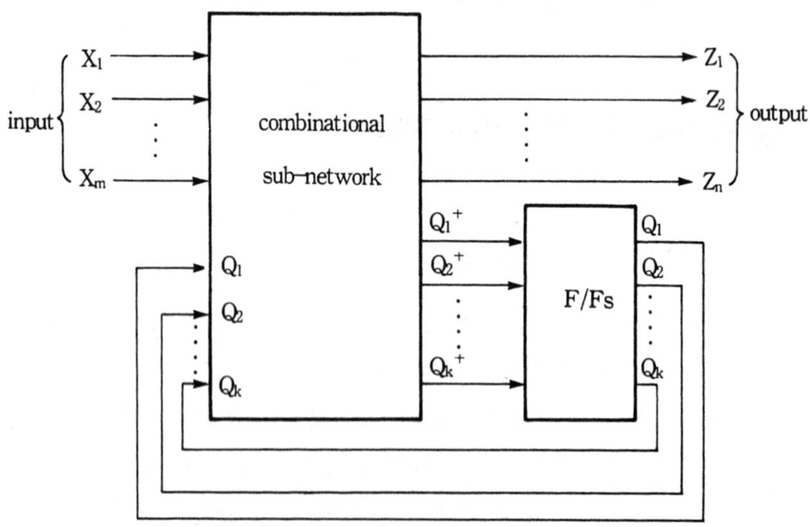

(b) 밀리 머신 논리

그림 11-1 무어 머신과 밀리 머신의 논리

2) 순서 논리 회로의 설계 단계

순서 논리 회로는 조합 논리와 F/F이 혼합되어 이루어지므로 설계는 지금까지의 디지털 회로 설계보다 더욱 복잡해진다. 순서 논리 회로를 설계하는 과정을 요약하면 다음과 같다.

① 문제 분석(제목, 블록도) : 문제를 분석하여 명확하게 하는 부분으로 기능을 나타내는 제목과 블록도로 표시

② 입력과 출력의 시퀀스 정의(input and output sequence) : 주어진 문제로부터 입력의 순서에 따른 출력값 정의

③ 상태 그래프(state graph)와 상태표(state table) 작성 : 입출력 시퀀스로부터 상태를 정의하고, 상태의 전이를 나타내는 그래프를 그리고 표로 작성

④ 상태 간략화(reduction of states) : 상태의 간략화는 조합 논리 회로에서의 간략화와 같은 개념으로, 어떤 상태는 그 상태를 제거하여도 그 기능에 손상을 주지 않는 경우가 존재한다. 상태를 줄이면 소요되는 플립플롭의 개수가 줄어들며, 게이트 회로도 줄어드는 결과를 가져온다. 이는 경제적 이득일 뿐만 아니라, 신뢰도의 증가, 소비 전력의 감소, 속도 개선 등의 효과가 있다.

⑤ F/F 종류 및 개수 결정

- 사용할 F/F의 종류와 상태 수에 따른 개수 결정
- m상태일 때 부등식($2^{n-1} < m \le 2^n$)을 만족하는 n개 F/F

⑥ 정의된 상태를 F/F에 할당 : F/F의 개수에 맞추어 각 상태를 할당하는 것은 어떻게 하여도 가능하지만 그 중 회로를 간단히 할 수 있는 조합이 존재할 수 있다. 이는 같은 출력을 내는 상태를 인접하게 배치하는 것과 다음 상태를 인접하게 배치하는 것으로 하면 다른 경우보다 간단해질 수 있다.

⑦ 여기표 또는 특성 방정식으로 F/F 입력 논리 설계 : 여기표 또는 상태 방정식을 유도하여 특성 방정식과 일치하는 F/F의 입력 조합 논리 설계

⑧ 회로 설계 : 순서 논리 회로 완성

⑨ 검증 : 타이밍 차트 또는 회로 구성 실험 또는 컴퓨터 시뮬레이션으로 회로 검증

11-2 순서 논리 회로 설계

본 절에서는 간단한 순서 논리 회로를 샘플 설계 과정을 통하여 알아보고자 한다.

1) 시퀀스 디텍터

특정 시퀀스의 입력이 있을 때, 출력을 내는 순서 논리 회로를 설계하여 본다. 입력 시퀀스가 101일 때 출력이 1, 그 외에는 0을 출력하는 회로를 설계한다. 회로의 설계는 클록형 밀리 머신으로 설계하며, 앞에서 정의한 순서 논리 회로 설계 9단계를 따라 다음과 같이 설계한다.

① 문제 분석

- 제목 : 입력 시퀀스 101 디텍터
- 블록도 : 그림 11-2로 표시

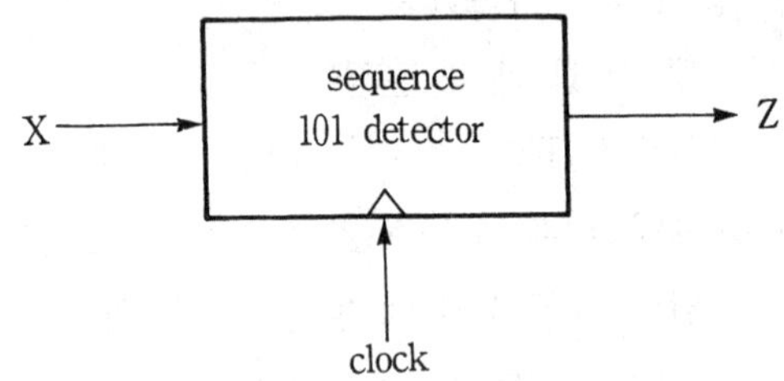

그림 11-2 입력 시퀀스 101 디텍터의 블록도

② 입력과 출력의 시퀀스 정의 : 입력 시퀀스 X가 다음과 같다면, 연속하여 101이 입력될 때 출력이 1이 되므로, 출력 Z는 아래와 같이 정의할 수 있다.

X = 0 0 1 1 0 1 1 0 0 1 0 1 0 1 0 0
Z = 0 0 0 0 0 1 0 0 0 0 0 1 0 1 0 0

③ 상태 그래프와 상태표 작성 : 아직까지는 F/F이 얼마나 필요한지 알 수 가 없으므로 상태는 S_0, S_1, …, S_m으로 정의하고, 입력 시퀀스와 출력 시퀀스로부터 상태 그래프를 그리면 그림 11-3이 된다.

S_0을 최초의 상태, 즉, 리셋 상태라 하면, S_0으로부터 시작할 수 있다. 상태 그래프에서 각 상태는 ○로 표시하며, 입력과 출력은 0/0으로 표시한다. / 앞의 값은 입력, / 뒤의 값은 출력을 나타낸다. 또한 입력에 따라 상태가 바뀔 때면 화살표(→)를 이용하여 다음 상태로 전이시킨다.

문제에서는 101을 검출하는 회로이므로, S_0 상태에서 0이 입력되면 가능성이 전혀 없는 상태이므로 출력도 0이며 S_0 상태를 그대로 유지한다. S_0 상태에서 1이 입력되면 출력은 0이지만 101이 될 가능성이 있는 새로운 상태가 되어야 한다. 이를 S_1로 정의한다.

S_1 상태에서 또다시 1이 입력되면 원하는 시퀀스는 아니지만 새로운 가능성 있는 시퀀스의 시작으로 보고 계속 S_1 상태에 머문다. S_1 상태에서 0이 입력된다면 입력 시퀀스 10이 입력된 상태이므로 새로운 상태 S_2로 정의한다. 물론 아직 출력은 0이다.

S_2 상태에서 1이 입력된다면 이제 원하는 시퀀스 101이 입력된 상태이므로 출력은 1이 되고, 상태는 S_1로 돌아간다. 왜냐하면, 또 다른 입력 시퀀스 101이 시작될 수 있기 때문이다. 만일 S_2 상태에서 0이 입력된다면 이는 리셋 상태로 돌아가야만 하며 출력도 0이다. 문제로부터 더 이상의 상태는 존재하지 않으므로 완성된 상태 그래프는 그림 11-3이 된다.

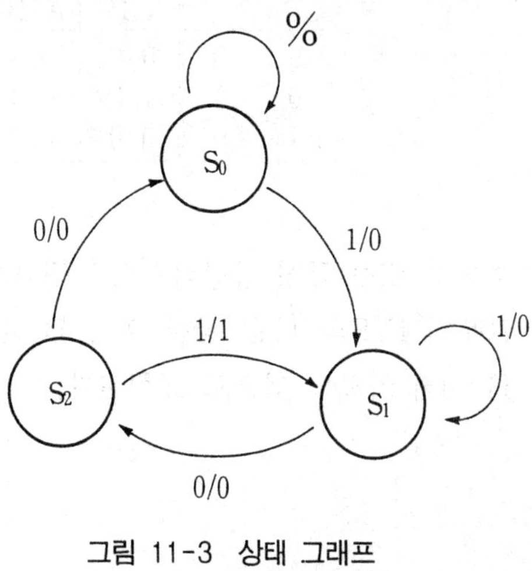

그림 11-3 상태 그래프

상태 그래프로부터 상태표를 그려 내면 표 11-1과 같다.

표 11-1 상태표

현재 상태	다음 상태		출 력	
	X=0	X=1	X=0	X=1
S_0	S_0	S_1	0	0
S_1	S_2	S_1	0	0
S_2	S_0	S_1	0	1

④ 상태 간략화(reduction of states) : 주어진 문제에서는 이미 상태가 간략화되어 있음

⑤ F/F 종류 및 개수 결정 : 상태 수가 3이므로 F/F의 개수는 2개이면 되고, D F/F을 이용한다

⑥ 정의된 상태를 F/F에 할당 : 2개의 F/F을 각각 A, B라 한다면 S_0을 AB=00으로, S_1을 AB=01로, S_2를 AB=10으로 할당하고, 표 11-1의 상태표를 다시 작성하면 표 11-2가 된다.

표 11-2 플립플롭으로 할당한 상태표

현재 상태		다음 상태		출 력	
A	B	X=0	X=1	X=0	X=1
		A^+B^+	A^+B^+	Z	Z
0	0	0 0	0 1	0	0
0	1	1 0	0 1	0	0
1	0	0 0	0 1	0	1

⑦ 여기표 또는 특성 방정식으로 F/F 입력 논리 설계 : 표 11-2의 상태표로부터 F/F의 다음 상태 A^+, B^+와 출력 Z의 논리식을 구하면 그림 11-4의 카르노 맵으로 표현된다.

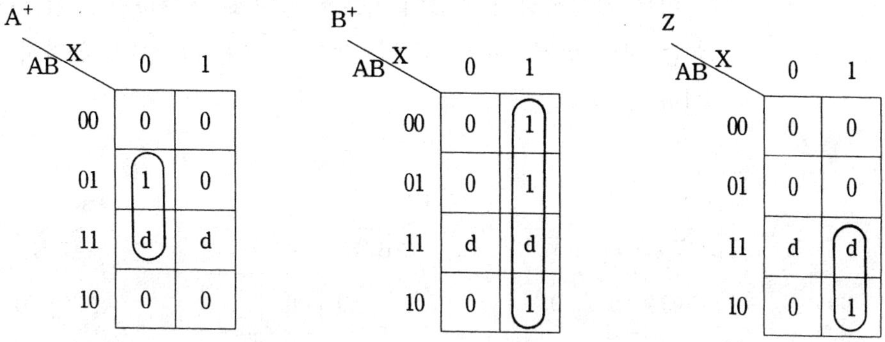

$A^{+}=B\overline{X}$ $B^{+}=X$ $Z=AX$

(a) A F/F의 다음 상태 출력 (b) B F/F의 다음 상태 출력 (c) 출력 Z

그림 11-4 A^{+}, B^{+}와 출력 Z의 간략화 설계

간략화된 논리식은 플립플롭의 다음 상태 출력과 출력 Z의 논리식을 나타내므로, 플립플롭에 대하여는 특성 방정식에 의하여 각 입력 단자의 논리식으로 변환하여야 한다. D F/F의 특성 방정식은 $Q_{t+1} = D$이므로 간략화된 논리식은 그대로 D_A, D_B의 입력 논리가 된다.

이것으로 회로를 설계할 수는 있지만 여기표를 작성하여도 회로 설계를 위한 입력 논리를 유도할 수 있다. 표 11-3은 D F/F을 이용한 여기표이다.

표 11-3 D F/F을 이용한 각 상태의 여기표

현재 상태			다음 상태		출력	F/F 입력	
A	B	X	A^{+}	B^{+}	Z	D_A	D_B
0	0	0	0	0	0	0	0
0	0	1	0	1	0	0	1
0	1	0	1	0	0	1	0
0	1	1	0	1	0	0	1
1	0	0	0	0	0	0	0
1	0	1	0	1	1	0	1

이를 간략화하기 위하여 카르노 맵으로 표현하면 그림 11-5가 되고, 이는 상태 방정식으로 설계한 논리식(그림 11-4)과 완전히 일치함을 확인할 수 있다.

Z

AB \ X	0	1
00	0	0
01	0	0
11	d	d
10	0	1

$Z = AX$

(a) 출력 Z

D_A

AB \ X	0	1
00	0	0
01	1	0
11	d	d
10	0	0

$D_A = B\overline{X}$

(b) 입력 D_A

D_B

AB \ X	0	1
00	0	1
01	0	1
11	d	d
10	0	1

$D_B = X$

(c) 입력 D_B

그림 11-5 여기표를 이용한 간략화 설계를 위한 카르노 맵

⑧ 회로 설계 : 완성된 회로는 그림 11-6으로 나타낸다.

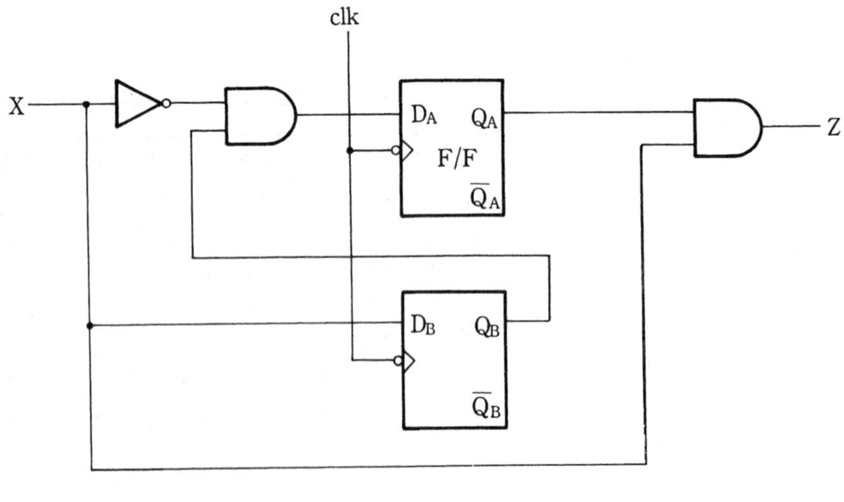

그림 11-6 입력 시퀀스 101 디텍터의 순서 논리 회로

⑨ 검증 : 설계된 회로가 정상적으로 동작하는지 검증하기 위하여 타이밍도를 그려 보면 그림 11-7이 되어 입력 시퀀스에 따라 정의된 출력 시퀀스가 출력됨을 확인한다.

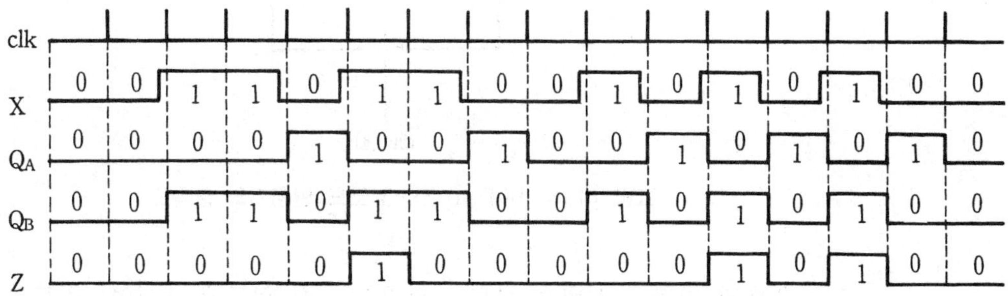

그림 11-7 설계된 회로의 타이밍도

2) 코드 변환기 (8421 to Ex-3 Code Converter)

앞에서 조합 논리 회로로 설계하였던 BCD 8421 코드를 Ex-3 코드로 변환하는 코드 변환기는 디지털 회로 시스템 내부에서의 변환 목적이라면 데이터의 발생이 병렬로 이루어지기 때문에 조합 논리로 설계하는 것이 타당하다고 할 수 있다. 그러나 전송 등의 경우에 직렬로 발생하는 경우라면 직렬 데이터를 병렬로 바꾸기 위한 직병렬 레지스터를 설치하여야 하며, 4비트 데이터가 모두 수신되기를 기다려야만 한다.

코드 변환기를 순서 논리 회로로 설계한다면 입력되는 매비트마다 순서 논리가 동작하면서 4비트 데이터의 수신이 끝나는 순간에 변환된 코드 값을 출력할 수 있다. BCD 코드를 Ex-3 코드로 변환하기 위한 코드 변환기를 순서 논리 회로 설계 9단계를 통하여 순서 논리 회로로 설계하는 과정은 다음과 같다.

① 문제 분석

- 제목 : BCD to Ex-3 코드 변환기(sequential network)
- 블록도 : 그림 11-8

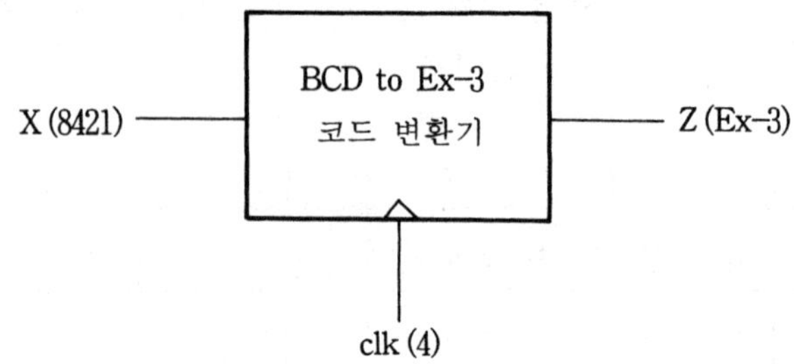

그림 11-8 BCD to Ex-3 코드 변환기의 블록도

② 입력과 출력의 시퀀스 정의 : 입출력은 각 코드에 대하여 4비트의 입력과 4비트의 출력을 갖게 된다. 이들이 총 10종류가 있으며, 4비트의 입력과 출력은 각각 순차적인 시간에 입출력이 이루어지므로 그 시간을 t_0, t_1, t_2, t_3라고 하면, 표 11-4와 같은 입출력 시퀀스를 얻을 수 있다.

표 11-4 BCD to Ex-3 코드 변환기의 입출력 시퀀스

입력 X (BCD)				출력 Z (Ex-3)			
t_3	t_2	t_1	t_0	t_3	t_2	t_1	t_0
0	0	0	0	0	0	1	1
0	0	0	1	0	1	0	0
0	0	1	0	0	1	0	1
0	0	1	1	0	1	1	0
0	1	0	0	0	1	1	1
0	1	0	1	1	0	0	0
0	1	1	0	1	0	0	1
0	1	1	1	1	0	1	0
1	0	0	0	1	0	1	1
1	0	0	1	1	1	0	0

③ 상태 그래프와 상태표 작성 : X의 모든 입력은 0 혹은 1만이 들어올 수 있으므로, 초기의 리셋 상태(A)에서 t_0 시간에 0이 입력된다면 출력은 1이 되어야 하고(0/1) 새로운 상태(B)로 전이된다. 1이 들어오면 출력은 0이 되고(1/0) 또 다른 새로운 상태(C)로 전이된다. 이 때, 입력 신호는 LSB부터 인가된다. t_1 시간에 입력될 수 있는 값은 B 상태에서 0 혹은

1, C 상태에서 0 혹은 1로 총 4가지 경우가 된다. 이들을 상태 그래프로 표현하면 D, E, F, G가 된다.

t_2 시간에 D의 상태에서는 이미 00(t_0t_1)이 입력된 상태이므로 0이 입력된다면 000($t_0t_1t_2$)이 되어 10진수 0 혹은 8이 될 수 있는 상태이다. 이를 H라 하면 출력은 0이 된다. 또 E의 상태에서 0이 입력된다면 100($t_0t_1t_2$)이 되어 10진수 2 혹은 9가 될 수 있는 상태가 된다. 이 때, 출력은 1이 되고 상태는 I라고 하자. t_2 시간이 지나면 4개의 상태는 총 8개의 상태가 되며, 이들은 각각 H, I, J, K, L, M, N, P라고 할 수 있다.

t_3 시간에 H의 상태에서 0이 입력되면 0이 출력되어 리셋 상태로 된다. 이 때까지 0000($t_0t_1t_2t_3$)이 입력되었으며, 출력은 1100($t_0t_1t_2t_3$)이 발생되었고, BCD 입력 0000이 Ex-3 코드 0011로 변환된 것이다. 완성된 상태 그래프는 그림 11-9가 된다.

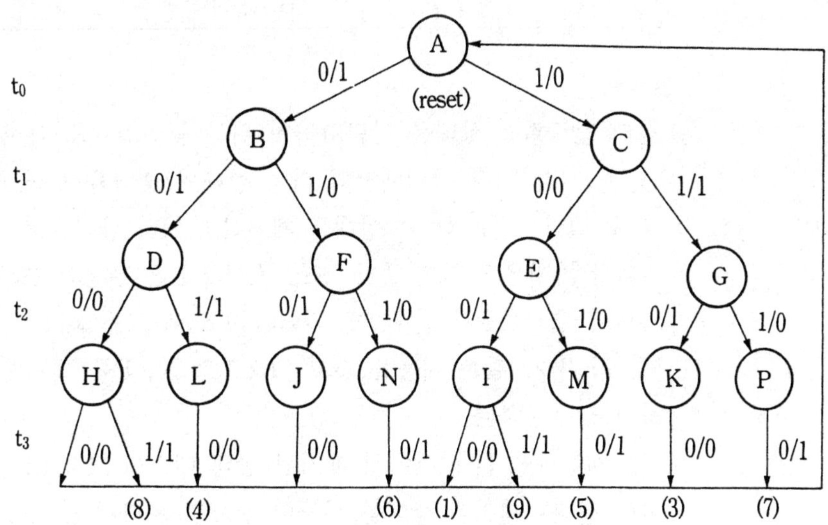

그림 11-9 BCD to Ex-3 코드 변환기의 상태 그래프

상태 그래프를 상태표로 나타내면 표 11-5가 된다. 상태표에서 -로 표시된 항은 BCD 코드에 존재하지 않는 부분으로 무정의 조건(don't care)이다. 그리고 t_3 시간에서 다음 상태가 모두 A인 것은 4비트의 코드 변환이 모두 끝났기 때문에 리셋 상태로 돌아가는 것이다.

표 11-5 BCD to Ex-3 코드 변환기의 상태표

시 간	입력 시퀀스 (LSB부터)	현재 상태	다음 상태 X=0	다음 상태 X=1	현재 출력 Z X=0	현재 출력 Z X=1
t_0	reset	A	B	C	1	0
t_1	0	B	D	F	1	0
	1	C	E	G	0	1
t_2	0 0	D	H	L	0	1
	0 1	E	I	M	1	0
	1 0	F	J	N	1	0
	1 1	G	K	P	1	0
t_3	0 0 0	H	A	A	0	1
	0 0 1	I	A	A	0	1
	0 1 0	J	A	–	0	–
	0 1 1	K	A	–	0	–
	1 0 0	L	A	–	0	–
	1 0 1	M	A	–	1	–
	1 1 0	N	A	–	1	–
	1 1 1	P	A	–	1	–

④ 상태 간략화 : 상태를 간략화하기 위하여 먼저 마지막 부분부터 살펴보면, t_3 시간에 각 상태에서의 다음 상태와 출력을 보면 H와 I가 같음을 알 수 있다. 이는 I라는 상태를 제거하고 H의 상태로 사용하여도 똑같은 결과를 가져옴을 알려 준다. 또, J, K, L은 무정의 조건을 포함하고 있으므로 결국 H와 같아지게 되어 H만으로 모두 대신할 수 있다. 또한 M, N, P가 같은 내용을 갖고 있으므로 N, P를 제거하고 M으로 표현하여도 무방하다.

t_2 시간에는 t_3 시간에서 제거된 상태 대신에 H와 M의 상태로 바꾸어야만 한다. 제거된 상태를 바꾸어 놓으면 또다시 E, F, G의 상태가 같아짐을 알 수 있고, 이들을 E의 상태로 하나만 표시할 수 있다.

마찬가지로 t_1 시간에서 제거된 상태 대신에 등가의 상태를 표시하면 간략화는 마무리되어 최소화된 상태표를 얻을 수 있다. 표 11-6은 간략화 과정을 나타내고, 표 11-7은 최종적으로 간략화된 상태표를 나타낸다.

표 11-6 BCD to Ex-3 코드 변환기의 상태표(간략화)

시 간	현재 상태	다음 상태 X=0	다음 상태 X=1	현재 출력 Z X=0	현재 출력 Z X=1
t_0	A	B	C	1	0
t_1	B	D	~~F~~ E	1	0
	C	E	~~G~~ E	0	1
t_2	D	H	~~L~~ H	0	1
	E	~~I~~ H	M	1	0
	~~F~~	~~J H~~	~~N M~~	~~1~~	~~0~~
	~~G~~	~~K H~~	~~P M~~	~~1~~	~~0~~
t_3	H	A	A	0	1
	~~I~~	~~A~~	~~A~~	~~0~~	~~1~~
	~~J~~	~~A~~		~~0~~	
	~~K~~	~~A~~		~~0~~	
	~~L~~	~~A~~		~~0~~	
	M	A	–	1	–
	~~N~~	~~A~~		~~1~~	
	~~P~~	~~A~~		~~1~~	

표 11-7 BCD to Ex-3 코드 변환기의 간략화된 상태표

시 간	현재 상태	다음 상태 X=0	다음 상태 X=1	현재 출력 Z X=0	현재 출력 Z X=1
t_0	A	B	C	1	0
t_1	B	D	E	1	0
	C	E	E	0	1
t_2	D	H	H	0	1
	E	H	M	1	0
t_3	H	A	A	0	1
	M	A	–	1	–

⑤ F/F 종류 및 개수 결정 : 사용할 F/F은 JK로 하며, 간략화된 상태표에서 상태 수가 7개이므로 F/F은 3개면 된다.

⑥ 정의된 상태를 F/F에 할당 : 최종적으로 남은 7개의 상태를 표 11-7에서 살펴보면 출력이 10인 경우와 01인 경우가 있으며, 이들은 상태의 전이에서도 연결됨을 알 수 있다. 이를 할당하기 위하여 F/F을 각각 Q_1, Q_2, Q_3라 하고 카르노 맵을 그리면 그림 11-10이 된다.

Q_1Q_2 \ Q_3	0	1
00	A	–
01	B	C
11	M	H
10	E	D

그림 11-10 각 상태를 F/F에 할당하기 위한 카르노 맵

3개의 F/F에 할당된 상태를 이용하여 코드 변환기의 상태 전이표를 그리면 표 11-8이 된다.

표 11-8 BCD to Ex-3 코드 변환기의 플립플롭 상태 전이표

시 간	현재 상태	Q_1	Q_2	Q_3	다음 상태 Q_1^+ Q_2^+ Q_3^+ X=0	X=1	현재 출력 Z X=0	X=1
t_0	A	0	0	0	0 1 0	0 1 1	1	0
t_1	B	0	1	0	1 0 1	1 0 0	1	0
	C	0	1	1	1 0 0	1 0 0	0	1
t_2	D	1	0	1	1 1 1	1 1 1	0	1
	E	1	0	0	1 1 1	1 1 0	1	0
t_3	H	1	1	1	0 0 0	0 0 0	0	1
	M	1	1	0	0 0 0	–	1	–

⑦ 여기표 또는 특성 방정식으로 F/F 입력 논리 설계 : 각 플립플롭에 대한 다음 상태의 상태 방정식과 출력의 논리식을 간략화하여 구하면 그림 11-11이 된다.

Q_1^+

Q_1Q_2 \ Q_3X	00	01	11	10
00	0	0	d	d
01	1	1	1	1
11	0	d	0	0
10	1	1	1	1

$$Q_1^+ = \overline{Q}_1Q_2 + Q_1\overline{Q}_2$$
$$= J\overline{Q} + \overline{K}Q$$
$$J_1 = Q_2,\ K_1 = Q_2$$

Q_2^+

Q_1Q_2 \ Q_3X	00	01	11	10
00	1	1	d	d
01	0	0	0	0
11	0	d	0	0
10	1	1	1	1

$$Q_2^+ = \overline{Q}_2$$
$$= J\overline{Q} + \overline{K}Q$$
$$J_2 = 1,\ K_2 = 1$$

Q_3^+

Q_1Q_2 \ Q_3X	00	01	11	10
00	0	1	d	d
01	1	0	0	0
11	0	d	0	0
10	1	0	1	1

$$Q_3^+ = \overline{Q}_2Q_3 + \overline{Q}_1\overline{Q}_2X + Q_1\overline{Q}_2\overline{X} + \overline{Q}_1Q_2\overline{Q}_3\overline{X}$$
$$= \overline{Q}_2Q_3 + (\overline{Q}_1\overline{Q}_2X + Q_1\overline{Q}_2\overline{X} + \overline{Q}_1Q_2\overline{X})\overline{Q}_3$$
$$= J\overline{Q} + \overline{K}Q$$
$$J_3 = \overline{Q}_1\overline{Q}_2X + Q_1\overline{Q}_2\overline{X} + \overline{Q}_1Q_2\overline{X}$$
$$K_3 = Q_2$$

Z

Q_1Q_2 \ Q_3X	00	01	11	10
00	1	0	d	d
01	1	0	1	0
11	1	d	1	0
10	1	0	1	0

$$Z = \overline{Q}_3\overline{X} + Q_3X$$

그림 11-11 플립플롭의 상태 방정식과 출력 Z의 논리식

⑧ 회로 설계 : BCD를 Ex-3 코드로 변환하는 코드 변환기의 순서 논리 회로를 완성하면 그림 11-12가 된다.

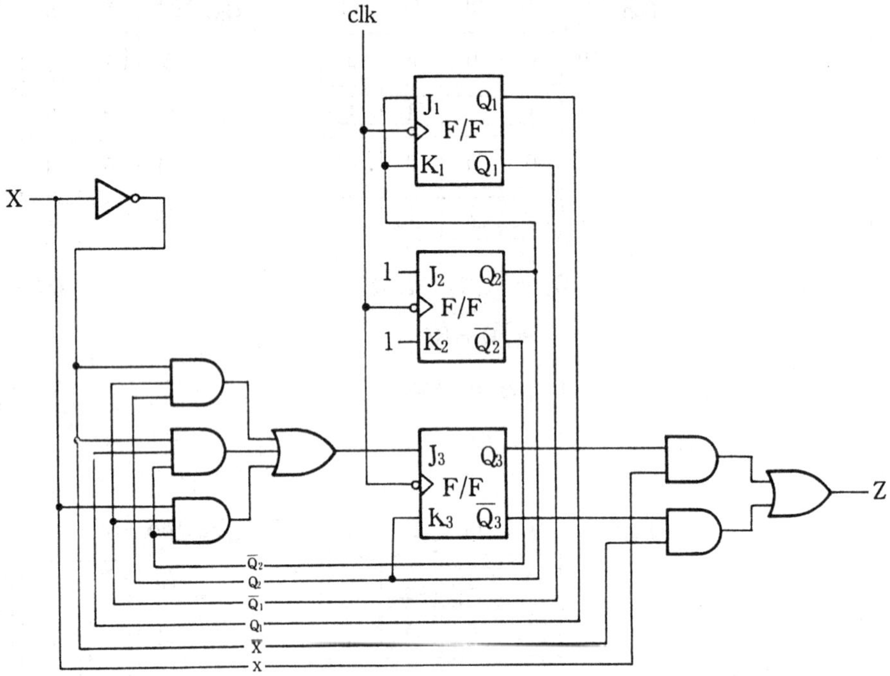

그림 11-12 BCD to Ex-3 코드 변환기의 완성된 회로

⑨ 검증 : 완성된 회로의 동작을 검증하기 위하여 BCD 입력 0101(10진수 5)과 1001(10진수 9)을 인가하고 그 때의 타이밍도를 그리면 그림 11-13이 되어 회로가 정상 동작함을 확인한다.

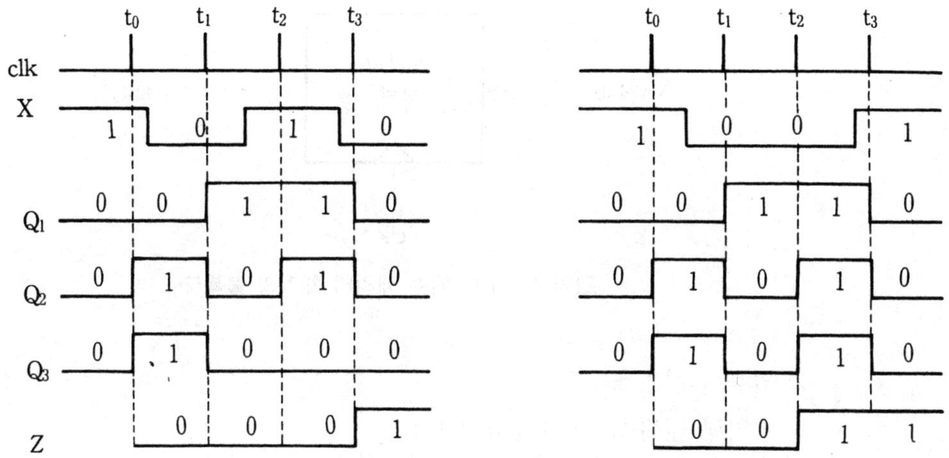

그림 11-13 BCD to Ex-3 코드 변환기의 타이밍도

11-3 직렬 반복 회로 설계

코드 변환기의 설계에서 보았듯이 조합 논리로 설계 가능한 논리들도 순서 논리로 설계할 수 있다. 조합 논리는 동시에 입력이 인가되어야만 정상적인 출력이 발생한다. 따라서 조합 논리에서는 병렬의 회로를 구성하였으나, 순서 논리에서라면 1비트씩의 순차적인 입력을 그대로 처리할 수 있으므로 1비트씩 순차적으로 입력되는 값에 대하여 전체 입력이 끝나는 순간에 처리된 결과를 출력할 수 있다.

1) 패리티 체커

패리티 체커는 순서 논리 회로로 설계하여도 매우 간단하게 설계된다. 따라서 앞에서 다룬 설계의 단계를 필요한 부분만 서술하기로 한다.

① 문제 분석

- 제목 : 짝수 패리티 체커 순서 논리 회로
- 블록도 : 그림 11-14로 나타냄

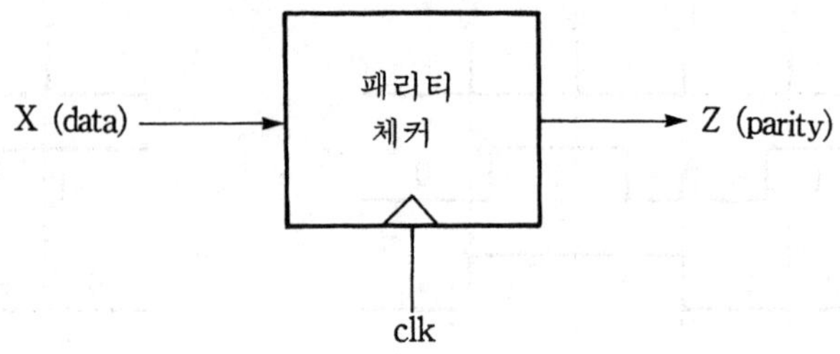

그림 11-14 짝수 패리티 체커의 블록도

② 입출력 시퀀스

- 입력 시퀀스 : 0 1 1 0 0 1 1
- 출력 시퀀스 : 0 1 0 0 0 1 0

③ 상태 그래프 : 상태표를 만들기 위한 상태 그래프는 그림 11−15로 나타냄

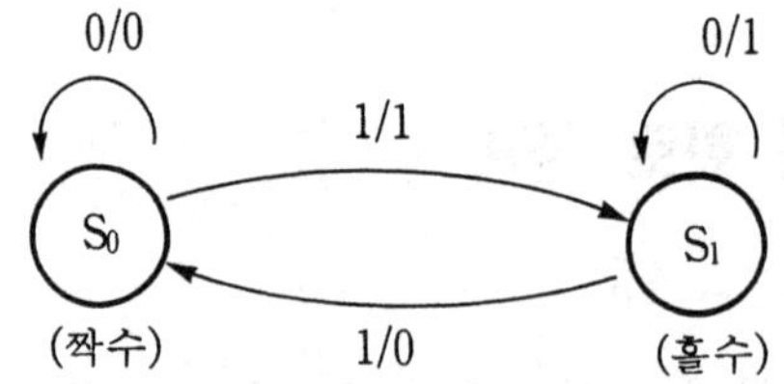

그림 11-15 짝수 패리티 체커의 상태 그래프

⑤ ⑥ 패리티 체커는 연속하여 입력되는 각 비트의 값 중 1의 비트의 수가 홀수인가 짝수인가만을 나타내면 되므로 오직 2개의 상태, 즉 1개의 플립플롭만 있으면 된다. 표 11−9에 플립플롭으로 할당한 짝수 패리티 체커의 상태표를 나타낸다.

표 11-9 짝수 패리티 체커의 상태표

1의 개수	현재 상태 A_i	다음 상태(출력) A_{i+1} $X_i=0$	다음 상태(출력) A_{i+1} $X_i=1$
짝 수	0 (S_0)	0	1
홀 수	1 (S_1)	1	0

⑦ D F/F을 이용하여 설계하면 다음 상태 방정식은 식 (11-1)로 구하여진다.

$$A_{i+1} = \overline{X}_i A_i + \overline{A}_i X_i = A_i \oplus X_i \tag{11-1}$$

⑧ 짝수 패리티 체커의 순서 논리 회로는 그림 11-16과 같이 XOR 게이트 1개와 D F/F 1개로 설계된다.

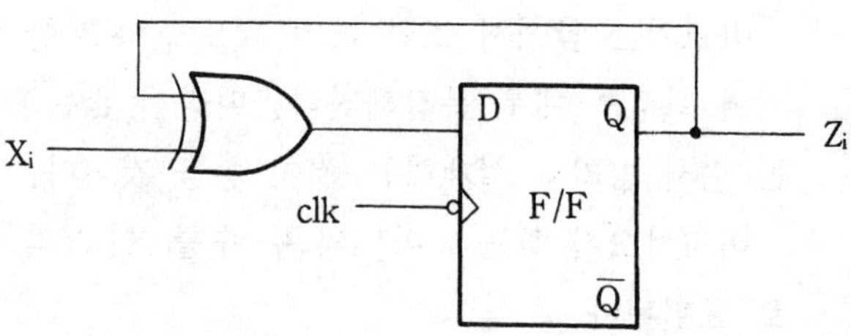

그림 11-16 패리티 체커의 순서 논리 회로

⑨ 검증을 위하여 X_i의 입력을 0110011을 인가한다면 그림 11-17의 타이밍도를 얻을 수 있으며, 설계된 회로가 정상 동작함을 확인한다.

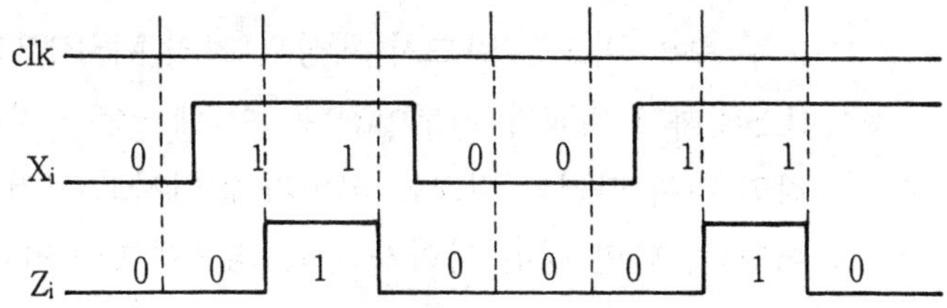

그림 11-17 패리티 체커의 타이밍도

2) 직렬 비교기

① 분석 : 직렬 비교기

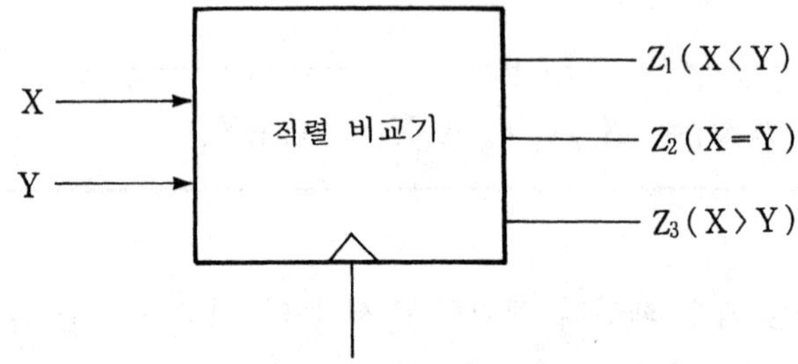

그림 11-18 직렬 비교기의 블록도

비교기는 앞에서 조합 논리 회로로 설계한 바 있으나 비트 수가 많아지면 회로는 매우 복잡해진다. 따라서 많은 비트의 수를 비교하는 회로는 순서 논리로 설계하는 것이 좋을 것이다.

비교하고자 하는 n비트의 두 수를 X, Y라 한다면, 이것은 식 (11-2)로 표현된다.

$$X = x_1x_2\cdots\cdots x_n \qquad (11-2)$$
$$Y = y_1y_2\cdots\cdots y_n$$

두 수의 비교는 반드시 최상위 자리(MSB)부터 시작되어 최하위 자리(LSB)까지 비교가 이루어진다. 이 때, 상위 자리에서 크거나 작은 경우라면 하위 자리의 비교는 의미가 없어지고 크거나 작다라는 결과가 만들어진다. 다만 상위 자리가 같은 경우에 한하여만 하위 자리의 비교가 이루어지고 그 결과가 출력되면 된다. 결과는 3가지가 만들어질 수 있으며, 이들은 각각 $X < Y$인 경우, $X = Y$인 경우, $X > Y$인 경우가 된다.

② 하나의 입력을 X, 또 하나의 입력을 Y라 하고, 출력을 $Z_1(X < Y)$, $Z_2(X=Y)$, $Z_3(X > Y)$라 정의하고, 입출력 시퀀스의 예를 만들어 보면 다음과 같다.

• 입력 시퀀스 : X = 0 1 0 1 1 0 1 1 1 0 0 1 0 1 1

Y = 0 1 1 0 1 0 1 0 1 1 0 1 0 1 1

• 출력 시퀀스 : Z_1 = 0 0 1 1 1 0 0 0 0 0 0 0 0 0 0

Z_2 = 1 1 0 0 0 1 1 0 0 0 1 1 1 1 1

Z_3 = 0 0 0 0 0 0 0 1 1 1 0 0 0 0 0

③ 상태 그래프는 그림 11−19로 표현되며, 비교기의 상태 수는 3개가 되므로 이들을 각각 S_0, S_1, S_2라 하고, 상태표로 표현하면 표 11−10이 된다.

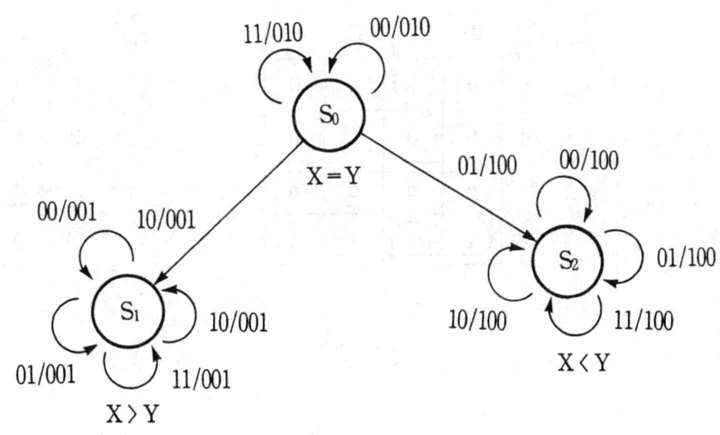

그림 11-19 직렬 비교기의 상태 그래프

표 11-10 비교기의 상태표

현재 상태 a_ib_i	다음 상태 S_{i+1} x_iy_i = 00	01	11	10	현재 상태 출력 Z_1 (X < Y)	Z_2 (X = Y)	Z_3 (X > Y)
S_0 (X = Y)	S_0	S_2	S_0	S_1	0	1	0
S_1 (X > Y)	S_1	S_1	S_1	S_1	0	0	1
S_2 (X < Y)	S_2	S_2	S_2	S_2	1	0	0

⑤ ⑥ 상태 수가 3개이므로 F/F은 2개가 필요하며, 이들을 a, b라 하면, 상태표는 표 11−11로 바꾸어 쓸 수 있다.

표 11-11 비교기의 전이표

현재 상태		다음 상태 $a_{i+1}b_{i+1}$				현재 상태 출력		
a_i	b_i	x_iy_i = 00	01	11	10	Z_1	Z_2	Z_3
0	0	00	10	00	01	0	1	0
0	1	01	01	01	01	0	0	1
1	0	10	10	10	10	1	0	0

⑦ 전이표로부터 다음 상태의 방정식과 출력 Z의 논리식을 간략화하여 구하면 그림 11-20이 된다.

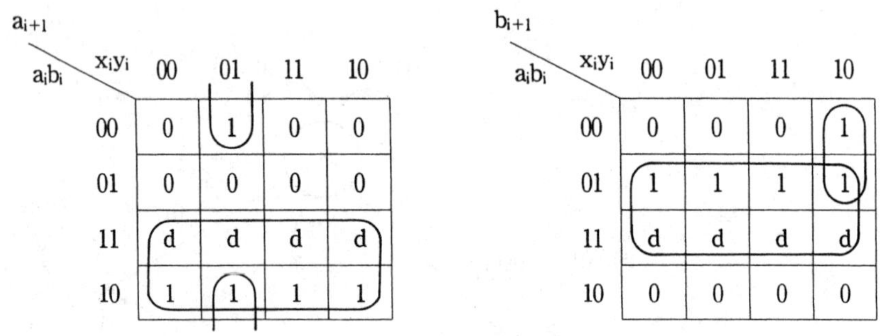

$$a_{i+1} = a_i + \bar{b}_i \bar{x}_i y_i = \overline{\bar{a}_i \cdot \overline{\bar{b}_i \bar{x}_i y_i}}$$

$$b_{i+1} = b_i + \bar{a}_i x_i \bar{y}_i = \overline{\bar{b}_i \cdot \overline{\bar{a}_i x_i \bar{y}_i}}$$

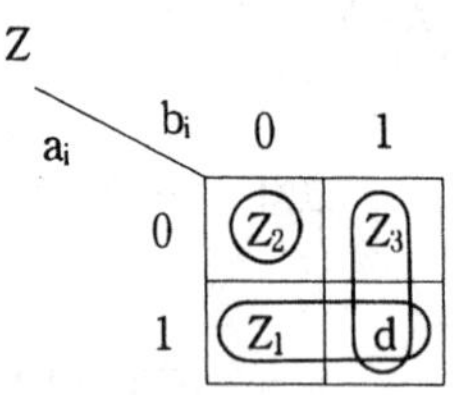

$$Z_1 = a_i$$

$$Z_2 = \bar{a}_i \bar{b}_i = \overline{a_i + b_i}$$

$$Z_3 = b_i$$

그림 11-20 다음 상태 방정식과 출력 Z의 간략화

⑧ 2개의 D F/F과 간략화된 논리식으로 직렬 비교기의 순서 논리 회로를 회로도로 그리면 그림 11-21이 된다.

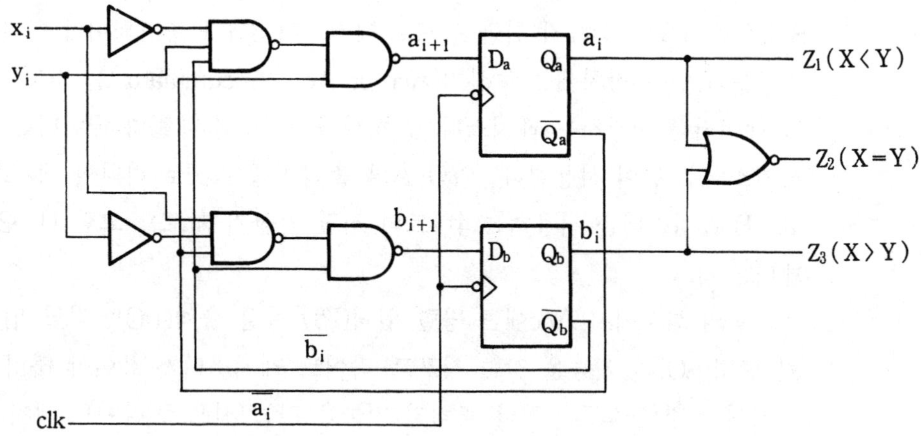

그림 11-21 직렬 비교기의 순서 논리 회로도

3) 직렬 가산기

직렬 가산기는 6장의 연산 회로에서 그림 6−20으로 개념을 정리한 바 있다. 그를 토대로 회로를 정리하면, FA 1개와 캐리를 저장하기 위한 F/F 1개만 있으면 설계된다. D F/F을 이용한 직렬 가산기 회로를 그림 11−22에 나타낸다.

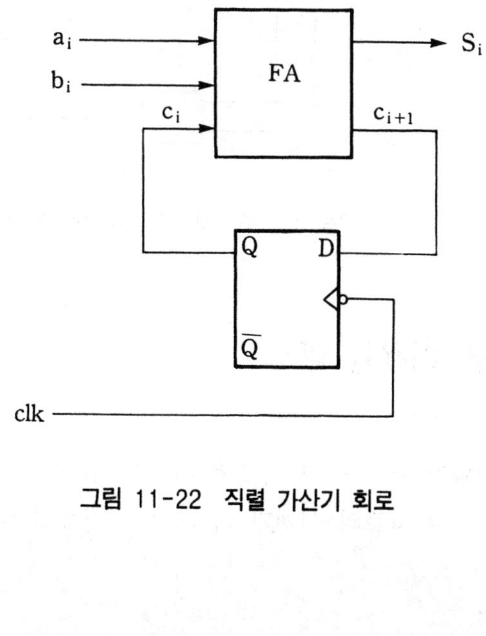

그림 11-22 직렬 가산기 회로

그림 11-22의 직렬 가산기를 제대로 동작시키기 위하여는 입력 두 수와 SUM 출력을 저장하기 위한 시프트 레지스터 3개가 추가되어야 한다. 그러나 대부분의 연산 장치에는 누산기(Acc or Ac : Accumulator)를 갖고 있어서 입력 데이터를 저장하는 레지스터 중 하나를 연산 결과 출력 데이터를 저장하는 레지스터로 같이 사용한다. 입력 A와 출력 S를 Acc로 하나의 레지스터로 하고, B 레지스터를 사용하는 4비트의 직렬 가산기 회로를 그림 11-23에 나타낸다.

그림의 회로에서 Acc에는 병렬-입력(PI) 병렬-출력(PO), 직렬-입력(SI) 직렬-출력(SO)의 기능을 갖는 시프트-라이트 레지스터가 쓰여야 하며, B 레지스터에는 병렬-입력 · 직렬-출력의 기능을 갖는 시프트-라이트 레지스터가 필요하다.

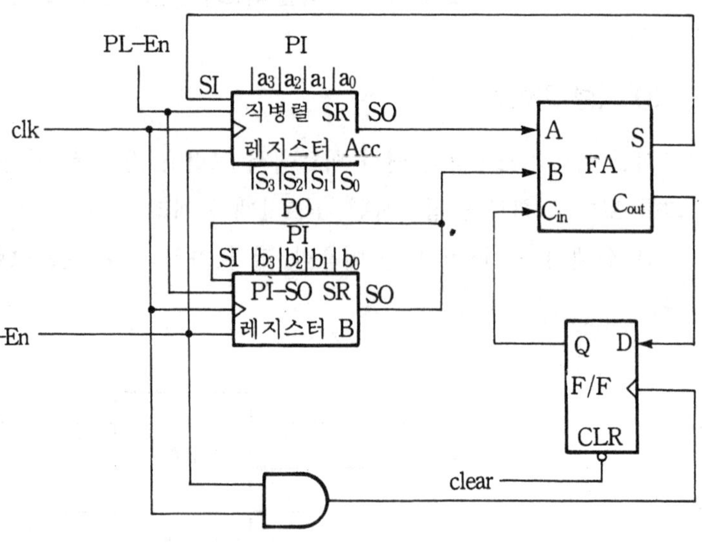

그림 11-23 시프트 레지스터를 추가한 직렬 가산기

11-4 ROM을 이용한 설계

ROM이 조합 논리 회로를 대신할 수 있으므로 ROM과 플립플롭만 있으면 순서 논리 회로의 설계가 가능하다. 필요한 ROM의 크기는 플립플롭과 외부 입력, 그리고 출력의 개수로 결정되는데, 플립플롭의 수와 외부 입력의 수를 합한 만큼의 ROM 입력 단자(address line)가 필요하며, 플립플롭의 수와 외부 출력의 수를 합한 만큼의 ROM 출력 단자(data line)가 필요하다.

입력 시퀀스 101 디텍터

그림 11－6으로 설계된 입력 시퀀스 101 디텍터의 순서 논리 회로를 ROM과 플립플롭을 이용하여 설계한다면, 다음과 같이 설계된다.

회로는 ROM과 플립플롭 2개로 이루어지며, 플립플롭 2개와 외부의 입력 신호가 1개이므로 입력(어드레스 라인)은 3비트, 플립플롭 2개와 외부로의 출력이 1개이므로 출력(데이터 라인) 신호는 3비트로, ROM의 크기는 8워드(2^3) 3비트이다. ROM의 입력, 즉 어드레스를 A_2, A_1, A_0라 하고, 출력, 즉 데이터를 d_2, d_1, d_0라 한다면 회로는 그림 11－24로 구성된다.

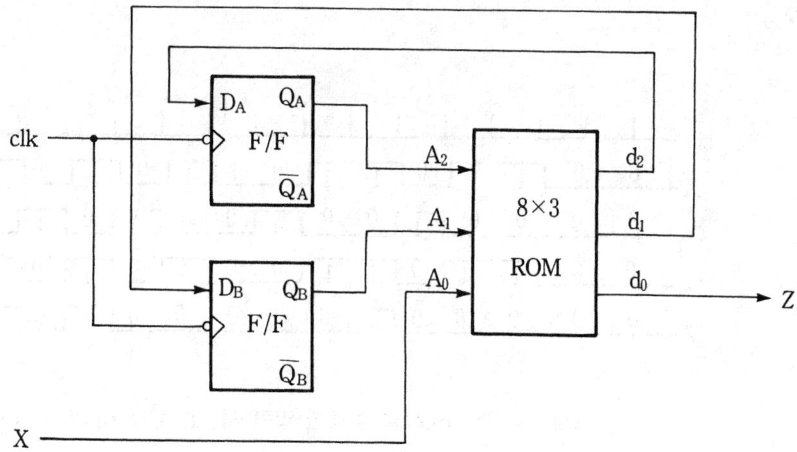

그림 11-24 ROM을 이용한 입력 시퀀스 101 디텍터

ROM의 내용은 표 11－3의 여기표를 표 11－12의 진리표로 바꾸어 각 번지에 해당되는 데이터를 기입하면 된다.

표 11-12 입력 시퀀스 101 디텍터의 ROM 데이터

어드레스 (현재 상태)			데이터 (다음 상태, 출력)		
A (A_2)	B (A_1)	X (A_0)	D_A (d_2)	D_B (d_1)	Z (d_0)
0	0	0	0	0	0
0	0	1	0	1	0
0	1	0	1	0	0
0	1	1	0	1	0
1	0	0	0	0	0
1	0	1	0	1	1
1	1	0	d	d	d
1	1	1	d	d	d

ROM을 이용한 순서 논리 회로의 동작을 확인하기 위하여 앞의 설계에서 정의한 입력과 출력의 시퀀스에 대하여 타이밍도를 그려 보면 그림 11-25가 된다.

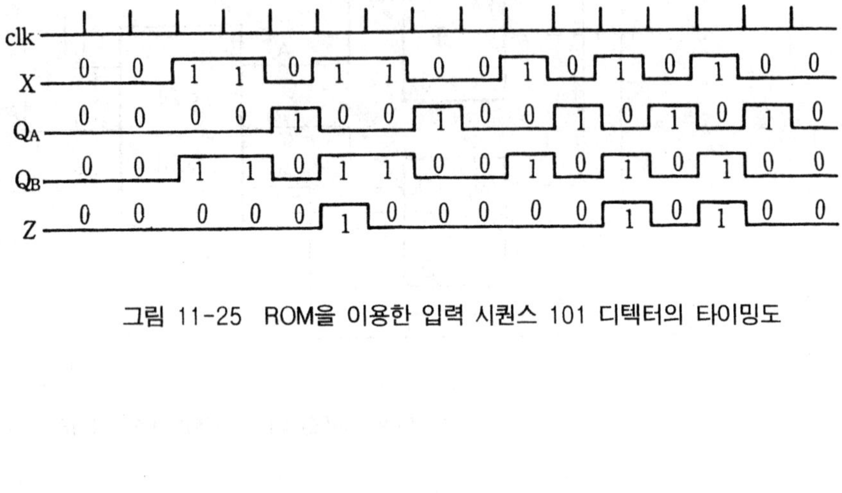

그림 11-25 ROM을 이용한 입력 시퀀스 101 디텍터의 타이밍도

연 습 문 제

1. 순서 논리 회로의 종류와 그 특성을 설명하시오.

2. 순서 논리 회로를 설계하는 단계를 설명하시오.

3. 다음 순서 논리 회로를 분석하여 보시오.

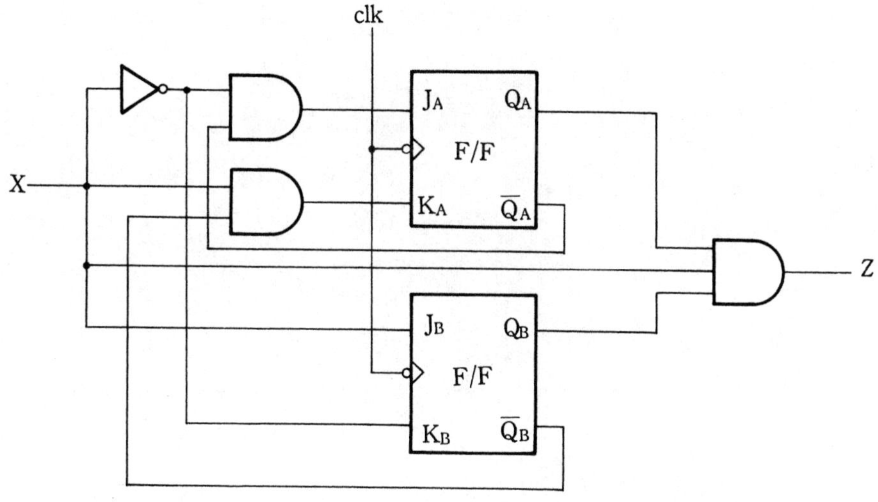

4. 시퀀스 110 디텍터를 순서 논리 회로로 설계하시오.

5. 시퀀스 1101 디텍터를 순서 논리 회로로 설계하시오.

6. ROM을 이용한 순서 논리 회로로 시퀀스 1011 디텍터를 설계하시오.

7. Ex-3 코드를 8421로 변환하는 코드 변환기의 순서 논리 회로를 설계하시오.

12 메모리

CHAPTER

메모리는 데이터를 저장하는 기억 소자이다. 8장과 10장에서 다룬 플립플롭과 레지스터도 데이터를 기억하는 기능을 갖고 있으므로 메모리라 할 수 있다.
본 장에서는 메모리를 일반적인 기준으로 분류하여 보고, 메모리 소자들 중 가장 많이 쓰이는 반도체 메모리의 대표적인 소자인 ROM과 RAM의 개념을 알아보고 실제 IC 소자들을 알아본다.

12-1 메모리

1) 메모리의 종류

메모리(memory)란 자료를 저장하고 필요시에는 다시 그 자료를 출력할 수 있는 기억 장치이다. 메모리는, 자료를 저장하는 방식은 어떤 방법이며, 저장할 때의 동작은 어떻게 이루어지고, 얼마만큼의 내용을 저장하며, 읽어낼 때의 동작은 어떻게 이루어지는가 등이 매우 다양하게 나타날 수 있다. 따라서 메모리를 분류하면 많은 종류로 구분할 수 있으며, 저장하는 정보의 크기, 즉 용량을 기준으로 분류한다면 그림 12-1과 같이 분류될 수 있다. 즉 1비트의 기억 소자로부터 수기가(G : giga $= 10^9 = 2^{30}$) 바이트까지의 용량에 따라 서로 다른 명칭과 형식을 가짐을 보여 준다.

- 메모리
  - 플립플롭(1 bit) : RS, JK, D
  - 레지스터(수 bit－십수 bit)
    - 저장 : 병렬 레지스터
    - 변환 : 직렬, 직병렬 레지스터, 카운터
  - 레지스터 파일(수십 Byte－수백 Byte) : CPU 내부
  - 주메모리(수십 KB－수백 MB)
    - 자심 기억 소자
    - 반도체 메모리
      - ROM : Mask ROM, PROM, EPROM, EEPROM
      - RAM : SRAM, DRAM, FRAM
  - 보조 메모리(수백 MB~수십 GB) :
    자기 디스크, 자기 드럼, 자기 테이프, 자기 버블, CD－ROM

그림 12-1 메모리의 종류

플립플롭은 1비트의 정보를 저장할 수 있는 가장 기본적인 메모리 셀(cell)이라고 볼 수 있으며, 레지스터는 플립플롭의 집합적인 개념이다. 보통 4비트, 8비트(바이트), 16비트 등의 크기를 갖는다. 레지스터 파일이란 바이트 또는 워드 단위 레지스터들의 집합의 개념이다. 주메모리로 처리하기에는 작은 용량이거나, 고속 처리, 또는 임시 저장 등을 위하여 구성되는 메모리로 CPU(중앙 처리 장치 : Central Processing Unit) 내부 등에서의 사용을 목적으로 하는 경우가 대부분이다.

2) 주메모리와 보조 메모리

주메모리는 컴퓨터 등의 디지털 회로 시스템에서 사용되는 주된 메모리의 일반적인 명칭이며, 보조 메모리는 말 그대로 보조적인 역할을 수행하며, 필요시에는 저장되어 있는 자료를 주메모리로 옮겨서 사용하는 메모리들의 일반적인 명칭이다. 주메모리와 보조 메모리의 관계는 사람에게 있어서 두뇌의 기억 기능을 주메모리라 한다면, 사람의 외부에 문자, 영상, 음성 등으로 표현되어 있는 책, 공책, 영상물, 음성 녹음 테이프 등이 보조 메모리에 해당한다.

그림 12－1에서 주메모리와 보조 메모리를 구분하는 기준으로 용량을 기본으로 삼았으나, 이 외에도 주메모리와 보조 메모리는 접근(access) 단위, 속도, 비용, 구성 방식 등에 차이가 있다.

접근 단위란 메모리에서 데이터를 읽어 내거나 써넣을 때, 접근하는 기본 단

위를 말한다. 주메모리는 어드레스에 의하여 바이트 단위까지 지정이 가능하지만, 보조 메모리는 블록 단위로 접근이 가능하다. 블록의 크기는 보통 512 Byte 또는 1KB 정도이다.

속도는 중앙 처리 장치 등의 고속 동작을 위하여 주메모리는 상대적으로 매우 빠른 접근 시간(access time)을 갖는 데 반하여, 보조 메모리는 매우 느린 접근 시간을 갖는다. 일반적으로 많이 사용되는 DRAM의 접근 시간은 60~100 ns이며, 자기 디스크의 접근 시간(average seek time)은 수 ms 정도이다.

단위 용량을 만드는 데 소요되는 비용으로 보면 주메모리의 비용이 매우 크며, 보조 메모리는 상대적으로 적은 비용으로도 가능하다.

이러한 여러 가지 특성으로 주메모리란 고비용으로 보다 빠른 속도의 바이트 단위까지 직접 지정이 가능한 크지 않은 한정된 용량의 메모리를 말하며, 보조 메모리는 저비용, 저속으로 접근 단위도 블록 단위로 하지만 보다 큰 용량을 사용하기 위한 메모리를 의미한다.

3) 메모리의 특성

메모리는 구성 방식에 따라 여러 가지 특성을 갖게 되므로, 특정 메모리 장치는 특별한 특성을 갖기도 한다. 메모리를 접근하는 방식에 따라 분류하면 임의 접근과 순차 접근으로 분류된다. 임의 접근(RAM : Random Access Memory)이란 메모리 내의 어느 곳에 접근하여도 같은 시간이 걸린다는 개념이며, 순차 접근(SAM : Sequential Access Memory)이란 특정 부분에 접근하고자 할 때, 반드시 앞의 데이터들을 지나야만 접근이 가능한 방식이다. 임의 접근 방식은 반도체 메모리류와 자심 기억 소자 등의 주메모리, 자기 디스크류, 드럼류의 메모리가 해당되며, 순차 접근 방식은 테이프류의 보조 메모리에서 사용되는 방식이다.

메모리에 저장되는 데이터가 영구히 보존되는가 아닌가의 특성도 있으며, 이를 나타내는 것은 휘발성이다. 휘발성 메모리(volatile memory)는 램(RAM : RWM : Read Write Memory)이 대표적이며, 전원 공급이 중단되면 데이터는 없어져 버린다.

메모리는 사용 목적에 따라서도 임시 메모리(레지스터, 캐시 등)와 주메모리, 보조 메모리로 분류할 수 있다. 임시 기억 장치는 소규모의 용량으로 고속의 동작을 필요로 하는 곳에 사용하며, 주메모리 중 ROM과 보조 메모리는 데이터를 영구히 보존하기 위하여 사용한다.

현재 주메모리로는 반도체 메모리가 쓰이고 있으며, 본 장에서도 반도체 메모리를 중심으로 다루도록 한다.

12-2 ROM

ROM이란 말의 원래 의미는 읽기 전용 기억 장치(Read Only Memory)이다. 그러나 CD-ROM 등의 경우를 제외하고 그냥 ROM이라 한다면 반도체 메모리로서의 읽기 전용 메모리를 의미하는 용어로 사용한다. 또, 임의 접근 기억 장치라는 의미의 RAM(Random Access Memory)이기도 하며, 전원 공급이 차단되어도 그 데이터가 소멸되지 않는 비휘발성(non-volatile)이다.

1) ROM의 기본 개념

ROM의 기본 개념은 그림 12-2의 블록도로 나타낼 수 있다. A_i (i=0, 1, ⋯, n-1)는 입력 신호선으로 어드레스라고 부르며, D_i (i=0, 1, 2, ⋯, m-1)는 데이터의 출력 단자이다. 어드레스 라인 입력이 n 비트이지만 2^n 워드가 존재하는 이유는 어드레스 입력 단에 디코더를 갖고 있기 때문이다. m 비트의 데이터 라인은 저장되어 있는 데이터를 출력하기 위한 병렬의 데이터 출력 단자이다.

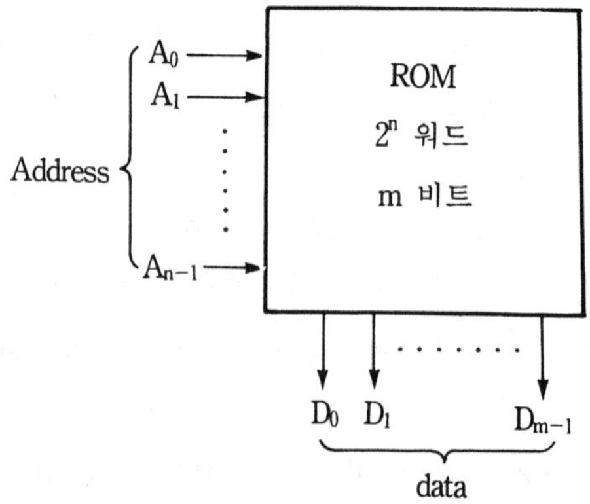

그림 12-2 ROM의 블록도

그림 12−3은 어드레스 라인 디코더와 스위칭 소자로 이루어진 ROM 내부의 메모리 어레이를 나타낸다. 디코더가 3 × 8이므로 어드레스는 3비트이지만 8워드가 있으며, 디코더의 출력인 워드 라인 하나에 4개의 스위칭 소자가 병렬로 연결되어 4비트의 데이터를 나타낸다. 따라서 그림 12−3의 ROM은 8워드 × 4비트의 크기를 갖는다.

ROM의 데이터는 워드 라인과 데이터 출력 라인의 연결을 이루는 스위칭 소자를 그대로 연결 상태로 두는가(데이터 1), 아니면 파괴하거나 다른 방법으로 그 연결을 끊어 놓는가(데이터 0)에 의하여 결정된다. ROM의 데이터가 표 12−1과 같다면 이를 기입한 ROM의 내부 연결은 그림 12−4로 나타낼 수 있다.

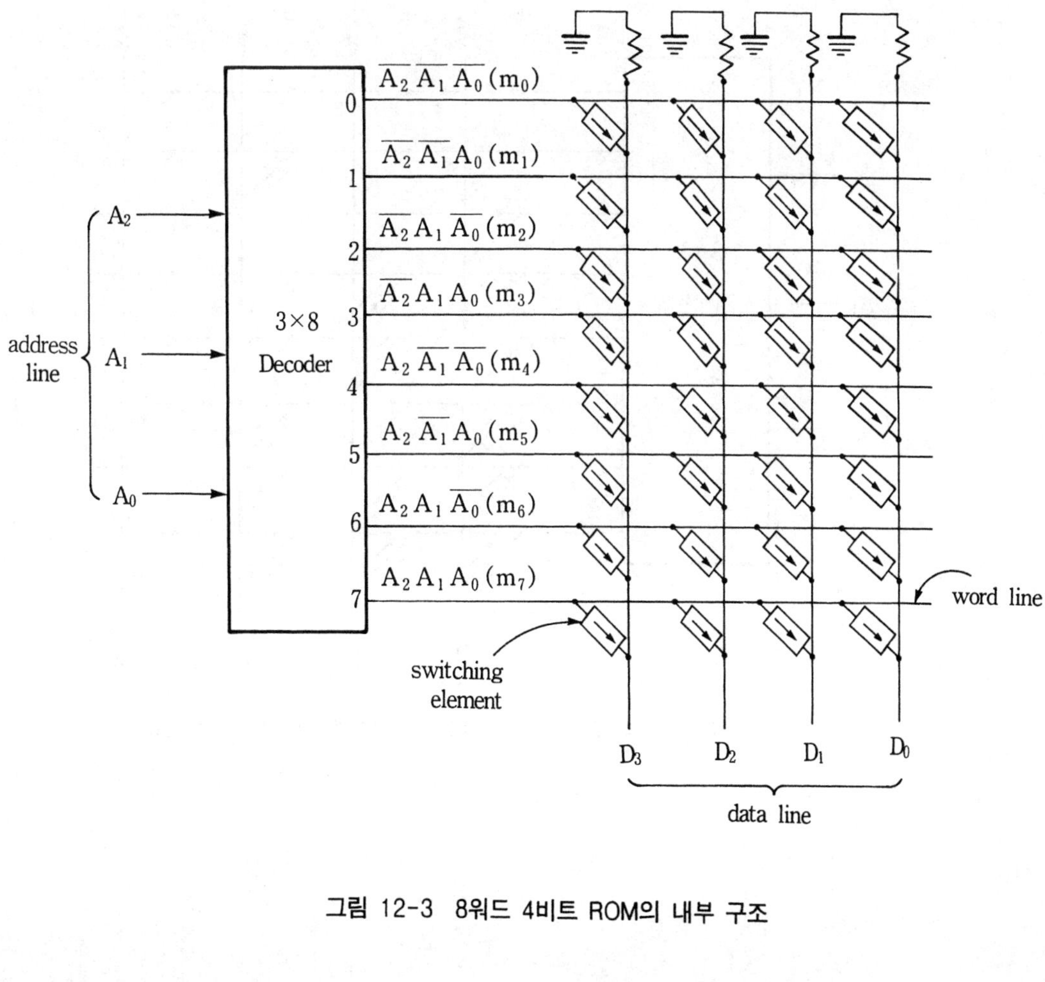

그림 12-3 8워드 4비트 ROM의 내부 구조

표 12-1 ROM 데이터의 예

어드레스			데이터			
A_2	A_1	A_0	D_3	D_2	D_1	D_0
0	0	0	0	0	0	0
0	0	1	0	0	1	0
0	1	0	0	1	0	0
0	1	1	0	1	1	0
1	0	0	1	0	0	0
1	0	1	1	0	1	0
1	1	0	1	1	0	0
1	1	1	1	1	1	0

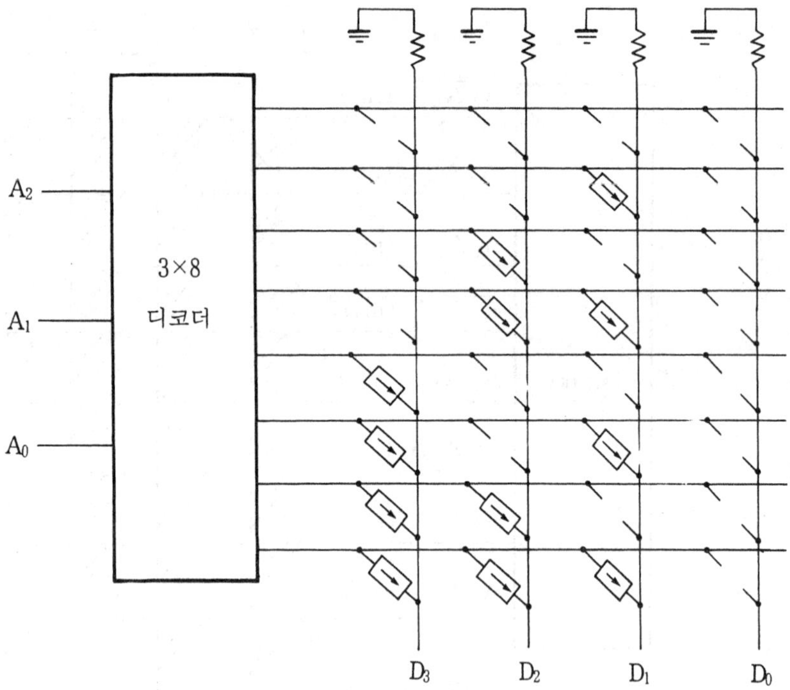

그림 12-4 표 12-1의 데이터를 기입한 ROM의 내부 어레이

2) ROM의 종류

ROM이 읽기 전용이라는 말은 정상적으로 메모리로서의 역할을 수행할 경우를 말하며, 유용한 데이터를 읽기 전용으로 사용하기 위하여는 한 번은 데이터를 기입하는 과정이 필요하다. 데이터를 기입하는 과정이 어떻게 이루어지는가와 스위칭 소자를 어떠한 것을 사용하는가에 따라 ROM은 몇 종류로 나뉘어진다. 대표적인 ROM으로는 재사용이 불가능한 마스크(mask) ROM, PROM(Programmable ROM)과 데이터를 지우고 다시 데이터를 기록할 수 있는 EPROM(Erasable PROM), EEPROM(Electrically Erasable PROM)이 있다.

3) 마스크 ROM

반도체 제조 회사에서 ROM을 제조하는 공정에 트랜지스터 등의 스위칭 소자를 사용하여 연결하는가 아닌가의 데이터 기입까지 이루어지는 ROM을 마스크 ROM이라 부르며, 웨이퍼상에 소자를 만들어 나가는 포토 마스크로 데이터까지 결정하여 제조하는 ROM이다. 따라서 대량 생산인 경우는 저렴하게 공급할 수 있으나 데이터를 변경하여 재사용하는 것은 불가능하다. 마스크 ROM의 구조는 양극성일 때, 트랜지스터의 이미터와 데이터 라인의 접속 여부로 데이터를 기입하며, MOS에서는 게이트 부분의 산화막(SiO_2)의 두께를 변화시켜 MOS 소자의 유무를 결정하여 데이터를 기입한다.

4) PROM

PROM은 제조 공정에서 퓨즈나 다이오드, 트랜지스터를 스위칭 소자로 사용하여 전체가 모두 연결되어 있는 형태로 만들어진 ROM이다. 사용자는 PROM 프로그래머 등의 장비를 이용하여 이 스위칭 소자를 파괴하여 데이터를 기입한다. 스위칭 소자를 파괴하는 방법은 일정 시간 동안 특정의 높은 전압(보통 10V에서 25V 범위)을 인가하여 파괴한다. 그러나 스위칭 소자가 파괴되어 데이터의 변경 등은 불가능한 ROM이다.

5) EPROM

EPROM은 PROM의 단점인 파괴형으로 재사용이 불가능한 점을 개선하여 비파괴성 소자인 FAMOS(Floating gate Avalanche injection MOS)를 스위칭 소자로 사용하여 내용을 소거할 수 있고, 데이터의 재기입이 가능하도록 만든 ROM이다.

FAMOS는 소스와 드레인 사이의 SiO_2 층에 부동(floating) 게이트가 있어서, 이 게이트 내에 존재하는 전자의 유무로 트랜지스터를 ON 또는 OFF 상태로 하는 것으로 데이터를 기입한다. FAMOS의 초기 상태는 트랜지스터가 OFF 상태이다. 데이터의 기입은 PROM과 마찬가지 방법으로 높은 전압을 인가하며, 전압이 인가된 트랜지스터는 부동 게이트에 전자가 축적되어 있는 상태가 되도록 한다. 소거는 강한 자외선을 15분에서 30분 가량 조사하여 내용을 지우고 초기 상태인 OFF 상태로 만든다. 이는 FAMOS의 부동 게이트에 강한 자외선을 조사하면 게이트 내에 축적되어 있는 전자가 기판으로 방출되어 초기 상태로 되는 것이다.

FAMOS를 이용하여 만든 EPROM을 자외선 소거 방식이라 하여 UVEPROM(Ultra Violet EPROM)이라고도 하며, 일반적으로 EPROM이라 부르고, IC의 표면에 유리창을 갖고 있다. 자외선 소거를 위하여는 EPROM 이레이저(Eraser)라는 특수한 자외선 램프를 사용하는 장치가 있어야만 하며, 이를 개선하여 전기적으로 소거할 수 있도록 만든 EEPROM(Electrically Erasable PROM)도 있다.

6) ROM의 IC 소자

마스크 ROM은 KM23C256(256Kb:32KB), 23C512(512Kb:64KB), 23C1000(1Mb : 128KB), 23C2000(2Mb : 256KB), 23C4000(4Mb : 512KB), 23C8000(8Mb : 1MB), 23C16000(16Mb : 2MB 또는 1MW) 등이 있다.

EPROM으로는 2716(16Kb : 2KB), 2732(4KB), 2764(8KB), 27128(16KB), 27C256(32KB), 27C512(64KB), 27C010(1Mb : 128KB), 27C020(2Mb : 256KB), 27C040(4Mb : 512KB) 등이 있다.

EEPROM은 KM93C06(256b : 16 × 16), 93C46(1Kb : 64 × 16), 28C16(16Kb :2KB), 28C64(64Kb : 8KB), 28C256(256Kb : 32KB), 29C010(1Mb : 128KB) 등이 있다.

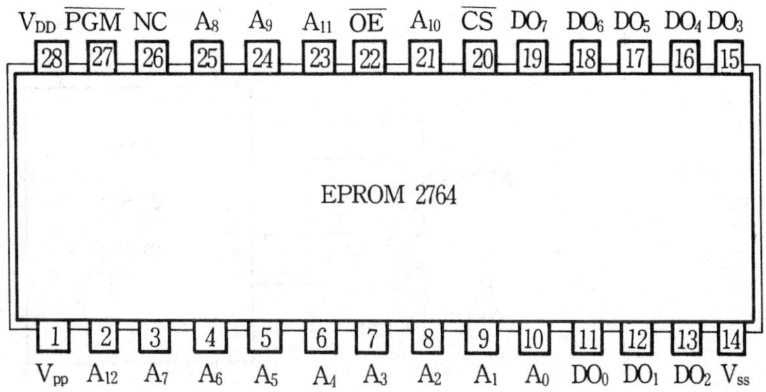

그림 12-5 EPROM 2764의 핀 배치도

그림 12-5는 EPROM 2764의 핀 배치도를 나타낸다. 총 용량은 64K 비트이며, 8비트가 병렬로 연결되어 있어 8192 × 8비트(8K 바이트)의 용량이다. 이를 어드레싱하기 위하여는 어드레스 라인이 13개(A_0-A_{12})가 있으며(2^{13}=8192 or 8K), 데이터 라인은 8개가 있다. 또한 칩 선택 단자 $\overline{CS}$가 있어서 이 단자가 액티브 로(Low)로 되어야만 어드레스가 유효하게 되며, 출력 인에이블 단자 $\overline{OE}$가 있어서 ROM으로부터의 데이터 출력을 허가한다. 또, $\overline{PGM}$과 V_{pp} 단자를 이용하여 데이터를 기입한다.

12-3 RAM

1) RAM의 기본 개념

RAM의 원래 명칭은 RWM(Read Write Memory)이다. ROM과 달리 읽고 쓸 수 있는 메모리로 주메모리에 기본적으로 쓰인다. RAM의 기본 개념을 그림 12-6에 나타낸다. ROM에는 존재하지 않았던 데이터 입력 라인과 Read, Write 제어 신호가 있다.

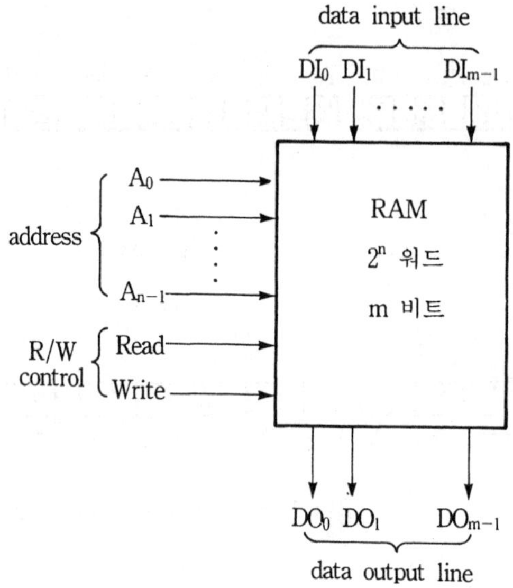

그림 12-6 RAM의 블록도

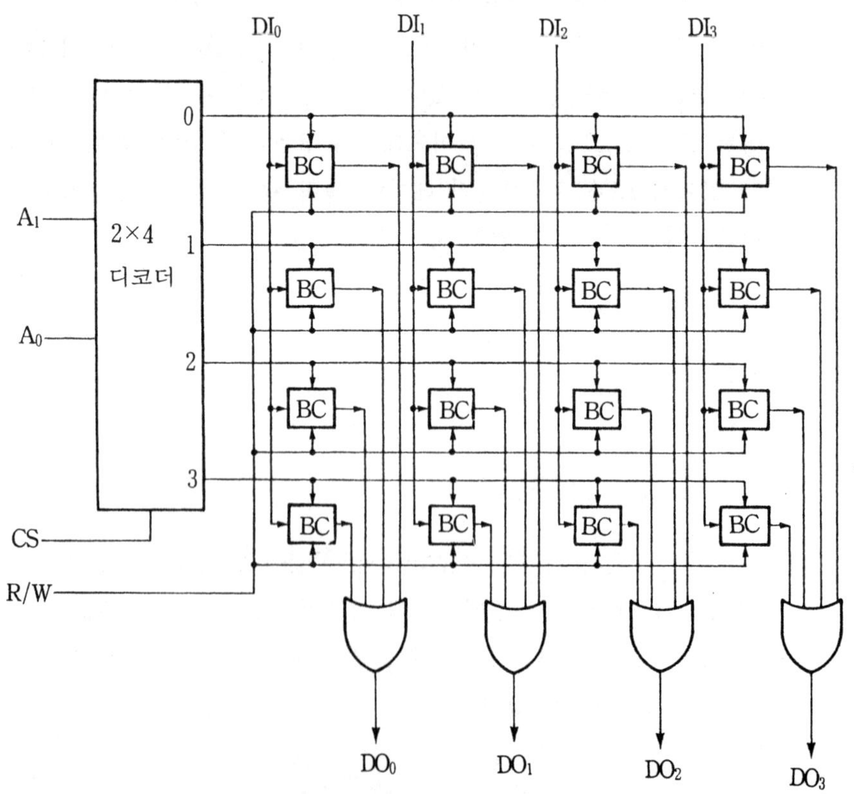

그림 12-7 RAM의 기본 구성도

RAM의 어드레스 입력 단에는 ROM과 마찬가지로 디코더를 갖고 있다. 이 디코더의 출력으로 선택되어지는 워드 라인에는 메모리 셀(BC : Binary Cell)이 병렬로 연결되어 있으며, 각 메모리 셀에는 외부로부터의 데이터 입력 라인과 데이터 출력 라인이 연결되어 있다. 4워드×4비트 RAM의 내부 구조를 개념적으로 나타낸 구성도를 그림 12-7에 보인다. 실제 회로에서는 데이터의 입력 라인과 출력 라인은 양방향 공용으로 사용한다.

2) RAM의 종류

RAM의 메모리 셀을 구성하는 방식은 크게 두 가지로 나뉘어진다. 플립플롭의 형태를 이용하는 SRAM(Static RAM)과 전하 충전 용량을 이용하는 DRAM(Dynamic RAM)이 그것이다. SRAM은 정적인 램이라고 부르듯이 전원이 공급되는 한 데이터가 유지되는 플립플롭의 특성을 이용하여, 사용이 간편하고, DRAM에 비하여 고속의 동작을 할 수 있다. 반면에 DRAM은 트랜지스터와 기판 사이의 충전 용량으로 데이터를 기록하므로 누설 전류에 의하여 일정 시간이 지나면 방전되어 데이터가 손실된다. 데이터의 손실을 막기 위하여는 완전히 방전되기 전에 데이터를 읽어 내어 다시 써넣는 동작을 반복하여야 하며, 이를 재충전 또는 리프레시(refresh)라고 한다. 따라서 SRAM에 비하여 별도의 리프레시 회로를 가져야만 하는 등의 불편함이 따르며, 속도도 떨어지지만, 간단한 메모리 셀의 구조로 인하여 집적도를 높일 수 있다.

따라서 SRAM은 고속의 동작을 요구하는 곳이나, 소용량의 메모리 등에 사용되고, DRAM은 대용량의 메모리에 쓰인다. 대표적인 사용으로는 주메모리는 DRAM으로 하고, 고속의 임시 메모리인 캐시 메모리에는 SRAM이 쓰인다.

3) SRAM

SRAM은 바이폴러 트랜지스터와 MOS 트랜지스터 어느것으로도 만들어지며, 바이폴러 SRAM은 속도가 빠르며, MOS SRAM은 소비 전력이 작은 특성을 갖는다. 그림 12-8에는 SRAM 메모리 셀의 기본 구조를 나타낸다.

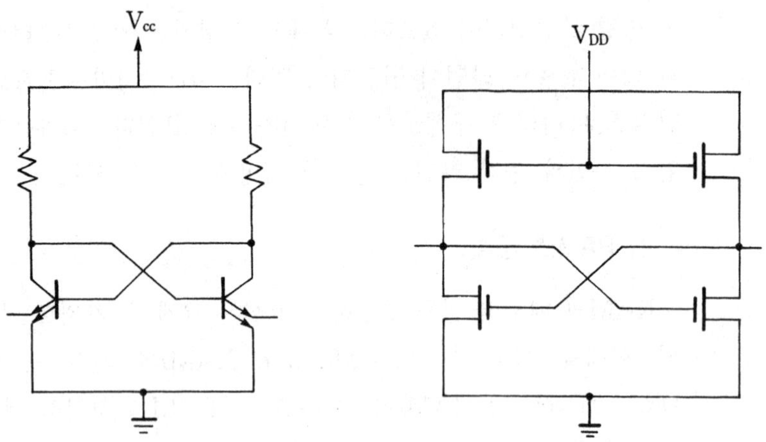

(a) 바이폴러 셀 (b) MOS 셀

그림 12-8 SRAM 메모리 셀의 기본 구조

SRAM 메모리 셀의 기본 구조는 래치 회로를 구성하는 트랜지스터 회로이다. MOS 셀의 V_{DD}에 연결된 트랜지스터는 부하 저항의 역할을 하며, GND에 연결된 트랜지스터는 스위칭 동작을 한다.

4) DRAM

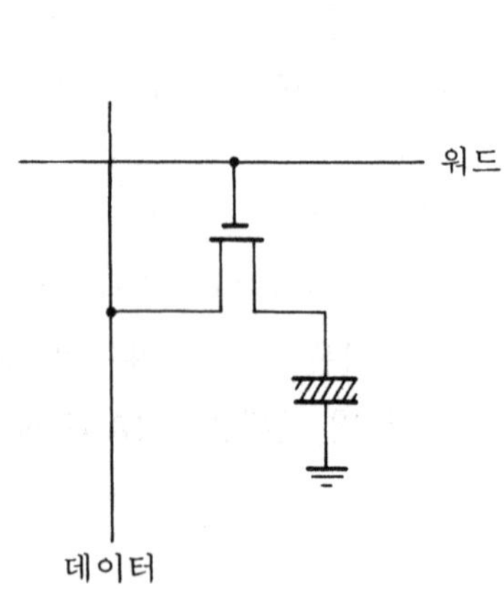

그림 12-9 DRAM 메모리 셀의 기본 구조

DRAM은 MOS 기술로 만들어진 메모리로 MOS 트랜지스터 한 개와 커패시터 한 개로 이루어진 메모리 셀로 구성된다. 따라서 SRAM에 비하여 집적도가 높아진다. 그림 12-9는 DRAM 메모리 셀의 기본 구조를 나타낸다.

DRAM은 집적도를 높여서 대용량의 메모리로 주로 사용하므로 어드레스 라인의 수가 크게 증가한다. 이로 인하여 DRAM IC 소자의 외부 연결 핀 수가 증가하게 되므로 이를 방지하기 위하여 어드레스를 멀티플렉싱하며, 다시 내부에서는 행 디코더와 열 디코더로 나누어 메모리 셀을 선택하는 방식을 사용한다.

그림 12-10은 16K×1 DRAM의 어드레스 디코딩을 보여 준다. 16K의 공간을 어드레싱하기 위하여는 14비트의 어드레스를 필요로 하지만 외부로 연결된 어드레스 라인은 7개만이 존재하며, 시간을 나누어 하위의 행 어드레스를 인가하고, 내부 행 어드레스 래치에 저장한 후, 상위의 열 어드레스를 인가하여 내부 열 어드레스 래치에 저장하고, 각각 행 디코더와 열 디코더를 통하여 디코딩하고, 선택되는 메모리 셀에 Read 또는 Write 동작을 한다.

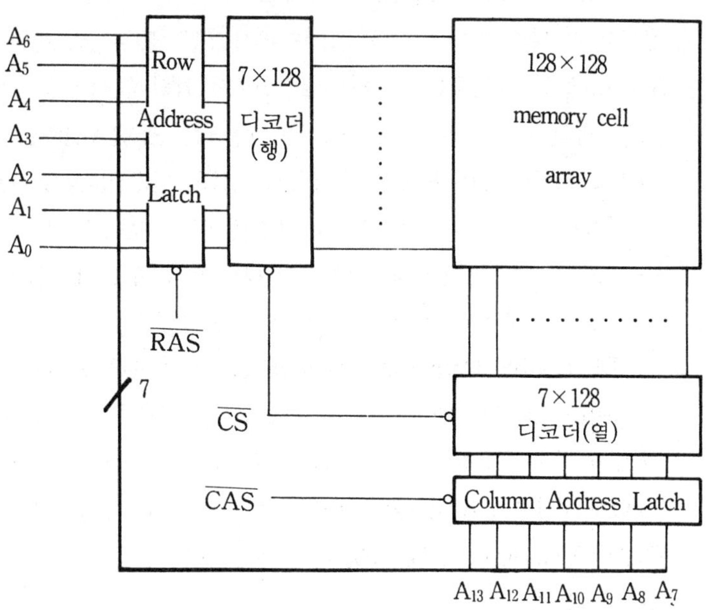

그림 12-10 16K × 1 DRAM의 어드레스 디코딩

그림에서 $\overline{RAS}$는 행 어드레스 스트로브(Row Address Strobe) 신호로 입력되는 어드레스가 행 어드레스임을 알려 주는 신호이며, $\overline{CAS}$는 열 어드레스가 입력됨을 알려 주는 열 어드레스 스트로브(Column Address Strobe) 신호이다.

5) 시스템 메모리

컴퓨터의 주기억장치로 주로 사용되는 DRAM은 많은 용량을 고속으로 사용할 수 있도록 모듈 메모리로 발전하고 있다. 메모리 모듈은 DRAM 칩 여러 개를 작은 기판에 설치하여 필요한 크기의 메모리 용량을 만들어 내는 방식이며, 단위 메모리칩을 어떠한 것을 사용하는가에 따라 그 용량과 속도가 결정되며, 버스의 연결 방식에 따라 지속적인 속도의 개선이 이루어지고 있다.

시스템 메모리는 비동기식에서 동기식으로 발전하고 있다. CPU의 속도와 메모리의 속도가 근복적으로 차이가 나기 때문에 비동기식으로 먼저 발전하여 사용되었으며, 비동기식 메모리 액세스 방식으로 널리 쓰이던 방식은 EDO (Extended Data Output) 메모리로 100 MHz 메모리 버스를 사용하여 55 ns 정도의 액세스 타임을 갖는 고속의 시스템 메모리로 개발되었다. 동기식은 속도차로 인한 아이들(Idle) 타임을 없애기 위하여 시스템 클럭으로 동작할 수 있도록 개선한 것으로 많이 쓰이는 방식은 SDRAM(Synchronous DRAM)과 DDR(Double Data Rate) SDRAM, RDRAM(Rambus DRAM) 등이 있다.

PC100 SDRAM은 100 MHz 시스템 버스 속도에 맞추어 메모리를 액세스하는 것으로 속도는 10 ns의 액세스 타임이며, PC133 SDRAM은 133 MHz 버스로 동작하여 8 ns 이하의 속도를 구현하였다.

DDR(Double Data Rate) SDRAM은 상승구간과 하강구간 모두에서 동작하여 두배의 속도로 액세스할 수 있도록 한 메모리로 100 MHz 버스를 사용하면 실제 동작은 200 MHz의 대역폭으로 동작하는 메모리이다.

RDRAM은 1.6 GB/s의 대역폭을 갖는 8비트 800 MHz 램버스를 사용하며, DRDRAM(Direct RDRAM)은 16비트 버스를 사용하여 최대 3.2 GB/s 대역폭을 갖는다.

6) RAM의 IC 소자

SRAM은 HM6116(16Kb : 2KB), GM76C28(2KB), HM6264(8KB), KM6264, GM76C88L(8KB), HM62256(32KB), KM62256, GM76C256, HM6281

28(128KB), KM681000(128KB), HM628512(512KB), KM684000(512KB) 등의 70 ns에서 100 ns 정도의 저속의 소자와 KM6465(16K×4), 6865(8KB), 61257 (256Kb), 64257(64K×4), 68257(32KB), 611001(1Mb), 641001(256KB), 681001(128KB), 644002(1M×4), 684002(512KB), 6164002(256K×16), MCM6226(128KB), 6227(1Mb), 6229(256K×4), 6246(512KB), 6249(1M×4) 등의 10 ns에서 30 ns 정도의 고속의 소자가 있다.

DRAM으로는 KM4164(64Kb), 41C256(256Kb), 41C464(64K×4b), 41C1000(1Mb), 44C256(256K×4b), 41C4000(4Mb), 44C1000(1M×4b), 416C256(256K×16b), 418C256(256K×18b), 48C512(512KB), 49C512(512K×9b), 41C16000(16Mb), 44C4000(4M×4b), 48C2000(2MB) 41C16100(16Mb), 416C1000(1M×16), 44C4100(4M×4b), 44C16000(16M×4), 48C8000(8MB), 416C4000(4M×16) 등이 있다.

DRAM은 모듈로 많이 쓰이며, SIMM 모듈로 KMM59256(256K×9), 536256(256K×36), 536512(512K×36), 540512(512K×40), 591000(1M×9), 5361000(1M×36), 5401000(1M×40), 5362000(2M×36), 5402000(2M×40), 594000(4M×9), 53240(4M×32), 5364100(4M×36), 54040(4M×40), 63280(8M×32), 5368100(8M36) 등이 있다. DIMM 모듈로는 KMM364C120(1M×64), 372C122(1M×72), 364C213(2M×64), 364C40(4M×64), 372C40(4M×72) 등이 있으며, 이들의 DRAM의 접근 시간은 70 ns 정도이다.

삼성의 메모리 중 대표적인 것으로 EDO 메모리 K4E660412E는 64 Mb, 45/50/60 ns로 동작하고, SDRAM으로 PC133 512 Mb K4S510632C이 있으며, PC133 SDRAM은 64비트로 1.1 GB/s의 대역폭을 갖는다. DDR SDRAM으로는 512Mb의 K4H5106388이 있으며 DDR266의 64비트 버스로 2.1GB/s의 대역폭을 가져 7.5 ns의 액세스 타임을 구현한다. RDRAM 2ch은 3.2 GB/s의 대역폭으로 고속 동작하며, K4R571669A가 있다.

PC133 SDRAM의 DIMM(Dual In-line Memory Module) 타입 모듈로 M366S6453CTU(512M, 64M×64, 168 pin) 등이 있으며, DDR SDRAM의 DIMM 모듈로 M368L2923MT1(1G, 128M×64, 184pin) 등이 있고, RDRAM의 모듈로 MR18R162GAF0(512M, 288M 2nd×12pcs, 184pin) 등이 있다.

연 습 문 제

1. 메모리의 여러 가지 특성을 설명하고 어떠한 종류의 메모리가 어떤 특성을 갖는가 설명하시오.

2. 주메모리와 보조 메모리를 구분하는 특성을 설명하시오.

3. ROM의 종류와 특성을 설명하시오.

4. 어떤 ROM 소자가 128K×8의 크기로 표시될 때, 이의 총 용량은 얼마이며, 필요한 어드레스의 라인 수와 데이터의 라인 수는 얼마인가 설명하시오.

5. ROM의 구조적인 특성을 알아보고, ROM과 조합 논리 회로와의 관계를 설명하시오.

6. RAM의 종류와 특성을 설명하시오.

7. 캐시 메모리에 대하여 알아보고, 캐시 메모리로는 어떠한 종류의 메모리를 사용하는가 설명하시오.

8. 실제 RAM의 데이터 라인은 양방향 버스를 사용한다. 이를 해결하는 방법은 무엇인가 알아보시오.

9. DRAM에서 사용하는 어드레스 멀티플렉싱이란 무엇인가 설명하시오.

APPENDIX
부 록

연습문제 해답

2장

1. ② $54)_{10}$ ④ $39.875)_{10}$

2. ② $11111010)_{2}$, $372)_{8}$, $FA)_{16}$

④ $11010110.10001)_{2}$, $326.42)_{8}$, $D6.88)_{16}$

3. ② $66)_{8}$, $36)_{16}$ ④ $47.7)_{8}$, $27.E)_{16}$

4. ② $60.E68)_{16}$ ④ $7034.226)_{8}$

6. ② 6의 보수$=231)_{7}$, 7의 보수$=232)_{7}$

④ 15의 보수$=842.5C)_{16}$, 16의 보수$=842.5D)_{16}$

7. ②

$$\begin{array}{r}34\\-756\\\hline\end{array} \xrightarrow{\text{9의 보수}} \begin{array}{r}34\\+243\\\hline 277\end{array} \xrightarrow{\text{9의 보수}} -722 \qquad \xrightarrow{\text{10의 보수}} \begin{array}{r}34\\+244\\\hline 278\end{array} \xrightarrow{\text{10의 보수}} -722$$

④

$$\begin{array}{r}26\\-38\\\hline\end{array} \xrightarrow{\text{9의 보수}} \begin{array}{r}26\\+61\\\hline 87\end{array} \xrightarrow{\text{9의 보수}} -12 \qquad \xrightarrow{\text{10의 보수}} \begin{array}{r}26\\+62\\\hline 88\end{array} \xrightarrow{\text{10의 보수}} -12$$

8.

②

$$\begin{array}{r}110\\-10110\\\hline\end{array} \xrightarrow{\text{1의 보수}} \begin{array}{r}110\\+01001\\\hline 01111\end{array} \xrightarrow{\text{1의 보수}} -10000 \qquad \xrightarrow{\text{2의 보수}} \begin{array}{r}110\\+01010\\\hline 10000\end{array} \xrightarrow{\text{2의 보수}} -10000$$

9. ②

$$\begin{array}{r} 42 \\ \underline{-13} \end{array} \xrightarrow{11\text{의 보수}} \left.\begin{array}{r} 42 \\ \underline{+98} \\ 2A \end{array}\right\}_{11}$$

3장

1. ② 0001 0011 ④ 0111 0101 0100 0110

2. ② 21 ④ 148

3. ②

$$\begin{array}{r} 13 \\ \underline{+7} \end{array} \Rightarrow \begin{array}{r} 0001\ 0011 \\ \underline{+0000\ 0111} \\ 0001\ 1010 \\ \underline{+0000\ 0110} \\ 0010\ 0000(20) \end{array}$$

④

$$\begin{array}{r} 34 \\ \underline{+68} \end{array} \Rightarrow \begin{array}{r} 0011\ 0100 \\ \underline{+0110\ 1000} \\ 1001\ 1100 \\ \underline{+0000\ 0110} \\ 1010\ 0010 \\ \underline{+0110\ 0000} \\ 0001\ 0000\ 0010(102) \end{array}$$

4. ② 0111 1010 1001 $)_{Ex-3}$ ④ 1100 0011 $)_{Ex-3}$

5. ②

$$\begin{array}{r} 0110\quad 1011 \\ \underline{+0101\quad 0111} \\ 1100\quad 0010 \\ \underline{-0011\ +0011} \\ 1001\quad 0101(62) \end{array}$$

④

$$\begin{array}{r} 0100\quad 0101 \\ \underline{+\ 1100\quad 0011} \\ 1\ 0000\quad 1000 \\ \underline{+\qquad\qquad 1} \\ 0000\quad 1001 \\ \underline{+\ 0011\ -0011} \\ 0011\quad 0110(03) \end{array}$$

6. 1011 $)_{84\overline{21}}$ ④ 1001 $)_{Ex-3}$

7. ② 100001 $)_{gray}$

8. ② 11001 $)_2$

10. 1111 0011 1111 0111 1111 0101 1111 0100(F3 F7 F5 F4)

11. ② 1100110 ④ 1111 0111 1

12. ② 오류 있음 ④ 오류 없음

14. 0110100

16.

10진수	7-세그먼트 코드	
	g f e d c b a	Hex
0	1 0 0 0 0 0 0	40
1	1 1 1 1 0 0 1	79
2	0 1 0 0 1 0 0	24
3	0 1 1 0 0 0 0	30
4	0 0 1 1 0 0 1	19
5	0 0 1 0 0 1 0	12
6	0 0 0 0 0 1 0	02
7	1 1 1 1 0 0 0	78
8	0 0 0 0 0 0 0	00
9	0 0 1 0 0 0 0	10

18. D1B7(홍) ACF7(성) A3A5(민)

4장

2.

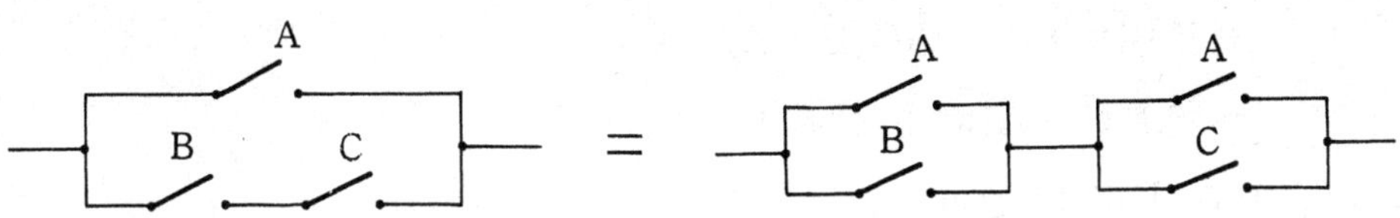

4. $Y=\overline{ABCD}=\overline{\overline{\overline{AB}}\cdot\overline{\overline{CD}}}$

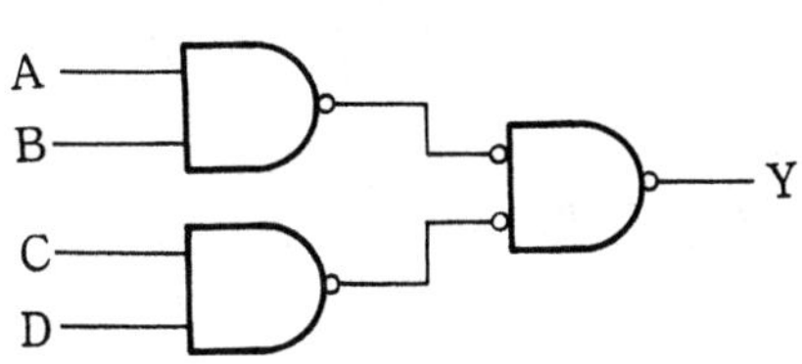

6.

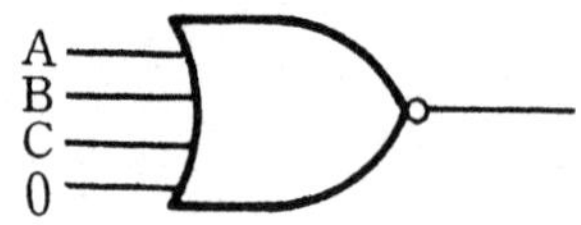

또는

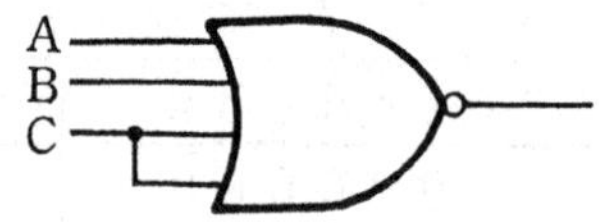

8.

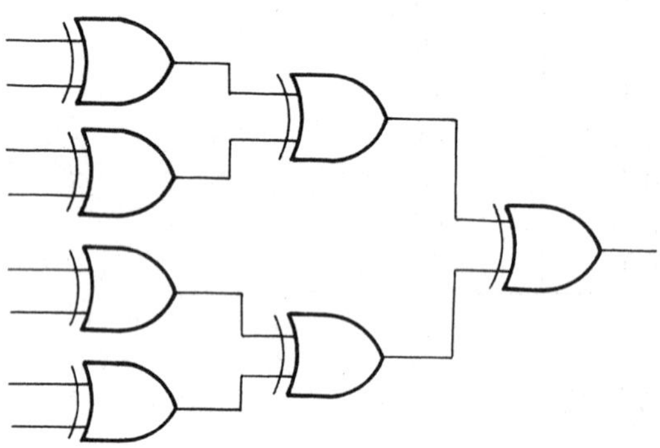

10. $f = \overline{A}B + AC$

$= \overline{A}B(\overline{C} + C) + AC(\overline{B} + B)$

$= \overline{A}B\overline{C} + \overline{A}BC + A\overline{B}C + ABC$

12. $f(A, B, C) = \sum m(0, 2, 5, 7)$

$= \overline{A}\,\overline{B}\,\overline{C} + \overline{A}B\overline{C} + A\overline{B}C + ABC$

$= (\overline{B} + B)\overline{A}\,\overline{C} + (\overline{B} + B)AC$

$= \overline{A}\,\overline{C} + AC$

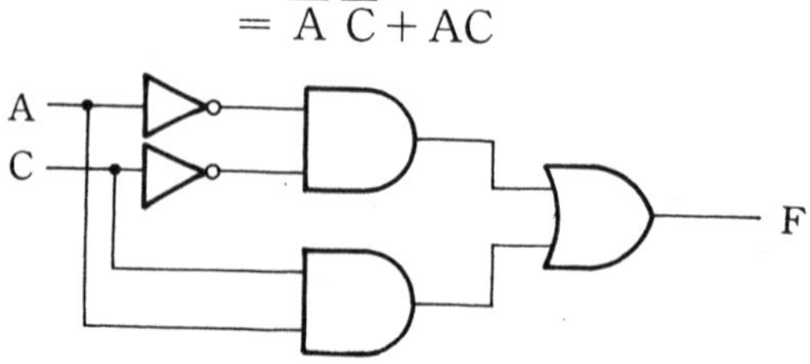

14. $f(A, B, C) = \prod M(3, 4, 5, 7)$

$= (A + \overline{B} + \overline{C})(\overline{A} + B + C)(\overline{A} + B + \overline{C})(\overline{A} + \overline{B} + \overline{C})$

$$=(\overline{A}+B+C\overline{C})\cdot(A\overline{A}+\overline{B}+\overline{C})$$

$$=(\overline{A}+B)(\overline{B}+\overline{C})$$

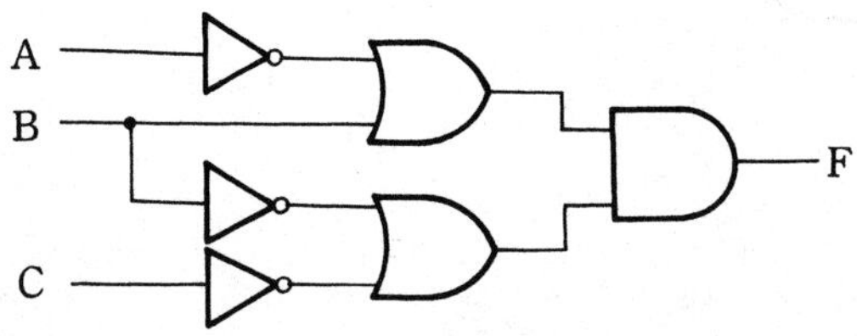

16. $f(A,B,C)=\Sigma m(0,1,5,7)$

$$=\overline{A}\,\overline{B}\,\overline{C}+\overline{A}\,\overline{B}C+A\overline{B}C+ABC$$

$$=\overline{A}\,\overline{B}(\overline{C}+C)+AC(\overline{B}+B)$$

$$=\overline{A}\,\overline{B}+AC$$

$$=\overline{\overline{\overline{A}\,\overline{B}+AC}}$$

$$=\overline{\overline{\overline{A}\,\overline{B}}\cdot\overline{AC}}$$

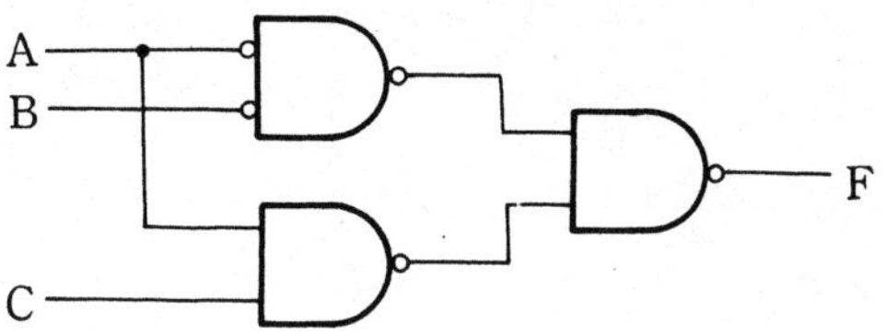

18. $f(A,\ B,\ C)=\Sigma m(1,\ 3,\ 6,\ 7)$

$$=\Pi M(0,\ 2,\ 4,\ 5)$$

$$=(A+B+C)(A+\overline{B}+C)(\overline{A}+B+C)(\overline{A}+B+\overline{C})$$

$$=(A+B\overline{B}+C)\cdot(\overline{A}+B+C\overline{C})$$

$$=(A+C)\cdot(\overline{A}+B)$$

$$=\overline{\overline{(A+C)\cdot(\overline{A}+B)}}$$

$$=\overline{\overline{(A+C)}+\overline{(\overline{A}+B)}}$$

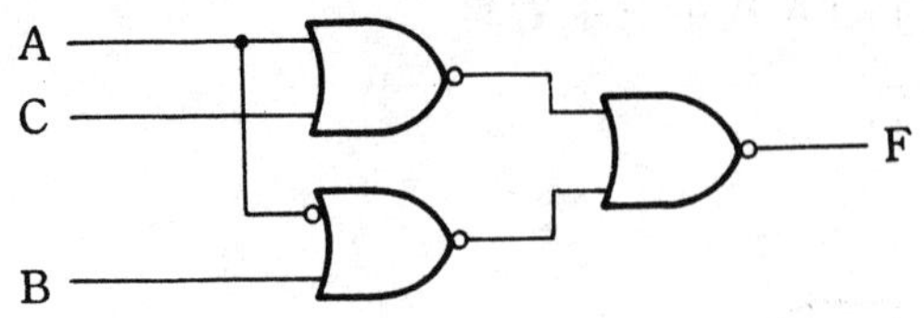

5장

2. $f = A\overline{C} + B\overline{C}$

4. $f = \overline{\overline{A}\,\overline{C}\,\overline{D} + \overline{A}BD + AC}$

6. $f = (\overline{B} + C)(B + \overline{C})(A + B + \overline{D})$

8. $Y = C\overline{B}\,\overline{A}$

10 $D = xy,\ C = x\overline{y} + w\overline{x},\ B = \overline{w}y + w\overline{y},\ A = z$

12. $P = A \oplus B \oplus C \oplus D$

6장

2.

$$S = (A + B + C_{in}) \cdot (A + \overline{B} + \overline{C}_{in}) \cdot (\overline{A} + B + \overline{C}_{in}) \cdot (\overline{A} + \overline{B} + C_{in})$$

$$= \overline{\overline{(A + B + C_{in})} + \overline{(A + \overline{B} + \overline{C}_{in})} + \overline{(\overline{A} + B + \overline{C}_{in})} + \overline{(\overline{A} + \overline{B} + C_{in})}}$$

$$C_{out} = (A + C_{in}) \cdot (A + B) \cdot (B + C_{in})$$

$$= \overline{\overline{(A + C_{in})} + \overline{(A + B)} + \overline{(B + C_{in})}}$$

4.

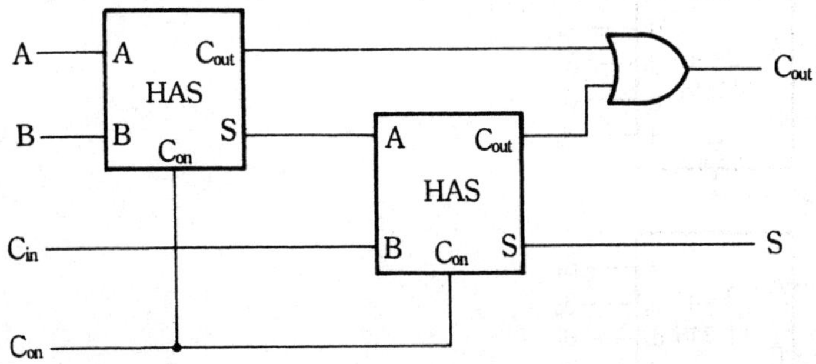

7장

2.

$$f_1 = X_1 \overline{Y}_1 + X_2 \overline{Y}_1 \overline{Y}_2 + X_1 X_2 \overline{Y}_2$$

$$f_2 = \overline{X}_1 Y_1 + \overline{X}_1 \overline{X}_2 Y_2 + \overline{X}_2 Y_1 Y_2$$

$$f_3 = \overline{f_1 + f_2}$$

4.

$$f_1 = X \overline{Y},\ f_2 = \overline{X} Y,\ f_3 = \overline{X}\,\overline{Y} + XY$$

$$f_3 = \overline{f_1 + f_3} = \overline{X \overline{Y} + \overline{X} Y} = \overline{X}\,\overline{Y} + XY = \overline{X \oplus Y}$$

6. 인코더의 입력이 2개 이상 동시에 인가될 때, 순위에 따라 출력 허용.

8.

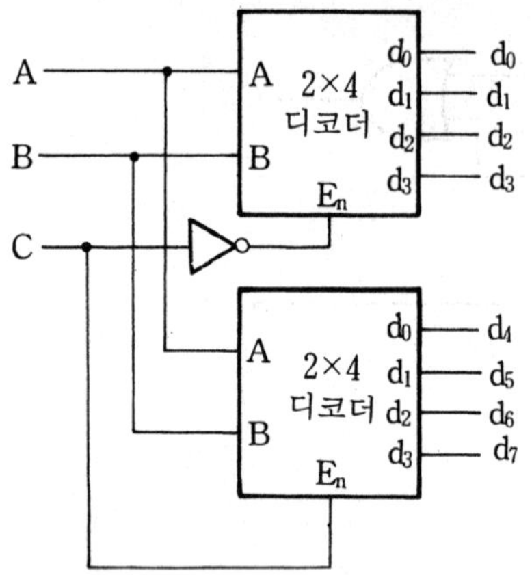

14. $Y = \overline{A}\,\overline{B}\,I_0E_n + \overline{A}B\,I_1E_n + A\overline{B}\,I_2E_n + AB\,I_3E_n$

16.

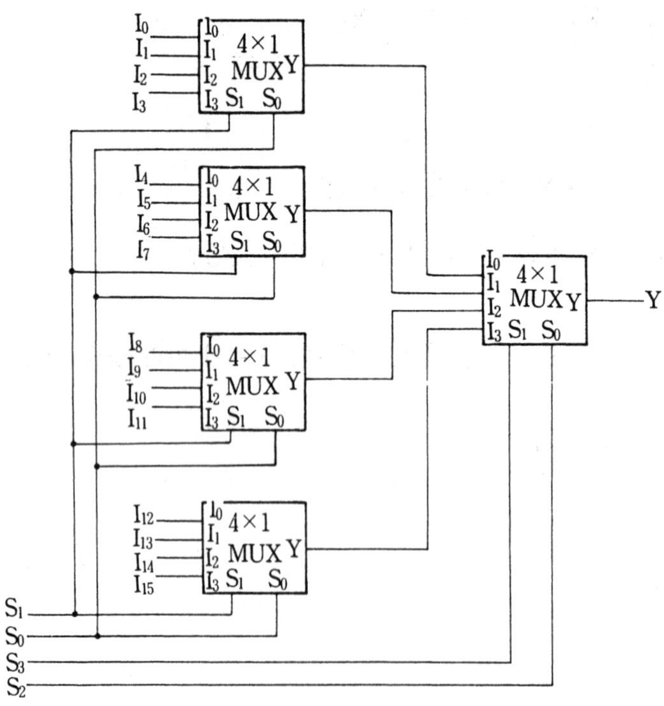

8장

4.

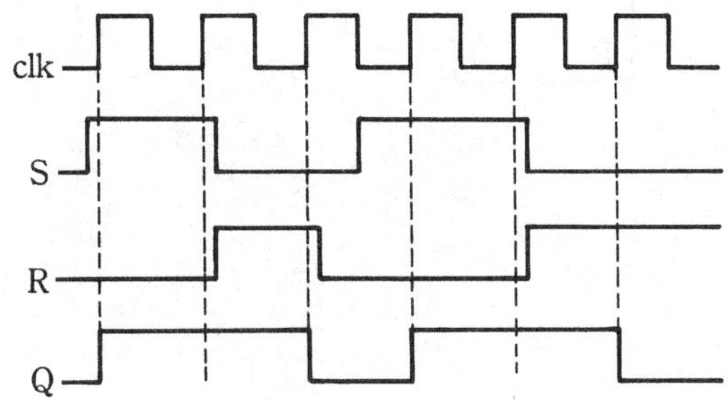
clk
S
R
Q

6.

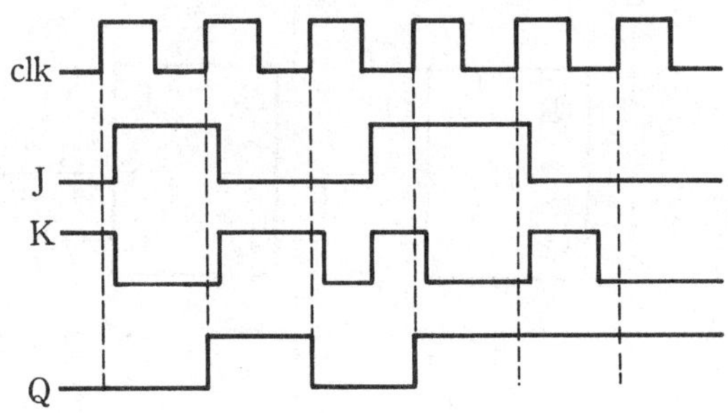
clk
J
K
Q

10.

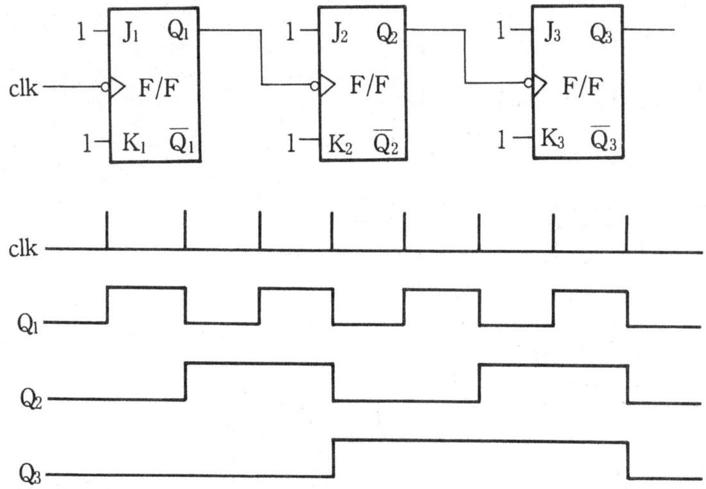
1
J1
Q1
clk
F/F
1
K1
Q1
J2
Q2
K2
Q2
J3
Q3
K3
Q3
clk
Q1
Q2
Q3

16.

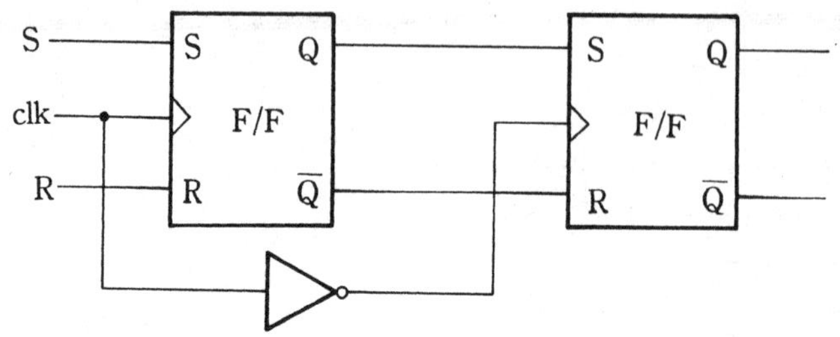
S
clk
R
S
Q
F/F
R
$\overline{Q}$
S
Q
F/F
R
$\overline{Q}$

9장

2.

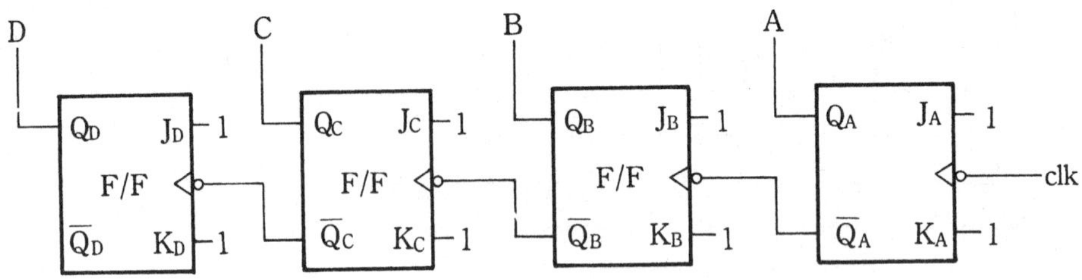
D
C
B
A
QD
JD
1
F/F
$\overline{Q}$D
KD
1
QC
JC
1
F/F
$\overline{Q}$C
KC
1
QB
JB
1
F/F
$\overline{Q}$B
KB
1
QA
JA
1
clk
$\overline{Q}$A
KA
1

4.

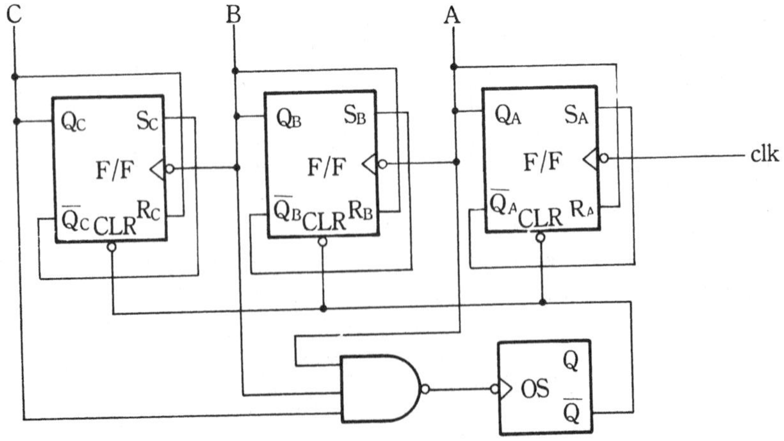
C
B
A
QC
SC
F/F
$\overline{Q}$C CLR RC
QB
SB
F/F
$\overline{Q}$B CLR RB
QA
SA
F/F
$\overline{Q}$A CLR RA
clk
OS
Q
$\overline{Q}$

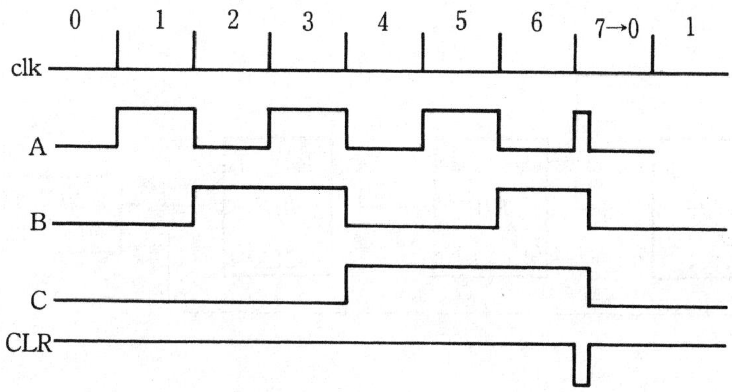
0
1
2
3
4
5
6
7→0
1
clk
A
B
C
CLR

6.

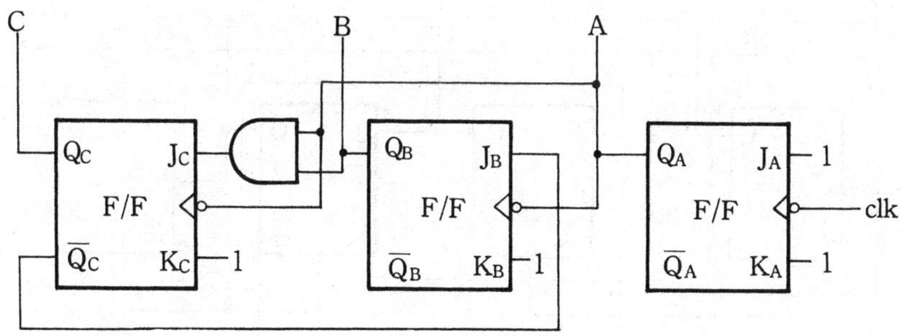
C
B
A
QC
JC
F/F
Q̄C
KC
1
QB
JB
F/F
Q̄B
KB
1
QA
JA
1
F/F
clk
Q̄A
KA
1

8.

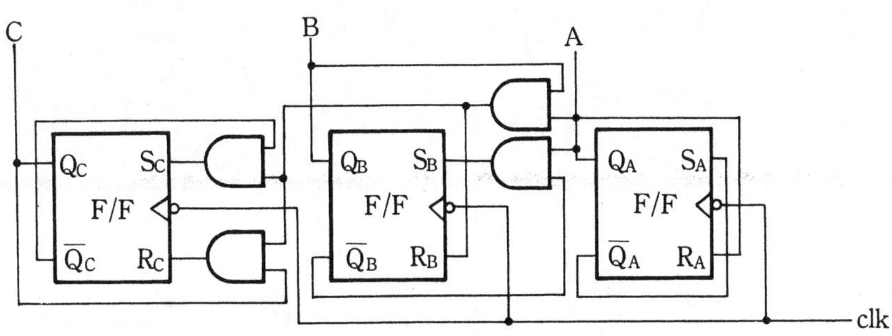
C
B
A
QC
SC
F/F
Q̄C
RC
QB
SB
F/F
Q̄B
RB
QA
SA
F/F
Q̄A
RA
clk

10.

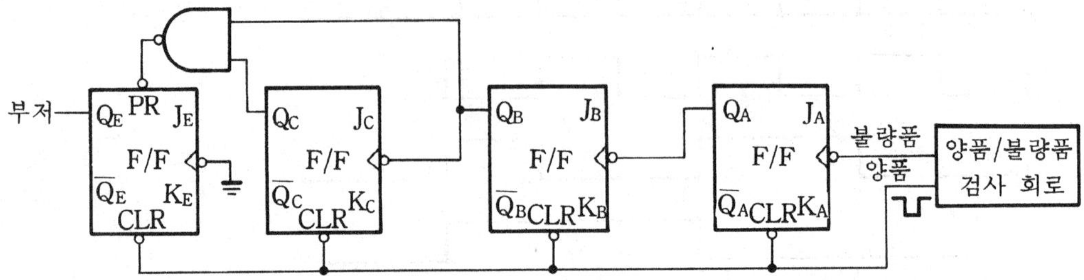
부저
Q_E PR J_E
F/F
$\overline{Q}_E$ K_E
CLR
Q_C J_C
F/F
$\overline{Q}_C$ CLR K_C
Q_B J_B
F/F
$\overline{Q}_B$ CLR K_B
Q_A J_A
F/F
$\overline{Q}_A$ CLR K_A
불량품
양품
양품/불량품
검사 회로

12.

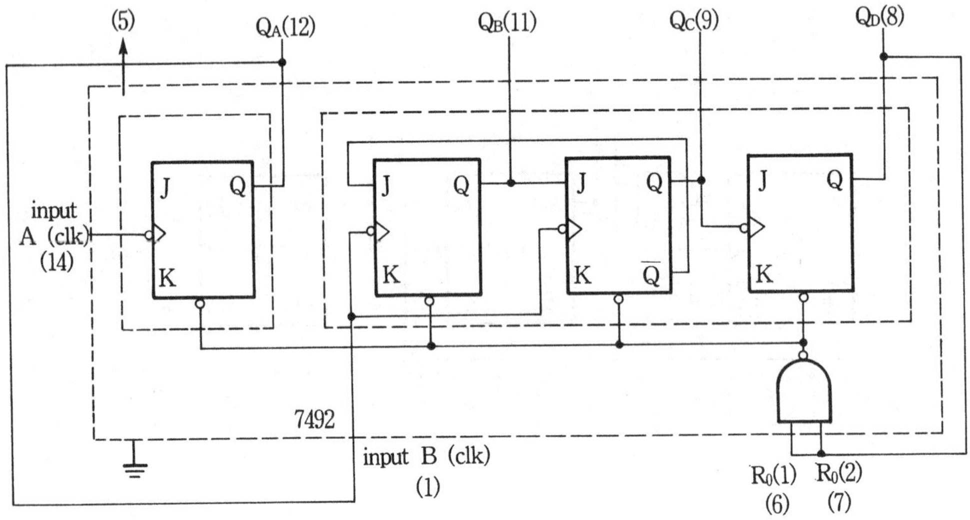
(5)
Q_A(12)
Q_B(11)
Q_C(9)
Q_D(8)
input
A (clk)
(14)
J Q
K
J Q
K
J Q
K Q
J Q
K
7492
input B (clk)
(1)
R_0(1)
(6)
R_0(2)
(7)

10장

2.

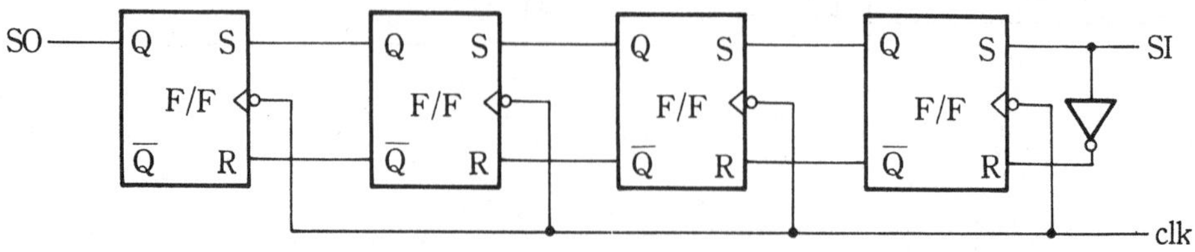
SO
Q S
F/F
Q R
SI
clk

6.

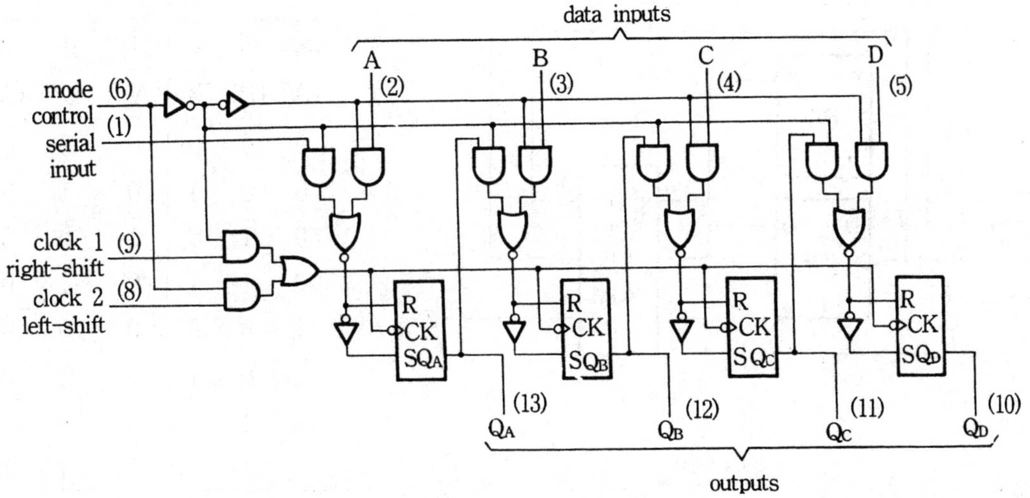
data inputs
A
B
C
D
(2)
(3)
(4)
(5)
mode
control
(6)
(1)
serial
input
clock 1 (9)
right-shift
clock 2 (8)
left-shift
R
CK
SQA
SQB
SQC
SQD
(13)
(12)
(11)
(10)
QA
QB
QC
QD
outputs

11장

4.

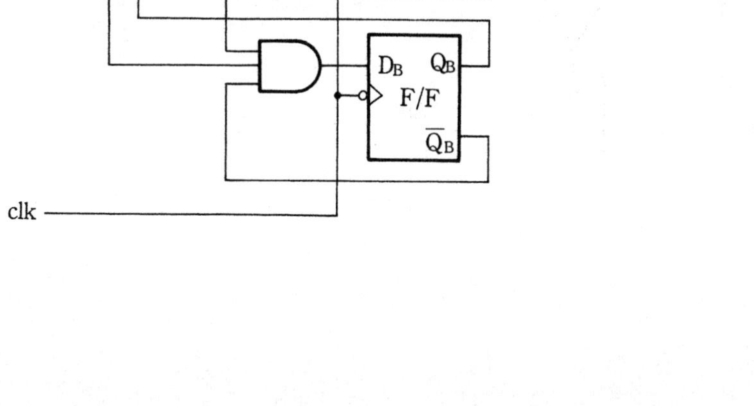
X
Z
DA
QA
F/F
Q̄A
DB
QB
F/F
Q̄B
clk

6.

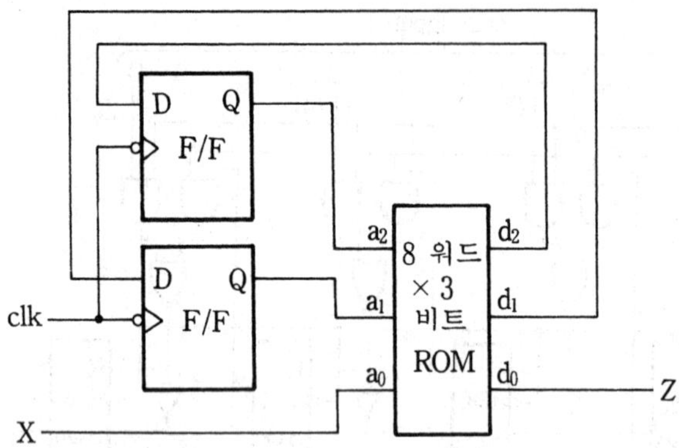

ROM data					
a_2 (A)	a_1 (B)	a_0 (X)	d_2 (A^+)	d_1 (B^+)	d_0 (Z)
0	0	0	0	0	0
0	0	1	0	1	0
0	1	0	1	0	0
0	1	1	0	1	0
1	0	0	0	0	0
1	0	1	1	1	0
1	1	0	0	0	0
1	1	1	0	1	1

12장

4. 128K 바이트 =1M 비트, 어드레스 라인 17, 데이터 라인 8

8.

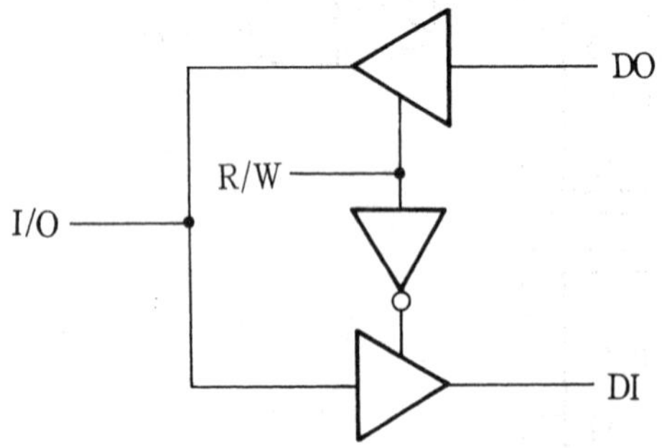

디지털 공학

인　　쇄 / 2017년 8월 7일
발　　행 / 2017년 8월 11일
저　　자 / 홍성민 외
펴 낸 이 / 정 창 희
펴 낸 곳 / 동일출판사
주　　소 / 서울시 강서구 곰달래로31길7 (2층)
대표전화 / (02) 2608-8250
팩　　스 / (02) 2608-8265
등록번호 / 제109-90-92166호
값 / **18,000원**

ISBN 978-89-381-0791-6-93560